国家林业和草原局普通高等教育"十三五"规划教材

热 带 作 物 系 列 教 材

天然橡胶初加工与产品检验

曹海燕 杨春亮 主编

中国林业出版社

内 容 简 介

本教材适用于应用型本科农学(热带作物方向)专业课程使用及热区天然橡胶初加工及产品检验岗位培训,也可以供相关专业的本科生、科研人员及自学用书。教材对应课程为"天然橡胶初加工学"和"天然橡胶检测分析",属专业特色课程。

本教材以天然橡胶初加工与产品检验的基本理论为主要线索,融天然橡胶初加工和产品检验原理与技术于一体,系统介绍了鲜胶乳的性质、鲜胶乳的加工原理及技术、特制天然橡胶生产、鲜胶乳及天然橡胶产品检验、橡胶制胶废水处理等内容。全书共9章,包括新鲜胶乳的物理、化学及胶体性质,新鲜胶乳的保存;传统天然橡胶初加工产品包括商品胶乳和固体天然生胶,特种浓缩天然胶乳产品包括特制胶乳、改性天然胶乳和天然胶乳的补强;特制天然橡胶初加工产品包括恒黏橡胶、湿法混炼橡胶、子午线轮胎橡胶、浅色标准橡胶等;天然橡胶初加工废水处理、胶乳及胶清的分析和天然橡胶产品检验等。

本教材编写内容体现针对性、实用性和可操作性,同时也体现了教材的与时俱进,有一定的先进性和前瞻性。

图书在版编目(CIP)数据

天然橡胶初加工与产品检验 / 曹海燕,杨春亮主编
. —北京:中国林业出版社,2020. 11

国家林业和草原局普通高等教育"十三五"规划教材
热带作物系列教材

ISBN 978-7-5219-0845-9

Ⅰ. ①天… Ⅱ. ①曹… ②杨… Ⅲ. ①天然橡胶-橡胶加工-检验-高等学校-教材 Ⅳ. ①TQ332

中国版本图书馆 CIP 数据核字(2020)第 197623 号

中国林业出版社·教育分社

策划、责任编辑:高红岩	责任校对:苏 梅
电 话:(010)83143554	传 真:(010)83143516
E-mail:jiaocaipublic@163.com	

出版发行:	中国林业出版社(100009 北京市西城区德内大街刘海胡同7号)
	电话:(010)83143500
	http://www.forestry.gov.cn/lycb.html
经 销:	新华书店
印 刷:	北京中科印刷有限公司
版 次:	2020 年 11 月第 1 版
印 次:	2020 年 11 月第 1 次印刷
开 本:	787mm×1092mm 1/16
印 张:	16. 25
字 数:	400 千字
定 价:	49. 00 元

热带作物系列教材编委会

顾　　问：

　　　唐　滢(云南农业大学副校长)

主任委员：

　　　胡先奇(云南农业大学教务处长)

副主任委员：

　　　宋国敏(云南农业大学热带作物学院党委书记)

　　　李建宾(云南农业大学热带作物学院院长)

　　　刘雅婷(云南农业大学教务处副处长)

　　　廖国周(云南农业大学教务处副处长)

委　　员：(按姓氏笔画排序)

　　　朱春梅　杜华波　李学俊　何素明　陈治华　周艳飞

　　　赵维峰　袁永华　郭　芬　曹海燕　裴　丽

合作单位：

　　　海南大学热带作物学院

　　　中国热带农业科学院(香料饮料研究所、农产品加工研

　　　究所、橡胶研究所)

　　　云南省热带作物研究所

　　　云南省农业科学院热带亚热带经济作物研究所

　　　云南省德宏热带农业科学研究所

　　　云南省西双版纳州农垦管理局

　　　西双版纳州职业技术学院

　　　云南省德宏后谷咖啡有限公司

《天然橡胶初加工与产品检验》
编写人员

主　　编：曹海燕　杨春亮

副 主 编：曲　鹏

编　　者：(按姓氏笔画排序)

曲　鹏 (云南农业大学)

阮林光(云南天然橡胶产业集团有限公司)

何映平(海南大学)

杨春亮(中国热带农业科学院农产品加工研究所)

郭　芬(云南农业大学)

曹海燕(云南农业大学)

曾润华(西双版纳职业技术学院)

序

热带作物是大自然赐予人类的宝贵资源之一。充分保护和利用热带作物是人类生存和发展的重要基础，对践行"绿水青山就是金山银山"有着极其重要的意义。

在我国热区面积不大，约 $48 \times 10^4 km^2$，仅占我国国土面积的 4.6%（约占世界热区面积的 1% 左右），然而却蕴藏着极其丰富的自然资源。中华人民共和国成立以来，已形成了以天然橡胶为核心，热带粮糖油、园艺、纤维、香辛饮料作物以及南药、热带牧草、热带棕榈植物等多元发展的热带作物产业格局，优势产业带初步形成，产业体系不断完善。热带作物产业是我国重要的特色产业，在国家战略物资保障、国民经济建设、脱贫攻坚和"一带一路"建设中发挥着不可替代的作用。小作物做成了大产业，取得了令人瞩目的成就。

热带作物产业的发展，离不开相关学科专业人才的培养。20 世纪中后期，当我国的热带作物产业处于创业和建设发展时，以中国热带农业科学院（原华南热带作物科学研究院）和原华南热带农业大学为主的老一辈专家、学者，为急需专门人才的培养编写了热带作物系列教材，为我国热带作物科技人才培养和产业建设与发展做出了重大贡献。新时代热带作物产业的发展，专门人才是关键，人才培养所需教材也急需融入学科发展的新进展、新内容、新方法和新技术。

云南农业大学有一支潜心研究热带作物和热心服务热带作物人才培养的教师团队，他们主动作为，多年来在技术创新和人才培养方面发挥了积极的作用。为人才培养和广大专业工作者使用教材，服务好热带作物产业发展，在广泛调研基础上，他们联合海南大学、中国热带农业科学院等单位的一批专家、学者新编写了热带作物系列教材。对培养新时代的热带作物学科专业人才，促进热带作物产业发展，推进国家乡村振兴战略和"一带一路"建设等具有重要作用。

是以乐于为序。

朱有勇

2020 年 10 月 28 日

前言

  本教材为国家林业和草原局普通高等教育"十三五"规划教材,是为满足热区天然橡胶产业发展,基于应用型本科农学(热带作物方向)专业人才培养模式转变和教学方法改革的需要,解决缺乏实用性教材而编制的。教材涉及传统天然橡胶和特制天然橡胶产品初加工及产品检验。从新鲜胶乳的性质入手,系统介绍了鲜胶乳的物理、化学及胶体性质,鲜胶乳的保存;传统天然橡胶初加工产品包括商品胶乳和固体天然生胶,特种浓缩天然胶乳产品包括特制胶乳、改性天然胶乳和天然胶乳的补强;特制天然橡胶初加工产品包括恒黏橡胶、湿法混炼橡胶、子午线轮胎橡胶、浅色标准橡胶等;天然橡胶初加工废水处理、胶乳及胶清的分析和天然橡胶产品的分析与检验。为方便教学和应用,教材内容分4个部分,第一部分为绪论,全面介绍天然橡胶的基本情况,包括天然橡胶发展简史、重要地位、制胶工业的特点、制胶工业产品的分类、天然橡胶的应用等;第二部分为新鲜胶乳的性质与保存;第三部分为天然橡胶初加工技术,包括传统产品生产、特种浓缩天然胶乳和特制天然橡胶初加工;第四部分为原料及产品检验,包括胶乳及胶清的分析、天然橡胶检测等内容。内容安排上尽量结合生产和工作需要实际,按照现代农业的要求,在吸收当前天然橡胶初加工新理念、新技术的基础上,增加了特制天然橡胶产品初加工等内容。教材内容比较丰富、全面、翔实,融基本理论、基本知识及实际操作于一体。同时,教材图文并茂、层次清晰、容易学习,并应邀高校及科研单位专业人员参与编写。

  本教材主编为云南农业大学热带作物学院曹海燕(第1~5章)和中国热带农业科学院农产品加工研究所杨春亮(第7章),副主编为云南农业大学热带作物学院曲鹏(第9章);参加编写的还有:云南天然橡胶产业集团有限公司阮林光(第6章6.1~6.4)、海南大学何映平(第6章6.5~6.7)、云南农业大学郭芬(第8章8.1)、西双版纳职业技术学院曾润华(第8章8.2、8.3)等。在编写过程中得到各位编委的密切配合,特此致谢。同时,本教材参考了相关专家、学者、企业一线人员的建议,学院学生李福霜、张建国参与了本教材中部分文字、图表的校对,一并表示谢意。

  教材编写过程中,力求理论与实践相结合,反映最新的生产发展状况,使学生能正确掌握基本概念和原理,提高分析问题和解决问题的能力。但由于编者水平有限,内容上不足甚至错误之处在所难免,敬请同行专家和读者批评指正,以使今后不断修改完善。

编 者

2020 年 6 月

目录

序
前　言

第1章　绪　论　1

1.1　天然橡胶的发展简史 ……………………………………… 1
1.2　天然橡胶的重要地位 ……………………………………… 2
1.3　天然橡胶与合成橡胶共同发展 …………………………… 3
1.4　制胶工业的特点 …………………………………………… 4
1.5　制胶工业产品的分类 ……………………………………… 4
1.6　天然橡胶的应用 …………………………………………… 6
1.7　我国制胶工业的问题 ……………………………………… 6
1.8　制胶工业发展的趋势 ……………………………………… 7

第2章　鲜胶乳的性质　12

2.1　胶体性质 …………………………………………………… 12
2.2　化学性质 …………………………………………………… 24
2.3　物理性质 …………………………………………………… 29
2.4　栽培因素对胶乳性质的影响 ……………………………… 35

第3章　鲜胶乳的保存　41

3.1　保存 ………………………………………………………… 41
3.2　鲜胶乳变质的理论 ………………………………………… 42
3.3　新鲜胶乳早期保存的方法 ………………………………… 46

第4章　普通浓缩天然胶乳　65

4.1　概述 ………………………………………………………… 65
4.2　离心法浓缩天然胶乳 ……………………………………… 67
4.3　蒸发法浓缩天然胶乳 ……………………………………… 92

4.4　膏化法浓缩天然胶乳 ……………………………………………… 95

4.5　胶乳浓缩新技术及其展望 ………………………………………… 100

第5章　特种浓缩天然胶乳　104

5.1　特制天然胶乳 ……………………………………………………… 104

5.2　改性天然胶乳 ……………………………………………………… 119

5.3　天然胶乳的补强 …………………………………………………… 123

第6章　天然生胶生产工艺学基础　126

6.1　概述 ………………………………………………………………… 126

6.2　新鲜胶乳的预处理 ………………………………………………… 128

6.3　胶乳的凝固 ………………………………………………………… 132

6.4　凝块的机械脱水 …………………………………………………… 147

6.5　天然橡胶的干燥 …………………………………………………… 150

6.6　分级、检验和包装 ………………………………………………… 164

6.7　天然生胶生产的技术经济指标 …………………………………… 172

第7章　三种类型的天然生胶生产　178

7.1　传统天然生胶 ……………………………………………………… 178

7.2　胶清橡胶 …………………………………………………………… 197

7.3　特制天然橡胶 ……………………………………………………… 201

第8章　制胶废水处理　210

8.1　制胶废水分析 ……………………………………………………… 210

8.2　制胶废水处理技术 ………………………………………………… 211

8.3　现有制胶工业废水处理方法探索 ………………………………… 217

第9章　天然橡胶的分析与检测　219

9.1　天然胶乳的分析与检测 …………………………………………… 219

9.2　天然生胶的分析与检测 …………………………………………… 232

参考文献 ………………………………………………………………… 251

第1章 绪 论

1.1 天然橡胶的发展简史

天然橡胶发现很早。考古发掘表明，在 11 世纪，南美洲人就已使用橡胶球做游戏和祭品。1493 年，意大利航海家哥伦布第二次航行探险到美洲时，看到有印第安人手拿一种黑色的球玩，球落到地上可弹得很高，它是由从树中流出的乳汁制成的。此后，西班牙和葡萄牙在征服墨西哥和南美洲的过程中，将橡胶知识陆续带到了欧洲。

进入 18 世纪，法国连续派遣科学考察队奔赴南美洲。1736 年法国科学家康达明 (Charles de Condamine) 参加了南美洲科学考察队，从秘鲁将一些橡胶制品及记载橡胶树的有关资料带回法国，出版了《南美洲内地旅行纪略》。该书详述了橡胶树的产地、当地居民采集胶乳的方法和利用橡胶制成壶和鞋的过程，逐渐引起了人们对橡胶树的重视。

1768 年，法国人麦加 (P. J. Macquer) 发现可用溶剂软化橡胶，制成医疗用品和软管。1828 年，英国人马琴托士 (C. Mackintosh) 用胶乳制成防雨布，但制品热天发黏、冷天变脆，质量很差。

天然橡胶的工业研究和应用始于 19 世纪初。1819 年，马琴托士发现橡胶能被煤焦油溶解，此后人们开始把橡胶用煤焦油、松节油等溶解，制造防水布。从此，世界上第一个橡胶工厂于 1820 年在英国哥拉斯格 (Glasgow) 建成。为使橡胶便于加工，1826 年汉考克 (Hancock) 发明了用机械使天然橡胶获得塑性的方法。1839 年，美国人查尔斯·固特异 (Charles Goodyear) 发明了橡胶的硫化法，解决了生胶变黏发脆问题，使橡胶具有较高的弹性和韧性，橡胶才真正进入工业实用阶段。因此，天然橡胶才成为重要的工业原料，橡胶的需要量也随之急剧上升。

在 19 世纪 80 年代西方国家的第二次产业革命过程中，1888 年英国医生邓禄普 (Dunlop) 发明了充气轮胎。随着橡胶用途的开发，英国政府考虑到巴西野生橡胶树生产的橡胶终究不能满足工业的需要，决定在远东建立人工栽培橡胶树的基地。1876 年，英国人魏克汉 (H. Wickham) 把橡胶树的种子和幼苗从巴西运回伦敦皇家植物园——邱园 (Kew Garden) 繁殖，然后将培育的橡胶苗运往锡兰 (即现在的斯里兰卡)、马来西亚、印度尼西亚等地种植均获成功，至此完成了将野生的橡胶树变成人工栽培种植的十分艰难的工作。此后，马来西亚、斯里兰卡、印度尼西亚扩种建立胶园。1887 年，新加坡植物园主任芮德勒 (H. N. Ridley) 发明了不伤橡胶树形成层组织可在原割口上重复切割的连续割胶法，纠正了橡胶树原产地用斧头砍树取胶而伤树、不可持久产胶的旧方法，使橡胶树能几十年连续割胶。1904 年，云南省德宏傣族土司刀安仁先生由日本返国，途经新加坡(马来西亚的一个州，1965 年 8 月 9 日独立)时，购买胶苗 8 000 多株，带回国种植于北纬 24°50′、海拔 960m 的云南省盈江县新城凤凰山东南坡，从此开始了中国的橡胶树种植历史。

原产于南美洲的天然橡胶在 18 世纪末打进伦敦市场，在 20 世纪发现富有弹性的天然橡胶是制作轮胎的最佳原料，开始有规模地园丘式种植橡胶树。位于热带地区的国家，其特殊的雨林气候是种植天然橡胶树的最佳地理位置，优越的种植位置以及适合的气候，使得许多东南亚国家迈入崭新的经济纪元。东南亚橡胶的生产可追溯到 1877 年，当时，有 2 000 多颗野生种子从英国移植到锡兰。19 世纪 90 年代，新加坡和马来西亚最早的橡胶园是由英国人资金所赞助，因此，受合同限制，产品必须出售给英国商行，最初全球橡胶的贸易活动主要在新加坡进行，橡胶以投标制度进行。第二次世界大战结束之后，东南亚橡胶生产进入增长期，产量随着橡胶种植范围的不断扩大而突飞猛进地增长，各国政府直接向生产国设立采购代表处，导致更多的生意流向东方市场，这个时期，从事橡胶贸易的主要是欧洲商人和华商，作为活动于新加坡、泰国以及印度尼西亚的华商成为卖方的主要策划者，这也是目前一直活跃于产胶国供应商的华商前辈，而买方则主要来自于欧洲。20 世纪中后期，以中国为代表的东亚各国的崛起，导致亚洲各国，尤其是日本与中国对天然橡胶需求量的不断增加，使得天然橡胶的贸易逐渐从西方转移到东方。

从 20 世纪 90 年代开始，来自世界各地的投资涌入中国，世界工厂的美誉也由此形成，在橡胶工业方面，世界上各大轮胎公司纷纷在中国设置工厂，从事轮胎生产。进入 21 世纪后，印度也开始启动一系列改革措施振兴经济，中国与印度已经成为亚洲经济成长的双引擎，橡胶贸易进一步转向东方。从天然橡胶的需求看，中国已经成为世界第一大需求国，超过了美国。1995 年美国作为天然橡胶的最大消费国，进口量占据全球的 24.3%，而中国只有 7%，但是到了 2006 年，美国的进口量降低至 17%，而中国则大幅度升至 20%。随着中国汽车工业的持续稳定发展，中国在未来将继续保持对天然橡胶的大量进口趋势。

1.2　天然橡胶的重要地位

国务院办公厅于 2010 年印发了《关于促进我国热带作物产业发展的意见》(国办发〔2010〕45 号)，热带作物主要包括天然橡胶、木薯、油棕等工业原料，香蕉、荔枝、杧果等热带水果，以及咖啡、桂皮、八角等香(饮)料，是重要的国家战略资源和日常消费品。由于天然橡胶具有优良的特性，被广泛用于工业、国防、交通、民生、医药、卫生等领域，是一种重要的工业原料和国家战略资源。国务院办公厅于 2007 年印发了《关于促进我国天然橡胶产业发展的意见》，更加明确了"天然橡胶是重要的战略物资和工业原料"的战略定位。

一方面，天然橡胶因具有许多物质所没有或远远赶不上的弹性、绝缘性、气密性等优良性能，以及耐油、耐酸、耐碱、耐热、耐寒、耐压、耐磨等宝贵性质，故它的用途很广。例如，日常生活中所用的水鞋、暖水袋、松紧带；医疗卫生上所用的外科医生手套、输血胶管、避孕套；交通运输上所用的各种轮胎；工业上使用的传送带、运输带、耐酸和耐碱手套；农业上使用的排灌胶管、氨水袋；气象测量用的探空气球；科学实验用的密封、防震设备；国防上使用的飞机、坦克、大炮、防毒面具；甚至尖端科学技术领域里的火箭、人造卫星和宇宙飞船等都离不开橡胶。目前，世界上部分或完全用橡胶制成的物品已达 7 万种以上，而且新产品还在不断出现。

另一方面，橡胶不但用途广，而且需要量大，故发展速度极快。例如，一辆载重汽车需要橡胶 240kg；一辆桑塔纳轿车需配用 5 条高质量的子午线轮胎和多达 600 个橡胶件，耗用橡胶 60kg；一架喷气式飞机需要橡胶 600kg；一辆轻型坦克需要橡胶 800kg；一艘 $3.5×10^4$t 的军舰需要橡胶 68t；一部中型车床需要橡胶 6~10kg；即便是一件胶布雨衣也需要橡胶 1kg 等。其中，轮胎的用量要占天然橡胶用量的一半以上。正是由于天然橡胶用途之广、需求之大，发展极为迅速。据统计，1900 年全球天然橡胶总产量仅 $4.572×10^4$t，2005 年已达 $893.4×10^4$t，预计 2020 年可达到 $1428×10^4$t。由此可见，橡胶在发展国民经济中占有极其重要的地位。

天然橡胶消费量，在某种程度上标志其工业化程度的高低。据国际橡胶研究组织统计，目前我国人均消费量只有 2.4kg，低于欧洲（5.4kg/人）、北美（10.7kg/人）和日本（14.1kg/人）。我国发展国民经济的总体方针是以农业为基础，工业为主导。而要高速发展工业，解决橡胶这个工业原料问题就成为极其重要的任务。我国是人口众多的国家，如每人每年平均消费橡胶 5kg，仅按 13 亿人口计，则一年便需要橡胶 $650×10^4$t。因此，我国不仅要充分利用自己优越的自然条件，大力发展天然橡胶；还须不断创造条件，大量生产各种类型的合成橡胶，使两者相辅相成，协调发展。只有这样，橡胶才能立足于国内，满足我国人民生产生活水平日益提高的需要。

1.3 天然橡胶与合成橡胶共同发展

橡胶据来源不同可划分为合成橡胶和天然橡胶。合成橡胶是以乙醇、电石、石油等作原料，用化学方法制成的橡胶，主要品种有丁二烯、苯乙烯聚合成的丁苯橡胶；由丁二烯聚合成的聚丁二烯橡胶；由丁二烯和丙烯腈聚合成的丁腈橡胶等。天然橡胶是从含胶植物（橡胶树、橡胶藤、橡胶草）提取出来的橡胶。含有橡胶的植物很多，现已发现的就有 400 多种，但目前主要栽培发展的，其中产量最高、质量最好、产胶期长、采胶费用低、加工方便的只是巴西橡胶树一种，其产量已占天然橡胶总产量的 99% 以上。通常所说的天然橡胶，就是指三叶巴西橡胶。三叶巴西橡胶树源于巴西亚马孙河盆地的热带雨林，在生长的橡胶树干上，用刀割开一道口，便流出乳白色树汁，这种树汁叫胶乳。胶乳经过收集和凝聚脱水或人工加工后，可制成具有弹性的固状橡胶、液体橡胶、粉末橡胶等。由于它们是由橡胶树天然生成，故俗称天然橡胶。

马来西亚橡胶生产者研究协会的莫里斯·凯恩认为，尽管世界橡胶的 2/3 是合成橡胶，但天然橡胶的某些独特作用是合成橡胶无法取代的。

合成橡胶虽然具有一些优点，例如，不受地理条件的限制，产品的一致性好，劳动生产率高，在具有工业基础的条件下，可在短时间内大量生产，某些合成橡胶的个别性能比天然橡胶优良等，但它的综合性能，即"多面手"的作用至今仍赶不上天然橡胶。因此，到目前为止，天然橡胶还是最好的通用橡胶。现在世界上所用的飞机轮胎、工程机械轮胎和越野轮胎等重型轮胎基本上都是天然橡胶制造的。据说,世界上大约还有 1/3 的橡胶制品必须用天然橡胶制造才能符合使用性能要求。

不仅如此,生产合成橡胶的基建投资甚大,且耗用能源为天然胶的 10 倍,在生产过程中往往还会对周围环境造成较严重的污染。自 20 世纪 70 年代出现能源危机以来,合成橡胶的单体价格大幅度上涨,致使很多种合成橡胶(如聚异戊二烯等)的生产成本都高于天然橡胶。加上天然橡胶在选育种方面不断改进,有的地方将低产树换种高产树后,单位面积产量已比 20 年代提高 5 倍。广泛使用化学刺激剂(如乙烯利)可使橡胶树大幅度增产,一般橡胶树所产的干物质只有 4% 转化为橡胶,但通过化学刺激后可提高到 10%,最终达到 20%,如再改进采胶方法,天然橡胶进一步提高产量,降低生产成本的潜力还很大。近来由于研究和生产了多种类型的特种橡胶(又叫改性橡胶),大大改善了天然橡胶某些性能,因而在很大程度上弥补了天然橡胶个别性能不如合成橡胶的缺点。由此可见,天然橡胶和合成橡胶各有优缺点,都不是十全十美的,今后仍将走共同发展、互相补充的道路。

1.4　制胶工业的特点

橡胶工业分为互相联系的两个部门:一个是以橡胶树流出的胶乳(也包括所产杯凝胶、胶线等杂胶)制成橡胶初制品,作为橡胶制品工业原料的工业,叫作制胶工业;另一个是以橡胶初制品(各种生胶和商品胶乳)为主要原料,制造轮胎、胶管、医用手套等各种橡胶制品的工业,叫作橡胶制品工业。两个工业部门既有区别又相互联系。

制胶工业虽已有 100 多年历史,但它的工业水平却比其他化学工业化低(包括橡胶制品工业),这是制胶工业的一个特点。为什么会造成这样的现象呢? 其主要原因如下:

①作为天然橡胶的主产区都处于总体工业欠发达地区,如泰国、印度尼西亚、印度、马来西亚、越南等,难于有效地推动制胶工业的发展。

②在所谓知识产权保护及地域封闭下,某些先进的科学技术不易在制胶工业上得到广泛应用。

③由于新鲜胶乳容易变质腐败,必须及时加工,相对而言,制胶规模不宜太大,进而在某种程度上制约了制胶工业的机械化、连续化和自动化。

制胶工业的主要原料——胶乳是生物合成的产物,它的成分受各种自然因素的影响差异极大,因而它的工艺性能和产品质量的一致性都比较差,这是制胶工业的另一特点。

1.5　制胶工业产品的分类

由于橡胶消费的需要,天然橡胶初产品分为浓缩胶乳(离心浓缩胶乳、膏化浓缩胶乳、蒸发浓缩胶乳等)和固体生胶(烟胶片、风干胶片、绉胶片、颗粒橡胶、橡胶粉等)两类。前一类主要用于制造浸渍制品、海绵制品、输液胶管、铸模制品、地毯、胶黏剂与涂料等;后一类主要用于制造各种轮胎、输送带、工业胶管、胶鞋等。

(1)浓缩胶乳

我国生产的浓缩胶乳主要有通用胶乳和特种胶乳两大类,其中通用胶乳的产量占浓缩胶乳总量的 90% 以上。2010 年我国共生产浓缩胶乳折合干胶 112×10^4t，占全国总干胶的 16.3%。

①通用胶乳 是指用常规方法浓缩制成的胶乳，应用领域较广，包括膏化胶乳、蒸浓胶乳和离心胶乳。其中膏化胶乳、蒸浓胶乳由于使用范围的有限，只在 20 世纪 50 年代少量生产。而离心胶乳生产过程较短、生产效率高、易控制、产品纯度高、黏度低、质量稳定等特性，离心胶乳是目前生产的主要通用胶乳。

②特种胶乳 是指用不同于常规方法浓缩和经过化学改性制成的胶乳，包括两次离心胶乳、高浓度胶乳、天甲胶乳、环氧化胶乳、硫化胶乳、氯化胶乳、耐寒胶乳、低蛋白胶乳等。

（2）固体生胶

固体生胶包括烟胶片、绉胶片、风干胶片、标准橡胶、特种生胶等，主要用于制造轮胎、输送带、工业胶管、胶鞋等，其产量占天然橡胶初制品的 85% 以上。

①烟胶片 由于生产工艺比较简单，产品性能优良，是生产轮胎等高级橡胶制品的主要原料。在颗粒橡胶问世以前，烟胶片在天然橡胶初制品中占 80% 以上，目前在东南亚国家仍占 50% 以上。我国于 20 世纪 70 年代中期，由于缺乏胶片熏烟用的木柴，除了少数小型或民营胶厂仍在生产烟胶片外，已多改产颗粒橡胶。

②绉胶片和风干胶片 于 1961 年和 1964 年分别投产。到 1974 年标准橡胶研究成功并投入生产以后，绉胶片和风干胶片就不再生产，均被标准橡胶代替。

③标准橡胶 1965 年，马来西亚首先研制开发了一种块状胶的生产工艺，即将湿的橡胶凝块破碎成小块或颗粒状，采用燃油加热干燥代替木柴熏烟，生产出颗粒橡胶的生胶。这种颗粒橡胶已不能采用传统片状胶的外观分级法来分级，因此，马来西亚于 1965 年首先提出了技术分级方案——SMR 方案。按照这个方案，凡质量符合 SMR 质量标准规定指标的各种固体生胶，都叫标准橡胶。由于标准橡胶一般采用颗粒橡胶的新工艺生产，生产效率较高，产品采用比外观分级法更趋合理的技术分级方法，因而受到橡胶生产者和消费者的热烈欢迎，生产发展很快。继马来西亚之后，各产胶国纷纷仿效，生产各自的标准橡胶。

我国于 1971 年开始标准橡胶生产工艺和设备的研制。1976 年，标准橡胶生产工艺通过国家技术鉴定，列为国家正式产品，代号为"SCR"。在华南垦区投入正式生产并迅速得到推广。目前，标准橡胶已占我国天然橡胶生胶总产量的 90% 以上。

④特种橡胶 特种橡胶是指采用了某种特殊的加工方法制成的，具有某些特殊的操作性能或理化性能的固体生胶。目前我国已研制开发并投放市场的特种橡胶主要有炭黑共沉胶、黏土共沉胶、易操作橡胶（SP 橡胶）、充油橡胶、接枝橡胶、环化橡胶、热塑橡胶、液体橡胶、环氧化橡胶以及子午线轮胎专用胶等。

生产两类初产品各有利弊。天然生胶与浓缩胶乳相比，它的主要优点是：在制胶过程中损失在乳清中的橡胶极少，因而不必进行回收橡胶的处理，同时绝大部分橡胶都可制成优质胶；含水量极少，因而运输费低，贮存方便，而且长时间贮存都不会明显变质。缺点是：产品的一致性比较差；用来生产橡胶制品时，大多数都需要用重型设备进行处理，因而动力消耗大，橡胶制品的物理机械性能一般稍差；干燥橡胶需要大量热源。

1.6　天然橡胶的应用

天然橡胶是一种天然高分子化合物，其主要成分一般是聚烯类物质，另外还含有其他的有机物质，如蛋白质、糖类等，因为本身所具有的一些独特优点，一直被用来制作各种生活或建筑用材，在生活的各个领域都能看到天然橡胶的身影。

另外，橡胶还具有极大的弹性，因此可以用来制作不同类型的汽车用品，如汽车轮胎及座椅，同时，因为它的耐腐蚀性还可以用它来制作不同的医疗用品，如医生的医用手套、输血管，甚至市场上卖的避孕套也是用橡胶制成的。近几年通过各项研究发现，天然橡胶还有防震耐磨的性能，因此天然橡胶被大量地用在国防事业，用它来建设一些飞机、炮弹等。因为天然橡胶中还有大量的有机成分和耐寒成分，因此有很多生产商用橡胶来制作各种防寒衣，最为珍贵的一种橡胶衣服就是航天员穿的航空服，这种衣服既可以防高温又可以防辐射。

总之，根据天然橡胶的分类，固体生胶主要用来制造各种轮胎、输送带、工业胶管、胶鞋等难以用胶乳直接成型的制品；商品胶乳主要用于地毯、各种浸渍制品、海绵和胶黏剂的生产。

1.7　我国制胶工业的问题

我国的制胶工业可追溯到1915年，一直到1949年前一直停留在手工生产的极端落后状态，产品也只有烟胶片一种，最高年产量未能超过200t。直至1949年后，国家逐渐认识到天然橡胶的重要性，从1952年开始在我国热带、亚热带地区大规模扩种橡胶。1953年起开展天然橡胶产品的试验研究。1955年开始了半机械化法烟胶片和膏化浓缩天然胶乳的试验生产。并先后正式投入生产膏化浓缩天然胶乳、离心浓缩天然胶乳、烟胶片、绉胶片和风干胶片。1974年试制颗粒橡胶成功。如今我国绝大多数制胶厂已改为颗粒胶厂。在短短40多年内，天然橡胶产品的品种和产量不断增加，生产工艺和设备不断改进，制胶工效和产品质量不断提高，制胶成本和原料消耗不断降低，在制胶工业的一些领域已跃居世界先进行列。但目前制胶工业总体水平与我国其他先进化学工业相比，仍然存在较大差距，必须加大力度，重点突破。

(1)加工工艺与设备存在较大的差距

由于诸多原因，我国天然橡胶加工工艺与设备跟国外产胶国相比，仍存在较大的差距，主要表现在长期以来采用酸凝固生产天然生胶的工艺相对落后，造成加工布局不合理、加工分散、规模小，使得企业的生产管理人员增加，社会负担、环保投入相应增大，生产设施、生产机械重复建设，因而增大了生产成本，减弱了企业的市场竞争力。

(2)产品品种单一，产品结构不合理

我国的天然橡胶产品仍以SCR5、SCR10、SCR20、高氨离心浓缩天然胶乳等为主导。从国内消费情况看，能满足生产高档胶乳制品的高质量浓缩天然胶乳仍有较大缺口(如避孕套生产用的胶乳，高级耐电手套用的低蛋白质天然胶乳等)。我国天然橡胶的70%用于生产轮胎，由于近几年子午线轮胎工业的发展，传统的斜交轮胎产量不断减少，标准橡胶由于前期加氨保存，随后加酸凝固的工艺使橡胶自身存在的天然硫化剂、防老剂遭到破坏，在制造子午线轮胎时因硫化速率慢、一致性差，而无法适应高度自动化、快速生产的需要，因此轮胎厂要进口大量国外指定胶园的天然橡胶，导致国内的天然橡胶资源不能有效利用。

（3）产品质量一致性差

由于受地理环境、胶树品种、割胶制度及生产季节的影响，不同加工厂家之间的产品，即使是同一厂家不同批次的产品，质量都存在着大小不同的差异；同时，由于高级技术人员缺乏、管理薄弱、质量控制手段不完整等而引起产品质量的不稳定，造成投诉意见多、橡胶制品生产企业难以控制配方、制品合格率低等现象。

（4）环境污染现象有待加强治理

由于橡胶加工企业规模小、数量多、分布广，废水绝大多数仅仅是简单进行氧化塘的曝气处理后便进行排放，尤其是乡镇一级的橡胶加工厂或民营橡胶加工厂，投入严重，盲目追求效益，忽视环保意识，对制胶废水甚至未经过处理便直接排放，这样在区域内造成范围广泛的水资源污染，对环境产生不利的影响。目前的状况不仅仅是污染了环境，而且使废水中许多本来可以回收利用的物质白白流失，造成资源的浪费，同时由于橡胶加工厂分散使得治污难度加大，造成更多的资金浪费。

（5）管理机制落后

近年来，虽然我国天然橡胶主产区对天然橡胶产业的布局和结构进行了整合，但是，具体到橡胶加工厂，仍是下属的一个生产单位或加工车间而已，不是独立的经济实体，没有自主权。因此，创新意识淡薄，创新能力缺失，甚至加工工艺和设备仍停留在 20 世纪 90 年代的水平，加工原料、辅料、产品的销售等全由上级有关部门负责，加工厂自身只是根据上级制定的产品品种和加工成本要求组织生产，并由上级核定每吨胶的加工费来维持运转。在这样的管理体制下运行，橡胶加工厂严重缺乏自主的创新意识和创新能力，对市场的反应迟缓，难以根据用户的需要适时对产品的品种调整。例如，20 世纪 90 年代中期开发的子午线轮胎橡胶，在国内虽然有市场，但多年来仍不能大批量投放市场，致使国内子午线轮胎厂所需的天然橡胶仍然靠进口，国产橡胶加工厂并没有把握好快速发展的机遇。

（6）科技投入不足，人才队伍建设有待进一步加强

我国橡胶加工工厂的生产工艺都是 20 世纪 70 年代开发的，近些年来几乎没有什么大的改变。农垦集团下属的橡胶加工厂具有大专以上学历的专业技术人员普遍只有 3 人左右；民营橡胶加工厂则大部分没有专业技术员，多数都仅凭经验生产，没有任何标准化生产可言。另外，从"六五"到"八五"期间，国家都曾将橡胶列为国家重点支持的农业项目，到"九五"期间将橡胶取消重点项目支持，从而导致了橡胶研发的经费严重不足。

1.8 制胶工业发展的趋势

世界橡胶工业的生产技术是向着两极的方向发展。一方面是追求低成本化（包括提高生产效率、使用廉价原材料），使产品结构简易化、工艺直流化；另一方面是进一步走向高性能化（包括提高特性、增加功能），减少不均匀性差异，使质量得到彻底保证。归纳起来即：提质降耗，高性能低成本。

(1)加强胶乳新型保存体系的研究，保证新鲜胶乳的质量和提高天然橡胶产品的品质

20世纪90年代，我国天然橡胶主产区(海南、云南等地)广泛开展割胶制度改革，全面推广高效化学刺激——乙烯利刺激的新型割胶制度，割胶频率从高频旧割制的$d/2$已发展到低频新割制的$d/3$、$d/4$和$d/5$。实施新型割胶制度以后，新鲜胶乳中的糖和转化酶的含量会有所增高，致使新鲜胶乳受细菌污染后，挥发脂肪酸值($VFANo.$)迅速增高，稳定性下降。另外，因氨水杀菌、抑菌能力较弱，单用氨水作为保存剂已经很难满足现有条件下生产优质天然橡胶产品的工艺要求。特别是对天然橡胶实施集中加工以后，对新鲜胶乳的保存提出了更为苛刻的要求。

氨及第二保存剂如TT/ZnO(TZ)并用长期以来用作天然胶乳的最有效和最经济的保存体系，但是，氨已经不太被越来越关注环境的用户所接受，而且由于现代刺激割胶制度的推广应用，割胶时胶乳从胶树流出至胶杯的时间比原来大为延长，这就要求新的保存剂体系必须能够保证胶乳在长时间内保持流动性，满足长流的需要。

(2)采用新型凝固技术，降低制胶成本

自20世纪70年代初成功开发中国标准天然橡胶以来，我国天然橡胶质量有了较大的提高。目前，我国标准天然橡胶产量已占天然橡胶产量的85%。但长期以来，我国标准天然橡胶生产工艺均采用酸凝固胶乳，而国外普遍采用的是自然微生物凝固。氨水保存和酸凝固工序不仅成本高(两道工序的成本占总制胶成本的15%以上)，而且添加的氨和酸破坏了胶乳的有益成分，造成标准天然橡胶性能的不稳定。而采用生物凝固方法能提高产品的质量稳定性和硫化胶的拉伸强度。

(3)大力降低用胶成本，改高能耗胶为低能耗胶

由于世界能源紧缺，各行各业都把节约能耗作为自身的奋斗目标。为此，制胶部门一方面大力研制散粒橡胶、热塑橡胶和液体橡胶等，简化橡胶生产工序，减少能源消耗，相应降低生产成本；另一方面直接与橡胶制品企业挂钩，把需要加入橡胶的各种配合剂尽量直接加入胶乳，然后凝固、造粒、干燥等制成特种生胶。这样，不但配合剂在橡胶中较易分散均匀，还可省去塑炼和混炼等制品生产的必要工序，从而节约大量物力、人力。

(4)积极扩大天然橡胶应用范围，改通用橡胶为专用橡胶

为了弥补天然橡胶个别性能不如合成橡胶的缺点和适应橡胶制品对橡胶原料的高要求，设法改变主要生产通用橡胶的状态，积极生产具有特殊用途的专用橡胶。例如，操作性能良好、节省动力的低黏橡胶；耐油及气密性良好的环氧化橡胶；可在低温地区使用的耐寒胶乳；能增加胶乳制品定伸应力和抗撕裂的树脂补强胶乳以及与其他高分子聚合物并用或复合而成的，具有特殊性能的新型橡胶材料等。

(5)积极探索天然橡胶新的特殊使用领域

如采用天然橡胶轴承来达到抗震的目的。马来西亚从20世纪60年代起就开始天然橡胶支承应用于建筑物抗震隔离的研究，并在开发迭层橡胶支承用于建筑物地震保护上进行开创性工作。近年来，马来西亚进一步加强了在使用原材料级别方面的研究。研究表明3种级别的天然橡胶，在动态刚度方面：RSS3>SMRCV>DPNR，而对于阻尼水平，则是：DPNR>SMRCV>RSS3。对天然橡胶抗震支承的胶料配方进行进一步的开发，目的是为了在刚度、阻尼、低蠕变和抗低温结晶性能之间找到一个合理的平衡。已经开发出高阻尼天然橡胶作为具有附加性能的材料，这种材料对温度变化的敏感度较低。高阻尼导致高的能量耗散，增大结构的抗风性和弹性。对天然橡胶支承胶料在温和的温度条件下进行的长期老化研究，证实传统的阿伦尼乌斯关系在预测像抗震支承这样的厚制品的模量变化方面，并不是一种合适的模型。同时进行完整的表征抗震胶料的低温性能以尽可能减少由于结晶而引起的模量增加。设计钢球和橡胶层系统的目的是将轻型结构从大的水平变形中隔离开来，钢球对橡胶层的滚动阻力提供的阻尼在概念上与隔离支承的滑动相类似。这一系统的滞后阻尼水平与钢球和橡胶层的滚动阻力有直接的相关关系。利用这一系统，结构的抗风能力可以通过改变钢球的直径和橡胶层的厚度而实现。

（6）实行集中加工，形成规模效益

在橡胶种植中心规划建设年产万吨级以上的橡胶加工厂。根据当地资源量，打破国营农场与民营农场的界限，用经济手段使天然橡胶加工原料向大厂集中，形成规模效益。建设万吨级以上的规模化橡胶加工厂，在提高橡胶种植加工业的经济效益同时，极大改善天然橡胶的质量一致性，进一步提高我国天然橡胶产品的质量和市场竞争力。

近几年来，我国在消化吸收国外先进的制胶技术和设备，结合天然橡胶产业的结构调整，已在云南、海南、广东等主植胶区建立了多个大型的现代化制胶分公司。其中，目前我国最大的制胶企业——云南景阳公司勐棒二胶厂，设计年生产能力可达到 $8.8 \times 10^4 t$ 干胶。预计在几年内，完成小型胶厂的转制，最终组建近 20 家大型制胶企业（年生产能力均不低于 $1.5 \times 10^4 t$）。此外，对于民营橡胶，也将根据整体产业结构的调整而做适度的整合，最终朝着规模化、集团化发展。

（7）加强制胶废水的研究，树立环境保护意识，走可持续发展之路

在制胶生产过程中，凝固和稀释胶乳、洗涤凝块和制胶机的用水，以及新鲜胶乳的大量乳清和未凝固部分，最后都变成废水。制胶废水主要含有两种潜在污染物，即有机碳和氨态氮。如果废水未经处理而直接排放，就必然会耗尽水域中溶解的全部氧气，导致大量藻类生长，随之发生水生物窒息。而对这些物质进行适当的处理，变废为宝、综合利用，所创的经济价值会相当可观。因此，制胶废水的处理，是制胶工业急待解决的问题。

（8）天然胶乳副产物的综合开发与利用

天然胶乳通常含有 1.13%～5%（质量分数）的非橡胶组分，这些非橡胶组分中含有许多具商业价值的物质，若得到开发利用，无疑将增加天然橡胶的总体效益。

①白坚木皮醇（quebrachitol）　化学上称为 2-氧-甲基-L（左旋）-旋光肌醇［2-O-methyl-L-(-)chirinositol］，是一种具有药用旋光活性的环多醇的碳水化合物，占非胶物质的 23%，是天然胶乳非胶物质中含量最多的单一组分。

已经证实，白坚木皮醇在活体生物代谢中起着"在细胞内部信息传递"和"控制细胞生长过程"的重要作用。作为一种手性结构单元，可以简单地将白坚木皮醇转变成为多种广泛用于生物、医药方面的肌醇衍生物。因此，白坚木皮醇的开发与研究备受生化、药物和医学专家的关注。新鲜胶乳中含有 1.0%～1.9% 的可供开发利用的白坚木皮醇，但同时也存在着许多相互干扰的化学物质，其中包括多种同分异构体的肌醇类物质，如白雀木醇quebrachitol（m. p. 191℃）、甲基肌醇 bornesite（m. p. 200℃）等。过去要分离提取这些物质，只有采用纸层析才能将其分离。国外早在 20 世纪 30 年代初就开始进行提取方法的研究。从资料提供的方法和产品性能指标判断，其方法不尽合理，产品也不纯，甚至不是白坚木皮醇。马来西亚橡胶研究院(RRIM)的研究人员已经发现了一种经济可行的方法,将其从胶乳乳清中提取出来,现已能够进行实验室规模生产,得到以千克来计的纯白坚木皮醇。1993年,C. M. La 在国际橡胶研究和发展委员会(IRRDB)年会上透露,日本利用乳清提取白坚木皮醇并合成名贵医药的信息,但其提取、生产白坚木皮醇的技术未见报道。

我国在提取白坚木皮醇方面也取得了一些进展,并提出了如下提取工艺:

```
         硫酸
          ↓
胶清→凝固除胶→煮沸杀菌→滤除蛋白质和其他热凝固物→初次浓缩(10%)

成品←提纯←拆分、提取←再次浓缩←脱色净化(50℃、0.5h)
                                      ↑
                              活性炭,用量10%
```

所得白坚木皮醇的提取率约占胶清质量的 0.2%~0.3%,产品纯度达 97% 以上,质谱(CE)FW195,熔点(m. p.)191℃,比旋光度 $[\alpha]_D^{29}-80.3$,该提取方法可以进行工业化生产。

②具有药用价值的蛋白酶　过氧化物歧化蛋白酶(SOD)是一种抗氧化剂,在很多药物上得到应用。马来西亚橡胶研究所的研究人员在胶乳的乳清中检测到一种二价铁态的相对分子质量 30 000 的 SOD(Fe-SOD)。这一蛋白酶可以通过凝胶过滤法从锰态的 SOD(Mn-SOD)中分离出来,这种 Mn-SOD 的相对分子质量较大些(约 45 000),也存在于乳清中。将乳清首先经过离子交换色谱法分离,接着通过凝胶过滤、羟基磷灰石及己基琼脂糖(hexyl agarose)柱来改善纯 SOD 的回收率,可获得纯度为 90% 的这种蛋白酶产物。

【本章小结】

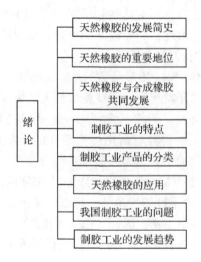

【复习思考】

1. 本课程的学习目的和要求是什么?

2. 说说天然橡胶在国民经济中的重要地位。

3. 为什么说天然橡胶和合成橡胶必须协调发展？

4. 试分析制胶工业的特点及其存在的主要问题。

5. 简要分析我国天然橡胶产业现状及发展趋势。

6. 如何充分认识天然橡胶副产物的开发与应用。

7. 调查云南天然橡胶加工厂现状。

第 2 章　鲜胶乳的性质

从橡胶树流出的胶乳，是一种生物合成的液体。根据最新研究结果，天然橡胶的生物合成至少包括 3 个连续的步骤：①起始阶段，需要 1 分子烯丙基焦磷酸。②延伸阶段，橡胶转移酶催化异戊烯基焦磷酸 1,4 聚合掺入到橡胶链上。③终止阶段，多聚物从合成复合体上解离下来。其中，橡胶转移酶活性的发挥除需要异戊烯基焦磷酸及烯丙基焦磷酸底物外，还需要二价金属阳离子。当然，涉及天然橡胶生物合成机制，还有许多问题需要进一步探讨。例如，相关酶的分离、纯化与鉴定，尤其是橡胶转移酶的鉴定；橡胶颗粒表面结构及胶粒的形成；橡胶分子的末端结构与橡胶分子有无分枝等。

由于土壤、气候、种植材料以及其他条件的影响，胶乳的成分、结构、外观都会显示巨大的差异。例如，胶乳一般都是白色的，但有少数含类胡萝卜素较多的胶乳则为黄色，含氧化酶多或活性度大的胶乳还会呈现灰黑色。

鲜胶乳除含橡胶烃和水外，还含有少量的多种非橡胶物质。其中，一部分溶于水成为乳清；一部分吸附在橡胶粒子上，形成保护层；另一部分构成悬浮于胶乳的非橡胶粒子。鲜胶乳高度复杂的性质早已众所周知，但分离和鉴定其为数甚多的成分却存在不少困难。近年来由于物理分析，特别是电泳法和色层分析法的迅速发展以及电子显微镜检视法的不断改进，对研究和了解胶乳的性质起了良好的推动作用。

2.1　胶体性质

2.1.1　一般胶体特性

天然胶乳是组分复杂的橡胶——水基型分散体系，是疏液胶体吸附亲液胶体后形成的一种特殊胶体体系。分散相是橡胶粒子、非橡胶粒子；分散介质为乳清。作为主要分散相的橡胶粒子不能通过羊皮纸膜，但能通过滤纸。但胶乳这一分散体系中，分散相和分散介质都不是均匀的物质。例如，橡胶粒子上吸附有蛋白质和类脂物等；非橡胶粒子的黄色体，组分更为复杂，它主要是由类脂物、蛋白质、类胡萝卜素等物质组成；乳清中则含有蛋白质、脂肪酸、无机盐、糖类等。因此，天然胶乳是复杂的多分散的胶体体系，它具有典型胶体的特性。

2.1.1.1　电学性质

用显微镜检视胶粒时，如将直流电通过胶乳，便可看到胶粒均移向阳极，并沉积于电极上，说明胶粒带有阴电荷。一切胶体体系的分散相都具有这种在电场中运动的能力。分散相粒子在电场中向着带异电电极运动的现象，叫作电泳。由于橡胶粒子在通常情况下带有阴电荷，同性电荷互相排斥，阻止了胶粒的聚结，所以提高了胶乳的热力学稳定性。

2.1.1.2　动力学性质

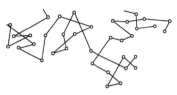

图 2-1　布朗运动示意

如果用普通显微镜观察胶乳，便可以看到其橡胶粒子呈连续的、不规则的运动（图 2-1），这种胶体所特有的运动，叫作布朗运动。它是由于橡胶粒子被周围处在热运动状态的水分子不断撞击的结果。由于在单位时间内从各方面撞击胶粒的水分子数不同，而这些冲力的合力又大于酸粒的浮力，并指向某一方向，故胶粒就向这个方向偏离。在第二个时间间隔内由于来自各方面起冲击作用的分子之对比改变，则合力将具有新的方向，这样一来，胶粒运动的方向也就跟着改变。胶粒平均移动速度为 $12\mu m/s$。

橡胶粒子剧烈的布朗运动虽克服了胶粒重力的影响，使胶粒均匀地扩散于乳清之中，提高了胶乳的动力稳定性，但却增加了胶粒之间相互碰撞的机会，使胶乳热力学稳定性有降低的趋势。当布朗运动所具有的动能超过胶粒间相互排斥之能时，胶粒便会互相聚结。

2.1.1.3　光学性质

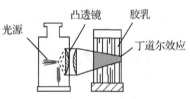

图 2-2　丁道尔效应示意

将一束汇聚的光线透过用水稀释的胶乳时，我们若在光束的垂直方向观察，便可在光的前进途径上看到一个发光的圆锥体。这种现象叫作丁道尔效应（图 2-2）。这是由于橡胶粒子比入射光的波长小，产生了光散射的结果。利用光散射现象制造的超显微镜可用来观测胶粒的形状和测定其平均大小。

2.1.2　橡胶粒子

橡胶粒子的大小以及胶粒与乳清界面的成分和结构，对胶乳胶体性质有重大的影响，因为界面自由能的大小，也是胶乳热力学不稳定性的大小，胶粒的布朗运动、表面吸附作用、扩散性质以及胶粒的附聚倾向等都与胶粒的大小和界面层的性质有密切的关系。

2.1.2.1　橡胶粒子的形状、大小和数量

天然胶乳的橡胶粒子一般都呈球形，但也有呈梨形，甚至还有带着尾巴的。有人用电子显微镜研究的结果认为，梨形和具有尾巴的胶粒，乃是由大小不同的球形胶粒聚集而成的。梨形粒子的长度一般为 $2\sim4\mu m$，宽度约为长度的 $1/2$；带尾巴的粒子有时长达 $10\mu m$。

测定胶粒大小最常用的方法是显微镜观测法。最早使用普通光学显微镜，继而使用紫外光显微镜，但都由于它们的分辨率太低，观察不到为数甚多的较小粒子，故早期文献发表的数据出入颇大，也不可靠。当电子显微镜问世之后，才找到了研究胶粒大小的可靠工具。采用电子显微镜时技术，必须用溴化法或四氧化锇处理胶乳，使胶粒硬化，以免在干燥过程中胶粒发生变形，造成观测误差。用电子显微镜测定结果，发现鲜胶乳的胶粒大小为 $0.02\sim2\mu m$。将粒子大小的数据进行数学分析时表明，鲜胶乳中只有约 10% 的粒子大于 $0.2\mu m$，粒子平均直径约 $0.1\mu m$。这说明绝大多数粒子都很小，并且大小很不均匀。

用电子显微镜观测鲜胶乳及其离心浓缩胶乳和胶清的结果，发现胶清的胶粒没有大于 $0.45\mu m$ 的；离心时仅从原胶乳去掉了大部分直径在 $0.05\sim0.15\mu m$ 的粒子。

其他测定粒子大小的方法还有肥皂滴定法、沉降分析法和光散射法等，但都要以电子显微镜测定的数据作为标准来进行校正。其中，肥皂滴定法所需仪器设备比较简单，现扼要进行介绍：此法是将表面活性较高的肥皂(十二烷基硫酸钠)加入胶乳，在高活性的 pH 值条件下，使之对胶粒上吸附的蛋白质等物质进行取代吸附，因而胶粒被覆盖一层外加的单分子肥皂层，当此肥皂把胶粒表面盖满并进入乳清中开始形成胶团(即达到临界胶团浓度)时，原加入的吸附指示剂便由红色变成紫到蓝的颜色，此即滴定终点。在完成取代吸附后消耗在形成新的单分子层上的肥皂量，是与橡胶粒子的总表面积呈正比的，即吸附在胶粒表面的肥皂单分子层的总面积就是胶粒的总表面积(S)。根据对照胶乳乳清的临界胶团浓度和在滴定终点时胶乳中耗用的肥皂总量，就可用减差法求出吸附在橡胶粒子表面的肥皂量。然后利用下式计算 $1 cm^3$ 橡胶粒子的平均表面积 S_0(cm^{-1})。

$$S_0 = \frac{S}{V} = \frac{m}{VM} \cdot \frac{N\sigma}{10^{16}} = 1.25 \times 10^7 \times \frac{m}{V}$$

式中　　m——V cm^3 橡胶吸附的肥皂(g)；

　　　　V——橡胶粒子的体积(cm^3)；

　　　　M——肥皂的相对分子质量(288)；

　　　　N——阿伏加德罗常数(6.02×10^{23})；

　　　　σ——每个肥皂分子所占的吸附面积($60 \times 10^{-16} cm^2$)。

则胶粒的平均大小为：

$$r = \frac{6}{S_0}$$

式中　　r——胶粒的平均半径(cm)。

表 2-1 是用肥皂滴定法测定 9 种不同加氨胶乳胶粒大小的结果。其中，胶样 1~5 号是浓缩胶乳，6~8 号是鲜胶乳，9 号是胶清。

表 2-1　氨保存胶乳的胶粒大小

胶样	吸附于 $1 cm^3$ 橡胶上的肥皂	每克橡胶的比表面积 $\times 10^4 cm^{-1}$
1	6.6	8.3
2	9.5	11.9
3	8.9	11.2
4	6.4	8.9
5	11.1	13.9
6	15.0	18.9
7	10.2	12.9
8	16.1	20.4
9	42.2	52.0

一般说来，用肥皂滴定法测得的胶粒大小的顺序是符合这三类胶样规律的。但将测得的结果同电子显微镜直接测得的数据比较，则表 2-1 所得的比表面积稍大。虽然如此，利用肥皂滴定法相对比较各种胶乳胶粒的大小，仍具有一定的意义。

赫塞尔(J. H. E. Hessls)曾将不同胶粒大小的胶乳分别进行渗析纯化，再用蒸发或凝固的方法制成生胶，然后分别测定了这些生胶的黏度、弹性、凝胶含量和永久变形，发现前

3 个测试项目的数值随胶粒的加大而升高；永久变形则随胶粒增大而减小。因此，他认为橡胶分子的聚合度与胶粒的大小有关，胶粒大的，橡胶分子的聚合度也大。此外，他还发现幼龄树和强度割胶的胶乳，胶粒较小。故利用定期测定胶乳胶粒大小的方法可在短期内了解割胶强度是否过大，以作为鉴定割胶强度的根据之一，也可按工艺上所要求的不同粒径的胶乳选择种植材料。例如，某些品系胶乳的胶粒较小，制作浓缩胶乳时损失在胶清中的橡胶就多，所得浓缩胶乳的黏度也可能高些，故这种品系不宜用来生产浓缩胶乳。但胶粒小的胶乳用来制备浸渗用的胶料时，胶料较易渗入纺织物的纤维，增加橡胶与纤维之间的附着力。由于粒子表面积随着粒子尺寸的减小而大为增加，因而吸附在小胶粒表面的非橡胶物质的数量也相应加大，如要制备纯化胶乳或纯化橡胶时，最好选用胶粒大的胶乳。

橡胶粒子的大小对胶乳的稳定性也有很大影响。一般来说，橡胶粒子较大者，胶乳的稳定性较高；反之，则相反。这是因为橡胶粒子的大小关系到分散度和表面能的大小，还关系到胶粒表面的非橡胶物质的吸附量。

胶乳中橡胶粒子的数量是随胶乳的干胶含量和粒子的大小不同而变化的。胶乳含橡胶粒子的多少，都是将稀释的胶乳利用显微镜实际计数所得的粒子数目推算出来的。兰格伦德(Lang Lund)测得每克含干胶 35% 的胶乳的平均粒子数为 $6.4×10^{12}$ 个，而卢卡斯(Lucas)测得每克浓度为 40% 的胶乳中却含有 $47×10^{12}$ 个粒子。由于他们采用的显微镜都是分辨率较小的光学显微镜或超显微镜，还有大量极小的粒子没有观察到，故数出的粒子数目比实有的数目要低。但由他们得到的数据可明显看出，胶乳所含的橡胶粒子数十分庞大。

2. 1. 2. 2　橡胶粒子的结构

橡胶粒子的结构可分为 3 层(图 2-3)：最内层由聚合度较小、能溶于乙醚的橡胶烃分子聚集而成，叫作溶胶层；中间层由聚合度较大、溶于乙醚、可能还具有支链或交链结构的橡胶烃分子聚集而成，叫作凝胶层；最外层主要由蛋白质和类脂物构成，能保持胶粒于分散状态，叫作保护层。在保护层中的这两类物质可能以复合的状态存在。已确定蛋白质的一部分是磷蛋白；类脂物的一部分是磷脂。此外，还有甾醇酯与橡胶粒子相连，由于发现每克橡胶的这类物质的数量不随胶粒表面积而显著变化，故有人认为甾醇酯分布在胶粒的里面，而不在表面。

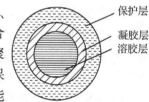

图 2-3　橡胶粒子结构示意

胶乳加氨后，界面层的蛋白质缓慢水解，生成多肽和氨基酸而进入乳清中；而磷脂则很快水解，所产生的高级脂肪酸与氨生成铵皂，多半被吸附在界面层上。因此，胶乳贮存时间不同，橡胶粒子界面层的组成，即肥皂与蛋白质之比也不同。且橡胶粒子保护层蛋白质和类脂物的水解，对胶乳性质的影响也是截然不同的。一方面，由类脂水解生成的肥皂也不是全部留存于界面，一部分也进入乳清，因而乳清和界面上的肥皂建立起一种动态平衡；另一方面，橡胶粒子上吸附的可溶性蛋白质往往还会经历结构的改变(变性作用)，而导致蛋白质溶解度显著降低。因此，蛋白质在界面上的吸附作用与肥皂不同，大部分是不可逆的。但这并不意味着界面蛋白质在没有水解时就不能从橡胶与乳清的界面上除去，事实上，只要比蛋白质表面活性大的肥皂和合成去垢剂，便可从界面上将蛋白质取代出来而使之进入乳清。仅用稀释或增加胶乳 pH 值的办法也能使橡胶界面蛋白质发生一些去吸附作用，即界面蛋白质的吸附作用有一部分还是可逆的。

离心浓缩天然胶乳中橡胶粒子的表面积虽因样品不同而有些差异，但测得每克橡胶中橡胶粒子的表面积在 $10m^2$ 左右，相当于 $1m^2$ 界面约有 1mg 蛋白质。而在空气/水或油/水界面上的单分子蛋白质层的表面浓度约为 $2mg/m^2$，此时蛋白质的多肽键是紧密排列的。由此可见，在橡胶/水界面上的蛋白质浓度较低，这说明了在此界面上还存在其他吸附物质。按空气/水界面的蛋白质单分子层类推，可假定蛋白质的多肽链具有伸展的构形，其大多数极性侧链转向胶乳。在肥皂存在下，可形成蛋白质-肥皂的单分子层，其中肥皂的极性基将指向水相。在加氨胶乳中，橡胶粒子表面层的结构可用图 2-4 而言明。

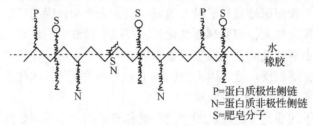

图 2-4　加氨胶乳中围绕橡胶粒子肥皂/蛋白质层结构示意

2.1.3　非橡胶粒子

用 20 000r/min 以上的超速离心机离心未加任何保存剂的鲜胶乳时，胶乳在离心管中分成界限鲜明的 4 层：最上层为浓酪状的橡胶粒子层；第二层为橙黄色的弗莱-威斯林粒子层；第三层为清澈的乳清；最下层主要是由凝胶状黄色体构成的灰黄色底层。莫埃尔（Moir）采用冷冻离心技术，并先将染色剂加入胶乳，然后进行超速离心，可把鲜胶乳分成肉眼能够辨别的 11 个色层。这说明鲜胶乳的结构甚为复杂，分散相除了橡胶粒子外，还存在着其他类型的非橡胶粒子。

2.1.3.1　弗莱-威斯林粒子

这种粒子简称 FW 粒子，主要由脂肪和其他类脂物组成。它外观呈球形，颜色为黄色、橙色或棕色，直径、折射率和相对密度都比橡胶粒子大，平均直径为 $1\sim3\mu m$。其所带的颜色是由脂溶性类胡萝卜素而来。由色层法分析和吸收光谱鉴定的结果表明，类胡萝卜素的主要组分是 β-胡萝卜素。由于类胡萝卜素易受氧化酶的作用而发生氧化，以及其组分因胶乳不同而有所不同，故 FW 粒子的颜色也不完全一样。胶乳的颜色不仅取决于FW 粒子的多少，还取决于 FW 粒子的着色程度。在较黄的胶乳中，往往含 FW 粒子较多。因类胡萝卜素氧化后变成褐色、灰色以至黑色的物质，所以在生胶制造过程中，要采取适当措施防止凝块变色。用氨保存的浓缩胶乳，一般不存在 FW 粒子。这是由于离心时被除去或者在加氨时溶于乳清之故。

2.1.3.2　黄色体

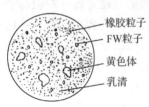

图 2-5　鲜胶乳组成示意

非橡胶粒子中最多的是黄色体。将未加保存剂和未加水稀释的鲜胶乳置光学显微镜下放大 1 000 倍观察时，除了看到橡胶粒子和 FW 粒子之外，还可看到另一种形状不规则的黏性胶状物体（图 2-5）。这种物体体积比胶粒大，直径为 $2\sim5\mu m$，相对密度比橡胶粒子大，数量却比胶粒少得多，因多少带有黄色，故称为黄色体。加氨时，大部分黄色体溶解；加水时，黄色体膨胀而凝聚；加入 0.1mol/L 的氯化钠溶液时，黄色体的外观几乎没有变化。

将未稀释的鲜胶乳用普通离心机离心（2 000r/min），便可将相对密度较大的黄色体聚集于离心管的底部，形成一层界限鲜明的分离层，称为"乳黄"，上面一层颜色较白，称为"乳白"。由于黄色体在分离过程中粘杂一些胶粒和 FW 粒子，故乳黄不完全是黄色体。表 2-2 是一组乳白、乳黄及其原胶乳的分析数据。

表 2-2　乳白、乳黄及其原胶乳的性质比较

项　目	原胶乳	乳白	乳黄
质量比	100	76.3	23.7
黏度（mPa·s）	11.7	9.2	极高
干胶含量（%）	34.8	43.7	9.0
总固体含量（%）	37.4	45.8	14.3
非橡胶物质固体（%）	2.6	2.1	5.3
氨（%）	0.24	0.22	0.33
灰分（%）	0.60	0.47	1.11
自然凝固时间（h）	8	48	2

由表 2-2 可以看出，乳黄最显著的特性是含水多，黏度高，非橡胶物质含量多，稳定性很差。因此，黄色体对胶乳的物理化学性质必然产生很大的影响。由于这些原因，胶乳研究工作者对黄色体进行了一些深入的探讨，发现黄色不是黄色体的内在性质，而是由于它黏附的 FW 粒子所含的类胡萝卜素而来。所以有人认为黄色体这个名称并不恰当。黏度高才是这种物体真正的内在性质，故建议改称"黏性体"。据研究黄色体的化学结构证明，黄色体主要是蛋白质和类脂物的复合体，其外部裹着一层半透明的极薄而很复杂的膜，内部为一种无色的胶体，含有多酚氧化酶、钙、镁等阳离子和苹果酸、柠檬酸以及等电点高的蛋白质等。黄色体对鲜胶乳的性质影响很大，一般黄色体含量高的胶乳其稳定性降低。原因如下：黄色体比胶粒大，则薄膜破后，可包围橡胶粒子，橡胶粒子容易聚结在一起，胶乳稳定性降低；黄色体本身的稳定性低，容易凝聚，可黏附一些橡胶粒子，则使胶乳稳定性降低；黄色体里含有钙、镁离子，它会压缩双电层，使胶粒脱水，所以，胶乳稳定性降低；黄色体里的水溶液（pH 值为 5.5）薄膜破后，水溶液跑到乳清里，可降低胶乳的 pH 值，减少了胶粒表面所带的电荷和水化膜，使胶乳稳定性降低；黄色体上等电点高的蛋白质，这种蛋白质在中性或微碱性状态下做碱式解离，带阳电荷，由于胶粒带阴电荷，阴、阳电荷中和，使胶粒稳定性降低。

工厂制胶时，通常先用水稀释鲜胶乳，然后凝固以制成干胶，所以在凝固前黄色体已破裂，而黄色体残余物则几乎都留在凝块中，并影响着橡胶的性质。胶乳离心浓缩时，加氨会使黄色体破裂，黄色体膜可能溶于氨中而形成棕色溶液和一种白色沉淀物，后者可能是不溶性磷酸镁铵。这一沉淀物的存在，会堵塞离心机，从而降低离心分离效率及缩短离心机的运转时间。

从制胶工艺的角度来看，将鲜胶乳中的黄色体分出后，由于干胶含量和纯度相对提高，颜色改善，黏度降低，则用来制造离心浓缩胶乳时，不仅分离效率可获得提高，产品质量也可得到改善；用来制白绉胶片时，则产品颜色更加洁白；用来制脱蛋白生胶时，产

品绝缘性能也会相应得到改善。

2.1.3.3 含纤维状物质的粒子

取自幼树乳管的胶乳，往往含有由双层薄膜包围的直径为 $1 \sim 3\mu m$ 的特殊球粒。这种粒子含有排列成一组、两组、偶尔还有三组定向的纤维状物质的悬浮体，而这些纤维又是由成束的微纤维组成的。由研究这些微纤维的超微结构表明，它们差不多全是由蛋白质组成的。每根微纤维围绕一个空心轴紧密地圈成连续的螺旋线。螺旋线的直径为 12.5nm，螺距为 10nm，空心轴直径为 3nm，因而螺旋线壁的厚度大约在 5nm。从成龄树的胶乳看到的这种类型的粒子，其所含微纤维不呈现螺旋形而呈现锯齿形，数量也少，而且大多数的粒子都没有这种内含物，而呈现空心的。这意味着含纤维状物质的粒子的内含物随乳管的年龄而逐渐退化。锯齿形的结构可能是部分退化后显示出来的结果。含纤维状物质的粒子的功用和性质，现在还不清楚。

2.1.4 胶乳的稳定性与凝胶和成膜性质

2.1.4.1 胶乳的稳定性

蛋白质是构成橡胶粒子保护层的主要物质，它对橡胶粒子的稳定性，也就是对胶乳稳定性起着主要的作用。下面以蛋白质为基础讨论胶乳的稳定性及其影响因素。

首先讨论吸附剂(橡胶分子)与吸附物质(蛋白质分子)之间的吸附作用。由于橡胶烃不是极性物质，蛋白质是极性物质，它们之间的吸附作用肯定不是永久偶极引力所引起，而是由瞬间偶极和诱导偶极引力引起的。在橡胶烃分子中的电子云虽然是对称的，即电子出现在分子核四周的几率是相等的，但在一瞬间多数电子分布在四周不见得均匀，所以分子就在这一瞬间具有一种偶极，称为瞬间偶极。这种偶极在范德华引力中起主要作用，是橡胶烃吸附蛋白质引力的一个来源。另外，橡胶烃的分子虽然没有极性，但它同样带有阳、阴电荷，只是两个电荷中心相互重合而已，所以没有极性表现出来，当它与蛋白质的极性分子接近时，特别是它的不饱和键易受蛋白质的极性影响(同电性相排斥，异电性相吸引)而引起极化，形成诱导偶极，由此诱导偶极引力产生吸附作用。从界面化学来看，橡胶粒子由于表面上吸附了蛋白质分子，抵消了一部分内聚力，因而界面自由能降低，热力学稳定性升高，使胶粒趋于稳定状态。

其次讨论橡胶粒子带阴电荷的原因。主要是胶粒吸附的蛋白质引起的。蛋白质是典型的两性电解质，它在水溶液中的两性是由于分子中的羧基($-COOH$)和氨基($-NH_2$)而来。虽然对于蛋白质的一条多肽链来说，仅含有一个游离羧基末端和一个游离氨基末端，然而构成蛋白质的氨基酸除了已构成肽键的羧基和氨基外，还有许多可离子化的基团，其中有能结合氢离子成为带阳电荷的基团；有的能解离出氢离子成为带阴电荷的基团。所有这些基团都影响着蛋白质分子的电化学性质。与氨基酸相似，蛋白质在酸性介质中以复杂的阳离子态存在，在碱性介质中以复杂的阴离子态存在，在等电点时以两性离子态存在。胶乳中的蛋白质分子大部分解离为 $NH_3^+ - P - COO^-$ 形的两性离子，由于这两种离子的 $-NH_3^+$ 和 $-COO^-$ 解离程度不同，电荷状态也就不同。橡胶粒子表面的电荷大小和性质是随胶乳 pH 值的变化而变化的，现定性地说明如下：

在酸性条件下，蛋白质做碱式解离，而使胶粒带阳电荷；在碱性条件下，蛋白质做酸式解离，而使胶粒带阴电荷。

在某一 pH 值下，蛋白质分子的酸式解离和碱式解离相同，即呈等离子解离状态，此时蛋白质分子不显电性，即等电状态，此 pH 值就是蛋白质的等电点。因胶乳中蛋白质的等电点多数都在 pH5 以下，而鲜胶乳的 pH 值在 7 左右，加氨胶乳的 pH 值在 9 以上，故对蛋白质来说，这两种胶乳都呈碱性状态，蛋白质的氨基解离受到抑制，而羧基得到充分解离，从而使橡胶粒子带上阴电荷。

胶粒由于蛋白质解离的 NH_2—P—COO^- 离子而带阴电荷，而胶乳本身呈电中性，因此可以设想，胶粒周围必定分布着电性相反、电荷相等的阳离子。使胶粒带电的离子称为电位离子。与电位离子电性相反的离子，称为反离子。反离子一方面由于静电引力和范德华引力的作用，被胶粒吸引，力图把它们拉向胶粒表面，但另一方面反离子本身热运动的扩散作用，具有向乳清中均匀分布的趋势，即有离开胶粒的倾向。在这两种力的作用下，反离子的分布情况是越靠近胶粒表面越多，离开胶粒表面越远则越少。因此，聚集在胶粒周围的反离子可分为两层，一层与胶粒距离较近，吸引得很牢，这部分反离子连同电位离子与水化膜一起，称为吸附层(也称固定层)；另一层则呈扩散状分布，与胶粒距离较远，吸引得较疏松，反离子的分布随着离胶粒界面距离的增大而减少，直到电位

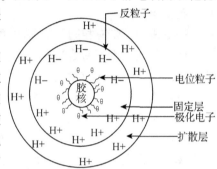

图 2-6　橡胶粒子双电层结构示意

离子电力线所不能及的均匀乳清相为止，此处的反离子浓度为 0。这一层称为扩散层(也称为可动层)。吸附层和扩散层带有电量相等、符号相反的电荷，构成橡胶粒子的双电层(图 2-6)，也称为扩散双电层。当橡胶粒子对乳清作相对运动时，其滑动面不在胶粒表面，而在乳清之中，即在吸附层和扩散层交界面的地方。当吸附层与扩散层错动时，吸附层对均匀的乳清相就产生电位差，这个电位差决定着胶粒在电场中的运动速度，称为电动电位，简称 ζ 电位。它的大小决定于电位离子与吸附层中反离子数目之差。

图 2-6 双电层结构和 ζ 电位除了电动电位以外，还有一种热力学电位。它是胶粒表面到均匀乳清相的电位差。其大小决定于电位离子的定数。应该指出，天然胶乳的热力学电位是随着胶乳 pH 值的变化而变化的。

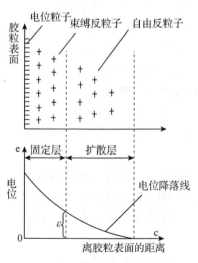

图 2-7　双电层结构和 ζ 电位

热力学电位与电动电位之间的关系可由图 2-7 看出。虚线表示吸附层和扩散层之间的分界面，在虚线左边具有过量的阴电荷，在这根线右边，即扩散层中，含有和这过量数目相等的阳电荷。从图可以看到，电动电位小于热力学电位。结果表明，离开胶粒表面而到乳清内的程度越深，电位下降得越多。横坐标描绘离开胶粒表面的距离，纵坐标描绘电位的值。正在胶粒表面上的电位具有最大值 e，即表示热力学电位。在吸附层与扩散层之间界面上的电位值 ζ，即表示电动电位。在 C 点双电层结束，电位等于零。球形胶粒 ζ 电位的计算式如下：

$$\zeta = \frac{6\pi\eta u}{DE} \qquad (2-1)$$

式中　η——胶乳的黏度；

$\quad\quad u$——胶粒的电泳速度；

$\quad\quad D$——胶乳的介电常数；

$\quad\quad E$——单位长度的电位差。

吸附层中的反离子越少，扩散层中的反离子必然越多，反离子会扩散得离胶粒越远，胶粒所带的阴电荷也就越多，则双电层越厚，ζ 电位越高，胶粒间的斥力必然越大，胶乳也就越稳定。

一般来说，带有相同阴电荷的橡胶粒子因布朗运动而互相碰撞时，由于同电性相斥及双电层的作用，而不易聚结在一起，这是胶粒保持稳定状态的一个主要因素。当两个胶粒相互靠近而扩散层未重叠时，胶粒间无静电斥力，而只有胶粒间的引力；扩散层一旦重叠，就产生静电斥力，并随着重叠区域的增大，静电斥力也相应增加。按照近代理论，胶粒外的离子云对防止胶粒聚结起着重要的作用。带阴电荷的胶粒，其外围是阳离子云。当两个胶粒相互靠近时，离子云互相重叠或交联，处于交联区域中的离子浓度突然增大，于是破坏了原来离子云电荷分布的对称性，为了消除离子浓度的差异，未交联处的乳清水分子向交联处渗透，形成渗透斥力，促使胶粒分开，即阻碍胶粒聚结。因此，静电斥力的作用仅限在双电层范围内，双电层以外就不存在。静电斥力的大小与 ζ 电位呈正比关系，即 ζ 电位越高，则静电斥力越大，胶粒就越稳定。

将电解质加入胶乳时，电解质电离出阳离子和阴离子，这些阳离子与扩散层原有的阳离子之间因带相同电荷而存在一定的斥力，与胶粒界面的电荷相反而存在吸引力，故有向着胶粒方向运动的趋势，结果就将扩散层中的阳离子排挤进吸附层，且阳离子的价数越高，则作用越大，这就是压缩双电层的作用。随着加入电解质的增多，被挤进吸附层的阳离子也增多，扩散层减薄，ζ 电位降低，胶粒上的阴电荷逐步被中和，当电解质加入到某一定量时，胶粒所带电荷完全被中和，扩散层厚度和 ζ 电位为 0，即达到等电点，粒子间的斥力消失，胶粒便在互相碰撞中结成大粒子而引起胶乳凝固。实际上，当胶粒的电荷被中合到某种程度，胶粒间的斥力小于它们之间的引力时，就可能产生凝固，这是一方面，另一方面因为胶乳中的橡胶粒子，大小很不一致，要全部橡胶粒子的 ζ 电位都呈同样的变化是很困难的。因此，胶乳不是一下子全部凝固，而是逐渐凝固完全的。

将大量的酸很快地加入胶乳，使其 pH 值迅速下降并越过蛋白质的等电点时，则蛋白质做碱式解离，NH_3^+—P—COOH 离子大量生成，NH_2—P—COO^- 离子消失，因而胶粒所带的电荷与原来的阴电荷相反，形成扩散层为阴电荷的双电层包围胶粒，变成了所谓阳电荷胶乳。此时，电动电位的符号也与上述的相反了。

某些吸附势较大的电解质（如高价的盐类）可与胶粒原有的反离子起交换吸附作用，由于静电引力增大了双电层间的离子密度，压缩了双电层间的距离，因而使 ζ 电位的绝对值降低，故少量这类的电解质便可显著降低胶乳的稳定性。在某些情况下，超过一定数量时，也可将胶粒的电荷转变为阳电荷，变成稳定的阳电荷胶乳。

另外，由于胶粒表面吸附了蛋白质和类脂物，这些物质的分子中有许多极性基团，存在永久偶极矩，同时还具有许多电负性很强的元素，而乳清中的水分子也带有极性，所以它们可通过永久偶极引力和氢键力的作用，使胶粒表面发生水化作用，即水分子在胶粒表面形成定向排列的水化膜。此外，由于静电场的作用而被水化作用的水，其极性增加，它又可以吸引其他水分子，这样就在胶粒表面形成较厚的水化膜。正由于水化膜具有定向排列的结构，当胶粒互相靠近，水化膜被挤压变形时，它便以一定的弹性抗压能力，力图恢复原来的定向排列结构，且弹性抗压能力(P)与水化膜厚度(h)的关系为：$P=f(h)$，即水化膜越厚，弹性抗压能力越大。当胶粒相撞时，水化膜起着隔离和缓冲机械阻力的作用，可提高胶粒的热力学稳定性，使胶粒不易聚结在一起。这是保持胶乳稳定的另一主要因素。

胶乳的稳定性不仅决定于橡胶粒子保护层的蛋白质和类脂物，而且也受其他粒子和乳清相中非橡胶物质的影响。钙、镁、磷、酶和糖是存在于乳清中的物质。钙、镁的含量往往与磷呈负相关关系，即磷含量低的胶乳，其钙、镁含量往往较高。

游离钙、镁对胶乳稳定性存在不利的影响。某些酶能引起橡胶粒子保护层蛋白质的变性，直接破坏胶乳稳定性。钙、镁可使酶活化，是酶的活化剂。糖为细菌的营养料，是细菌生存和繁殖不可缺少的物质。酶和钙、镁含量高的胶乳，其稳定性往往较低。为了避免这些非橡胶物质对稳定性的不良影响，可在胶乳中加入适宜的保存剂加以控制。也可根据影响橡胶粒子稳定性的因素，改变橡胶粒子保护层的物质。例如，在胶乳中加入阴离子表面活性物质(月桂酸等)，或促使胶乳本身物质的转化，使表面性物质吸附在橡胶粒子表面形成新的"单一物质膜"或"混合物质膜"。这种膜的水合度和阴离子数如比原来的大得多，则胶乳稳定性可明显提高。

综上所述，橡胶粒子的稳定性主要取决于胶粒所带的电荷和水化膜。前者是使胶粒由于静电斥力而不互相聚结；后者是在胶粒碰撞过程中起机械"缓冲器"的作用而增加胶粒的稳定性。从广义上来说，水化膜也可算作斥力因素。胶粒是稳定还是不稳定主要是斥力和引力互相作用的综合结果。这是互相矛盾的两个方面。现在根据斥力和引力这一对矛盾来研究胶粒间

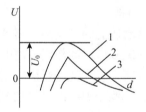

图 2-8　粒子间相互作用的势能曲线

相互作用的能量与距离的关系(图 2-8)。纵坐标 U 代表胶粒相互作用的势能，相斥势能增加，相吸势能减少；U_0 代表势能峰。横坐标 d 代表胶粒间的距离。从图中曲线可以看出，胶粒间距离较大时，由于扩散层还未相互重叠，胶粒间无斥力存在，只有引力占微弱的优势，这时曲线在横坐标的下面。随着胶粒相互接近，进入扩散层重叠区，这时斥力开始占优势，随着重叠区扩大，势能也逐渐上升，阻止胶粒进一步接近。与此同时，胶粒间引力由于距离缩小也相应增加，于是在距离缩小到一定程度当超过势能峰 U_0 后，势能开始下降，引力占绝对优势。因此，胶粒要相互聚结，必须越过势能峰 U_0 使引力占绝对优势。胶粒间存在斥力和需要越过一定的势能峰，这就是胶体体系能在一定时间内暂时保持稳定的原因。据此，扩散层厚度大小对溶胶稳定性有着重要的作用。因势能峰的高低和扩散层的厚度有关。扩散层越厚，势能峰就越高，溶胶就越稳定。当加入电解质时，由于 ζ 电位下降，水化膜变薄，斥力也下降，这时所需越过的势能峰就相应降低(图 2-8 曲线 2)。当电解质的量足够时，扩散层被挤压与吸附层重合，ζ 电位等于 0，水化膜消失，胶粒间的引力占绝对优势，则胶粒相互碰撞后便聚结在一起，完全丧失了稳定性(图 2-8 曲线 3)。

实际上胶粒的聚结，不必等到 ζ 电位等于 0 时才发生。当 ζ 电位下降到临界电位时就已开始，因为这时胶粒的布朗运动所具有的动能已足以克服胶粒间斥力的势能。

从上面分析可知，胶粒所带的阴电荷越多，水化膜越厚，则胶粒间的势能峰越高，胶乳越稳定；反之，则胶乳越不稳定。

2.1.4.2　影响胶乳稳定性的因素

凡是能使胶粒的电荷增加和水化膜增厚的因素，都能提高胶乳的稳定性；反之，凡能降低胶粒电荷和减薄水化膜的因素，都能降低胶乳的稳定性，甚至使胶乳发生凝固。

(1) 碱

加碱，胶乳的 pH 值升高，胶乳的 pH 值远离蛋白质的等电点，胶粒表面的保护层物质酸性解离增加，胶粒带阴电荷。并且，胶粒所带电荷增加，水化膜加厚，斥力增加，提高胶乳的稳定性。同时，加碱也可中和胶乳腐败所产生的挥发脂肪酸，使胶乳稳定性提高。但碱过量，会加速蛋白质的水解速度，破坏胶粒保护层，使保护层物质分解成 α-氨基酸，使胶乳稳定性降低，所以加碱要适量。

生产上，用加氨来提高胶乳的 pH 值。氨是胶乳常用的保存剂。

(2) 酸

加酸，胶乳的 pH 值会降低，蛋白质的碱式解离增加，蛋白质的水化作用减弱，胶粒所带阴电荷减少，电动电位降低，水化膜变薄，斥力减小，胶乳稳定性降低。加酸直到胶体溶液的 pH 值等于蛋白质的等电点时，电动电位等于零，斥力消失，这时，胶乳凝固。

生产上，用乙酸、甲酸来做胶乳的凝固剂，硫酸做胶清的凝固剂。

(3) 盐

盐对胶乳的影响是正离子，并且价数越高，影响越大。加盐，会使胶粒脱水，同时，具有压缩双电层的作用，使电动电位降低，水化膜变薄，斥力消失，胶乳稳定性降低。

生产上，胶乳需要快速凝固或加速凝固时，通常采用盐做胶乳的辅助凝固剂。

(4) 钙、镁离子对胶乳稳定性的影响

胶乳里的钙、镁离子具有压缩双电层的作用，同时，钙、镁离子还是酶的活性剂，从而增加酶对胶乳稳定性的影响。因此，胶乳里含过多的钙、镁离子，会使胶乳稳定性降低。

生产上，胶乳含过多的钙、镁离子，可用磷酸根离子除去钙、镁离子对胶乳的去稳定作用。特别是生产离心法浓缩胶乳时，鲜胶乳含过多的钙、镁离子，则生产出来的浓缩胶乳钙、镁离子含量也会高，从而影响浓缩胶乳的机械稳定性，因此，鲜胶乳澄清时，需要测定鲜胶乳的钙、镁离子含量，以便得到及时调控。

(5) 细菌、酶对胶乳稳定性的影响

细菌对胶乳稳定性的影响主要体现在两个方面：①利用胶乳中的糖类生成挥发性脂肪酸，降低胶乳的稳定性。②能分解胶粒表面的蛋白质，破坏胶粒的保护层，使胶乳稳定性降低。

酶对胶乳稳定性的影响主要体现在两个方面：①能使胶粒吸附的蛋白质变性，破坏胶粒的保护层，使胶粒脱水，胶乳稳定性降低。②能分解胶粒表面的蛋白质，破坏胶粒的保护层，使胶乳稳定性降低。

生产上，采用生物凝固法，就是利用细菌、酶对胶乳的去稳定作用，从而达到凝固胶乳的作用。

（6）机械搅拌

机械搅拌可破坏胶粒的水化膜，同时，增加胶粒的动能，使胶粒碰撞后互相聚集，胶乳稳定性降低。

生产上，鲜胶乳保存时，一般不准过多搅拌。

（7）加热

加热能使胶粒运动剧烈，胶粒吸附的蛋白质变性，破坏水化膜，使胶粒脱水，胶乳稳定性降低。

生产上，测定胶乳的总固形物含量，就是利用加热破坏胶乳稳定性的原理。

（8）糖的间接作用

糖作为细菌的碳源，被作用生成挥发性脂肪酸，从而降低胶乳的稳定性。

2.1.4.3 胶乳凝胶和成膜的胶体性质

天然胶乳之所以能直接用来制造各种制品，与其胶凝和成膜的性质有密切关系。它们既是重要的胶体性质，也是重要的工艺性质。以下先从胶体性质的角度探讨胶乳的胶凝与成膜的性质。

（1）胶乳的胶凝性质

如前所述，橡胶粒子带阴电荷是胶乳保持稳定的重要原因之一。

在胶乳中加入电解质时，电解质的阳离子将压缩双电层，使双电层变薄，ζ 电位降低，若橡胶粒子的布朗运动具有的动能足以克服 ζ 电位的势能时，橡胶粒子便互相碰撞而聚结。

如果向胶乳中缓慢加入电解质（一般为二价金属盐），可使橡胶粒子缓慢去稳定而在个别地方黏合起来而形成称为"凝胶"的聚集物。凝胶在放置过程中会脱水和收缩，最后形成胶膜。

胶乳在电解质或其他去稳定剂作用下，由稳定的水分散体系变为凝胶的过程称为胶凝。

需特别指出的是，胶凝与凝固有本质的不同。胶凝过程中分散相（橡胶粒子）和分散介质（乳清）没有明显的相分离，即凝胶占有和原胶乳同样大小的体积。而在凝固过程中，分散相和分散介质总是分离的，凝块的体积总是小于胶乳原来占有的体积。一般而言，引起胶凝的物质不一定是特殊物质，重要的是去稳定过程必须进行缓慢，而且有可能在表面保护层最差的部分相互黏结而形成凝胶。使用一价的阳离子的电解质，因需加入大量此电解质溶液，导致胶乳的过度稀释而无法得到连续的凝胶；使用三价的阳离子的电解质时，则橡胶粒子失去全部的保护层，稳定性迅速失去，因而也不能得到均匀而又牢固的凝胶；只有使用二价阳离子的电解质作胶凝剂能够得到最好的结果。

在胶乳制品的具体生产中，常用的胶凝方法有直浸法、离子沉积法、热敏化法、硅氟化钠法、电沉积法和多孔模型法等。

（2）胶乳的自黏性与成膜性

一种物质要具有高度的自黏性必须具备两个条件：一是物质本身应具有高度的内聚力；二是这种物质的两个表面接触时能发生结合作用。在各种物质中，高聚物同时具备这两个条件。为了使高聚物充分的黏结，仅靠接触是不够的，而是要求在接触区部分地恢复物质原有的结构，即要求高聚物链状大分子能像原物质任何部分一样地交织起来。由于高聚物的黏度大、分子形状特殊、整条大分子链不容易移动，因而接触区域结构的恢复只能靠链节的移动来完成。可以设想，处在某一高聚物表面的大分子链的中段或尾部，靠热运动有可能渗透到另一高聚物的表面中，而把两者结合起来。然而，对于高聚物本身的自黏性，则主要是因为链状大分子或其链节的热运动在接触区域逐步恢复原有的结构。与其他高聚物一样，天然胶乳具有高度的自黏性，从而使其具有良好的成膜性质。天然胶乳经干燥形成薄膜的过程，可分为如下 3 个阶段(图 2-9)：

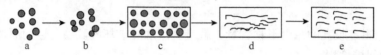

图 2-9　胶乳成膜过程示意

第一阶段，图 2-9 中 a~c：胶乳中的水分不断蒸发，胶乳因干燥而浓度增大，橡胶粒子逐渐开始接触形成浓度极大的胶乳分散层，然后橡胶粒子自由移动并最终排列成多粒子层。虽然此时橡胶粒子为保护层物质与水相所包围，但它们仍能形成紧密的排列。当胶乳中间存在大小不同的橡胶粒子时，大粒子往往被小粒子所包围，并做紧密的排列，但其接触的紧密度无论如何要比单一粒子分散系统差些。橡胶粒子在薄膜刚形成时基本保护原来的形状，其表面的保护层物质则形成网状结构。

第二阶段，图 2-9 中 c~d：水分继续从橡胶粒子间的空隙蒸发，橡胶粒子在相互接触后，逐渐变成多面体，且体系面积随着接触程度的增加而缩小。

引起这种变化的主要原因是表面张力的作用，因为橡胶粒子间水分蒸发而形成的空隙在一定程度上与液体中的空气泡相类似。沿半径为 r 的气泡圆周作用的表面张力 σ 力求以相当于 $2\pi r\sigma$ 的力使两个半球面接近，由于这种力的作用，气泡内部产生的压力比外面的大气压力大，由此压力差 P 而产生作用在半径 r 圆周上的力 $\pi r^2 P$ 排斥两个半球的接触。由 $\pi r^2 P = 2\pi r\sigma$，有 $P = 2\sigma/r$。当橡胶粒子直径 30~60nm 时，橡胶粒子间在干燥形成的空间最大半径约为 5nm，对表面张力 25mN/m 的胶乳，空间(隙)所产生的压力约等于 10MPa。可是，薄膜在大气压下形成，而高聚物总是具有一定的空气与水蒸气的渗透性，因此，经过一段时间后橡胶粒子空隙的内压力只能稍大于大气压。由于橡胶粒子空隙间不存在那样大的压力，因而表面张力使橡胶粒子变形并缩小体系的面积。

第三阶段，图 2-9 中 d~e：由于橡胶分子的热运动和相互扩散，以及保护层物质的逐步溶解而从表面上离去，最后形成具有橡胶连续相的薄膜。可以理解，只有当高聚物具有一定的自黏性，才能实现粒子间的黏合。当然，胶乳薄膜形成过程是很长的，而且是很缓慢的，薄膜在形成后还经历着巨大的结构变化，只是到最后阶段才发生真正的转变。

不同胶乳薄膜结构及其变化速度主要取决于高聚物的性质、高分子链的柔性、分子运动状况与扩散能力，以及保护层物质的种类与含量。一切利于高聚物分子活动的因素，如提高温度、加入增塑剂，都能加速胶乳薄膜形成与改善薄膜性能。

2.2　化学性质

鲜胶乳的化学成分非常复杂，它除了含橡胶烃和水外，还含有种类繁多的其他物质，这些物质统称为非橡胶物质。非橡胶物质的数量很少，但对胶乳的性质、胶乳或干胶的工艺性能和应用性能影响很大。组成胶乳的物质和它们在胶乳里的含量，不是固定不变的，往往随着品系、树龄、气候、土壤、施肥、割胶强度、季节、物候、化学刺激等因素的不同而改变。因此，天然胶乳的变异性很大。表 2-3 是鲜胶乳主要成分含量的变化范围。

表 2-3　鲜胶乳的主要成分

成　分		含量(%)
橡胶烃		20~40
水		52~75
非橡胶物质	蛋白质	1~2
	类脂物	1 左右
	水溶物	1~2
	丙酮溶物	1~2
	无机盐	0.3~0.7

2.2.1　橡胶烃

橡胶烃是指纯的橡胶，它是由异戊二烯单体聚合而成的开链式碳氢化合物。鲜胶乳中的橡胶烃为 20%~40%。

将鲜胶乳与大量的苯一起摇动，在几分钟内便可获得均匀的溶液，但在避免任何搅动的情况下，用纯石油醚抽提时，发现在溶液中悬浮着分得很细、仅由胶体大小的粒子组成的凝胶组分，这个组分叫作微粒凝胶。将其轻轻地搅动时，便分散成一特性黏数较抽提出来的可溶成分的特性黏数低得多的溶液，这种行为与抽提大量橡胶所得的不溶性大粒凝胶差别很大，大粒凝胶很难溶解。

鲜胶乳橡胶烃的苯溶液中虽然不能见到凝胶，而且还可过滤，但通过光散射法可以看到微粒凝胶的存在。

如果将一些休割几年的无性系胶树从新开割的鲜胶乳直接溶于苯中时，立即就可看到，这种胶乳与普通胶乳不同，它的溶液有些浑浊，特性黏数也很低。由此溶液沉淀的橡胶坚韧而不能再溶解，渗透压也小到不能进行测定，由这种胶乳制得的橡胶很坚韧，一般不能溶解且非常硬，在苯中只能做有限度的膨胀。这种胶乳是一种含有交联的胶态粒子的微粒凝胶胶乳。同样，当未开割的胶树进行正规割胶时，所得的胶乳和由此胶乳制得的橡胶的性质也必然发生巨大的变化，大约在割胶 10 次后(半螺旋形隔日割制)，微粒凝胶才逐渐减少而转变为正常胶乳。在此割胶期中，胶乳溶液的特性黏数由小变大，橡胶硬度也逐渐减小。

鲜胶乳存在微粒凝胶的事实说明，橡胶烃在生物合成或在橡胶树内贮存时已发生交联反应。由新开割或休割后胶树所得的橡胶，因在橡胶树中贮存的时间长，发生交联的机会多，故微粒凝胶的比例高，这与橡胶烃存在醛式反应的学说是相符合的。

在严格隔绝空气情况下收集的鲜胶乳，其中仍含有氧的相对分子质量很低的橡胶级分。具体的氧含量随着低相对分子质量级分特性黏数的升高而降低，当特性黏数大于 1(相对分子质量 100 000)时，结合氧含量为 0.3% 或更低些；特性黏数为 0.75(相对分子质量约 50 000)时，结合氧量约 0.5%；特性黏数低于 0.5%(相对分子质量低于 30 000)时，则结合氧量稍大于 1%。这种情况进一步说明，鲜胶乳中的橡胶在未离开胶树前，至少一部分不是单纯的碳氢化合物了。

在产胶区从鲜胶乳分离出来的橡胶烃测得的相对分子质量，通常都比消费地区测得者大得多，并且观察到任何橡胶树在连续的割胶之间，其橡胶的相对分子质量不仅变化不大，而且更重要的是在一年之中，即使在长叶期或雨季也没有什么变化。这说明在传统的凝固等制胶过程和橡胶贮存过程中，橡胶相对分子质量发生了明显的变化。

2.2.2　水

水在鲜胶乳中含量最多，占胶乳质量的 52%~75%。一部分水在橡胶粒子的表面形成水化膜，使胶粒不易聚结，起着保护胶粒的作用；另一部分水与非橡胶粒子结合，构成它们(特别是黄色体)的内含物；而大部分水则成为非橡胶物质均匀分布的介质，构成乳清。所以，水也是胶乳分散体系的整个分散介质的主要成分。

胶乳含水量的多少，对胶乳性质，特别是稳定性有一定的影响。在其他条件相同的情况下，胶乳含水越多，意味着胶粒之间的距离越大，碰撞频率越低，稳定性将越高。

鲜胶乳本身的含水量对制胶生产也有较大影响。例如，用含水多的鲜胶乳生产浓缩胶乳时，干胶制成率低，劳动工效也较低；用来生产生胶时，所得产品纯度往往较差，这是因为乳清物质含量较多所致。

2.2.3　非橡胶物质

鲜胶乳中除了橡胶烃和水外，尚含有约 5% 的非橡胶物质。尽管这些物质的数量不多，但对制胶工艺和产品性能却有不同程度的影响。非橡胶物质种类繁多，根据它们的化学性质，大体上可分为以下几类。

2.2.3.1　蛋白质

蛋白质是一种含氮的有机高分子化合物。虽然它的结构非常复杂，种类繁多，但元素组成却相近似，除氮以外，主要有碳、氢、氧，有些还含有硫、磷等其他元素。天然蛋白质由 20 种氨基酸按照一定比例和特殊的排列顺序组成。由于蛋白质一般含氮量在 15%~17.5%，其平均值为 16%，胶乳的含氮物质绝大部分是蛋白质，故只要测得胶乳氮含量后乘上 6.25 便可得到胶乳蛋白质含量。

鲜胶乳的蛋白质含量占胶乳重的 1%~2%，其中约有 20% 分布在橡胶粒子的表面，是胶粒保护层的重要组成物质，65% 溶于乳清，其余的则与胶乳底层部分相连。

在制胶过程中，一部分胶乳蛋白质随乳清流走，剩下的则仍然留在初制品里。蛋白质除对胶乳稳定性的影响已在前面介绍外，对橡胶的性能也有较大的影响。一方面，它的分解产物可以促进橡胶的硫化(如碱性氨基酸)，提高橡胶的定伸应力，延缓橡胶的老化(如氨基乙酸能与铜生成极稳定的内络合物氨基乙酸铜，消除铜的氧化强化剂的作用)，改善橡胶制品的耐用性；另一方面，它又具有较强的吸水性，能增加生胶和橡胶制品的吸水性和导电性，容易使生胶和橡胶制品发霉和不利于制作绝缘性好的电工器材。此外，蛋白质还有提高橡胶发热性能的趋势。装入铁桶的浓缩胶乳，有时产生颜色变灰的现象，乃是由于胶乳的含硫蛋白质引起的，这种蛋白质分解产生的硫与铁发生化学反应，生成胶状硫化铁，这种黑色的硫化铁分散在胶乳中便使之出现灰色甚至黑色的现象。蛋白质是橡胶粒子保护层的物质之一，但在浓缩胶乳的贮存过程中，由于蛋白质缓慢水解，使乳清离子强度增加并使胶粒失去蛋白质的保护作用，从这方面来说，又会使浓缩胶乳稳定性降低。

2.2.3.2　类脂物

鲜胶乳中的类脂物由脂肪、蜡类、甾醇、甾醇酯和磷脂组成。这些化合物都不溶于水，主要分布在橡胶相，少量存在于底层部分和 FW 粒子中。胶乳的类脂物总含量约 1%。其中，大部分是磷脂。磷脂是甘油磷酸的长链脂肪酸酯，它的磷酸根可与胆碱、胆胺、肌醇酯化，或与金属磷脂酸盐的一个金属原子相结合。

鲜胶乳中因存在磷脂分解酶，如不采取钝化这种酶的措施，则割胶后胶乳磷脂迅速发生酶的水解。如将胶乳倾入煮沸的乙醇使之凝固，便能得到不降解的磷脂。由分析这种磷脂发现，大部分（约 80%）为卵磷脂，其余为脑磷脂、金属磷脂酸盐和肌醇磷脂。

鲜胶乳一般都不含游离的长链脂肪酸，但加氨后类脂物水解而产生硬脂酸、花生酸、油酸和亚油酸的混合物。这些酸的总量可高达胶乳重的 0.4%~0.9%。

胶乳磷脂的表面活性很高，由于它和蛋白质形成了包围橡胶粒子的混合膜，才使鲜胶乳保持了胶体稳定性。氨胶乳在贮存过程中机械稳定度的增高，就是由于上述类脂物释放出来的高级脂肪酸生成了铵皂，在胶粒界面上起着保护胶体作用的结果。

已经知道，胆碱化合物都有加速橡胶硫化和对生胶起防老化的作用。据研究表明，胶乳磷脂的降解程度同所得橡胶的硫化速率有关，未分解的磷脂含量越高，橡胶的硫化速率越快。

2.2.3.3　丙酮溶物

胶乳里能溶于丙酮的物质，统称丙酮溶物。上面所述的类脂物中，除磷脂外几乎都能溶于丙酮，也属于丙酮溶物。丙酮溶物的含量为鲜胶乳重的 1%~2%。它的主要成分有油酸、亚油酸、硬脂酸、甾醇和甾醇酯。在研究丙酮溶物时，曾分离出两种具有防止橡胶老化作用的液体甾醇，其分子式为 $C_{27}H_{42}O_{11}$ 和 $C_{20}H_{30}O$。胶乳丙酮溶物中还含有少量的 α-生育酚和 γ-、α-、δ-三烯生育酚（tocotrienol）。这些化合物都是橡胶的天然防老剂。三烯生育酚防老化的能力以 δ 型为最好，γ 型次之，α 型的较少。因此，一般认为丙酮溶物对橡胶有防老化作用。此外，丙酮溶物因含大量高级脂肪酸（50% 以上），故对橡胶能起物理软化作用，使橡胶在塑炼时容易获得可塑性。

FW 粒子所含的类胡萝卜素，也是丙酮溶物的组分之一。

2.2.3.4　水溶物

水溶物是指能够被水溶解的一类物质的总称。鲜胶乳中的水溶物主要是白坚木皮醇（甲基环己六醇），还有少量的环己六醇异构体、蔗糖、葡萄糖、半乳糖、果糖和两种已检定出的五碳糖。此外，还有无机盐、可溶性蛋白质等物质。水溶物的含量占胶乳重的 1%~2%。它主要分布在乳清中。

从胶树中流出来的胶乳，不含挥发性脂肪酸，但它含的碳水化合物（糖类）会受细菌代谢作用而产生挥发性脂肪酸。这种酸主要是乙酸，但也有少量的甲酸和丙酸，它们在胶乳中含量的多少，标志着胶乳受细菌降解程度的高低，也在一定程度上标志胶乳稳定性的高低，所以水溶物是间接影响胶乳稳定性的成分。

水溶物和蛋白质一样，具有较强的吸水性，能促使生胶和橡胶制品吸潮、发霉和降低电绝缘性，所以生胶里的水溶物含量不宜过高。但根据多次的试验发现，同一批胶乳所得的生胶中，水溶物含量高者，它的纯胶配方的拉伸强度往往比水溶物低的大。

表2-4是用同一胶乳和不同工艺条件试验所得两个典型生胶样品的对比数据。

表 2-4　典型生胶样品的对比数据表

生胶样品	I	II
水溶物含量（%）	0.34	0.12
纯胶配方的拉伸强度（MPa）	27.1	22.8

2.2.3.5　无机盐

鲜胶乳中的无机盐，占胶乳质量的0.3%~0.7%。主要成分的含量见表2-5。

表 2-5　无机盐中主要成分含量表

成分	含量（%）	成分	含量（%）
钾	0.12~0.25	钙	0.001~0.03
镁	0.01~0.12	铜	0.000 2~0.000 5
铁	0.001~0.012	磷酸根	0.25
钠	0.001~0.10	—	—

此外，有时还含有少量的硫酸根、盐酸根、铝、锰、镍、锡、铷等离子。鲜胶乳上述的这些无机离子，大部分分布在乳清中，少量铜、钙、钾，可能还有铁与橡胶粒子相连，大量的镁则存在于底层部分。在高温下灼烧胶乳时，无机盐都变成灰而遗留下来，称作胶乳的灰分。其他物质则变成二氧化碳、水蒸气等气态物质而挥发掉。因此，测定胶乳的灰分含量就可大体知道胶乳中的无机盐含量。

无机盐对胶乳稳定性和橡胶的性能都有一定的影响。例如，镁和钙含量相对高时，会降低胶乳的稳定性。镁离子与磷酸根离子含量之比特别高的胶乳，往往稳定性低。在这种情况下，要用来制造浓缩胶乳时，可以在加氨之外再添加可溶性磷酸盐，使过量的镁离子形成溶解度极小的磷酸镁铵的沉淀而除去，因而胶乳稳定性可获得显著的改善。铜、锰都是橡胶的氧化强化剂，如含量过多，势必促进橡胶老化。在割胶和制胶的过程中，如不小心，往往会将泥沙、铁锈等杂质带到胶乳中去，尤其是粒子较大的杂质遗留在橡胶初制品里，则对橡胶制品危害很大，因为在这些杂质的部位很容易断裂，缩短橡胶制品的使用寿命。

2.2.3.6　酶

酶是一种具有特殊催化作用的蛋白质。鲜胶乳中的酶有些是固有的，有些是由细菌后来分泌的。现已知的胶乳酶有凝固酶、氧化酶、过氧化酶、还原酶、蛋白酶、磷脂分解酶等多种。凝固酶能促使胶乳凝固，氧化酶能使胡萝卜素氧化而颜色变深，蛋白酶能使蛋白质分解成氨基酸等。

有些胶树的胶线特别容易变黑，凝固槽中的凝块表面有时也很快变黑，这是由于胶乳里的某些非橡胶物质（如酪氨酸）受氧化酶（如酪氨酸酶）的氧化作用，使之先变成红色的色质，然后再变为不溶解的黑色素。

在鲜胶乳中加入少量的尿素，不久后便可从胶乳闻到显著的氨味，这是由于胶乳中固有的尿素酶使尿素分解为氨和二氧化碳的结果。其反应式如下：

$$CO(NH_2)_2 + H_2O \xrightarrow{\text{尿素酶}} 2NH_3 + CO_2$$

利用这个反应，可将固体尿素直接加入胶乳作为胶乳的短期保存剂，而不使胶乳浓度降低。

钙、镁等金属离子是酶的活化剂，能增强酶的活动能力，有些胶树，特别是在开花、抽叶的季节，胶乳从割线流到胶杯后，很快就凝固了。主要就是由于这个时期胶乳中钙、镁等金属离子含量较高，使凝固酶等的活性较强所致。

酶既然是蛋白质的一种，凡能使蛋白质变性的因素，如热、浓酸、浓碱、紫外光等都能使酶变性而失去活力。制胶工业可根据胶乳酶的这些特性，对它们进行更好地控制和利用。

2.2.3.7　细菌

从各种胶乳分离出的菌株已达 1 000 种以上，经鉴定后分为 13 科 94 种。其中，65 种来自新鲜胶乳，18 种对胶乳产生挥发脂肪酸起主要作用。胶乳中的细菌不是胶乳本身固有的，而是受不清洁胶刀、割线、胶舌、胶杯、胶桶等感染的。胶树开割后，由于胶刀的污染，细菌从割口进入产乳组织，往往在开割乳管中也有细菌。细菌污染比较严重的胶树，一般产胶量较低，所产胶乳的细菌数很多，排胶时间往往很短，如将杀菌剂制成水剂涂在割线上，或将杀菌剂用油脂配成悬浮液，涂在割线下的割面上，或将杀菌剂的水溶液或悬浮液用坚硬的皮下注射器从割线部位注射到胶树的组织中，都可使胶乳增产，胶乳中的细菌也较少，胶乳颜色通常白得多，干胶含量一般也较高。据试验，鲜胶乳在段感染细菌的来源中，割线占 18%，胶舌占 20%，胶杯占 62%，所以在割胶时要求做到"胶园六清洁"，特别是胶杯的清洁。

胶乳中的细菌主要有好气性和嫌气性两类。前者在有空气存在的情况下受到活化，主要引起蛋白质的分解；后者在没有空气和氧时占优势，使胶乳里的糖类发酵而产生各种的酸。因此，细菌对胶乳的稳定性影响很大。

对化学刺激有增产效应的胶树，所产胶乳中磷（特别是无机磷）和糖含量较高，因而导致胶乳的细菌感染度增大。

胶乳腐败时往往出现一股臭鸡蛋味，这主要是由于蛋白分解菌分解含硫的蛋白质，散发出硫化氢气体所致。胶乳在贮存过程中，有时在表面产生黄色的一层，也是蛋白分解菌产生的分泌物。

2.3　物理性质

2.3.1　胶乳浓度

胶乳浓度用干胶含量或总固体含量表示。干胶含量是胶乳酸凝后所含干橡胶占胶乳质量的百分率，通常用 DRC(%) 表示；而总固形物含量（总固体含量）是胶乳除去水分后剩下的固体物质占胶乳质量的百分率，通常用 TS(%) 表示。两者所包含的物质主要都是橡胶，其次还有少量的非橡胶物质，但总固体含非橡胶物质较多。在鲜胶乳中，总固体里约含干胶90%。因此，用同批胶乳测定出来的总固体含量的数值必定比干胶含量大。干胶含量或总固体含量高，表示胶乳的浓度高。

鲜胶乳的干胶含量，随着胶树的品系、树龄、季节、割胶强度、化学刺激等不同而不同，通常在20%~40%。一般来说，由幼龄树、雨季、强度割胶、乙烯利刺激、接近停割时所得的胶乳，浓度均较低。胶树长期休割后再开始割胶时，干胶含量可高达45%左右，割胶2~3周后才渐渐恢复正常的浓度。同样树龄的胶树，因生长情况不同，其浓度亦相差很远。表2-6是同一胶园中，245株同为25龄橡胶树所产胶乳的浓度测定结果。

表2-6　245株同为25龄胶树胶乳的浓度变异统计数据

干胶含量(%)	株数	干胶含量(%)	株数	干胶含量(%)	株数
23	4	34~35	44	46~47	5
24~25	2	36~37	35	48~49	1
26~27	7	38~39	23	50~51	4
28~29	11	40~41	32	52~53	3
30~31	16	42~43	17	54~55	2
32~33	27	44~45	12		

测定胶乳浓度，对控制制胶生产具有重要意义。例如，生产胶片时要预先测定进厂胶乳浓度以控制胶乳凝固浓度，才能得到软硬适中的凝块，以利于压片等工艺操作。又如，生产浓缩胶乳时，在离心前后均应测定胶乳浓度，以便控制生产，使产品符合质量标准。另外，测定胶乳浓度，是制胶生产经济核算的主要依据，生产效率、干胶制成率、干胶回收率、原材料消耗率、生产成本等，都是以干胶的数量作为计算基础的。此外，测定胶乳浓度对橡胶选育种和控制割胶强度也有重要意义。

测定胶乳干胶含量的方法较多，最准确的方法是化学凝固法，但操作复杂，历时甚长。制胶生产中为了迅速得到胶乳的浓度以便及时加工，即广泛采用准确度比凝固法稍差，但基本上符合使用要求的快速总固体法或相对密度法。前者是根据胶乳干胶含量(R)与总固体含量(T)之比，接近于一个常数，并事先求得这个常数的数值(K)，一般为0.9~0.94，然后只要把欲测胶样用酒精灯或置煤油炉上快速烘干，得出总固体含量的数值，由$K=\dfrac{R}{T}$的关系式便可很快求得干胶含量R的数值。相对密度法是预先求出胶乳相对密度与干胶含量的关系式，然后用相对密度计测定欲测胶乳的相对密度便可求得胶乳的干胶含量。最近出现了微波法，它是利用胶乳中橡胶烃、水和非橡胶物质的介电常数差别较大，对微波衰减量(即吸收量)不同的原理所研制的微波胶乳测试仪，直接测定干胶含量的方法。用这种方法测定胶乳干胶含量，速度快(每人每小时可测100~150个胶样)，准确度高(最大绝对误差一般不超过0.5%)，操作简便，不易受人为掺假等外来因素的干扰。

2.3.2　相对密度

胶乳的相对密度是指胶乳在一定温度下的质量与同体积的4℃蒸馏水的质量之比。组成胶乳的各种物质都有自己的相对密度，所以胶乳的相对密度实际上是组成胶乳的各种物质的相对密度的平均值。胶乳的相对密度是随胶乳的干胶含量和各种非橡胶物质含量的变化而变化的。如把胶乳看成是由橡胶和乳清两部分组成，并符合混合定律，则以橡胶的平均相对密度和乳清的平均相对密度为依据，便可从胶乳的相对密度直接推求胶乳的橡胶含量。

$$\rho_L = \frac{100}{\dfrac{100 - P_R}{\rho_S} + \dfrac{P_R}{\rho_R}} \tag{2-2}$$

式中　ρ_L——胶乳在某温度对 4℃ 水的相对密度；

　　　ρ_S——乳清在某温度对 4℃ 水的相对密度；

　　　ρ_R——橡胶在某温度对 4℃ 水的相对密度；

　　　P_R——胶乳含胶质量百分率。

已知粗橡胶的平均相对密度 ρ_R 为 0.914，乳清的平均相对密度 ρ_S 为 1.02，代入式 (2-2) 并简化之，得

$$P_R = \frac{879.5}{\rho_L} - 862.3 \tag{2-3}$$

由式 (2-3) 可知，胶乳的相对密度 ρ_L 越大，干胶含量 P_R 越低；也就是干胶含量越高，相对密度越小。测得胶乳的相对密度后，就可算出大致的干胶含量数。

测定胶乳的相对密度，通常使用变沉式胶乳相对密度计。它与一般相对密度计的主要区别是：①重端为锥形，放入胶乳时阻力较小，使相对密度计很快达到平衡，读数比较准确。②直接将胶乳干胶含量刻在杆部的对应相对密度的位置上，以免测知相对密度后再去换算干胶含量。

应用式 (2-3) 求得的干胶含量，主要的误差有二：①胶乳的乳清成分因受胶树自然环境和管理条件的影响而不同，故乳清相对密度不是固定不变的。因此，干胶含量相同的胶乳，相对密度不一定相同。②乳清与水的相对密度差异较大，胶乳因掺入雨水或其他外来水后，由胶乳相对密度推得的干胶含量，将很不准确。

为了克服式 (2-3) 的上述缺点，把胶乳看作总固体和水两部分组成，胶乳的体积即此二者之和，则先由下式推求总固体的相对密度：

$$\rho_L = \frac{100}{\dfrac{P_{TS}}{\rho_{TS}} + \dfrac{100 - P_{TS}}{\rho_{H_2O}}} \tag{2-4}$$

即

$$\rho_{TS} = \frac{P_{TS}}{\dfrac{100}{\rho_L} - \dfrac{100 - P_{TS}}{\rho_{H_2O}}} \tag{2-5}$$

式中　ρ_L——胶乳总固体对 4℃ 水的相对密度；

　　　P_{TS}——胶乳总固体含量的质量百分率；

　　　ρ_{TS}——胶乳对 4℃ 水的相对密度；

　　　ρ_{H_2O}——纯水在测定胶乳相对密度时的胶乳温度下的相对密度。

式 (2-5) 系根据混合定律推出，而胶乳的水溶物溶解于乳清时，体积略有改变，应用混合定律显然会有误差。但水溶物含量不多，而且这里推求的不是总固体的真正相对密度，根据胶乳相对密度计算总固体的相对密度时，已将此误差校正在内。总固体由橡胶和

非橡胶固体组成，虽然后者的含量和成分随情况不同而有所改变，但因它在总固体中所占的比例很少，故总固体的相对密度以及橡胶与总固体含量之比，基本上是一个常数。即

$$\frac{P_R}{P_{TS}} = K \tag{2-6}$$

或

$$P_{TS} = P_R / K \tag{2-7}$$

以式(2-5)代入式(2-7)，整理后得

$$\frac{1}{\rho_L} = \frac{(\rho_{H_2O} - \rho_{TS})}{100 \cdot K \cdot \rho_{H_2O}} \cdot P_R + \frac{1}{\rho_{H_2O}} \tag{2-8}$$

就同一胶园来说，可先测定胶乳的总固体含量和相对密度，由式(2-5)算出总固体的相对密度，再根据同一胶乳测得的干胶含量算出 K 值代入式(2-8)，便可得到胶乳相对密度与其干胶含量之间的关系。这样的关系式，不管胶乳本身或外界掺入水量多少，只要测得胶乳的相对密度后，即可较准确地求出该胶乳的干胶含量。

为了获得较准确的相对密度和干胶含量的数据，在使用相对密度法时应注意以下几点：

①测定胶乳相对密度时，温度是一个不可忽略的因素。不改正温度的关系，每差 1℃ 可能导致干胶含量 0.3%～0.7% 的误差。温度对测定值的影响有两方面：一方面是相对密度计本身的热膨胀；另一方面则为胶乳相对密度的变化。相对密度计一般用玻璃制成，因玻璃体膨胀系数甚小，在胶乳温度变化的范围内，其误差可忽略不计。如用其他材料制作的相对密度计时，应加以考虑和改正。胶乳和很多其他的液体一样，热胀冷缩，因而其相对密度随温度的高低而减增。其改变值取决于胶乳的干胶含量。

②未加氨和未稀释的鲜胶乳，极其黏稠，不能用相对密度计获得准确的读数。因此，最好用等量的水稀释和混匀后进行测定。这样测得的相对密度和按式(2-8)算得的干胶含量，必须乘以 2 才是原胶乳的干胶含量。

③测定加氨胶乳的相对密度时，因其中往往有磷酸镁铵沉淀，应将胶乳搅匀后立即进行测量。否则，相对密度将比真实值减少 0.001～0.005。

④相对密度计与胶乳接触表面必须清洁，否则，将使它们接触的弯月面变形，使读数产生误差。

⑤胶乳含有的凝块和泥沙，须在测量相对密度前加以清除。

⑥读取胶乳的相对密度时，眼睛应与胶乳的液面对齐，尽量避免视线的误差。

⑦校正相对密度的温度误差时，应直接测定胶乳的温度，不能将室温当作胶乳温度来计算。

⑧装载胶乳进行相对密度测量的容器，直径不能太小，否则，由于表面张力的影响，亦将导致读数的误差。

由于胶乳中胶粒的相对密度小于乳清的相对密度，制胶工业就利用这个性质将大部分胶粒与大多数乳清分开，而生产离心和膏化浓缩胶乳。

2.3.3　黏度

黏度又称内摩擦或黏(滞)性，是流体(包括液体和气体)内部阻碍其相对流动的一种特性。液体的流动不仅决定于加在液体上的外力，而且也决定于发生在液层间的内阻力，

即液体的黏性。

胶乳的黏度随本身的性质和外界的情况而改变。经长期休割后的胶树，在开割时所得胶乳黏度一般较低，2~3 周后才恢复正常。幼龄树胶乳，因胶粒一般较小，就水化程度来说，它比大胶粒所固定的水分子相对多，因而黏度一般较大。胶乳含胶量越高，内部阻力越大，黏度因而也越大，当干胶含量达到 50% 以上时，因结构形成的影响特别厉害，黏度急剧增加。温度也影响胶乳黏度，当温度升高时，黏度显著降低，而且浓度越大的胶乳，受温度的影响也越大。

据研究，黄色体对胶乳黏度具有很大的影响。加氨因能使黄色体分解成比胶粒略大的个体，可大大改变胶乳的结构而使黏度降低。每次用极小的增量以增大胶乳的氨含量时，能使黄色体的平均大小迅速降低(表 2-7)，黏度也迅速下降。

表 2-7　胶乳加氨量与黄色体平均大小的关系

胶乳氨含量(%)	黄色体的平均大小(μm)	胶乳氨含量(%)	黄色体的平均大小(μm)
0.000	30~200	0.075	3~15
0.025	15~100	0.100	3~5
0.050	5~25	0.150	3~5

胶乳的黏度对制胶工艺和胶乳制品工艺都有一定的影响。例如，胶乳黏度小，杂质容易过滤，沉淀也快，胶乳离心分离时效率较高。用直浸法生产胶乳浸渍制品时，胶乳黏度直接影响制品的厚度。如制造薄壁制品，需要黏度小而干胶含量高的胶乳；而厚壁制品则需要黏度大，同时干胶含量也高的胶乳。刮布用的胶乳，亦需具有很高的黏度。

鲜胶乳因所含黄色体有随时间变化的倾向，故测定鲜胶乳黏度时，时间因素极为重要，不同时间所测的数值可能相差很大。干胶含量为 30%~32% 的鲜胶乳，在割胶后 4h 测得的黏度在 4mPa·s 左右。

2.3.4　表面张力

液体表面的分子因受周围不平衡的分子吸引力，故有被液体内部分子牵引向内的趋势，使液体表面收缩至最小面积。胶乳液面收缩时作用于液面切线单位长度的力，叫作胶乳的表面张力。其单位为 N/m。表面张力的方向总是跟液面相切的，如果液面是平的，表面张力就沿着这个平面；如果液面是曲的，表面张力就在这个曲面的切面上。

测定液体表面张力一般有毛细管法、落滴法和扭称法 3 种。因胶乳容易堵塞毛细管管口，故通常都采用扭称法测定胶乳的表面张力。此法是将铂金丝环与胶乳接触，然后使用扭力 F 使之离开胶乳表面。设铂金丝环的半径为 R，表面张力为 δ，则 $F = 2\pi R\delta$ 或 $\delta = F/2\pi R$。

分散介质表面张力的降低，使它容易润湿分散相的粒子，从而使粒子保持稳定的状态。胶乳中含有大量能降低表面张力的表面活性物质，如蛋白质、类脂物等，故鲜胶乳的表面张力一般为 38~40mN/m，比水的表面张力 72mN/m 低得多。胶乳表面张力还受温度、干胶含量、外加物质等因素的影响，温度升高时，表面张力降低，原因是胶乳液面上的蒸气密度随温度上升而增大，胶乳液面分子被往上拉的引力也加大，因而抵消了一部分向下拉的引力，更主要的是温度增加时，分子热运动加剧，干扰了表面分子的整齐及紧密排列，因而内聚力降低，表面张力减小。据试验，当鲜胶乳稀释时，其表面张力因浓度的减小而缓慢下降，至干胶含量为 0.55%左右时达到最小值，此后则直线上升，但干胶含量降至 0.004 5%时，其表面张力仍较水的为低。鲜胶乳加氨之后，表面张力亦显著降低。

胶乳因表面张力比水低，所以一般较易润湿棉织物、其他纤维物质以及皮革等。但在实际工作中，还需另加某些表面活性物质如烷基萘磺酸盐、磺化油、磺化醇等进一步降低胶乳表面张力后，才能满足使用要求。胶乳表面张力的大小，对制胶工艺和胶乳制品工艺都有一定的影响。表面张力越小，胶乳越容易起泡，但润湿性能却越大，这对纺织物的浸胶非常有利，它能使橡胶更好地渗入纤维，从而增加橡胶对纤维的附着力和提高纺织物的使用性能。

2.3.5 电导率

溶液的电阻(R)大，导电能力就小，因此定义溶液电阻的倒数为此溶液的电导(L)，即 $L=\dfrac{1}{R}$。其单位为 S。

溶液的电导率也叫比电导。它是单位体积内所含溶液的电导。其单位为 S/m。若假定两极板面积皆为 Am^2，间距为 1m，测得溶液电阻为 $R\Omega$，则 $R=\rho\dfrac{1}{A}$，ρ 为比电阻。

$$故\qquad L=\frac{1}{R}=\frac{1}{\rho}\frac{A}{1}=K\frac{A}{1} \qquad (2-9)$$

式中 K——为电导率(S)，它是比电阻的倒数。

胶乳的电导率主要与其橡胶含量、乳清离子强度和温度有关。一般来说，橡胶含量越多(胶粒带的电荷总数越多)，或乳清离子强度(即非橡胶物质解离出的离子的价数和数量)越大，则导电能力越强，因而电导率越大。温度升高时，因胶乳的黏度减小，胶粒和其他离子运动的速度加快，故电导率增大。

鲜胶乳在室温下的电导率，一般为 0.4~0.5S/m。由于鲜胶乳非橡胶物质分解程度很小，故电导率的大小在一定的温度下主要取决于胶乳的浓度。为此，利用胶乳的电导率也可粗略估计胶乳的干胶含量。表 2-8 是一组加氨胶乳的电导率随浓度变化的例子。

表 2-8 加氨胶乳的干胶含量与电导率的关系

胶乳的干胶含量(%)	25℃的电导率(S/m)
5	0.231
10	0.393
15	0.542
20	0.667
25	0.721

胶乳加氨后因有铵盐生成，故电导率上升；经透析后因去掉了电解质，电导率则减小。保存不良的胶乳，因非橡胶物质受细菌作用的分解程度较大，电导率增加。因此，电导率也可作为鉴定胶乳质量好坏的一种手段。有人曾将 3 个来源不同的鲜胶乳加氨至 0.35%左右，然后贮存在有塞的罐子及有开口盖的桶中，在一周内，每日约在相同的时间测定它们的电导率和挥发脂肪酸值。据统计检验的数据指出，电导率 5×10^{-2}(y)与挥发脂

肪酸值(x)之间有着重要的直线关系，其回归方程式为 $y=4.50+4.7x$。实际上，当鲜胶乳的电导率超过 0.5S/m 时，说明其挥发脂肪酸值已在 0.1 以上，胶乳质量很差。

胶乳的电导率用电导仪来测定。这种仪器的简单原理是将胶乳置于两个铂金电极之上，接上电源，然后利用已知的电阻来比较测定胶乳的电阻，电阻的倒数就是电导。从刻度盘上可直接读出已换算好的电导率的数值。

2.3.6　pH 值

胶乳的 pH 值对其稳定性有很大影响。刚从胶树采集到的鲜胶乳略呈碱性，pH 值在 7.0 左右，若不及时加入保存剂，则由于细菌和酶分解作用的产酸影响，胶乳的 pH 值会随着时间的延长而逐渐下降，最后产生自然凝固。生产固体生胶时，可采用 pH 值控制胶乳的凝固。

2.4　栽培因素对胶乳性质的影响

从栽培的角度考虑天然胶乳的问题，着重于提高产量和增加胶树的抗性(包括抗风、抗寒、抗病等)，使橡胶树达到速生、高产的目的就可以了。然而从制胶的角度分析有关天然胶乳的问题时，发现各种栽培因素与新鲜胶乳的成分有关，从而对制胶工艺或产品质量都有不同程度的影响。为此，除严格控制各种影响产品质量的工艺因素外，还应考虑和适当处理有关栽培方面的问题，如橡胶品系、树龄、土壤和肥料、割胶、季候等。

2.4.1　橡胶品系

橡胶品系不同，所产胶乳的性质往往也不同。如胶乳因类胡萝卜素的含量和种类不同，颜色也不尽相同。表 2-9 是一些无性系由于品系不同，所产胶乳颜色也不同的情况。按照这样的颜色分类，白色的胶乳适于制造白绉胶片；淡黄色的胶乳必须把大量乳黄分离出去，或加强漂白处理后，才能用制造白绉胶片；而黄色及深黄的胶乳，则不适于制造白绉胶片。

表 2-9　不同品系所产胶乳的颜色

颜色	品　　系
白	PilA44、BD5、PB23、PB86、PR107、AVROS50、AVROS150、AVROS502、AVROS506、Gl1、Tjir16、LCB1320、GT1、RRIM511、RRIM512、RRIM513、RRIM524、RRIM600、RRIM603、RRIM612、RRIM613、RRIM614、RRIM616、RRIM618、RRIM623
白黄	PilB84、RRIM519、RRIM526、RRIM602、RRIM606、RRIM609、RRIM611、RRIM615、RRIM617
淡黄	Tjir1、LunN、RRIM501、RRIM508、PB5/51、PB5/63
黄色及深黄	AVROS49、PB25、PB186、PB7/1495、RRIM523、RRIM525、RRIM527、RRIM529、RRIM604、RRIM605、RRIM607、RRIM608、RRIM610

来自不同品系的新鲜胶乳，其化学成分不同，即使是在相同工艺条件下，所制出产品的性质也有所不同，试验结果见表 2-10。

表 2-10　不同品系新鲜胶乳及其浓缩天然胶乳性质的差异

无性系品种	新鲜胶乳的成分（以总固体计）						浓缩胶乳贮存30d后的性质		
	氮（%）	磷（%）	镁（%）	铜（g/kg）	灰分（%）	乙醇抽出物（%）	机械稳定度（S）	磷（%）	镁（%）
Tjir1	0.56	0.152	0.120	5.2	1.14	7.30	365	0.034	0.045
PilB84	0.62	0.190	0.084	8.0	1.54	6.77	1 475	0.033	0.017
PB186	0.70	0.192	0.045	10.3	1.44	7.31	1 370	0.050	0.012
PB23	0.60	0.122	0.108	5.1	1.36	7.75	535	0.043	0.053
AVROS49	0.64	0.145	0.114	6.5	1.25	6.16	815	0.038	0.034

有些无性系所产的胶乳，稳定性特别低。经研究证明，GT1 胶乳稳定性很低的原因是其无机磷含量低，镁含量相对较高，镁与磷之比失调所引起。

2.4.2　树龄

由幼龄胶树所得的胶乳，其浓度往往比老龄橡胶树所得的低，而非橡胶物质的含量，却比老龄橡胶树高。表 2-11 是树龄 40 年和 9 年的实生树，在同一橡胶园，采用相同割胶制度所得同一天的胶乳的分析结果。

表 2-11　老、幼实生胶乳的性质比较

树龄（年）	40	9
总固体含量（%）	33.20	32.72
干胶含量（%）	29.26	29.04

2.4.3　土壤

橡胶树都靠根部从土壤吸收各种物质来生长发育和生产胶乳。因此，土壤和肥料的组分将或多或少影响胶乳的化学成分及天然橡胶产品的性质。表 2-12 是 3 个不同无性系分别种植在砂壤和黏壤所得胶乳的磷、镁含量的分析数据。结果表明，由黏壤生长橡胶树所得的胶乳，其磷、镁含量都高于砂壤所得的胶乳。

表 2-12　不同类型土壤对胶乳成分的影响

土壤类型	磷（g/kg 胶乳总体）			镁（g/kg 胶乳总体）		
	RRIM51	PilB84	AVROS153	RRIM501	PilB84	AVROS152
砂壤	1.36	1.46	1.41	0.78	1.06	0.92
黏壤	2.00	1.63	1.82	0.78	1.24	1.01

由此可见，由黏壤生长橡胶树所得的胶乳，其磷、镁含量都高于砂壤所得的胶乳。镁含量高的胶乳会降低胶乳的稳定性。镁离子与磷酸根离子含量之比特别高的胶乳，往往胶乳稳定性会特别低。稳定性低的胶乳，加工凝固操作困难，凝块软硬度不一，压薄容易断片，干燥时容易出现夹生胶，影响产品质量。

2.4.4　肥料

肥料对鲜胶乳非胶物质成分和浓缩胶乳稳定性都有不同程度的影响，见表 2-13。

表 2-13　施肥对胶乳成分和浓缩胶乳稳定性的影响

肥料处理	鲜胶乳成分(g/kg 胶乳总固体)			浓缩胶乳的机械稳定度(S)
	磷	钾	镁	
O(不施肥)	0.97	4.18	0.70	544
N(氮肥)	1.00	3.97	0.68	484
NP(氮磷肥)	1.01	3.94	0.66	543
PK(氮钾肥)	1.15	4.46	0.58	751
NPK(氮磷钾肥)	1.12	4.22	0.59	714

表 2-14　氮肥对鲜胶乳成分的影响

分析项目	n_0	n_1	n_2
总固体(%)	38.1	37.2	36.4
干胶(%)	35.0	34.1	33.1
氮(%)(对总固体计)	0.63	0.69	0.74
镁(%)(对胶清计)	0.63	0.70	0.81
钾(%)(对乳清计)	0.34	0.35	0.35
PO_4(%)(对乳清计)	0.250	0.233	0.227

表 2-15　磷肥对鲜胶乳成分的影响

分析项目	P_1	P_2
总固体(%)	37.5	36.9
干胶(%)	34.4	33.7
氮(%)(对总固体计)	0.69	0.69
镁(%)(对胶清计)	0.074	0.069
钾(%)(对乳清计)	0.35	0.35
PO_4(%)(对乳清计)	0.179	0.294

表 2-16　施氮、磷肥对贮存 30d 后的浓缩胶乳性质影响

氮肥				磷肥			
处理	机械稳定度(S)	氢氧化钾值	镁(%)(以乳清剂)	处理	机械稳定度(S)	氢氧化钾值	镁(%)(以乳清剂)
n_0	425	0.54	0.018	P_0	425	0.60	0.018
n_1	230	0.58	0.033	P_1	520	0.59	0.014
n_2	195	0.67	0.050				

　　从表 2-14~表 2-16 可看出，施氮肥使鲜胶乳的氮含量增加、镁含量增高；使浓缩胶乳的氢氧化钾值和镁含量加大，机械稳定度降低。可见，施氮肥的胶乳，鲜胶乳容易变质，生产标准胶，加酸凝固操作困难，同时，产品灰分含量会增加；施磷肥则增加鲜胶乳的磷酸根含量，因而使过量的镁含量降低，从而使浓缩胶乳机械稳定度升高。可见，施磷肥有利于保证鲜胶乳和浓缩胶乳的质量。

　　有些橡胶园由于对成龄橡胶树单施硫酸铵的结果，使生产的浓缩胶乳镁含量增高，机

械稳定度降低。在这种情况下，在离心前将适量的磷酸氢二铵加入胶乳，以除去过量的镁，从而改变了浓缩胶乳的机械稳定度。但这样的结果，又增加了浓缩胶乳的氢氧化钾值。原因是外加这种盐类与胶乳中的镁反应后，放出了用氢氧化钾可滴定的酸。

2.4.5　季候

季节、物候不同，也会引起胶乳成分和性质的变异。一般认为雨季和抽叶开花期，对胶乳的影响较明显。前者使胶乳干胶含量降低；后者使胶乳中的磷含量减少，稳定性降低。因此，雨季胶乳浓度低，生产标准胶时，加酸凝固困难，用酸量多，加工成分高，干胶含量低的胶乳凝块容易发生氧化变色。而生产浓缩胶乳时，胶乳离心分离效率低，浓乳出厂前需调控浓度。同时，抽叶开花期，胶乳容易变质，胶乳易出现局部凝固，胶乳干燥时易出现夹生胶，一旦出现夹生胶，就要复烤或沿长干燥时间，造成 PRI 值降低。

2.4.6　割胶

不同割胶条件不仅影响橡胶树的正常生长和产胶量的高低，而且还会影响所产胶乳的化学成分。一般来说，在给定条件下，割胶强度越大，胶乳浓度越低。割线开的越高，则胶乳中的非胶物质也越多。使用涂药刺激割胶后，虽能增加橡胶树产胶量，但胶乳浓度往往降低，非橡胶物质含量一般也略微增大，同时，有的橡胶树品系的胶乳凝块有氧化变色现象，如云研 2775、PR107、RRIM600 氧化变色现象严重。因此，强度割胶、割线高度、化学刺激的胶乳浓度都较低，生产标准胶，加酸不容易凝固，并且用酸量大，成本高。

2.4.7　胶园"六清洁"和胶乳保存

"六清洁"指林段、树身清洁、胶刀清洁、胶杯清洁、胶舌清洁、胶刮清洁、收胶桶清洁。胶树管理过程中"六清洁"工作做不好，胶乳受细菌污染程度就大，为了保证胶乳质量，必须加大保存剂用量。而对于保存剂用量过多的胶乳，生产标准胶时，不仅凝固用酸量多，成本高，而且凝块硬，压片易断片，干燥时易出现夹生胶，产品质量指标中 PRI、P_0 偏低。同时，产品颜色偏黄。

2.4.8　鲜胶乳中掺入非胶物质

有的胶农为了提高胶乳干胶含量，鲜胶乳运往收胶站或加工厂之前在其中加入非胶物质，如米粉、面粉、盐、木薯粉、双飞粉等，虽能提高胶乳的干胶含量，但胶乳都会不同程度地提前变质，特别是掺入盐，胶乳保存时间最短，这样的胶乳加酸凝固时凝固条件最不易控制，同时严重影响橡胶产品理化性能。如胶乳中掺入米粉和面粉，杂质含量严重超标，灰分含量时高时低，不稳定，挥发物含量随着掺入米粉量的增加而成比例升高，而掺入面粉氮含量还会增高；掺入食盐，杂质含量、灰分含量、挥发物含量会增加，P_0 值会减小；掺入木薯粉，杂质含量、挥发物含量升高，P_0 值会减小；掺入双飞粉，杂质含量、灰分含量增加，氮含量、PRI 降低。云南西双版纳民营胶这种情况比较严重。

综上分析，影响胶乳性质的因素极多，这也正是天然胶乳为何变异性大的原因所在。因此，在制胶过程中，应充分作好原料胶乳的调查、分析，努力搞好胶乳性质的调控工作，尽量使生产的初制品质量优异，一致性好。

【本章小结】

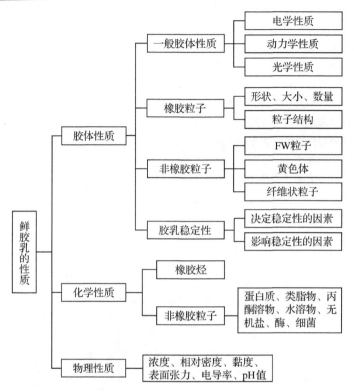

【复习思考】

1. 为什么说天然胶乳是一种复杂的胶体体系？

2. 简述肥皂滴定法测定橡胶粒子大小的原理和方法。

3. 试以动力稳定性和热力学稳定性来分析天然胶乳的稳定情况。

4. 橡胶粒子的结构如何？加氨后橡胶粒子保护层的变化怎样？这些变化对胶乳的性质有什么影响？

5. 橡胶粒子的大小、数量、结构对胶乳性质及制胶有什么影响？

6. 天然胶乳的橡胶粒子为什么带阴电荷？为什么说天然胶乳的热力学电位是随胶乳 pH 值的变化而变化的？

7. 橡胶粒子的水化膜是怎样形成的？它的性质怎样？它对胶乳的稳定性起什么作用？

8. 决定天然胶乳稳定性的主要因素是什么？

9. 试用双电层的理论(包括双电层的形成)说明天然胶乳的稳定性。

10. 试就橡胶粒子吸附蛋白质等来分析胶乳的稳定性(从表面能降低、带电作用、水化作用、势能峰等方面来分析)。

11. 试说明酸、碱、盐对天然胶乳稳定性的影响。

12. 影响天然胶乳稳定性的因素有哪些？为什么？

13. 为什么天然胶乳具有良好的成膜性？

14. 为什么天然胶乳的变异性很大？

15. 为什么不同批次的橡胶贮存时硬度增加的程度互不相同？
16. 为什么黄色体含量高的胶乳其稳定性较低？
17. 试分析蛋白质对胶乳的性质和产品质量的影响。
18. 试分析类脂物对胶乳性质和产品质量的影响。
19. 试分析磷脂水解产物对胶乳稳定性的影响。
20. 试分析水溶物对胶乳性质和产品质量的影响。
21. 胶乳浓度的表示方法有哪些？为什么同一胶乳测定的干胶含量总是比总固体含量低？
22. 测定胶乳浓度有什么现实意义？
23. 胶乳的相对密度与胶乳干胶含量有什么关系？为什么相对密度过大的胶乳一般稳定性较低？
24. 天然胶乳静置和搅拌时的黏度为什么不同？
25. 试述影响天然胶乳黏度的主要因素。
26. 天然胶乳的表面张力为什么比水低？
27. 影响胶乳电导率的因素有哪些？为什么？
28. 试分析云南不同品系及月份天然胶乳的稳定性及生胶性能。

第3章 鲜胶乳的保存

所谓胶乳保存，是使胶乳保持胶体稳定状态的措施。胶乳保存有两种方式：一种为长期保存，是使商品胶乳用作制品前长时间保持胶体稳定状态的措施；另一种为早期保存，又称短期保存，是使胶乳从橡胶树流出后到制胶厂加工前保持胶体稳定状态的措施。本章只介绍后一种保存方式。

3.1 保存

3.1.1 做好胶乳早期保存的重要意义

(1) 几个概念

胶乳保存：使胶乳保持胶体稳定状态的措施。

早期保存：胶乳从胶树上流出来到制胶厂加工前保持胶体稳定状态的措施。

长期保存：商品胶乳用作制品前长时间保持胶体稳定状态的措施。

保存剂：能使胶乳不易变质的化学药剂。

(2) 做好胶乳早期保存的重要意义

制胶生产能否顺利进行，产品质量好与坏，生产成本高与低，首先取决于鲜胶乳的质量，而鲜胶乳的质量好坏，关键在于鲜胶乳的早期保存。因此，必须充分认识这一工作的重要意义，从而提高做好胶乳早期保存的自觉性，抓住引起胶乳腐败的因素，采取主动、积极的预防措施，做好清洁消毒，合理选择和使用保存剂，因时因地制宜地做好胶乳的早期保存工作。

3.1.2 鲜胶乳质量对制胶工艺的影响

在割胶、收胶和运输鲜胶乳的过程中，胶乳有被细菌和树皮、泥沙、虫蚁等杂物污染的可能，如不采取适当的措施，避免或减少这些污染的因素，鲜胶乳质量必然会受到极大的危害。要把鲜胶乳制成符合质量标准的橡胶初制品，就必须按照一定的工艺条件进行生产。如果鲜胶乳在加工前已经腐败，以致完全凝固，显然不可能再按正常工艺进行操作。例如，腐败的胶乳黏度大，过滤和沉降困难，而且凝粒堵塞过滤筛的筛孔，清洗非常费工；腐败的胶乳稳定性低，加酸凝固时，容易产生局部凝固，致使凝块软硬不一，从而影响压片操作和胶片的干燥；腐败的胶乳进入高速旋转的离心机以后，在强烈的机械力作用下，容易凝固而堵塞离心机，因而要经常停机拆洗，缩短了离心机正常运转时间，降低了生产效率和干胶制成率。

3.1.3 鲜胶乳质量对产品质量的影响

质量不好的鲜胶乳，不仅对制胶工艺影响严重，而且对橡胶初制品质量也产生不良影响。例如，腐败胶乳的杂质不易除去，因而残留在初制品中的有害杂质较多，产品质量较差；腐败胶乳产生的二氧化碳气体较多，如果这些气体在胶乳凝固和压片时来不及逸出，会在胶片中形成气泡。另外，由于细菌的腐败作用，往往会使胶片变色，产生水印，降低胶片的外观质量；腐败胶乳的挥发脂肪酸含量高，制成浓缩胶乳的挥发脂肪酸值也高，机械稳定度低，很难达到规定的质量指标。

3.1.4 鲜胶乳质量对橡胶产量和经济收入的影响

由于早期保存工作搞得不好，胶乳发生腐败之后，所得初制品的等级率必然降低。如1级标准橡胶降至3级计，1t便至少损失5 000元左右。以1级烟胶片降至3级计，1t便损失340元。如以变质鲜胶乳生产离心浓缩胶乳，不仅质量难于保证，而且干胶制成率还会显著降低，制胶厂的经济收入也将大大减少。更重要的是，我国需要的橡胶，在短期内尚难自给自足，必须部分地依赖进口，如果我们做好胶乳早期保存工作，保证鲜胶乳质量优良，则生产的初制品质量良好，用这种产品生产的橡胶制品，将经久耐用，那就相当于增加了橡胶产量。为此，应认真把好胶乳早期保存关，为制胶厂提供优质鲜胶乳，这对保证生产顺利进行，提高工效，降低成本，生产又多又好的产品均具有重要意义。

3.2 鲜胶乳变质的理论

3.2.1 胶乳自然凝固过程

从橡胶树流出的胶乳，放置一段时间后，就会慢慢变稠，黏度增加，逐渐散发出一种臭鸡蛋似的气味。同时在胶乳中逐渐出现小凝粒，继而变成豆腐花状，最后凝固成豆腐一样的凝块。这个过程叫作胶乳的腐败或变质。一般正常的胶乳，流动性好，带有特殊的甜香气味。如果我们看到胶乳变稠或闻到轻微臭味时，就说明胶乳已经开始腐败。当这种臭味很浓，以及肉眼能看到凝粒和凝块时，说明胶乳已经严重腐败。若在显微镜下观察胶乳的凝固过程，大体上可以看出3个阶段：第一阶段，黄色体互相聚集成团块。此时，胶乳仍保持良好的液态，黏度也较低。第二阶段，黄色体团块进一步聚集成胶块。此时，胶乳仍然是液态，但黏度已经增高。第三阶段，胶块变成连续凝块。此时，胶乳已不能再自由流动而变成糊状，胶块变为凝块。

从橡胶树流出的胶乳，如果不做适当处理，一般经过6～12h就会产生明显的腐败现象。

3.2.2 胶乳自然凝固的原因

胶乳自然凝固的根本原因是非橡胶物质发生了变化，而非橡胶物质的变化主要是由于细菌和酶作用的结果。

3.2.2.1 细菌

众所周知，各种物质的腐败几乎都同细菌的活动有关。例如，牛奶的败坏、动物尸体的腐烂、食品的发臭等都是由于这些肉眼看不到的东西所引起的。第 2 章已经提到，鲜胶乳由于外界的污染，也含有种类繁多的细菌。据试验，在普通割胶条件下，割胶后 1h，胶杯中每毫升胶乳含 8×10^6 cfu 细菌。由于胶乳含有大量的糖类、蛋白质、磷酸盐等细菌所需的"营养品"，因此细菌繁殖很快，大约 1h 便增加 1 倍。通常每毫升胶乳含菌数达 1×10^9 cfu 时，胶乳很快即发生凝固。与此同时，糖类被细菌吸收利用，转化而成各种酸类，主要是挥发性脂肪酸，其中 85% 左右为乙酸，还有少量的甲酸、丙酸，也有乳酸、琥珀酸。蛋白质也会被细菌分泌的酶分解为氨基酸来吸收利用，过量的氨气、硫化氢等则排出体外。刚从胶树流出的胶乳，pH 值在 7.0 左右。由于不断产酸的 H^+ 离子影响，使橡胶粒子的双电层厚度陆续减小，ζ 电位不断降低，稳定性下降，胶乳 pH 值也不断下降，直至到达或接近胶乳蛋白质等电点的 pH 值时，互相碰撞的胶粒便连接在一起，因而产生自然凝固。事实上，细菌引起胶乳变质的生物化学过程是相当复杂的，概括起来，可分为不含氮有机物的转化与含氮有机物的转化，这两种转化是相互渗透、相互影响的。如果胶乳中含糖量比蛋白质相对地多，或能利用白坚木皮醇的细菌含量或活度大，开始时，一方面由于细菌具有保氮的特性，在一定程度上抑制了蛋白分解菌的活性，因而蛋白质的分解速率减慢或分解量极少；另一方面白坚木皮醇被细菌吸收利用，大量的碳源很快被细菌转化而生成大量的酸，使胶乳产生凝固。后来由于不含氮有机物的缺少，开始动用蛋白质，接着产生臭味，这就是某些胶乳凝固后迟迟才产生臭味的原因。如果占优势的肠杆菌是不能利用白坚木皮醇的，则蛋白质就会在早期分解，因而胶乳在凝固之前就会发臭。在肠杆菌发育之后，由于胶乳中氧逐渐稀少，pH 值又较低，因而微好气性并较耐酸的乳杆菌科的细菌，就会逐渐取代肠杆菌而占优势，但由于不含氮有机物的缺乏，很难发展下去，接着由于不含氮有机物的枯竭和氧的缺乏，各种产芽孢的氨化细菌(特别是偏性嫌气与兼性嫌气的)就旺盛发育起来，在胶乳中占优势地位，引起蛋白质的迅速分解，产生大量的氨，使 pH 值上升到 8~9，同时产生硫化氢、硫醇、吲哚、甲基吲哚等恶臭物质，最后由于氨的挥发，与嫌气性产酸的梭状芽孢杆菌(如丁酸梭状芽孢杆菌)的发育，pH 值又会下降一些，同时产生腐草的气味(丁酸气味)。对胶乳发生去稳定作用较大的酸，主要是酸性强的挥发性脂肪酸。

3.2.2.2 酶

胶乳中的酶，有些是本身固有的，有些是由于细菌活动而产生的，如对胶乳自然凝固影响较大的蛋白酶就来源于细菌，而凝固酶则是割胶前已存在于胶乳中。前者能将胶粒保护层的蛋白质分解；后者使蛋白质变性，引起它的溶解度大大降低，这些作用都可能引起胶乳自然凝固。

3.2.2.3 金属离子

由于土壤的化学成分、橡胶树的生理特性和气候对胶乳生理的影响等的不同，天然胶乳中存在的金属离子也有差异。胶乳中如存在钙、镁离子时，第一，这些离子会压缩胶粒双电层，使扩散层变薄，ζ 电位降低，静电斥力减小；第二，钙、镁离子可与胶粒保护层的蛋白质和高级脂肪酸皂发生反应，生成难溶于水的蛋白质盐和钙、镁皂，使胶粒脱水；

第三，钙、镁等金属离子是酶的活化剂，可激活酶的活性，增强酶对胶乳稳定性的破坏作用，从而使胶乳发生凝固。这可用渗析法将钙、镁离子除去后的胶乳能保持液态达数天之久而不凝固来加以证明。

综上所述，胶乳自然凝固的原因比较复杂，但主要原因是细菌和酶引起了非橡胶物质发生变化的结果。

3.2.3 影响胶乳腐败变质的因素

3.2.3.1 雨冲

胶乳在林段受到雨冲时，往往容易产生絮凝或凝固的现象。原因可能有 3 个方面：①用纯水稀释未加保存剂的鲜胶乳时，对胶乳黏度和黄色体的结构均有极大的影响。在加水量达胶乳容积的 15%～20%时，胶乳的黏度随加水量的增加而增加，但继续稀释时，黏度逐渐下降。当稀释水约 35%时，胶乳的黏度还与原胶乳黏度大致相同。稀释后用显微镜观察时，可看到胶乳黏度的增高同生成了较大的黄色体复合物有关。这种复合体中通常都含有橡胶粒子。因此，仅加 20%左右的水，似乎便可明显改变胶乳的物理化学结构，促进胶乳达到早期凝固阶段。至于黄色体复合物的形成，有人归之于黄色体的聚结和膨胀两个因素。前者是由于黄色体之间的电荷排斥力下降所致；而后者则是由于乳清离子浓度降低因而使水从乳清向黄色体中渗透的结果。②将橡胶树树皮的水抽出液加入鲜胶乳时，可使胶乳早期凝固。这与雨水流经割面而导入胶乳的情况相似。原因是树皮中含有可溶性的单宁和钙、镁等的金属盐。单宁与胶粒保护层的蛋白质反应，生成鞣酸蛋白沉淀而使胶乳失去稳定性。钙、镁等的金属盐，一方面可活化胶乳中存在的酶，提高酶对胶乳稳定性的破坏作用；另一方面，它们也可与高级脂肪酸皂和蛋白质反应生成不溶性盐类，使胶粒脱水和失去阴电荷，促进胶乳自然凝固。③把空气、树皮的一些细菌通过雨水带入胶乳，增加胶乳的细菌感染量，加速胶乳的腐败。

3.2.3.2 高温

鲜胶乳处在高温季节或较高温度的情况下，比较容易早凝。例如，夏秋天气热，鲜胶乳保留到中午或不到中午便开始凝固，冬天胶乳因气温低有时放到晚上才发生凝固。这是因为温度高低直接影响到细菌和酶的活度所致。胶乳中的微生物多半属于中温性细菌，一般适宜作用温度在 25～37℃（就大多数中温菌来说，28～32℃最适宜），在此温度范围内，往往温度越高，它们的活动能力越强。有的橡胶园胶乳容易早凝，原因之一就是林段荫蔽度小，阳光直射胶杯，使胶乳温度升高。有人在同一天做过温度试验，上午 11：30，在没有荫蔽的空地，一般气温为 28.5℃，而在树冠荫蔽良好的胶园中，气温仅 25.5℃。表 3-1 是彼此邻接的 3 个 Tjir1 无性系实生树树位，在割胶后 3h 将胶乳积聚在一起，并测算活菌数所得的结果。这个结果表明活菌数同胶乳温度呈正相关关系。

3.2.3.3 抽叶、开花期

胶乳是橡胶树的代谢产物，橡胶树生理条件的变化，将影响胶乳成分的变化，对于酶的种类、数量和活化的程度也有关系。当橡胶树抽叶、开花的时候，酶的数量和活度都较大，故这时期的胶乳通常较易自然凝固。

表 3-1　割胶时的胶乳温度对积聚胶乳细菌的影响

温　度(℃)	活菌数(×10⁶ cfu)	温　度(℃)	活菌数(×10⁶ cfu)
25.25	6.6	27.4	20.0
25.4	7.0	28.5	25.0
25.6	9.0	28.6	31.0
26.6	15.0		

3.2.3.4　强度割胶

特别是高强度割胶所得的胶乳，往往容易腐败。这与它们的挥发脂肪酸形成情况有关。

图 3-1 是 3 种割胶强度所得胶乳的试验。试验中，3 种胶乳都在中午 12:30 加氨至 0.37%。杀树割胶所得胶乳的挥发脂肪酸值上限为 3.0，强度割胶所得胶乳的为 1.5，正常割胶胶乳的为 2.2。如果在这些胶乳中加葡萄糖，可使挥发脂肪酸值进一步增加，可挥发脂肪酸值的极限只是由被作用物数量决定的。此外，细菌污染决定着挥发脂肪酸值达到极限的速度。正常割胶是在原生树皮上开半螺旋割线，割线长度相对较短，细菌污染较小，但由于原生树皮含淀粉多，从这种树皮流出的胶乳具有大量的碳水化合物。因此，这种胶

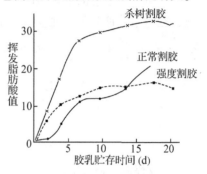

图 3-1　3 种不同割胶强度所得
胶乳的挥发脂肪酸

乳的挥发脂肪酸值最初上升缓慢，但后来达到的极限相当高。强度割胶是开一条全螺旋低割线和一条半螺旋高割线，两条割线都开在再生皮上，由于每单位长度割线的产胶量低，所以染菌较多，因此，这种胶乳的挥发脂肪酸形成迅速，但因胶乳来源的再生皮淀粉含量少，胶乳含碳水化合物亦少，故挥发脂肪酸值极限要比正常割胶所得胶乳的低得多。杀树割胶是在树干基部附近的再生皮上开一条全螺旋割线，在老的原生皮上开一条全螺旋倒割线和一条"V"形割线。倒割线流出的胶乳流经老的割面而收集于低割线的胶杯中，因此，这种胶乳的染菌程度极高，而且大部分胶乳来自老的原生皮，所以含碳水化合物也多。正因为这样，所以挥发脂肪酸形成迅速，极限值也很高。

3.2.3.5　化学刺激

化学刺激对橡胶树来说，就等于提高了割胶强度，故所得胶乳的挥发脂肪酸形成情况，与杀树割胶所得胶乳极为相似。据试验，刺激会增加胶乳的活菌含量，原因之一是延长收胶时间，增加了细菌的感染量。刺激也会使贮存在树皮中的淀粉水解成糖类，根据使用刺激剂所得胶乳的糖含量分析证明，葡萄糖和果糖含量显著增加。这也可由所得胶乳的挥发脂肪酸值看出(表 3-2)。因此，化学刺激所得的胶乳较易腐败。

表 3-2　化学刺激和正常割胶所得胶乳的挥发脂肪酸值比较

胶别	挥发脂肪酸值
正常胶乳	0.019
刺激胶乳	0.026

3.2.3.6　特殊品系

橡胶品系不同，所产胶乳的化学成分往往也不同。例如，GT1 无论定植在哪里，它所产胶乳的镁含量与无机磷酸根含量之比值，总是相对较高，稳定性很低。含有过量钙、镁

等金属离子的胶乳的特殊品系，往往给制胶厂带来不少的麻烦，它们所产的胶乳常常出现早期凝固的现象。有些种植实生树的橡胶园，鲜胶乳也易发生早凝。据说多施草木灰后，胶乳早凝现象便大大改善。这可能是由于草木灰的主要成分碳酸钾由橡胶树进入了胶乳，与破坏胶乳稳定性的钙、镁离子生成了离解度极小的碳酸盐，因而提高了胶乳稳定性。

3.3　新鲜胶乳早期保存的方法

既然胶乳变质的主要原因是由于细菌和酶的作用，我们就应千方百计做好清洁卫生工作，创造杀菌抑酶的条件，以防止胶乳的自然凝固。

3.3.1　认真做好胶园"六清洁"

做好胶乳早期保存的关键，在于大力做好与胶乳接触器、物的清洁卫生工作，以防止或减少细菌等对胶乳的污染，从而提高保存效果，减少保存剂用量，降低生产成本，提高产品质量。胶园"六清洁"是我国广大割胶工人长期以来同细菌做斗争中总结出来的行之有效的好经验，必须继续贯彻和发扬。"六清洁"就是：

(1)林段、树身清洁

橡胶树周围过高的杂草、树身上的泥土、青苔、蚁路、外流胶等，均须经常清除。

(2)胶刀清洁

胶刀要磨光滑、锋利、无锈，不受杂物污染。染菌的胶刀往往在割胶时使细菌侵入橡胶树的乳管。在正常的割胶情况下，大多数橡胶树割开的乳管，在上部 $8.5 \sim 12.7$ mm 处都被细菌污染；在少数情况下，污染范围更为广泛，如曾经发现采用无菌法割胶的个别橡胶树，在割线下 45.7cm 处所得胶乳，其含菌量竟达 4×10^5 cfu/mL 之多。细菌污染比较严重的橡胶树，不仅所产胶乳含菌多，而且排胶时间往往很短，胶乳产量低。

(3)胶杯清洁

每年在橡胶树开割之前，胶杯需清洁、消毒一次，即将胶杯放在水里蒸煮，如果再把少量草木灰或碳酸钠(纯碱)加入洗杯水中，则效果就更好。据测定，用灭菌的胶杯可以使胶乳污染的细菌数降低 62%，用清洁液(0.1%的烷基硫酸钠)洗涤胶杯，但不进行灭菌，亦可降低 56%的菌数。

割胶时，最好用抹布抹净胶杯的内壁；收胶时，要刮净杯内的胶乳，再把胶杯倒放或侧放在胶杯架上，以防露水、雨水、沙尘等污染胶杯的内壁。

(4)胶舌清洁

经常清除胶舌上的残胶和树皮、虫蚁等杂物。试验证明，用上述的清洁液洗涤胶舌，可使所得胶乳的菌数减少 15%。

(5)胶刮清洁

每次收完胶后，须清除胶刮上的残胶，不宜将胶刮置于硬而粗糙的表面上摩擦，以免磨损胶刮表面，增多细菌藏匿的场所。

(6)收胶桶清洁

收胶桶是专用装胶容器，不能拿去装水果、咸鱼等物品。因为水果含有丰富的有机酸和糖等物质，而糖是细菌爱好的营养料，如用胶桶装水果，就会助长细菌的生长和繁殖。

有机酸、盐都易引起胶乳凝固。胶桶在使用前后都应清洗干净。"六清洁"是贯彻胶乳早期保存预防为主的重要措施,必须按要求认真做好。

3.3.2 合理使用保存剂

一般制胶厂,特别是规模较大的制胶厂,使用的原料胶乳都来自远近的许多林段,每天胶乳进厂的时间不可能都很早,因此,除了做好胶园"六清洁",延长胶乳保存时间外,往往还需根据各单位的具体情况,外加一定种类和数量的药品(称为保存剂)进一步延长胶乳的保存时间,以满足制胶生产工艺和产品质量的要求。

3.3.2.1 鉴定胶乳质量的方法

胶乳保存剂是否合用,最基本的依据是将它加入胶乳后,在一定条件下检验胶乳的质量。

(1)鉴定的简单方法

鉴定胶乳质量最简单的方法,是用一根玻棒搅动胶乳,然后将玻棒提出,观察玻棒上有无凝粒或凝粒的多少;也可在胶乳表面用手扇风来闻一闻气味,如果胶乳中早已加氨,须用硼酸饱和溶液迅速将氨中和后再嗅。如果发现有较多的凝粒或臭味,则说明胶乳已明显腐败。以上两种方法都不能将轻微变质的胶乳鉴别出来。

生产上按质量高低将鲜胶乳分为优等、次等两级,其分级标准见表3-3。

表 3-3 鲜胶乳分级的质量指标

项目	优等鲜胶乳	次等鲜胶乳
颜色	洁白	已变色
气味	正常	有腐败气味
流动性	能顺利通过 40 目筛	通过 40 目筛有困难
清洁度	有较少的小凝块、树皮、树叶、泥沙和其他沉淀物	有较多的小凝块、树皮、树叶、泥沙和其他沉淀物
品质	有极少量的凝粒,无长流过夜胶	有较多凝粒或豆腐花状

(2)测定胶乳的活菌数

测定方法一般使用倾倒平板法(混合平面培养法)和稀释培养测数法两种。它们的测定步骤如下:

①制备培养基 通常采用改良的克力格氏含铁培养基,其成分为:肉膏(或牛肉浸出物)3g,酵母浸膏 3g,医用蛋白胨 20g,氯化钠 5g,乳糖 10g,肌醇 3g,葡萄糖 2g,柠檬酸铁 0.3g,硫代硫酸钠 0.3g,溴甲酚紫 0.05g,琼脂 20g,蒸馏水 1 000mL,调节 pH 值至 7.3 左右。先将肉膏、酵母浸膏、蛋白胨、琼脂和蒸馏水彻底混合,加热熔化,再用消毒锅于 10.5kg/cm² 蒸汽压力下灭菌 20min。然后加入乳糖、肌醇、葡萄糖、硫代硫酸钠、柠檬酸铁(先磨碎)、氯化钠和溴甲酚紫,搅拌均匀,调整 pH 值,分装于三角瓶(平板法用)或试管(稀释法用)中,再用 5.6kg/cm² 蒸汽压力灭菌 15min 备用。如采用稀释法则不加琼脂。

②胶乳样品的稀释及稀释度的选择 将胶乳样品以无菌手术用灭菌生理盐水做一系列稀释,使成 10^{-1},10^{-2},…,10^{-9} 等不同浓度的稀释液,作为接种物。一般来说,胶乳中的细菌越多,稀释液的稀释度也要越高。为了提高测数的准确性,每一稀释度还必须有 3~5 个重复。

③倾倒平板法测数　先用 1mL 无菌吸管吸取胶乳稀释液 1mL(也可用 0.2 或 0.5mL)，注入无菌培养皿中，再向培养皿倒入溶化并冷却至 50℃ 左右的上述培养基(用量 15~20mL，转动培养皿，使稀释液与培养基凝固后，将培养皿倒置于 30℃ 左右培养箱中培养，24~48h 后计算每皿中细菌菌落数目，并求出每皿菌落平均数(产酸菌周围呈黄色；产生硫化氢的细菌周围呈一黑色圈；如系产气细菌，可观察到培养基中有产气迹象：引起培养基涨起或产生小裂隙)。按下列公式求出 1mL 胶乳中的活菌数：

1mL 胶乳的活菌数=每皿菌落平均数×该皿所用稀释液的稀释度

④稀释培养测数法　将制成的胶乳稀释液，用 1mL 无菌吸管，按照稀释度的顺序，依次接种在装有液体培养基的试管中，每一稀释度重复接种 3~5 管，每管接种稀释液 1mL，然后置于 30℃ 左右保温箱或清洁环境中培养，48h 后观察和记录细菌的生长情况。由记录结果按下述方法获得数量指标，再根据数量指标查相应的统计分配表而求得细菌数近似值。按下述公式求得 1mL 胶乳中的活菌数：

1mL 胶乳的活菌数=菌数近似值×数量指标第一位数字的稀释度

数量指标的推求法和统计分配表，可参考一般的微生物学实验技术书籍。

根据测定结果，活菌数越多，通常表明胶乳质量越差。活菌数测定法的主要缺点是，不能区分对胶乳质量是否起坏影响的细菌。很明显，有的细菌在胶乳中既不产生挥发脂肪酸，也不分解蛋白质，对胶乳变质凝固不起作用。

(3)挥发脂肪酸值测定法

胶乳受细菌和酶的作用会产生挥发脂肪酸。这种酸会中和橡胶粒子保护层的阴电荷和减小水合度，因而降低胶乳稳定性，最后使胶乳发生自然凝固。

挥发脂肪酸值的高低，能准确反映鲜胶乳质量好坏的程度，即可借以判断早期保存工作是否搞好。现在生产上严格鉴定胶乳质量时，多采用这个方法。如有些浓缩胶乳工厂对进厂鲜胶乳进行挥发脂肪酸值测定，如果挥发脂肪酸值较高，则及时离心浓缩，或加 TT/ZnO 复合保存剂，抑制挥发脂肪酸的进一步生成，以保证离心浓缩胶乳的质量。

(4)生物化学颜色检验法

这种方法迅速、可靠，但仅适用于加氨鲜胶乳开始明显变质的检验，可供离心浓缩胶乳工厂作为筛选原料胶乳的指标。此法是将 3 滴苦味酸(2,4,6-三硝基酚)的饱和溶液加入 15mL 的氨胶乳中，混合均匀，装入实验室离心机的锥形离心管中，以 2 500r/min 的速度离心 5min。此时，可看到胶乳分成乳白和淤渣沉积物两层，这两层之间有一条明显的黄色色带。当细菌活度明显增大，胶乳开始显著变质时，色带颜色即由黄转为粉红。然后随着变质程度的加大，此颜色逐渐扩展，最后遍及全部胶乳。研究大量胶乳样品后，发现当挥发脂肪酸值为 0.05 时，便开始上述的颜色反应。

3.3.2.2　杀菌剂的杀菌抑酶原理

如前所述，胶乳的变质主要是由于细菌和酶引起胶乳中非橡胶物质发生变化的结果。为了做好胶乳的保存工作，通常加入某些化学药品将细菌杀死或抑制细菌和酶的活性，从这个意义上说，杀菌剂的杀菌抑酶原理也可以说是胶乳的保存原理。

(1)杀菌剂的含义

杀菌剂是指对菌类有毒杀作用的化学物质。但不能把能杀死细菌的化学物质都看作是杀菌剂。在这里，必须有量的概念，即只能在一定的量或一定浓度下能起杀菌作用的化学物质，才可认为是杀菌剂。"杀菌"的含义不仅仅限于真正把细菌杀死，实际上许多杀菌剂并没有把细菌杀死，而只是使细菌的活动处于停止状态，即起着停止细菌生长或萌发的所谓抑菌作用。因此，杀菌剂对菌类的影响有杀菌作用和抑菌作用。

具有杀菌毒性的化学物质，其分子结构中必定具有毒性基团。在杀菌剂分子中，常见的毒性基团有：—SCN、—NCS、—NO$_2$—C(S)S—、—SCCl$_3$ 等。如果分子中含有这些基团时，此分子将产生不同的毒性。以上介绍的一些毒性基团，只能作为估计分子可能具有毒性的参考，不能作为唯一的依据。

化学物质对微生物的作用是抑菌还是杀菌，常常是相对的。在通常情况下，化学物质对微生物的作用首先取决于浓度，大多数杀菌剂在低浓度下起抑菌作用，在较高浓度下起杀菌作用，在某一极低浓度下甚至能刺激微生物的生长。因此，使用杀菌剂时，用量必须恰当，否则会起反作用。

（2）杀菌剂的杀菌原理

杀菌剂与菌体接触后，就会抑制或杀死细菌。关于杀菌剂的杀菌原理，目前研究得还不够，同时，杀菌剂的种类繁多，性质复杂，不同的杀菌剂的杀菌原理也不一样。这里仅就杀菌剂一般的作用方式和作用原理加以讨论。

①对细胞结构的破坏作用　对细胞的主要成分——蛋白质的破坏。从细菌的细胞来看，它的基础结构材料是蛋白质。因此，蛋白质受破坏后，细菌的活性就受到破坏。一些重金属(如汞、铜、银等)盐类的杀菌机理是由于这些物质能使菌体细胞的主要成分——蛋白质发生变性、凝固等作用，即重金属能与菌体内蛋白质结合成不溶性的蛋白质重金属盐；对原生质膜的破坏；杀菌剂对原生质膜的破坏作用是由于膜结构上的疏水键被击断或被溶解或被螯环化合物所破坏。因而破坏了细胞的正常渗透作用，或者使水分大量渗入而导致细胞膨胀；或者使水分大量逸出而引起细胞干枯死亡。

②对代谢物的影响　新陈代谢是一切生物的基本特征，是指生物体从外界环境摄取其生活所必需的气体和营养物质，经过利用后，把形成的产物排泄到外界环境的过程。

菌类的生长，需要吸收水分、无机盐和有机物，同时需要合成、运输和利用新的有机物质。这些被利用的物质，称为代谢物。当一种化学药品和一种代谢物起化学反应后，如对菌体产生不良的影响作用时，则称此药品对细菌起了非竞争性的抑制作用。例如，葡萄糖是菌类的一种代谢物，它与杀菌剂发生化学反应后，就不能再被菌类利用，而使菌类的代谢作用受到破坏。

③抗代谢作用　杀菌剂不与代谢物起化学反应，而是与代谢物竞争并代替了代谢物而参与作用，这种抑制作用叫作竞争性抑制作用。杀菌剂与正常代谢物的分子结构相似，表面上貌似是代谢物，但实际上是毒剂，即"欺骗分子"。在新陈代谢过程中，由于欺骗分子的作用，以假乱真，代替了正常代谢物而参与作用，结果破坏了菌类的正常代谢作用，使之呈现中毒。

④破坏细胞的生物氧化还原系统　有的杀菌剂进入菌体细胞后，甚易氧化或还原，从而干扰了细胞内正常氧化还原的进行。此类杀菌剂常见的有二硫代氨基甲酸盐、秋兰姆类等。

⑤与菌类所需金属的螯环化作用　杀菌剂不但可以干扰细胞中有机代谢物质的作用，有些杀菌剂还可以干扰细胞中金属的利用，即与金属起螯环化作用，夺走菌类正常生存所必需金属，结果使菌类停止繁殖或死亡。最典型的可以起螯环化作用的杀菌剂有 8-羟基。

一些含硫的有机螯环化试剂也有杀菌作用，如硫脲、巯基乙酸、乙基黄原酸钾、2-巯基乙胺、二甲基二硫代氨基甲酸钠、TMTD等。

总之，杀菌剂的作用方式是多种多样的。一般地说，其主要作用是干扰菌类的新陈代谢作用。

（3）杀菌剂的抑酶原理

根据酶的组成、酶的化学本质以及酶催化作用的机理，杀菌剂的抑酶原理如下：

①酶蛋白的变性 酶的化学本质是蛋白质，因此凡能使蛋白质变性的因素都能使酶变性。如强酸、强碱、乙醇、重金属离子（Cu^{2+}、Hg^{2+}、Ag^+等）、加热、紫外线照射等都能使酶蛋白变性，因之使酶丧失活性。

②酶必要基的改变 必要基也叫功能基。决定酶催化活性的基团，称为必要基。酶的催化活性不是取决于酶的整个分子，而只决定于酶分子中的活性中心，必要基就是活性中心的一个组成部分。酶的必要基有硫氢基（—SH）、氨基（—NH_2）、羧基（—COOH）等，如果这些活性基团发生改变时，就不能与基质（作用物）结合或不能起催化作用而失去活性。例如，有些酶以—SH为必要基，若—SH被氧化成双硫键（—S—S—），或与重金属离子（如Cu^{2+}、Hg^{2+}、Ag^+）结合时，则酶的活性丧失。

③辅酶的改变 杀菌剂（如重金属）与辅酶形成螯环化合物或杀菌剂（如8-羟基喹啉）与辅酶中所必需的金属形成螯环化合物而使酶丧失活性。

④酶活化剂的除去 在某些无机元素（如钙、镁离子）存在的情况下，酶受到活化（许多酶需要无机离子作激动物），活性提高，如果除去这些无机元素后，酶的活性就受到抑制。

⑤酶与非正常作用物结合 酶与作用物结合成中间产物时，需要二者的分子结构能互相适合。有些物质（甲）在化学结构上与酶作用物质（乙）相似，因而也可与酶进行可逆性的结合与分解，但却不能受酶的催化而进行反应，且酶与之结合后便不能再与作用物结合。故在（甲）（乙）二物同时存在时，它们在酶分子相同部位上，竞争着与酶结合，因而抑制酶对于作用物的活性，此种现象称为竞争性抑制，此类抑制物称为竞争性抑制物。

3.3.2.3 理想保存剂的条件

理想保存剂应具备如下条件：

（1）保存胶乳的效果好

胶乳是一种复杂的胶体体系，非常容易发生自然凝固，其主要原因是由于细菌和酶的作用，产生挥发脂肪酸，降解蛋白质以及金属离子的影响，而决定胶乳稳定性的主要因素是胶粒所带的电荷和水化膜。因此，保存剂必须具备下列各种特性，保存胶乳的效果才好。

①杀菌剂的性能 杀死或抑制细菌的活动能力。

②阻酶剂的性能 抑制酶的活力。

③碱性 提高胶乳的pH值，使胶乳pH值远离蛋白质的等电点，增加蛋白质羧基的解离，提高胶粒的ζ电位，加强水化作用或增厚水化膜，提高胶粒相互排斥的势能峰；碱还可中和因胶乳腐败所形成的挥发脂肪酸。但碱过量时，会加速蛋白质水解，反而会降低胶乳的稳定性。

④pH缓冲剂的性能 使胶乳不因腐败而产生的挥发脂肪酸降低其pH值，即保持胶乳的酸碱度基本不变。

⑤金属离子隔离剂的性能 将金属离子变成不解离的化合物。

⑥胶体稳定剂的性能　吸附于胶粒表面，增加胶粒的阴电荷和水合度，提高 ζ 电位，提高胶粒间相互排斥的势能峰。

⑦络合的性能　能与胶乳中细菌的被用物(如糖)起络合反应，破坏它们生存所需的营养物质，抑制挥发脂肪酸的生成或降低挥发脂肪酸的生成速率。

(2)毒性不大

在使用保存剂的过程中，有时保存剂不免会与人体接触，或被吸入呼吸器官，如果保存剂毒性太大，显然会危及人身安全。特别是用来制造食品工业用制品、医疗卫生用制品等的胶乳时，更应注意保存剂的毒性。

(3)使用方法简便

不需要复杂设备，节约操作时间，又不易发生差错。

(4)价格不贵

保存剂的费用高低，会直接影响制胶成本的高低，即使保存效果不错，但成本过高，也不宜采用。

(5)对制胶、制品工艺和产品性能没有显著的不良影响

例如，加入保存剂后，如胶乳黏度显著增加，则过滤澄清困难；或使需要凝固时不能获得满意的凝块；或使压出的胶片的干燥时间大大延长；或使橡胶硫化速率降低，耐老化性能变坏，机械物理性能明显劣化等，则这种保存剂的实用价值不大。

(6)货源充沛

有些保存效果令人满意的保存剂，因原料供应不足，或运输发生困难，均会给制胶生产造成被动局面。故选用的保存剂，应货源充足，并立足于国内，才易满足生产需要。

实际上，十全十美、完全合乎理想的保存剂，是很难找到的。特别是在胶乳长期保存时，为了获得满意的结果，往往将两种或更多的保存剂并用。也就是说，一种理想的保存体系往往是多种物质组成的复合保存剂，而不是单一的物质。

3.3.2.4　常用保存剂及使用方法

曾经试验和试用的胶乳短期保存剂有几十种，但真正符合实用要求的，却为数不多。下面着重介绍国内外广泛使用的几种保存剂。

(1)氨

氨对保存各种胶乳的适应性强，是目前生产上最广泛使用的胶乳早期保存剂。在常温常压下，它是无色的气态物质。制胶用的氨，通常是对氨施加压力而压缩并贮存于钢瓶的液态氨。用于胶乳的早期保存时都是将氨气溶在水里，制成氨水使用。氨对胶乳的稳定，起着"多面手"的作用：①它是一种杀菌剂。能抑制细菌生长和酶的活性，从而去掉或减轻它们对胶乳的腐败作用；②氨带碱性。可中和胶乳里由于细菌作用所产生的酸，并增加橡胶粒子表面所带的阴电荷，从而提高胶乳的稳定性；③氨能与胶乳中固有的磷酸根、镁离子起化学反应，生成离解度极小的磷酸镁铵，因而起着金属离子隔离剂的作用；④氨还可与类脂物水解所产生的高级脂肪酸发生反应，生成铵皂，吸附在胶粒表面，增加胶粒的阴电荷和水合度，起着胶体稳定剂的作用；⑤能与糖类生成醛氨或酮氨络合物而使糖类不再被细菌分解利用，抑制挥发脂肪酸的生成或降低挥发脂肪酸的生成速率。氨因使用方便，用量适宜时，对产品质量无不良影响，且来源充沛，价格低廉，容易从胶乳中除去，所以长期以来人们广泛使用氨作胶乳的保存剂。

用氨作胶乳保存剂应注意以下几点：

①加氨量　胶乳早期保存的加氨量应恰如其分。太少，达不到保存胶乳的目的，太多，不仅浪费氨，而且在胶乳凝固时，还将增加凝固费用，甚至造成凝固困难。适宜的加氨量，主要根据胶树的品系、割胶季节、天气、胶乳的清洁度、胶乳运输方式、要求胶乳保存的时间、胶树是否采用化学刺激或强度割胶，以及制胶生产的方式和产品的种类等条件而定。在胶乳稳定性低、开花抽叶期、高温潮湿季节、胶乳脏、运输线长、需要保存时间长、胶树经过化学刺激或强度割胶的情况下，要求氨的用量较高；反之用量则较低。就生产烟胶片、颗粒橡胶等生胶来说，氨的用量一般为胶乳重的 0.05%~0.08%，最多不超过 0.1%。但在实际使用时，还须根据具体情况，适当加以调节。例如，有些林段所产胶乳的稳定性高；"六清洁"搞得好；天气好；运输和加工胶乳及时，往往不加保存剂，胶乳也不会变质。与此相反，有些林段的胶乳用氨量要高于 0.08%，才能达到早期保存的目的。如果制造浓缩胶乳，因生产周期或处理时间较长，则鲜胶乳早期保存的氨用量较高。若是生产离心浓缩胶乳，早期保存的氨用量为胶乳重的 0.15%~0.35%，当日离心的，一般将氨含量控制在 0.15%~0.25%；次日离心的则控制在 0.25%~0.35%。

鲜胶乳加氨量的多少，影响胶乳质量的情况，由表 3-4 可以看出。表 3-4 是将未加任何保存剂的混合鲜胶乳分成许多等份，在每份胶乳中加入不同量的浓氨水，并搅拌均匀，于室温下静置 4h 后，用平板活菌计数法测定的结果。因为挥发脂肪酸的生成，主要是由于微生物的活动所致，而加氨量越多，对抑制细菌的效果越大，故从表 3-4 明显看到，氨含量越高，每毫升胶乳含活菌数较少。挥发脂肪酸的生成随着氨含量的加多而或多或少地延滞了一定时间，随后迅速增加，这种增加的情况通常是在挥发脂肪酸值达到 0.1 后才发生的。

表 3-4　不同加氨量对胶乳活菌数含量的影响

氨含量(%)	0	0.05	0.075	0.1	0.13	0.25	0.35	0.5
1mL 的活菌数(cfu)	$12×10^6$	$97×10^6$	$41×10^6$	$22×10^6$	$12×10^6$	$30×10^4$	$28×10^3$	$9×10^3$

必须根据每个地区、每个时期的胶乳特点和生产要求，控制好最适宜的氨用量。加氨少了固然不行，但加得过多所造成的具体损失也不小：第一，浪费氨和中和氨的用酸，当用甲酸作凝固剂时，中和酸量为胶乳中含纯氨量的 2.71 倍，大大增加制胶生产的成本。第二，胶乳的氨含量过高，往往还会影响胶乳的凝固、橡胶的干燥和质量。例如，在高氨胶乳中因为胶粒保护层的蛋白质被氨水解，使部分胶粒表面裸露出来，或胶粒表面的蛋白质被形成的铵皂取代，故在加酸时容易产生局部凝固，即加一点酸，形成一些小凝块，使凝固操作控制困难。不仅如此，同一胶乳除中和酸用量随氨含量的增加而加大外，凝固用酸量也随氨含量的增高而增多（图3-2）。这是由于同离子效应发生的影响。如将不同氨含量(0.07%以上)的胶乳加酸制成的胶片，置于烟房中进行干燥时，随着氨含量的增多，胶片在干燥过程中变脆、发软、伸长、断片、颜色变深和干燥缓慢的程度愈加严重。这些现象主要都是由于铵

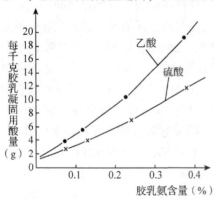

图 3-2　胶乳不同氨含量对凝固用酸量的影响

盐造成的。

在鲜胶乳中需加的氨水量，是根据胶乳的质量(W)、胶乳要求的氨含量(A)和所用氨水的浓度(C)来计算的：

$$氨水量 = \frac{W \cdot A}{C}(kg) \qquad (3-1)$$

例如，现有鲜胶乳 100kg，使用氨水的浓度为 10%，要求氨含量为 0.05%，则：

$$需加氨水量 = \frac{100 \times 0.05\%}{10\%} = 0.5(kg)$$

带往林段用的氨水，浓度通常配成 10%左右，如果浓度太低，就意味着加到胶乳里的水多，会增加胶乳的运输量，特别是用来制造离心浓缩胶乳时，还会降低离心机的分离效率。反之，氨水浓度太高，氨的挥发损失大，也不利于胶乳和氨的均匀混合。将浓氨水稀释至较小浓度时应加水量的计算法如下：

$$稀释用水量 = 原氨水量 \times \frac{原氨水浓度 - 稀释氨水浓度}{稀释氨水浓度}(kg)$$

例如，有 100kg 浓度为 18.2%的氨水，要把它冲稀到浓度 10%时，则

$$稀释用水量 = 100 \times \frac{18.2\% - 10\%}{10\%} = 82(kg)$$

②加氨时间　由于细菌和酶等对胶乳的作用在割胶后便立即开始，故应尽早将氨加入胶乳。如果等到胶乳已经腐败再加氨水，就失去保存的作用了。在鲜胶乳中加氨越早，保存效果就越好。表 3-5 是同一鲜胶乳在氨用量都是 0.05%的情况下，分别在割胶当天的不同时间加氨所得的试验结果。

表 3-5　不同加氨时间对胶乳保存的效果

加氨时间	不加	上午 10：30	上午 6：50
胶乳保持液态的时间(h)	5.5	7	10.5

在割胶时，把氨水滴到每个胶杯里，虽然对胶乳的保存效果较好，但是花工多，氨的挥发损失大，一般损失率高达 50%，通常只在胶乳稳定性特别低的情况下才使用这种方法。例如，流到胶杯后很快就凝固的那种胶乳，就必须采用胶杯加氨，以防胶乳早凝。采用胶杯加氨法时，因氨的挥发损失太大，氨水浓度不宜超过 5%。一般加氨的方法是由割胶工人把氨水带到林段，收胶时，先在胶桶里倒入一部分氨水，一方面使胶桶消毒，另一方面达到尽早加氨的要求。收完胶后，再把剩下的氨水倒进胶乳中去，混合均匀。因为氨容易挥发，在收胶、运输的过程中，会损失一部分氨，所以胶乳运回收胶站和制胶厂以后，还应根据天气、胶乳质量、加工等具体情况，确定是否补加氨和补加多少氨。其补氨量可按下式计算：

$$补氨水量\ W' = \frac{W(A_2 - A_1)}{C - A_2} \qquad (3-2)$$

式中　W——原胶乳重(kg)；

　　　A_1——原胶乳氨含量(%)；

　　　A_2——要求胶乳达到的氨含量(%)；

C——氨水浓度（%）。

因为 A_2 的值很小，在实际计算中为方便起见，往往将上式中分母的 A_2 忽略不计，则该式可简化为：

$$补氨水量 \quad W' = \frac{W(A_2 - A_1)}{C} \tag{3-3}$$

【例3-1】现有鲜胶乳 2 000kg，氨含量为 0.12%，如要求补氨至 0.3%，问应加浓度18%的氨水多少千克？

解：$W' = \dfrac{W(A_2 - A_1)}{C} = \dfrac{2\,000 \times (0.3\% - 0.12\%)}{18\%} = 20 \, (\text{kg})$

③注意安全　氨对皮肤有腐蚀性，氨气对眼睛有刺激作用，使用时不要让浓氨水溅进眼睛里或弄到皮肤上，如浓氨水溅到身上时，须立即用清水冲洗。在放出氨气或倒浓氨水时，人应该站在氨气（氨水）瓶的上风处。此外，因为氨有腐蚀性和挥发性，氨水应盛于陶瓷、玻璃或塑料等耐腐蚀的容器内，并密封存放于阴凉之处。

用氨作胶乳保存剂的缺点是：易挥发，有腐蚀性和臭味，刺激眼睛，并增加胶乳的凝固用酸量。当氨用量过高时，会使制得橡胶的塑性保持指数降低，颜色加深。

（2）亚硫酸钠

亚硫酸钠是一种无色晶状的温和碱，对胶乳中生成的酸能起中和作用，还能抑制细菌生长和防止胶乳的氧化，故对胶乳具有一定的保存作用。对含氧化酶过多或易产生黑胶线的胶乳（如 PR107 胶乳），效果更好。

这种保存剂对胶乳的有效保存时间较短，一般只能比不加保存剂的延长 2~4h，通常用于制造白绉胶片的鲜胶乳的早期保存。制造白绉胶片时，大多在胶乳凝固前加入0.5%~0.7%（对干胶计）的亚硫酸氢钠，以防止白绉胶片变色。如果鲜胶乳使用亚硫酸钠作保存剂时，可以适当减少亚硫酸氢钠的用量，而达到防止白绉胶片变色的相同效果。在这种情况下，亚硫酸钠的用量，约占胶乳重的 0.05%~0.15%。也可用亚硫酸钠作制造烟胶片的胶乳早期保存剂，天气良好时，其用量为胶乳重的 0.04%~0.05%；雨后或潮湿天气，用量需增至 0.07% 以上。应当指出，亚硫酸钠用量与胶乳保存时间并不呈正比关系，即使用量大大增加，也不能把胶乳保存到第二天。

亚硫酸钠的储备溶液不能配制过多，并尽可能在即将使用时配制。原因是它容易氧化而变成硫酸钠，失去对胶乳的保存作用。一般是在使用前的晚间配制，将配好的溶液按每个胶工所割树位的每天平均胶乳产量定量分配，装于玻璃瓶中，发给割胶工携带至林段使用。储备溶液的浓度一般可配成 10%。

使用亚硫酸钠作保存剂的优点是：①价格便宜。②使用安全（无毒、无臭）。③能降低胶乳黏度而便于过滤操作。④在上述用量范围内对胶片性能影响不大。⑤胶片干燥后颜色浅淡。主要缺点是：因亚硫酸钠属不挥发性物质，故留于胶片中不易除去；用制烟胶片时使胶片干燥缓慢，比不加任何保存剂的干燥时间延长 1/4 左右；当亚硫酸钠用量超过胶乳重的 0.05% 以上时，胶片烟干后容易吸潮，表面微带滑腻。

（3）甲醛

市售的甲醛为 38% 的甲醛水溶液，具辛辣的窒息性臭味，对黏膜有强烈刺激性，在贮存中会慢慢被氧化而生成甲酸，故用作胶乳保存剂时，必须先用碳酸钠或氢氧化钠进行中和。

甲醛具有高度的化学活性，在许多工业中都用它作杀菌剂、保存剂和鞣革剂。在胶乳中，它起着杀菌剂、阻酶剂的作用，也可能和胶乳的蛋白质（包括橡胶粒子保护层的蛋白质）发生反应，提高它们对于化学药剂和酶的抗力，因而对胶乳具有良好的保存效果。使用时，加水将甲醛的浓度稀释至 5% 左右。如浓度过高，容易使胶乳产生少量的凝粒。天气良好时，一般用量为胶乳重的 0.03% 左右；雨天及潮湿天气，用量应增加约 1 倍。

使用甲醛作保存剂的主要优点是：①保存效果好，在用量 0.05% 的情况下，可使胶乳保持液态的时间长达 3~4d。②用制胶片时，不需多加额外的酸。③胶片干燥时间比不加甲醛的缩短 1/8~1/4。主要缺点是：①即使加少量的甲醛，也会使胶乳黏度增大，过滤、澄清困难，黏度增大的原因主要是甲醛与蛋白质的反应产物比蛋白质的支链程度增大。②若胶乳中氧化酶过多，甲醛易被氧化成甲酸，反而促进胶乳的凝固。③制成的胶片干燥后，颜色较深。④甲醛用量在 0.05% 以上时，会使胶片的拉伸强度降低。

我国有的制胶厂，为了充分发挥甲醛的有利作用，克服它存在的缺点，将甲醛与氨并用，作为鲜胶乳的早期保存剂来生产离心浓缩胶乳。其法是在林段加入占胶乳重 0.05% 的氨，收胶站补加氨至 0.06%~0.08%，0.5~1h 后加入胶乳重 0.03% 的甲醛。这是当天离心浓缩的保存剂用量，随着鲜胶乳要求保存时间的延长，可适当增加氨含量，而甲醛用量不变。采用这种方法克服了单用甲醛保存时胶乳黏度高，过滤和澄清困难的缺点。它与常用的单氨保存法相比，还具有如下优点：①改善了浓缩胶乳厂的卫生条件，在过滤、澄清和离心车间闻不到明显的氨味。②可省去离心车间的排氨设备和胶清的除氨工序，因而节约有关的设备投资、动力消耗以及维修、清洗的用工，工厂的环境卫生也相应得到改善。③由于甲醛的杀菌力较强，不仅鲜胶乳的挥发脂肪酸值较低，而且澄清罐内的胶乳残渣能较久不臭。④因鲜胶乳氨含量很低，黄色体溶解较少，在澄清和离心过程中，这种相对密度较大、含非橡胶物质较多的黄色体被分离出来较多，因而所得浓缩胶乳的颜色稍白，非橡胶固体一般也稍低。⑤所得浓缩胶乳的机械稳定度较高，积聚罐内的泡沫凝块也较少，原因是胶乳的稳定性与胶粒的电动电位、保护层以及乳清的离子强度有关。⑥生产成本较低。

将甲醛与氨并用作鲜胶乳早期保存剂时，还须注意以下两点：①工业用甲醛不仅在放置过程中会被氧化而生成甲酸，而且装在铁桶内的甲醛，日久后还会因铁锈的污染而带棕黄色。故在用作胶乳保存剂时，应先进行碱化和脱色处理，以防止胶乳局部凝固和变色。最好的处理方法是以溴百里酚蓝作指示剂，将粉状碳酸钠逐渐加入甲醛水溶液中，当溶液颜色变为浅绿色时，则其 pH 值已达 7.6 以上，并有 $Fe(OH)_3$ 胶体沉淀物生成，溶液慢慢变为清澈，除去下面的沉淀物便可使用。②甲醛溶液与氨水必须分别盛装，不能混合后使用。否则，两者会发生如下化学反应而生成六次甲基四胺：

$$4NH_3 + 6HCHO \rightarrow N_4(CH_2)_6 + 6H_2O$$

使甲醛的杀菌作用消失。

(4) 碳酸钠

它是一种白色粉状的温和碱。用量为胶乳重的 0.1% 时，可使胶乳的 pH 值上升至 7

左右，它主要起着 pH 缓冲剂的作用，从而能防止细菌侵染所引起的酸对胶乳稳定性的破坏，还能使钙、镁离子生成溶解度很小的碳酸盐，从而起着金属离子隔离剂的作用。

这种保存剂主要用于制造烟胶片胶乳的早期保存。

碳酸钠用量占胶乳重的 0.1% 时，对胶乳没有显著的保存作用，用量达 0.2%，可延长胶乳的保存时间 1~2h；用量为 0.5%，可将胶乳保存 6h 左右；用量为 1%，则可保存胶乳约 24h。如以小量的氨、硫酸锌、苯甲酸钠、磷酸钠配合碳酸钠使用，可显著提高胶乳的保存效果。

使用碳酸钠作早期保存剂的主要好处是它本身比较稳定，储备溶液也不易变质和发生挥发损失现象，而且运输比较方便；缺点是用量较大，胶乳加酸凝固时还会使凝块产生气泡，降低胶片外观质量。

(5)羟胺与氨并用

生产恒黏胶和低黏胶时使用此种保存体系。羟胺属于杀菌剂，但由于它呈酸性，不能单独用来保存胶乳，将羟胺与氨并用，便可获得满意的保存效果。其作用原理是由于它能同糖类反应，从而减少了供细菌代谢作用的糖。

采用羟胺与氨并用体系比单氨保存的氨量可减少一半，这就意味着胶乳凝固用酸量减少 60% 左右。不仅如此，胶乳需要保存较长时间时，单以氨作保存剂，其用量必须大大增加，这样还会明显延长橡胶干燥时间。

采用上述保存体系时应注意如下几点：

①羟胺和氨应混在同一储备液内使用，这样既方便使用，又少出差错。储备液最好在使用的前一天配制，然而储备液保存 90d 也不失效。

②在收胶站加 0.15%(对干胶计)羟胺后，工厂不必再加羟胺便可制得正常的恒黏胶。

储备液的制备，可先计算出中性硫酸羟胺的用量，并将其溶于水中，使容器保持冷却状态，再将所需的氨气导入羟胺溶液。由于考虑到氨的蒸发损失，使用的氨要比计算量稍多些。在制储备液前，首先要确定混合体系中氨的用量，这一点很重要。

如果保存液中预计的氨用量是在 0.05%(按胶乳计)以上，那么储备液就应该含 5%(按质量计)的氨，否则储备液含 3% 的氨就合适了。这种浓度的保存剂不会使胶乳过度稀释。储备液中的中性硫酸羟胺的浓度取决于特定胶乳或混合胶乳的平均干胶含量以及保存体系中的氨用量。

储备液中的氨气需要量按式(3-4)计算：

$$W_a = \frac{W \cdot S_a}{100 - S_a} \tag{3-4}$$

式中　W_a——氨气量(kg)；

　　　W——水量(kg)；

　　　S_a——储备液中氨的浓度(%)。

储备液中羟胺的需要量按式(3-5)计算：

$$W_h = \frac{0.15 \cdot (d \cdot r \cdot c) \cdot W \cdot S_a}{L_a \cdot 10\,000} \tag{3-5}$$

式中 W_h——中性硫酸羟胺量（kg）；

$\quad$ 0.15——制备黏度固定的橡胶所需的羟胺用量（占橡胶的%）；

$\quad$ d·r·c——特定胶乳或混合胶乳的平均干胶含量；

$\quad$ W——水量（kg）；

$\quad$ S_a——储备液中氨的浓度（%）；

$\quad$ L_a——保存体系中所需的氨量（按胶乳计）。

在一定的条件下，S_a、L_a 和 d·r·c 均为已知，这样，式(3-4)和式(3-5)可简化成非常简单的形式，氨气量和中性硫酸羟胺量仅根据水量计算就行了。

储备液按上述方法制备后，可以把它当作仅含有氨的溶液使用，其用量可按式(3-6)计算：

$$V = \frac{L_a \cdot V_1}{S_a} \tag{3-6}$$

式中 V——储备液体积（L）；

$\quad$ L_a——保存体系中所需的氨量（占胶乳的%）；

$\quad$ S_a——储备液中氨的浓度（%）；

$\quad$ V_1——胶乳体积（L）。

按此法确定储备液用量时，胶乳中的羟胺浓度（即占橡胶的 0.15%）足以使橡胶的黏度保持固定。式(3-5)和式(3-6)中的氨用量必须相同，否则，保存胶乳中的羟胺含量就会太少或过多。

(6)硼酸和氨并用

生产浅色标准胶时应采用此种保存体系。根据试验（表 3-6），硼酸用量在胶乳重的 0.2%以下时，随氨含量的增加，提高保存效果不明显。但硼酸用量较高时，它与氨并用可大大提高胶乳的保存效果。硼酸的作用机理是同糖类形成了螯合物，从而剥夺了细菌的营养基。

表 3-7 是不同量的硼酸与氨并用保存鲜胶乳对生胶性质的影响。

生产 5 号浅色标准胶时，推荐表 3-8 的保存剂用量。

表 3-6 硼酸与氨并用对鲜胶乳的保存效果

保存体系		保存时间（h）	
硼酸（对胶乳的%）	氨（对胶乳的%）	大胶园胶乳	小胶园胶乳
0.2	0.03	16	11~15
0.3	0.02	18	14~18
0.3	0.05	—	18~19
0.3	0.07	32~60	29~40
0.4	0.03	—	20~26
0.4	0.05	—	24~30
0.5	0.03	34~55	20~27
0.5	0.05	39~43	20~43
—	0.15	44~56	43~50

表 3-7　不同硼酸/氨用量对生胶性质的影响

保存体系（对胶乳计）	杂质（%）	P_0	PRI	松弛模数值	颜色
氨 0.2%	0.004	60	83	6.0	9
硼酸 0.5%+氨 0.05%	0.008	55	91	5.7	5
硼酸 0.5%+氨 0.03%	0.006	55	87	5.7	3.5
硼酸 0.5%+氨 0.07%	0.007	57	89	5.8	5

表 3-8　5 号浅色标准胶保存用量

保存体系		需要保存时间（h）	
硼酸氨（对胶乳的%）		大乳园胶乳	小乳园胶乳
0.2	0.03	16	11~15
0.3	0.07	32~60	29~40
0.5	0.03	34~44	20~27

　　其他试用过的化学保存剂中，值得提出的是尿素，它是一种易溶于水的无色晶体物质，将它配成水溶液或直接加入胶乳后，由于胶乳固有的尿素酶的作用，使尿素逐渐按下式分解而产生氨和二氧化碳：

$$CO(NH_2)_2 + H_2O \rightarrow 2NH_3 + CO_2$$

　　尿素能对胶乳起保存作用，主要就是由于它分解的氨所产生的效果。

　　除了化学保存胶乳的方法外，还试验、研究过生物保存法和物理保存法。前者是将抗菌素（包括金霉素、土霉素、合霉素、青霉素）加入胶乳来抑制胶乳的酸败。发现使用这种方法，抗菌素在胶乳中的用量往往需达 100mg/kg 以上才能获得较好的保存效果。这样高的用量必然导致生产成本显著增高，与所得好处相比，得不偿失，因而生产上尚未推广使用。后者是利用 $^{60}C_0\gamma$ 射线或紫外线照射，杀死胶乳中的细菌，并对橡胶性质没有什么不良影响。但因设备和操作费用太高，也未推广应用。

（7）胶乳的复合保存剂

　　所谓胶乳的复合保存剂，是由两种或两种以上的保存剂组成的胶乳保存体系。上面讲的氨与甲醛并用来保存胶乳，就是一种复合保存剂。在复合保存体系中，一般都有氨，在这里氨是作为第一保存剂，主要是提高胶乳的 pH 值，增加胶粒所带的阴电荷，提高 ζ 电位；其他药物则作为第二、第三保存剂，主要是杀菌剂、阻酶剂和胶体稳定剂。

　　由于近年来高产无性系橡胶树大量开割以及使用乙烯利刺激增产，胶乳产量大幅度增加，往往超过制胶厂设备的处理能力，并且这种胶乳中的糖和转化酶的含量较多，致使胶乳受细菌感染后，迅速形成挥发脂肪酸，稳定性降低。虽然氨保存胶乳有许多优点，但由于氨的杀菌能力不很强，单用氨作保存剂已不能满足制胶生产的要求。例如，制造生胶时，即使加氨至 0.1%，也不能保存胶乳达 24h；如果制造浓缩胶乳，加氨量高达 0.5%，甚至 1%，也不能使胶乳有效保存期长达几天之久，所制浓缩胶乳的挥发脂肪酸值往往还会超过规定的质量指标，给生产带来很大的麻烦（要进行倒罐处理或重新离心加工）和损失。同时，氨味大，卫生条件差，影响工人健康，增加生产成本。另外，制胶工业要实现三化——机械化、连续化、自动化，鲜胶乳就要高度集中，以保证工厂能大规模无间断地生产，提高设备利用率和劳动生产率，降低生产成本。因此，近年来国内外都进行鲜胶乳的复合保存剂的研究，并且已推广应用到生产中去。试验和生产结果表明，复合保存体系对胶乳的保存效果很好，特别是在浓缩胶乳工厂应用效果更好，经济效益比单氨保存者好得多，并且完全适用于通常的胶乳制品生产。我国目前推广应用的是 NH_3+TT/ZnO 复合保存体系。

TT 和 ZnO 都是不溶于水的物质。首先要把它们配制成水分散体后才能加入胶乳。TT 和 ZnO 分别单独配制成分散体或合在一起配制成分散体都可以，目前多采用后者。即可按下列配方配制成 33% 的水分散体：

TT 16.5 份；NaOH 0.01 份；ZnO 16.5 份；H_2O 66 份；分散剂 NF 1 份

（注：用于制造生胶的鲜胶乳保存时，TT 和 ZnO 的用量比为 4∶6）

制备分散体的方法有球磨机研磨和砂子磨研磨两种。研磨时间以显微镜观察至分散均匀为度。由于分散体配制后在贮存过程中会产生沉淀，故在使用前必须搅拌均匀。这种分散体的有效保存期不超过 60d，所以不能一次配制过多，以免停放过久而失效。TT/ZnO 分散体可在工厂使用，也可以在收胶站使用。使用时先按需要量与一定量胶乳混合均匀制成母液，然后再加进整批胶乳中，并搅拌混合均匀。其用量（对胶乳计）分别为：NH_3 0.2%~0.3%、TT/ZnO 0.02%（根据胶乳保存的时间要求还可适当减少，对于制造生胶的鲜胶乳一般为 NH_3 0.08%、TT/ZnO 0.02%）。这种复合保存体系对胶乳的保存效果及浓缩胶乳的质量影响分别见表 3-9~表 3-11。

表 3-9 鲜胶乳的保存效果

保持剂组合及用量（对胶乳计）	胶乳开始变质时间(d)	胶乳保存 6d 的 VFANo.	胶乳保存 6d 的黏度(mPa·s)
0.5%NH_3	>10	0.421	8.10
0.18%NH_3+0.02%TT/ZnO	>10	0.013	9.14

注：①鲜胶乳原始 VFANo. 为 0.012；②以胶乳变色、发臭、产生凝粒或明显增稠等作为胶乳变质的标志；③胶乳的黏度用落球式黏度计测定。

表 3-10 鲜胶乳的保存效果

保存剂	胶乳保存 2d 的 VFANo.	胶乳保存 5d 的 VFANo.
0.5%NH_3	0.618	—
0.23%NH_3+0.02%TT/ZnO	0.346	0.355

注：鲜胶乳的原始 VFANo. 为 0.254。

表 3-11 不同保存体系的浓缩胶乳的质量

鲜胶乳保存体系	浓缩胶乳保存体系	浓缩胶乳 VFANo.(30d)	浓缩胶乳 MST(S)(30d)
0.5%NH_3	0.61%NH_3	0.196	316
0.18%NH_3+0.02%TT/ZnO	0.63%NH_3	0.016	478

注：鲜胶乳保存 6d 后进行离心浓缩。

从表 3-9 可以看出，复合保存体系对抑制胶乳挥发脂肪酸的生成非常有效。氨含量达 0.5%者，虽然几天还没明显变质，但是，VFANo. 已高达 0.421，已不宜用来制造浓缩胶乳了。

从表 3-10 可以看出，即使鲜胶乳原始 *VFANo.* 相当高的情况下，加同量的 TT/ZnO 对胶乳挥发脂肪酸的生成也有明显的抑制作用。

因此，如果鲜胶乳产量超过离心机正常的生产能力，采用 NH$_3$+TT/ZnO 复合保存体系，就可以避免因产量过高而采取中调节管或大调节管所造成的经济损失。在这种情况下还可以采取正常的调节器组合，以获得较高的干胶制成率和经济效益。

从表 3-11 可以看出，鲜胶乳用 NH$_3$+TT/ZnO 复合保存剂保存 6d 后所生产的离心浓缩胶乳，其 *VFANo.* 还完全符合浓缩胶乳的质量要求。

在 NH$_3$+TT/ZnO 复合保存体系中，氨的作用机制前面已说明。TT 是杀菌剂，其杀菌机制主要是破坏细胞的氧化还原系统以及螯环化作用等。ZnO 是良好的毒酶剂，它在这个体系中有一部分与氨反应形成锌氨络合物，此络合物是否起毒酶作用，目前尚无定论；另一部分被 TT 螯环化成二硫代氨基甲酸锌，即 ZDC。ZDC 是良好的杀菌剂，从而使 ZnO 在这个体系中不单有毒酶作用，而且还有杀菌作用。如果复合保存体系中没有 ZnO，那么胶乳的保存效果就不那么显著。ZnO 与其他药剂并用对胶乳的保存具有协合作用。但 ZnO 的用量不应超过 0.05%，否则它形成的锌氨络合物多，将降低胶乳的稳定性。

根据生产实践表明，采用 NH$_3$+TT/ZnO 复合保存剂，不仅可解决鲜胶乳不能及时加工的困难，满足连续化制胶的要求，所得浓缩胶乳质量可全面达到规定指标。而且如生产控制得当，即使鲜胶乳不加肥皂，每班离心机运转时间也可延长 20% 左右，离心机和澄清池较易清洗，积聚罐泡沫凝胶减少 1/3~1/2，澄清车间和离心车间的氨味大大减少，胶乳不易腐败发臭，回收胶清橡胶时的用酸量也大大减少，生产成本降低。

就生产生胶而言，边远收胶站的正常胶乳以及各收胶站的长流胶均可采用 NH$_3$+TT/ZnO 复合保存剂保存。其好处是，不必当天运抵工厂，因而可减少运输车次，免除单独为长流胶加工的麻烦。如果要全面使用这种保存体系，必须严格控制用量、胶乳凝固及橡胶干燥，否则将降低生胶的塑性保持指数。为了稳妥起见，加酸前最好用没有加 TT/ZnO 的胶乳掺混，使 TT/ZnO 在混合后的胶乳中不超过 0.01%；适当降低干燥进风温度（比单加氨的颗粒胶约低 5~10℃），并且一旦干透，就马上出车，以散热降温。

3.3.3　收胶站建设与管理

做好收胶站工作，是做好胶乳早期保存工作的关键，也是制胶生产很重要的前提环节之一，必须充分重视。

3.3.3.1　建好收胶站的原则

（1）选好收胶员

收胶员是收胶站的主持者，也是胶乳早期保存工作的布置、检查和直接执行者，必须选择工作责任心强、有一定文化的人员担任。应随时对收胶员进行政治思想教育，帮助他们学习和熟悉业务知识，不断提高收好胶的自觉性与收好胶的专业水平和工作能力。同时，应使收胶员相对固定，不要随便调动工作，以便收胶站保持正常状态，保证鲜胶乳具有良好的质量。

（2）选好建站地点

收胶站应尽可能建在所辖各林段的中心，或靠近所辖的割胶生产队，以便割胶工人较快地将胶乳送完和与有关生产队取得密切联系。同时要考虑位于交通方便之处，便利运胶车运往制胶厂。此外，还要兼顾附近具有一定的水源，方便收胶站用水，地形具有一定的坡度，便于收好的胶乳靠重力自动流入运胶车。

（3）备好收胶设备和用具

主要设备和用具的要求是：不易受所收胶乳腐蚀，坚固耐用，便于清洗，造价低廉，使用方便。如采用收胶池，最好用混凝土或火砖构成池体，内壁衬垫瓷砖。在收胶池的旁边，最好建有一定长度的结构相同的流槽，能同时接受几个割胶工人过滤流下的胶乳。过滤胶乳用的筛网，最好是不锈钢的，千万不要使用铜筛过滤加氨的胶乳，因为铜筛不仅很快被氨腐蚀，而且形成铜氨络离子使胶乳显出蓝绿色，对所得橡胶的耐老化性还将产生极其不利的影响。称量胶乳用的装胶容器，力求准确和操作迅速。有的收胶站为了避免割胶工人排队称量胶乳的拥挤现象，使用具有浮球标尺的胶乳容积计量器（图 3-3）来代替胶乳称重法，大大简化了操作。

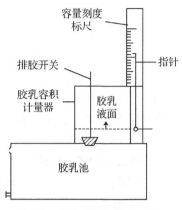

图 3-3 胶乳容积计量器示意

（4）搞好收胶房建设

收胶房屋面最好具有天花板，以避免或减少尘土掉入胶乳；地面最好光滑并具有适当的倾斜度的水泥或三合土结构，以便进行冲洗和避免地面积水；整个收胶房的位置要高于运胶通道，使运胶桶或收胶池胶乳容易装上运胶车，收胶房的排水沟要排水良好，尽量避免污水污染收胶环境。

3.3.3.2 收胶站的主要任务

收胶站的基本任务是：①做好胶乳的收集和早期保存；②对鲜胶乳质量进行认真检查，并分别处理；③及时将收集的胶乳运往制胶厂；④负责配制保存剂溶液，定时、定量地发给割胶工人；⑤负责杂胶的收集和处理；⑥负责站内所有设备、容器的清洁和环境卫生工作；⑦负责站内胶乳的装卸工作。上述这些任务必须切实完成，认真做好。

3.3.3.3 收胶工作注意事项

（1）贯彻群众路线

要收好胶首先必须走群众路线，收胶员要与制胶厂、割胶单位取得密切联系，根据割胶、胶乳质量、加工等情况，采取相应措施，搞好协作关系。要深入林段帮助和督促割胶工人做好胶园"六清洁"，宣传胶乳早期保存的重要意义，把胶乳保存的知识和合理使用保存剂的方法介绍给割胶工人。只有广大割胶工人积极行动起来，自觉做好胶乳早期保存，并得到割胶单位同制胶厂的有力支持，才能把收胶工作做好。

（2）做好清洁消毒工作

收胶站以及收胶池（桶）、过滤筛等收胶设备、用具必须保持清洁，定期用 1%甲醛溶液进行消毒。收胶之前，要用清水湿润地面、过滤筛、收胶桶等，以免它们被橡胶黏牢之后难以清洗。胶乳运输桶内或收胶池的开关处须先加少量氨水，以防止胶乳凝固其中而难于清理。

（3）保持严谨的科学态度

收胶员要细心摸索，逐步掌握胶乳质量变化规律，从而正确使用保存剂。根据生产上使用氨作保存剂的经验，晴天，胶乳质量好，氨含量在 0.05%~0.08%时，3h 约损失氨万分之一；雨后，气候炎热，约 2h 就损失万分之一，当胶乳氨含量下降到万分之三以下时，就会开始变质。为此，各收胶站应根据自己的具体情况和需要，通过不断实践，准确控制鲜胶乳的适宜用氨量。使用氨水的浓度需事先进行滴定，储备溶液的浓度及发给割胶工人的数量要控制准确。

（4）坚持胶乳验收制度

每个胶工的胶乳到站后，先捞起凝块和用 40 目筛网过滤、称重，并仔细检查胶乳的质量，变质、发臭或呈豆腐花状的胶乳，应该另行装桶，不能与好胶乳混在一起，以免好胶乳也发生变质。收完胶后，还要勤检查，细观察，胶乳不运走，收胶员不应离开收胶站。

（5）收好和管好杂胶

发动割胶工人将每天从林段收回的杂胶拣去杂物，尽可能搓去树皮，胶头、胶线和胶泥要按类分开。能及时加工的单位，应在当日将杂胶运往制胶厂，不能及时加工的单位，且需停放时间较长者，宜置通风的棚架上自然风干。不要采取日晒或湿胶堆放的办法，引起橡胶变质。此外，还要千方百计地防止胶乳渗漏、外流，减少胶乳黏桶等损失，尽量收回洗桶水里的橡胶。

（6）妥善保管保存剂

应将保存剂放置在阴凉的地方，加盖密封，以免遭受挥发损失或变质、受潮。

3.3.3.4 鲜胶乳的运输

要使胶乳在加工前不变质，除了做好早期保存工作外，还要及时将胶乳运往制胶厂。如果鲜胶乳在收胶站停放太久，则要多加保存剂，这样做对生产生胶非常不利，不仅增加胶乳保存和凝固的费用，往往还给产品质量带来不利影响。

装运胶乳的容器，过去一般采用容量 200L 左右的运输桶。使用这种容器存在许多缺点：①使用寿命短，损耗大。②桶壁黏胶多，胶乳损失大。③清洗花工多。④装卸操作笨重，易出工伤事故。近年来，许多单位改用能容 3~4t 的运胶罐运输胶乳，克服了上述小桶运输的缺点，而且收胶站相应使用大池收胶，也便于统一加氨和严格控制胶乳的氨含量，还可沉降除去胶乳中部分泥沙。为了防止运胶罐受太阳直射，影响胶乳质量，有的在罐顶装上一层铁皮或木板作隔热层，收到了良好效果。

收胶站收胶完毕后，将胶乳混合取样和测定氨含量。统计胶乳和杂胶数量，填写发货单一式二份，一份随车送制胶厂，一份送割胶单位，内容主要包括站名、数量、质量、杂胶数量及日期。装有胶乳的桶、罐，在运输前应加盖拧紧，做到不漏胶乳。第一次洗桶和洗筛的水，经 40 目筛网过滤后可倒入收胶罐或另外装桶运往工厂（送往浓缩胶乳工厂的洗桶水，必须另外装桶）。已经变质的胶乳，应另桶装运，并在桶上注明是变质胶乳。如在收胶站已变成"豆腐花"状的胶乳，若时间许可，最好略加些氨水并搅拌，使凝粒黏结成团，然后经 40 目筛挤压过滤，滤下的胶乳亦应另桶装运，以作制造生胶之用。滤筛上的凝块，作为杂胶处理。

无论采用何种运输方式，须特别注意的是：装卸胶乳时均应认真检查胶乳质量，发现已变质的胶乳应另做处理，不得与质量好的胶乳混合，以免引起整批胶乳腐败变质；运输途中，应防止胶乳容器受太阳暴晒而引起胶乳变质，必要时可在运输罐上加装铁皮或木板隔热层，如遇车辆出现故障或其他原因耽误时间，应及时补加保存剂。装胶容器用完后应及时清洗干净等。

【本章小结】

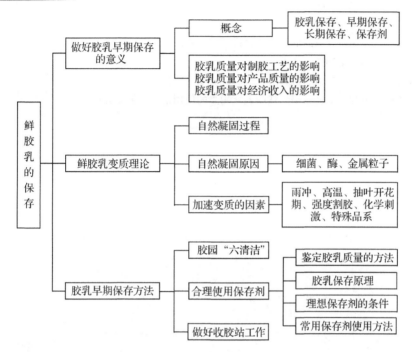

【复习思考】

1. 为什么要做好鲜胶乳的早期保存？

2. 天然胶乳为什么会自然凝固？

3. 为什么有些胶乳先自然凝固后才发臭，而有些胶乳则先发臭后凝固？

4. 试述加速天然胶乳变质的因素。

5. 什么是胶园"六清洁"？为什么要做好胶园"六清洁"？

6. 鉴别鲜胶乳质量的方法有哪些？

7. 杀菌剂的杀菌抑酶原理是什么？

8. 对天然胶乳具有良好保存效果的保存剂应具备哪些条件？

9. 选择胶乳保存剂的依据是什么？

10. 简述氨的性质。为什么长期以来一直采用氨作为胶乳的保存剂？

11. 决定氨用量的因素是什么？为什么氨用量不能过少也不能过多？

12. 试计算：①现有鲜胶乳 2 000kg，氨含量为 0.04%，欲将氨含量提高至 0.08%，问需加 15% 的氨水多少？②某胶工每天割取 50kg 胶乳，要求林段加氨达 0.05%，问需发给该胶工 10% 的氨水多少？③现有 15% 的氨水 150kg，欲将其稀释至 10%，问需加多少清水？

13. 甲醛为什么能保存胶乳？使用甲醛作保存剂时应注意哪些事项？

14. 甲醛保存胶乳有何优缺点？
15. 低氨甲醛保存鲜胶乳有什么好处？
16. 羟胺和硼酸均呈酸性，为什么它们都可用来作鲜胶乳的保存剂？怎样使用？
17. 为什么要使用胶乳复合保存剂？
18. 在 NH_3+TT/ZnO 复合保存剂中，各化学药品的作用机理是什么？
19. 使用胶乳复合保存剂时应注意些什么？
20. 选择收胶站地址的依据是什么？
21. 为什么要认真抓好收胶站的工作？怎样抓好收胶站工作？
22. 收胶站收胶的基本操作和要求为何？
23. 试设计一个收胶站(画出收胶站的平面布置图)。
24. 调查不同季节和气候，云南天然胶乳氨用量的使用情况及加氨方法。

第4章 普通浓缩天然胶乳

商品胶乳指采用各种方法将鲜胶乳浓缩到60%以上的浓缩胶乳，再加适当的保存剂，使胶乳长期保存胶体稳定状态。

4.1 概述

4.1.1 生产商品胶乳的目的

在商品胶乳问世以前，人们将橡胶溶于有机溶剂制成橡胶溶液，用来生产一些干胶不易成型的薄膜制品，大致的工艺流程如下：生胶→塑炼→混炼→溶解→成型→干燥硫化。采用这种方法虽解决了干胶成型的困难，但存在着很多缺点：①溶解橡胶的溶剂往往具有易挥发、有毒、易燃、价格较贵等特性，因而生产成本较高，对操作工人的健康不利和容易发生火灾。②生胶要经过强烈的机械处理，才能较快和较好地溶解。在机械处理过程中，因橡胶的分子结构遭到极大的破坏，故由橡胶溶液生产出来的橡胶制品，机械物理性能较差。③橡胶溶液由于黏度很大，其最高浓度只能达到12%，如果用来生产厚壁制品，则工艺操作非常繁杂。为了克服这些缺点，在研究、解决了胶乳长期保存的问题后，以鲜胶乳为原料先后生产了各种浓缩胶乳及其他商品胶乳。使用商品胶乳制造薄膜制品，除了生产工序简单、不用重型设备、不用有机溶剂、动力消耗少、劳动条件好、产品某些性能高等优点外，还较易实现机械化和自动化。因此，不仅圆形胶丝之类的只能用胶乳成型的制品直接使用商品胶乳生产，而且凡能利用胶乳制造的制品也不再使用生胶作原料。

天然胶乳因为具有优异的成膜性能、湿凝胶强度、回弹性、高强度、伸长率以及易于硫化等综合性能，它的应用范围相当广泛，尤其在浸渍制品方面，合成胶乳难于与它匹敌；在压出胶丝方面，天然胶乳是最理想的原料，在海绵制品和非橡胶制品方面也被广泛应用。

4.1.2 商品胶乳的生产现状

4.1.2.1 产品的产量、品种和比例

在生产的各种商品胶乳中，以离心法浓缩胶乳最多，约占总产量的95%。本章主要介绍离心浓缩胶乳的基本工艺过程。原因是这种方法生产效率高，生产过程短，产品纯度高，质量好控制。在离心法浓缩胶乳中，又以高氨型的产量最多，约占总产量的75%。在低氨型浓缩胶乳中，以低氨-TZ胶乳最多，其产量已占低氨胶乳的2/3。

近年来，世界商品胶乳的产量，约 $30×10^4$ t（以干胶计）。其中，大约 3/4 产自马来西亚。所有商品胶乳的浓度，一般都比鲜胶乳高，几乎都是浓缩胶乳。

浓缩胶乳一般按制备和保存方法分类。现在生产的，有 3 种浓缩法和 6 个保存体系（表 4-1）。

表 4-1　浓缩胶乳的类型

浓缩方法	干胶含量（%）	类型	保存体系
离心	60	高氨	0.7%氨
离心	60	低氨-五氯酚钠	0.2%氨+0.2%五氯酚钠
离心	60	低氨-硼酸	0.2%氨+0.2%硼酸+0.05%月桂酸
离心	60	低氨-ZDC	0.2%氨+0.1%二乙基二硫代氨基甲酸锌+0.05%月桂酸
离心	60	低氨-TZ	0.2%氨+0.013%二硫化四甲基秋兰姆+0.013%氧化锌+0.05%月桂酸
膏化	60~66	高氨	0.7%氨
蒸发	60~70	固定碱	0.05%KOH+2%肥皂

此外，根据用户的需要，还生产一些特种胶乳，包括纯化胶乳、接枝胶乳、阳电荷胶乳、高浓度胶乳、耐寒胶乳、硫化胶乳、树脂补强胶乳等。

4.1.2.2　存在的问题

商品胶乳的生产，虽已有很大的改进和发展，但还存在不少问题，有待进一步研究解决。其中较突出的是：

①质量检验的项目和指标不能满足消费者的需要。在实践中发现，各个检验项目都符合现行质量指标的浓缩胶乳，往往在使用过程中还会出现这样或那样的问题，即现有的质量指标不能完全反映使用上的需要。因现行质量指标是通用指标，不能同时满足不同胶乳制品的要求。

②浓缩胶乳质量变异的规律还未充分掌握，因而没有提高一致性的切实可行的有效方法。即使同一制胶厂按相同工艺条件生产的浓缩胶乳，其质量往往在不同时期而有所不同。虽然对工艺上出现的变异问题做了较多研究，并提出了一些解决措施，但由于对影响鲜胶乳质量变异的因素研究不够，故对浓缩胶乳性质变异的规律尚未全面掌握，相应的解决方法也未进行系统探讨。

③影响胶乳机械稳定度的因素尚未彻底弄清，因而对机械稳定度还未做到根本控制。近年来，浓缩胶乳的机械稳定度出现下降趋势，其中，有些地区下降幅度较大。目前，虽已掌握一些工艺上的控制措施，而根本解决的办法尚待进一步研究。

④浓缩胶乳的自然熟成期较长，这给制品工业带来很大的麻烦，须研究人工加速熟成的方法。

4.1.2.3　发展趋势

当前商品胶乳的发展趋势，是加强产用双方的合作和彼此的了解，在不显著影响生产者收益的前提下，使生产的产品不断满足使用的需要。

(1)不断扩大商品胶乳的生产品种

例如，改变保存体系，生产耐寒胶乳以满足寒冷地区安全运输和贮存胶乳的需要；提高胶乳干胶含量，用离心法生产高浓度胶乳，不仅可改善浸渍、海绵等制品的工艺性能，还使胶乳的贮存、运输费用相应减少。此外，还正在研究和准备供应一些适合消费者需要的专用胶乳；稳定性极高，硫化快的地毯用胶乳；定伸应力高，收缩率小的海绵胶用胶乳；化学稳定度良好，定伸应力低的浸渍制品用胶乳；黏合力强，非橡胶物质含量少的黏合剂用胶乳。

（2）逐步增加能反映使用质量的检验项目

例如，浓缩胶乳的国际质量指标中，过去都用 KOH 值来反映胶乳保存的好坏，后来发现单是这个项目不能说明问题，现已增加挥发脂肪酸值这个项目来鉴定胶乳保存质量。化学稳定度特别是热稳定度，它在很大程度上能控制多种胶乳制品工艺操作，现正探索测试方法和积累数据，准备用来控制浓缩胶乳质量的一项指标。

（3）改进硫化体系

目前供应的商品硫化胶乳多采用二硫代氨基甲酸盐的硫化体系。由于这种盐会从周围环境中吸取铜，导致制品污染和老化不良，故须寻找代用品。马来西亚、印度尼西亚、斯里兰卡和日本合作，正研究用 $^{60}C_0$ 的 γ 射线制备辐射硫化胶乳，这种胶乳与普通硫化胶乳的性能基本相同，但透明度较好，而且在贮存过程中，具有硫化程度不变的优点。

（4）提高胶乳离心机的利用率，降低劳动强度

制造离心浓缩胶乳时，每班离心机通常运转 4h 左右就要停机清洗。近年来，由于胶树品系和采胶制度等影响，胶乳的稳定性下降，离心机运转时间大为缩短，停机清洗的时间比原来约增加 1 倍。为了提高离心机的生产能力，正研究在鲜胶乳中使用稳定剂和复合保存剂，并加强澄清处理，然后将此熟成后稳定而清洁的鲜胶乳进行离心，可使每班离心机运转时间长达 20h 或更长时间。

生产浓缩胶乳，鲜胶乳进厂时间不必像生产生胶那样统一和严格，在不影响制胶厂工作安排的情况下，允许有早迟的差别。因为生产浓缩胶乳在一天 24h 内都可加工，且生产出的产品最后又可积聚混合，为此，即使收胶站比较分散，或远离制胶厂，也可发挥大罐运胶的优势，采用运胶罐运输胶乳。

鲜胶乳运到加工厂首先要进行质量检测，同时，还要测定胶乳的干胶含量。

商品胶乳最普通的浓缩胶乳有：离心法浓缩天然胶乳、蒸发法浓缩天然胶乳、膏化法浓缩天然胶乳。

4.2　离心法浓缩天然胶乳

世界消耗浓缩天然胶乳的量（以干胶含量计）占天然橡胶消耗总量的 10%～15%；浓缩天然胶乳中，用离心法生产的浓缩胶乳占 95% 以上；而离心浓缩胶乳则绝大部分是高氨型的产品（氨含量最小 0.6%），中氨和低氨浓缩胶乳比例很小，一般在客户提出需求时才生产。离心法是最重要的浓缩天然胶乳加工方法。本节重点介绍用转鼓式高速离心机生产高氨浓缩胶乳的工艺，中氨和低氨型产品保存体系不同，加工工艺则基本相同。

4.2.1 离心法浓缩天然胶乳的生产

高氨离心法浓然胶乳缩天生产工艺流程：

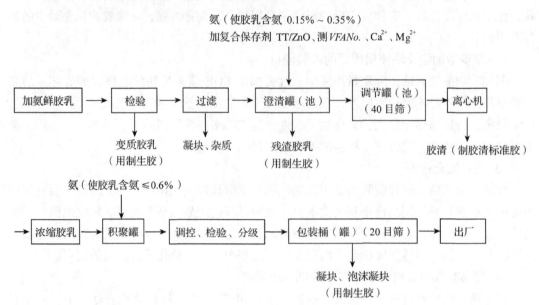

氨（使胶乳含氨 0.15%～0.35%）
加复合保存剂 TT/ZnO、测 $VFANo.$、Ca^{2+}、Mg^{2+}

加氨鲜胶乳 → 检验 → 过滤 → 澄清罐（池）→ 调节罐（池）（40目筛）→ 离心机

变质胶乳（用制生胶）　凝块、杂质　残渣胶乳（用制生胶）　胶清（制胶清标准胶）

氨（使胶乳含氨 ≤0.6%）

→ 浓缩胶乳 → 积聚罐 → 调控、检验、分级 → 包装桶（罐）（20目筛）→ 出厂

凝块、泡沫凝块（用制生胶）

4.2.1.1 鲜胶乳的预处理

（1）过滤

胶乳在收胶站先用40目或60目筛网过滤，胶乳运到加工厂流入澄清池之前又用20目或40目筛网过滤。过滤的目的是除去胶乳中的杂质。

应注意的问题是：①过滤前如发现鲜胶乳已轻微变质，就必须另作处理，不能像制造生胶那样，还可混进正常的胶乳立即加工。因为在这种情况下，即使胶乳还可浓缩，但所得产品的挥发脂肪酸值较高，质量较差。②在正常情况下，过滤时要尽量少将或不将洗筛水冲入鲜胶乳，以免降低离心机的分离效率。

若用离心沉降器除去胶乳中的杂质，工作效率高，但胶乳产生的泡沫较多，不利于后面的操作，因此，生产离心浓缩胶乳时，生产上一般不用离心沉降器净化胶乳。

（2）保存剂的调节

鲜胶乳的质量直接影响浓缩工艺和产品质量。因此，制造浓缩胶乳用鲜胶乳的质量比制造生胶用的要求更高和更严格，加氨量也较多。每批鲜胶乳在澄清前，都要取样测定氨含量和挥发脂肪酸值，并根据鲜胶乳的挥发脂肪酸值的高低，确定浓缩加工的先后以及按鲜胶乳氨含量的要求，及时补加所需的氨量，必要时还应另加适量的 TT/ZnO 复合保存剂。另外，因故延长浓缩加工时，也要及时补氨。

（3）澄清

澄清是让经过粗滤除去较大杂质的鲜胶乳流入澄清罐（池）静置不动，使重的细小杂质尽量沉到罐（池）底，以便得到清洁的鲜胶乳。鲜胶乳虽经过筛网过滤，但还含有细小的泥沙，而且胶乳中存在的镁离子，在加氨后会与胶乳逐渐释放出来的磷酸根生成溶解度很小的磷酸镁铵，这些物质如不通过澄清除去，不仅会影响浓缩工艺(如制造离心浓缩胶乳对，容易堵塞离心机，降低分离效率，增加清洗用工），而且还会降低浓缩胶乳质量。胶乳澄清时间短，杂质不易分离，澄清时间长，鲜胶乳不能尽快加工，虽能有效地除去杂质，却可能使细菌有机会生长繁殖，即使氨含量高达 0.50%，挥发脂肪酸含量也会不断增加（表4-2），使浓缩胶乳质量降低。通常澄清时间不应少于 2h。为了解决澄清时间与尽快加工的矛盾，广泛采用两种方法：一种是浮球连管排胶，即在澄清罐（池）内装一个浮动橡皮管，在管的开口一端装一个浮球，使管口能浮在胶乳表面下 15~20cm 处，另一端与澄清罐（池）底的出口开关连接（图4-1），使澄清罐（池）内表层先澄清的清洁胶乳，不断从此出口开关流出。采用浮球连管法，澄清时间也不应少于 0.5h。另一种是采用高度较小的多个澄清池或卧式澄清罐进行澄清。这样做的好处是，一方面在减小胶乳高度后，胶乳可在较短时间内澄清完毕；另一方面是先进厂的胶乳可先澄清和加工，节约保存剂，改善工厂的卫生条件。

表 4-2　鲜胶乳澄清时间对浓缩胶乳质量的影响

鲜胶乳澄清时间(d)		1	2	3	4	5
鲜胶乳的 $VFANo.$		0.24	0.66	0.95	1.02	1.22
离心法浓缩胶乳的质量	总固体含量(%)	62.34	62.14	62.03	61.98	61.81
	干胶含量(%)	60.61	60.37	60.44	60.38	60.12
	氨含量(%)	0.82	0.67	0.66	0.67	0.66
	黏度(mPa·s)	18.16	21.25	22.09	23.31	25.67
	$VFANo.$	0.05	0.11	0.16	0.22	0.24
	机械稳定度(S)	218	213	170	140	127

为了大大延长鲜胶乳在浓缩前的贮存时间，又不增加太多氨和不影响鲜胶乳的挥发脂肪酸值，以便大量积聚鲜胶乳，减少所制浓缩胶乳天与天之间的变异性，便于鲜胶乳长距离的整批运输，为建立大型浓缩胶乳工厂创造必要的条件，解决雨季等特殊情况下没有足够鲜胶乳供应时的加工停顿问题，有人进行了鲜胶乳挥发脂肪酸生成的控制研究。其过程是首先将鲜胶乳氨含量提高进行观测，发现鲜胶乳氨含量即使高达 0.7%，细菌也继续繁殖，挥发脂肪酸值不断增加，只是在氨含量这样高的情况下，细菌有一停滞繁殖阶段，因而挥发脂肪酸值增加较慢而已。其次是将未加保存剂的鲜胶乳在 10~60℃ 下保持 5d，并在不同时间取样测定总活菌数和产强酸的细菌数（表4-3）。在 10℃ 下保存胶乳，虽保持液态的时间可长达 5d，但活菌数不断地显著增加，特别是产强酸的细菌在 1d 内便由21%增至85%；在 30℃ 下，胶乳仅保持液态几小时；在 60℃ 下，胶乳立即凝固，但细菌显著减少，在第 5 天时全部都是产强酸细菌。很明显，仅将胶乳贮存于比室温较高或较低的温度，也不能杀灭全部外来的细菌，特别是产强酸细菌。最后将不同氨含量的鲜胶乳，分别在 10℃、30℃、35℃、40℃、45℃ 和 60℃ 下进行贮存，发现 40℃ 以下的胶样，细菌数都随停放时间而增加，而且除 10℃ 这个胶样外，挥发脂肪酸值也都增加；但对 45℃ 和 60℃ 贮存的含氨0.3%以上的胶样，则细菌数随停放时间而减少，且没有挥发

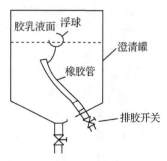

图 4-1　装有浮球连管的
澄清罐示意

脂肪酸生成。由于在60℃存放的胶样，黏度稍微增高，影响分离效率，故最适保存条件确定为氨含量0.3%和温度为45℃。在这种情况下，由于氨和温度的联合作用，可逐渐杀死产强酸菌，阻止它们生酸的新陈代谢作用，大约在5d之后，产强酸菌完全消灭，此时，胶乳仍含少量不产酸细菌，但它们不会使胶乳腐败。因此，采用这种贮存条件，能在长时间内有效地控制鲜胶乳挥发脂肪酸的生成。

表4-3 未加保存剂的鲜胶乳在不同温度下保存的细菌数

保存温度 (℃)	贮存日数 (d)	1mL胶乳的细菌数对数		产强酸菌占总菌数 的百分数(%)
		总活菌数	产强酸菌数	
10	0	6.90	6.23	21
	1	7.66	7.59	85
	3	8.28	8.20	84
	5	8.86	8.76	82
30	0	6.90	6.23	21
	1	8.32	8.04	52
	3	8.26	8.20	89
	5	7.65	7.58	84
60	0	6.90	6.23	21
	1	4.78	4.48	50
	3	5.26	5.08	67
	5	6.46	4.64	100

胶乳在澄清时，必须测定挥发脂肪酸值、钙镁离子含量。同时，还要加TT/ZnO复合保存剂。

清洁胶乳从澄清罐(池)排完后，把罐底的肮脏胶乳放到另一小罐或桶中，加少量清水，使它们混合后澄清，然后将上层清洁胶乳制造生胶，弃去下层的残渣。澄清时间较长的胶乳，其剩下的残渣，甚至接近残渣的胶乳，往往因胶乳中的蛋白质分解，产生硫化氢、硫醇等而出现腐臭味。澄清罐(池)的鲜胶乳排放完毕后，应立即清洗干净，并定期用1%甲醛溶液消毒。

胶乳的澄清时间与早期保存有着密切的关系，在不过量加氨或保证鲜胶乳质量的情况下，能适当延长澄清时间，不但有利于鲜胶乳的长距离运输和解决雨季等特殊情况下没有足够鲜胶乳供应时的加工停顿问题，而且能延长胶乳的离心时间，降低劳动强度，提高生产效率及产品质量，还可使浓缩胶乳工厂朝着机械化、连续化的方向发展。此外，也有利于目前农村生产队的橡胶作坊式的分散加工转变为工厂的集中加工。

目前，我国逐步推广乙烯利刺激和针刺采胶的新制度，大大减少了采(割)胶的次(天)数，如果不进一步解决胶乳的早期保存和澄清问题，势必造成采胶时胶乳量多，加工设备不够，胶乳不能及时加工而腐败，从而影响离心过程和产品质量；不采胶时又无胶乳加工，使加工设备得不到充分利用。

4.2.1.2 胶乳的浓缩

经澄清所得的清洁胶乳，其干胶含量基本未变，浓缩就是除去澄清胶乳的部分水分，使干胶含量达到 60% 以上。主要目的是：①满足胶乳制品工艺的需要。②便于贮运。生产上现采用的浓缩方法有离心、膏化和蒸发 3 种。但我国主要采用离心法生产浓缩胶乳，现介绍如下。

液相非均匀体系的分离有沉降、过滤和离心分离 3 种方法。其中，离心分离包括离心过滤和离心沉降两种方法。天然胶乳是一种复杂的胶体溶液，为液相非均匀体系，目前采用离心沉降方法进行浓缩。

（1）胶乳离心浓缩的原理

在第 2 章介绍胶乳相对密度时已经介绍，胶粒的相对密度小，乳清的相对密度大。因此，胶乳在静置期间，橡胶粒子会往上浮，乳清则相对地往下沉，使橡胶粒子和乳清分离。其分离速度（U）取决于乳清的黏度（η）、乳清的密度（D）与橡胶粒子的密度（d）之差、橡胶粒子的半径（r）以及地心引力加速度（g）。它们之间的关系，由斯笃克定律决定：

$$U = \frac{2}{9}g(D-d)\frac{r^2}{\eta}$$

上式是根据胶粒在乳清中上浮时受到摩擦阻力、浮力和重力 3 个力相互作用推导出来的。即

胶粒的重力：
$$f_1 = \frac{4}{3}\pi r^3 dg$$

胶粒的浮力：
$$f_2 = \frac{4}{3}\pi r^3 Dg$$

胶粒的摩擦阻力（黏滞阻力）：　　$f_3 = 6\pi\eta r U$

胶粒刚上浮时速度很慢，阻力也很小，这时 3 个力的合力是向上的，胶粒具有加速度。随着上升速度的增加，阻力跟着增大，最后 3 个力达到平衡，胶粒上升速度不再增加了，即匀速上升。

$$F_2 = f_1 + f_3$$

即
$$U = \frac{2}{9}g(D-d)\frac{r^2}{\eta}$$

式中　U——分离速度（m/s）；

　　　D——乳清的密度（kg/m³）；

　　　d——橡胶粒子的密度（kg/m³）；

　　　r——橡胶粒子的半径（m）；

　　　g——重力加速度（9.8m/s²）；

　　　η——乳清的黏度[kg/(m·s)]。

在自然静置下，橡胶粒子与乳清的分离速度非常慢，1d 内上升不到 1cm，30d 也只有几厘米。这是因为：①橡胶粒子与乳清的密度相差不大。②橡胶粒子处于胶态粒子范畴，受乳清水分子热运动的撞击而做不规则的布朗运动。此运动使橡胶粒子向乳清中扩散，而不能自由地往上浮。③橡胶粒子的水化膜和带阴电荷，也阻碍了胶粒的分离。因为胶粒靠近时会互相排斥，而不能一直往上浮。

离心浓缩是利用高速旋转的离心机以产生比地心引力加速度大得多的离心加速度作用于胶乳，改变静置状态下的分离条件，加快橡胶粒子同乳清的分离速度，从而使胶乳达到

浓缩的目的。

由物理学知道，做圆周运动的粒子，其离心加速度(a)与它旋转的角速度(ω)和半径(R)的关系：

$$a=\omega^2 R$$

$$\omega=2\pi n$$

上式中 n 是做圆周运动的粒子的每分钟转数，所以

$$a=(2\pi n)^2 R=39.44n^2 R$$

例如，胶粒在 410 型胶乳离心机的中性孔处离转鼓中心约 0.12m，它的转速为 700r/min，则它的离心加速度比地心引力加速度大的倍数是：

$$\frac{a}{g}=\frac{39.4n^2 R}{9.8}=\frac{39.44\times\left(\frac{7\,000}{60}\right)^2\times 0.12}{9.8}=6\,571$$

在这种条件下，橡胶粒子的分离速度相当于静置时重力作用下的 6 571 倍。根据斯笃克定律，胶乳在高速离心机作用下的分离速度为：

$$U=\frac{2}{9}a(D-d)\frac{r^2}{\eta}=\frac{2}{9}(39.44n^2 R)(D-d)\frac{r^2}{\eta}$$

胶粒与乳清的分离速度同胶乳的特性和质量以及分离条件有着密切的关系。即橡胶粒子的半径越大，乳清的黏度越小，乳清与胶粒的密度差越大，离心机转鼓的半径越大转速越高，则分离速度就越快。

胶粒与乳清的密度差是胶乳分离的内因，即胶粒与乳清分离的根本原因。离心力或离心加速度是促使胶乳分离的外部条件，没有它，胶乳也无法分离。同时，要使离心机达到一定的生产能力和分离出浓度符合质量指标的浓缩胶乳，也要求离心力或离心加速度达到一定的数值范围。例如，目前生产上使用的胶乳离心机是通过产生比重力加速度大 6 571 倍左右的离心加速度使胶乳分离的。

影响离心加速度的因素有两个：一个是旋转半径，另一个是转鼓的旋转速度。其中转鼓的旋转速度的影响比旋转半径的影响大得多，它们之间的关系如下式：

$$a=4\pi^2 n^2 R$$

从上式可以看出，要获得一定数值的离心加速度，可从转鼓的旋转速度和半径两个方面考虑。所以，不同型号的离心机转鼓的旋转速度和半径允许有差异，即有的型号转鼓的旋转速度稍高些，而半径稍小些；有的型号则转鼓旋转速度稍低些，而半径稍大些。然而，转鼓的旋转速度和半径又是互相配合的，不能单独考虑其中一个因素，而不考虑另一个因素。此外，离开设计要求片面提高某一因素也会造成机器的损坏。例如，不能随意提高转鼓的旋转速度，因为这样会造成机器的强烈震动，同时使转鼓所受的应力过大，如超过转鼓的机械强度时，则会发生事故。

(2)胶乳离心分离的过程

胶乳分离的过程如图 4-2 所示。流入调节斗的鲜胶乳，由于浮阀的控制，在保持一定的压力和流速下经过调节管而进入喇叭管底部(分配室)，再由分配室通过分配孔流入一系列的锥形分离碟间(分离室)进行分离。在离心机转速一定的条件下，离心力的大小取决于旋转物体的旋转半径和它本身的质量。

$$f = ma = m \times 39.44Rn^2$$

式中　f——旋转物所受的离心力(N)；

　　　m——旋转物本身的质量(kg)；

　　　n——离心机转鼓的转速(r/s)；

　　　R——旋转物的旋转半径(m)。

由于橡胶粒子轻于乳清，故粒子所受的离心力没有乳清所受的大。因而乳清和相对密度较大的杂质沿分离碟壁向下，移往转鼓的周边，胶粒则沿着分离碟壁向上，移往转鼓中心，使胶粒同乳清逐渐分离。胶粒大小不同，所受离心力的大小也不同，大胶粒比小胶粒的相对密度相对小些，它所受的离心力也相对小些，所以大胶粒比小胶粒更易与乳清分离。胶粒所受的离心力随着离转鼓中心的距离增加而加大，当乳清向下流往转鼓周边的过程中，其夹带的胶粒将按大小顺序不断与乳清分离。虽然胶乳离心机都是以比地心引力加速度大几千倍以上的离心加速度来使乳清和橡胶粒子分离的，但由于胶乳中存在很多极小的胶粒，

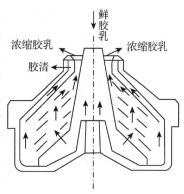

图4-2　离心分离过程示意

以及乳清与胶粒的相对密度相差不大，在这样高的离心加速度下仍不能将它们完全分离出来。从理论上讲，不难设计出离心加速度大到足以把全部胶粒分离出来的离心机，但实际上由于构成离心机的金属材料强度等条件的限制，生产型离心机至今还未达到这样的地步。因此，最后的乳清还含有或多或少的小胶粒，这种乳清叫作胶清。另外，胶乳的黏度随着干胶含量的增加而迅速加大，故沿分离碟壁向上移往转鼓中心的浓缩胶乳的胶粒的速度，迅速减小，胶乳进一步被浓缩的倾向将随着黏度的加大和流向转鼓中心离心力的减小而降低，这是离心浓缩胶乳最后浓度(一般不超过67%)不可能无限提高的主要原因。

在实际操作中，保证胶乳不过度浓缩是非常重要的。否则，浓缩胶乳将堵塞转鼓而停止流动。胶粒与乳清的分离还决定于胶粒承受离心力的时间。因此，要使胶粒尽可能从乳清分离出，胶乳应尽量在转鼓中停留，而当浓缩胶乳一旦达到预期的浓度后，就要尽快从转鼓中移去。由于鲜胶乳连续流入转鼓，从分离碟壁向上移动的浓缩胶乳，沿碟片内孔与喇叭管外壁之间的间隙，继续向上流动，并夹带一部分乳清从顶盖的环形各出口流出，再由浓缩胶乳收集罩导入积聚罐。浓缩胶乳所经过的路程应较短，以免胶乳过度浓缩。与此同时，沿分离碟壁向下移动至转鼓周边的含少量胶粒的胶清，上升穿过顶碟和顶盖之间的斜面，由顶盖颈部的调节螺丝出口流出，再由收集罩导往胶清池。胶清之所以要通过迂曲的途径返回转鼓中心而流出机外，一方面是使其留在转鼓中的时间久一些，以便从中分离出更多的胶粒；另一方面是使胶清出口靠近中心以减小胶清流出时所受之力，并使磷酸镁铵等污渣沉积在转鼓周边，以便获得清洁的胶清。

离心胶乳时，重度不同的胶清和浓缩胶乳在转鼓内出现的分界层，叫作"中性层"。中性层必须与中性孔吻合，否则会降低离心分离效率。可通过选择适当的调节螺丝，使中性层与中性孔吻合。

在胶乳离心过程中，稳定性差的橡胶粒子、黄色体及其他一些杂质，经过高速旋转离心机的作用，分别聚结在分配室和分离室中。随着离心时间的延长，沉积的杂质和凝胶越

来越多，甚至互相聚结成团而堵塞喇叭管，以致鲜胶乳不能再流入离心机，而从溢流口流出，使胶乳停止分离。处理正常的胶乳，离心机可以连续运转 4h 左右才停机拆洗，而处理质量差的胶乳因喇叭管很快堵塞，有时仅运转 1~2h 就要被迫停机拆洗。

生产上，必须根据鲜胶乳的状况，合理选用调节器组合（调节管和调节螺丝）进行离心浓缩，以便控制浓缩胶乳的浓度。

4.2.1.3　浓缩胶乳的积聚

经过浓缩的胶乳，使之流入积聚罐进行积聚。

（1）目的

浓缩胶乳积聚的目的：

①使各批生产的浓缩胶乳在积聚罐内进行混合，以提高产品的一致性。

②在积聚罐内做好浓缩胶乳保存剂含量和浓度的调整和控制工作。例如，胶乳浓度过低，就要生产一些浓度高的胶乳进行掺和，以保证产品质量达到规定指标；要是浓度太高，就可适当加入一些清水或氨水，以保证制胶厂获得应有的收益。

③使浓缩胶乳的机械稳定度在积聚期内升高，以便达到出厂的规定指标。刚生产出来的氨保存浓缩胶乳，稳定性较低，尤其是离心浓缩胶乳的机械稳定度只有几十秒。在积聚过程中，由于胶乳中类脂物水解产生的高级脂肪酸与氨反应，逐渐生成铵皂，这种肥皂吸附在胶粒上起着保护胶粒的作用，因而胶乳的机械稳定度随积聚时间而增加。必要时也可采取适当措施进行调控，使浓缩胶乳的机械稳定度达到质量指标。

④减少出厂产品的检验工作量。就一定数量的产品来说，如出厂批次多，则检验的次数必多；反之则少。将大量的胶乳混合成一批，则只检验一次即可。

（2）主要要求

积聚的主要要求：

①及时加足保存剂　加保存剂不但要及时，而且还要足量和均匀（生产上，有时可高达 0.7%，一般 ≤0.6%），否则浓缩胶乳的 *VFANo.* 会增加，MST 也会降低。浓缩胶乳基本上与鲜胶乳一样，如保存剂含量不足，则在贮存过程中也会腐败。因此，必须按长期保存的要求，尽快将浓缩胶乳需要的保存剂加够。在浓缩胶乳放入积聚罐前应先加一些浓氨水于积聚罐底，以保证浓缩胶乳及时地得到保存，防止胶乳在阀门管道处发生凝固。最好能边离心浓缩边加保存剂，并定期测其含量，做到及时补足保存剂。目前，长期保存胶乳所用的保存剂，仍然以氨为主。加氨的方法有两种：一种是在连续加氨器（图 4-3）中加入，即根据单位时间的浓缩胶乳流量，计算应加的氨气量，使氨气和胶乳同时导入连续加氨器中混合，然后不断从加氨器流入积聚罐存放。这种方法加氨的好坏与加氨器的构造有密切关系。如果加氨器的容积太小或不密闭，则氨气吸收不完全而散失在空气中，并使胶乳产生较多的泡沫凝胶，造成浪费和影响生产操作。这种方法适用于产量较低的工厂。产量大的工厂因加氨速率快而带来一些副作用，故使用这种方法较少。另一种方法是在积聚罐内加氨，即根据每天浓缩胶乳流入积聚罐的量，计算应补加的氨，然后加入胶乳中。加氨量的计算法如下：

应加氨气量（kg）= 浓缩胶乳量（kg）×应提高的氨含量（%）

具体的加氨方法是先将氨气瓶放在磅秤上称重，并按应加

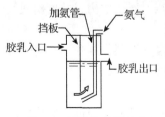

图 4-3　连续加氨器示意

入的氨量取下相同量的砝码，然后用耐压胶管连接氨气瓶和积聚罐上的加氨管，用扳手先打开主阀上面的针形阀，然后拧开氨气瓶的主阀开关，进行加氨(图 4-4)。拧开此主阀开关时，第一是不要太快，第二是要用力均匀。为了安全起见，操作者不要面对主阀。为了使加氨均匀和在加氨时不易产生凝块，要求边加氨边搅拌胶乳。搅拌器一般为板式或三叶螺旋搅拌器，转速为 $60 \sim 100 r/min$。加氨的速度不宜太快，以免氨气瓶内压大，氨气冲破接口或胶管，而造成事故，同时因氨气溶解于胶乳所产生的热量不易散失，易使胶乳产生凝块，影响浓缩胶乳质量。但加氨速度也不应太慢，否则因氨气压力小，胶乳在氨气管附近产生的凝块容易堵塞加氨管。拧开氨气瓶和加氨管的开关时，氨气瓶上的主阀开关必须最后打开。当胶乳中氨量加够时，磅秤的横梁便慢慢降至水平位置，此时即应首先关闭氨气瓶的主阀开关，管内压力降至大气压，即加氨管外。壁的结冰开始融化时，再关闭针形阀，并把加氨管从胶乳中取出洗干净。注意，工作场所应注意通风，尽量使空气中的氨浓度不超过 $20 mg/m^3$。

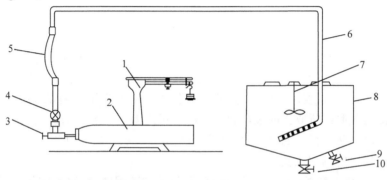

图 4-4　积聚罐加氨示意
1-秤　2-氨气钢瓶　3-主阀开关　4-针形开关　5-耐压胶管　6-加氨管
7-搅拌桨　8-积聚罐　9-胶乳出口　10-排渣口

　　②混合均匀　在积聚过程中，为了调控好浓缩胶乳的质量，要取胶样进行检验，如胶乳混合不均匀，则所取胶样无代表性，检验结果不能用来指导生产。因此，在积聚罐中必须装有搅拌桨，用来搅拌和混匀胶乳。搅拌桨的转速不宜太高，否则，容易产生气泡，增加胶乳中的泡沫凝胶。转速也不要太低，太低时胶乳混合的时间过长，对生产操作不利。桨叶直径一般为罐径的 1/3，较适的转速为 $60 r/min$。满罐后，如果还不出厂，则每隔 $5 \sim 7d$ 应搅拌一次，并注意浓缩胶乳质量的变化并及时调控。

　　③不污染胶乳　浓缩胶乳在积聚罐停留的时间较长，罐的内壁应不受胶乳腐蚀。生产上过去使用的积聚罐，都用钢板制造，不但耗用大量钢材，制造和搬运比较麻烦，而且不易清洗，还须消耗大量耐碱涂料(每年停产时都需涂刷一次才不致污染胶乳)。现在通过科学试验，大多改用钢筋水泥建造罐身、瓷砖衬里、500 号水泥勾缝的结构，不但免去了上面所说的那些缺点，而且使用效果良好。

4.2.1.4　浓缩胶乳的检验、分级和包装出厂

(1)检验、分级

　　①分级指标　浓缩胶乳同其他商品一样，出厂前要进行质量检验，质量符合规定要求时才允许出厂。浓缩胶乳的质量指标是产用双方根据生产的可能和使用的需要，并有利于提高产品质量的原则下，协商制定的通用质量标准。随着生产的发展和提高，质量指标也

要不断修订。

我国目前生产的浓缩胶乳，仅离心法浓缩胶乳一种，其质量标准经过修订后已上升为国家标准(表4-4)。

表4-4 离心浓缩胶乳的质量指标

质量项目	限　度	质量项目	限　度
总固体含量(%)，最小值	61.5	锰含量(mg/kg 总固体)，最大值	8
干胶含量(%)，最小值	60.0	残渣含量(%)，最大值	0.10
非橡胶固体(%)，最大值	2.0	挥发脂肪酸值，最大值	0.20
碱度(NH_3)(%)，最小值	0.60	氢氧化钾值，最大值	1.0
机械稳定度(S)，最小值	650	目测颜色	无显著的灰色和蓝色
凝块含量(%)，最大值	0.05	硼酸中和后气味	无明显的腐败臭味
铜含量(mg/kg 总固体)，最大值	8		

注：总固体含量是非强制项目。

②检验规则　制胶厂应保证出厂的浓缩胶乳都符合质量指标的要求，每批出厂的浓缩胶乳都应附有统一格式的质量检验单；每个积聚罐作为一批产品包装。包装前从积聚罐中取样化验，取样前充分搅拌，在刚停止搅拌时取样。搅拌必需的时间，由试验确定。以搅拌到自罐顶部与罐底部所取出的胶乳的总固体含量之差在0.5%以内时为准；产品检验必须按规定的检验方法进行。如果检验结果没有准确地把握，需重新进行，直到准确为止。

③各检验项目的测定意义

a. 总固体含量：主要是用来确定浓缩胶乳的非橡胶固体含量(总固体含量与干胶含量之差)，也可用来快速和粗放了解浓缩胶乳的干胶含量，作为胶乳制品厂选择原料和确定配方的根据之一。

b. 干胶含量：是浓缩胶乳使用时的有效成分，在胶乳配料时，它又是计算配合剂用量的基本依据。胶乳干胶含量过低，不仅要求浓度较高的某些橡胶制品无法制造，而且对于能够成型的制品也会增加不少麻烦。例如，用干胶含量低的胶乳制造海绵，则所得产品的收缩率大；用来制造浸渍制品，则达到相同厚度所需的浸渍次数较多。

c. 非橡胶固体：其数值大小标志胶乳非橡胶物质含量的高低。若其值大，表示胶乳的纯度低，在配入 ZnO 之类的配合剂后，所得配合胶乳的稳定性往往较低，因而有缩短配合胶乳有效使用时间的趋势。

d. 碱度(NH_3)：对于高氨保存的胶乳低于0.60%时，胶乳容易腐败，不能长期保存，浓缩胶乳的机械稳定度随贮存时间上升较慢，且最高值也较小，高过0.75%，浓缩胶乳的机械稳定度上升快，最高值也大，但下降也快，且浪费氨气，增加制品成型时除氨的困难和用费，胶乳贮存时间较长后，还会因促进非橡胶物质分解而降低胶乳的化学稳定度。

e. 挥发脂肪酸值：能较敏感地反映胶乳保存，特别是早期保存的好坏。挥发脂肪酸值高的胶乳，其机械稳定度往往较低。这是由于乳清离子强度增加的结果。挥发脂肪酸值过大的胶乳，因溶解 ZnO 的能力较强，化学稳定度也较低。此外，根据试验，挥发脂肪酸值对胶乳制品性能(如海绵胶的压缩模数)也有一定的影响。

f. 机械稳定度：机械稳定度低的胶乳不仅在配料搅拌过程中容易产生凝块，特别是用于刮胶之类制品，承受强烈的机械处理时，还会遭遇根本不能操作的困难。

g. 凝块含量：胶乳凝块多，有两种可能性，一种是包装出厂时没有采取过滤的必要措施，除去浓缩胶乳原有凝块；另一种是胶乳出厂后，稳定性受到局部破坏，新生成了一些凝块。凝块含量多的胶乳，往往使制出的橡胶制品，特别是浸渍制品废次品增加，制造压出制品时，还会堵塞压出机头，造成生产停顿。

h. 颜色：胶乳变色后不仅不能用来制造鲜艳美观的橡胶制品，而且热稳定度也往往较低，难于用来制造硫化胶乳和生产以硫化胶乳为原料的各种胶乳制品。

i. 气味：胶乳产生臭味，说明它已严重腐败。这样的胶乳，往往挥发脂肪酸值高，稳定性低，难于用来正常生产胶乳制品。

j. KOH 值：中和含有100g 总固体的胶乳中的各种酸类所需 KOH 的克数，称为 KOH值。其值小，在一定程度上标志胶乳化学稳定度高。保存不好的胶乳，其 KOH 值必定会高，但 KOH 值高的胶乳，不一定保存不好。因此，它主要用来测定胶乳含 ZnO 时能较长期稳定而必须加入 KOH 的最低数量。

k. 残渣含量：残渣是指胶乳中的尘土、砂粒、树皮碎片和磷酸镁铵等外来的非橡胶物质。显然，残渣含量高的胶乳所制得的胶乳制品，特别是薄膜制品，质量必定很差，甚至会成为废品。

l. 铜、锰含量：铜、锰是橡胶的氧化强化剂，它们含量多时会促进橡胶老化，缩短胶乳制品的使用寿命。

（2）包装、出厂

①容器的处理　包装浓缩胶乳的容器，基本上有两种：一种是容量约 200kg 的小铁桶，将其内部清洗去锈后，涂上一层保护涂料。对涂料的要求是：耐强碱，不影响胶乳质量，附着力好，价格便宜，使用方便。我国过去都使用高温漆（聚甲基丙烯酸甲酯）做胶乳包装桶涂料，这种涂料的性能虽令人满意，但生产成本高，放久不用后还会分成两层，故在使用前增加了必须充分搅拌，甚至过滤的麻烦。现在多改用刚离心出来未补氨的浓缩胶乳做包装桶涂料。如果采用新包装桶，需用碱液洗去防锈油，再用清水洗净、晒干，然后将浓缩胶乳倒入桶内，盖上盖子，以滚动法使桶内各个部位都涂上一层胶乳，再将多余的胶乳倒出，打开桶盖，置于通风处晾干即可。若使用装过物料的旧桶，必须先装入碎石、铁钉置洗桶机或用人工进行滚磨，然后加入2%左右的烧碱溶液滚洗，最后用清水洗净、晒干，再按上述方法涂上涂料。使用小包装桶，不仅洗桶耗工量极多，桶的有效使用期短，而且涂料和胶乳损失也多，还易发生工伤事故。另一种是大型装运罐，其形式与汽油罐车相同。一般是由载有胶乳装运罐的专用汽车运往设在火车站的转运仓库，将胶乳放入贮库的容器中，用压缩空气或高差自流的方式，将胶乳排入容量为 50t 的铁路罐车中，由火车运往使用单位。使用大罐装运胶乳，除了可克服小桶上述那些缺点外，还可节省大量钢材。而用小桶包装时，每 50t 胶乳需用桶 250 个以上，约需钢板 6t，且这种小桶一般只能使用 3~4 次就要损坏报废。不仅如此，大罐包装的速度也比小桶快得多。

②操作要点　包装前，必须将浓缩胶乳搅拌均匀。如采用小桶包装，还须事先称重、编号，然后从积聚罐出口以重力法使胶乳自动流入包装桶中。为了减少凝块含量，特别在积聚罐内的胶乳快包完时，胶乳必须先经粗筛（20 目）过滤，再流入包装桶。在桶内胶乳快装满时，轻轻敲打桶面使泡沫消失，并注意勿使胶乳外溢。包装桶上应注明厂名、类

型、等级、批号、桶号、毛重、皮重、净重和生产日期。

胶乳包装完毕后，积聚罐要进行清洗，除去附在罐壁的泡沫凝胶和其他杂质。清洗干净后，如涂料脱落(指铁罐)，应进行补涂。清洗积聚罐时要注意安全，防止发生事故。如罐内氨味很浓，清洗前应将罐盖上的小孔打开，并向罐内鼓风或喷高压水赶走氨气。待氨味不浓时才进去清洗。必要时，还应载上防护目镜和口罩，以保障安全。

浓缩胶乳在贮存和运输过程中，要防止渗漏、日晒和冰冻。温度应保持在2~35℃之间(越低越好)，以免胶乳变质。

4.2.2 离心法浓缩天然胶乳的生产特点

4.2.2.1 进料胶乳的调控

调节罐(池)的结构和作用：由澄清罐(池)导出的清洁胶乳，流入调节罐(池)，再由调节罐(池)流入离心机进行离心。调节罐(池)基本上由罐(池)体、浮阀和40或60目筛网3部分组成(图4-5)。它的主要作用是借罐(池)内装备的浮阀保持胶乳液面恒定的高度，使胶乳流入离心机的速度比较均匀；同时在更换澄清罐(池)的胶乳进行离心时，它可使供给离心机的胶乳不致中断；调节罐(池)内装备的筛网，一方面滤去胶乳剩余的杂质；另一方面可除去由于冲击形成的泡沫和凝块，减小离心机被堵塞的倾向。

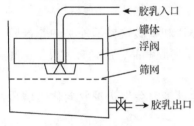

图4-5 调节罐结构示意

胶乳入口
罐体
浮阀
筛网
胶乳出口

4.2.2.2 离心浓缩胶乳质量的调控方法

(1)浓度

生产浓缩胶乳的首要任务是保证产品质量，在保证产品质量达到规定指标的前提下，再考虑提高产量和工效，降低生产成本和原材料消耗等问题。

使浓缩胶乳浓度达到质量指标要求，是保证产品质量的先决条件。而要使浓缩胶乳达到规定浓度，则必须了解有关影响因素，从而根据不同情况采取不同的调控方法。

①鲜胶乳的浓度　一般来说，鲜胶乳浓度的高低，直接影响浓缩胶乳的浓度。通常在调节管、调节螺丝组合一定的条件下，鲜胶乳浓度较高，制得的浓缩胶乳的浓度也较高；反之，则所得浓缩胶乳的浓度也较低(表4-5)。由冬季割胶、强度割胶、化学刺激胶树、幼龄树和雨季所得的鲜胶乳，一般浓度较低，为了使生产的浓缩胶乳浓度达到规定要求，可调整调节管、调节螺丝的组合来解决。大量雨水冲稀的鲜胶乳，虽然浓度很低，但黏度也很低，因它的橡胶粒子与乳清分离比较容易，如果选用相同的调节管、调节螺丝组合进

表4-5 鲜胶乳浓度对浓缩胶乳和胶清浓度的影响

离心机型号	调节管 (mm)	调节螺丝 (mm)	鲜胶乳干胶含量 (%)	浓缩胶乳干胶含量 (%)	胶清干胶含量 (%)
410	9	12.0	28.73	61.65	4.43
410	9	12.0	32.75	61.88	5.07
410	9	13.0	27.27	59.87	4.02
410	9	13.0	31.07	61.21	4.52

行离心，则制得的离心浓缩胶乳的浓度就特别高，黏度很高，流动性差，甚至会堵塞离心机而流不出来，即使能流到积聚罐，也难于分散，不易加氨均匀，从而易引起胶乳腐败。因此，在离心雨冲严重的胶乳(浓度低于15%)时，一般选用相对较长的调节螺丝和较大的调节管。

　　在生产实际中，必须根据鲜胶乳浓度合理选择调节器组合来调控浓缩胶乳的浓度。鲜胶乳浓度正常时，可选用正常的调节器组合；鲜胶乳浓度较低时，应选用较短的调节螺丝和较大的调节管组合；鲜胶乳浓度过高时，由于胶乳的黏度过大，橡胶粒子与乳清分离困难，虽然可选用较短的调节螺丝组合，而获得符合浓度要求的浓缩胶乳，但干胶制成率低，影响工厂的经济收益，并且浓缩胶乳的非橡胶固体含量往往会过高，故无实用价值。在这种情况下，一般先加适量水将鲜胶乳稀释至正常浓度，并选用正常的调节器组合离心。在夏季，因鲜胶乳浓度较高，同时气温也高，胶清较易凝固，故一般选用较长的调节螺丝，将胶清浓度调得较低就可满足生产要求。冬季则采取相反的调控方法。

　　②鲜胶乳的进料速率　胶乳进料速率是指单位时间内流入离心机的胶乳量。浓缩胶乳和胶清的浓度同鲜胶乳的进料速率有密切关系。因胶乳离心时进料和出料是连续不断的，在单位时间内流入离心机的鲜胶乳量，基本上与流出离心机的浓缩胶乳和胶清的总量相等。如进料速率快，鲜胶乳在机内停留的时间就相对短些，橡胶粒子和乳清的分离程度就差些，故制得浓缩胶乳的浓度较低，胶清的浓度较高。反之，进料速率较慢，制得的浓缩胶乳的浓度就较高，胶清的浓度较低。也就是说，在其他条件不变的情况下，浓缩胶乳的浓度随鲜胶乳的进料速率增加而降低，胶清的浓度则随进料速率增加而增加(表4-6)。

表 4-6　鲜胶乳进料速率对浓缩胶乳和胶清浓度的影响

离心机型号 (mm)	调节管 (mm)	调节螺丝 (mm)	鲜胶乳进料速率 (kg/h)	鲜胶乳干胶 含量(%)	浓缩胶乳 含量(%)	干胶胶清干胶 含量(%)
410	9	9.5	329.6	28.39	62.70	5.29
410	10.5	9.5	549	28.39	9.42	6.60

　　鲜胶乳的进料速率主要由调节管控制，也可用调节斗中胶乳的高度来控制。使用口径大的调节管，在单位时间内进料就多；调节斗中的胶乳深度大，则对进料胶乳的静压力大，因而鲜胶乳的进料速率就较快。反之，使用口径小的调节管，或调节斗中的胶乳深度低，则鲜胶乳的进料速率就慢。如何控制调节斗中的胶乳高度呢？只要把调节斗中的进料管调上或调下，利用里面浮阀的控制装置就可把胶乳固定在需要的高度。

　　③离心机的运转时间　浓缩胶乳的浓度和纯度随离心机每班运转时间的延长而降低，胶清浓度则随运转时间的延长而增加，特别是后期影响更显著(表4-7)。这主要是由于随着离心机运转时间的延长，胶乳在分离碟片上凝固，致使碟片的有效分离面积逐渐减小，分离效率逐渐降低所致。因此，离心机每班运转时间必须适中，如运转时间过长，还会使浓缩胶乳的凝块和黄色体等杂质增多，使产品质量和干胶制成率均降低；如运转时间过短，则停机拆洗多，使离心机生产速率下降。为了更好控制浓缩胶乳的浓度和提高产品的一致性，在一般情况下，要求离心机每班运转3.5~4h就停机拆洗。此外，在测定浓缩胶乳和胶清的浓度时，不能只取离心初期或快停机时的样品，而应取离心中期或初、中、后3个时期的混合样品，由这种样品测定的数据才具有代表性。

表 4-7　离心运转时间对浓缩胶乳和胶清的浓度及非橡胶固体

胶别	测定项目	离心机运转时间				
		1	2	3	4	5
浓缩胶乳	总固体含量(%)	62.43	62.34	61.52	60.88	59.40
	干胶含量(%)	61.08	60.96	60.12	59.47	57.67
	非橡胶固体(%)	1.35	1.38	1.40	1.41	1.73
胶清	总固体含量(%)	7.92	8.19	8.39	9.60	9.20
	干胶含量(%)	4.31	4.52	4.75	4.89	5.12
	非橡胶固体(%)	3.61	3.67	3.64	3.71	4.08

注：鲜胶乳的总固体含量为32.26%，干胶含量为29.47%，非橡胶固体为2.7%。

④胶清的流出速率　是指单位时间从离心机排出的胶清量。在鲜胶乳进料速率一定的情况下，胶清的流出速率越快，则浓缩胶乳的流出速率就相对慢些，因而浓度就较高；而胶清在离心转鼓中停留时间相对短些，胶粒被分离的效果较小，因而浓度就较大(表 4-8)。

表 4-8　胶清流出速率对浓缩胶乳和胶清浓度的影响

离心机型号	调节管 (mm)	调节螺丝 (mm)	胶清流出速率 (kg/h)	鲜胶乳干胶 含量(%)	浓缩胶乳干胶 含量(%)	胶清干胶 含量(%)
410	10.5	9.5	345	28.39	59.42	6.60
410	10.5	11.25	277.5	28.39	58.44	5.50

胶清的流出速率主要用调节螺丝来控制。调节螺丝越长，则它与顶碟构成的间隙越小，胶清流出口的通道越狭，即阻力越大，因而胶清的流出速率就越慢。反之，调节螺丝越短，胶清的出口较宽，即阻力较小，因而胶清的流出速率就快。

此外，冲机用水量、补加氨量、浓缩胶乳的贮存时间等，对浓缩胶乳的浓度也有一定影响。

生产实践表明，在其他条件固定的情况下，调节螺丝的长度改变 0.5mm 时，浓缩胶乳浓度可提高或降低约 0.5%。在选择调节器组合时，必须符合下列原则：①保证浓缩胶乳浓度达到质量指标。考虑到随着离心时间延长、加氨、贮存后浓度会有所降低，故生产上应把浓度控制得比规定指标(干胶含量 60%)高些，如使干胶含量达 60.1%~60.3%，以免运到用户手中后达不到规定浓度。②干胶制成率高，以保证工厂获得较好的经济收益。③干胶回收率高，即胶清浓度不能过低，不应低于 3%，以免凝固发生困难，造成浪费。④生产速率高，即单位时间内处理的鲜胶乳量应多些，以便及时将鲜胶乳处理完。这 4 条原则中，第一条是首要保证达到的，其他三条互有矛盾，故必须综合平衡。调节管和调节螺丝的不同组合试验结果见表 4-9。在鲜胶乳浓度和质量正常的情况下，采用较大的调节管必须与较短的调节螺丝或较小的调节管与较长的调节螺丝相配合，才能符合生产要求。

在正常生产过程中，必须多次从积聚罐取样(满度 1/3、1/2、2/3、满罐时)来检验浓度，并及时调整，以保证出厂浓缩胶乳浓度符合要求。

表 4-9　不同调节管、调节螺丝的组合试验

离心机型号	调节管(mm)	调节螺丝(mm)	鲜胶乳		浓缩胶乳		胶清		鲜胶乳处理量(kg/h)	浓缩胶乳的产量(kg/h)	浓缩胶乳干胶制成率(kg/h)
			总固体含量(%)	干胶含量(%)	总固体含量(%)	干胶含量(%)	总固体含量(%)	干胶含量(%)			
410	8	9	31.35	28.37	60.04	61.30			275.3	107.5	84.33
410	8	9	31.60	28.47	63.87	62.03	10.50	6.14	290	112.7	84.74
410	10.5	9	32.98	29.72	61.91	59.98	13.54	8.92	513.7	209.8	82.44
410	8	9	31.82	28.56	63.72	61.88	10.44	6.38			
410	8	9.5	31.94	28.57	67.67	61.73	10.28	5.92			
410	8	14.25	32.61	29.20	53.09	50.61	8.53	4.37			
410	10.5	8.25	31.70	28.48	62.88	60.97	14.37	9.46	528.8	192.6	78.12
410	10.5	9	31.82	28.56	61.67	59.88					
410	10.5	9.5	33.83	28.67	59.90	57.73	14.60	10.63	486	207	80.18

（2）非橡胶固体

浓缩胶乳的性质主要受非橡胶物质的影响。现有的浓缩胶乳质量指标中，直接反映非橡胶物质的检验项目就是非橡胶固体。如果能很好地控制非橡胶固体含量，就有可能保证浓缩胶乳质量和提高它的一致性。

生产实践证明，影响非橡胶固体的因素很多，有鲜胶乳本身的因素（鲜胶乳的浓度和质量）、加工工艺（澄清时间、工厂卫生、进料速率、离心机转速、离心机运转时间等）以及浓缩胶乳贮存时间等。因此，要调小浓缩胶乳的非橡胶固体，首先必须做好鲜胶乳的保存和严格贯彻制胶规程；其次是加水稀释鲜胶乳后再离心浓缩。

鲜胶乳在离心前后的成分差别，主要是浓缩胶乳的橡胶含量增大，而鲜胶乳乳清和浓缩胶乳乳清的组分和含量基本上相同。故控制鲜胶乳乳清的非橡胶固体含量后离心，不仅能保证浓缩胶乳的非橡胶固体含量不超过规定数值，而且还可较准确地控制浓缩胶乳达到所预期的非橡胶固体含量，缩小浓缩胶乳批次之间的非橡胶固体变异幅度，从而提高浓缩胶乳的一致性。

当鲜胶乳非橡胶物质含量较高，离心所得的浓缩胶乳的非橡胶固体含量在 2% 以上时，只要在鲜胶乳中加适量清水，将其乳清的非橡胶固体含量减小，便可使浓缩胶乳的非橡胶固体含量减小至 2% 以下。如果要较准确地控制浓缩胶乳的非橡胶固体含量，则先按下式分别算出浓缩胶乳乳清的非橡胶固体含量（N）和鲜胶乳乳清的非橡胶固体含量（N'）。

$$N = \frac{D}{100 - R} \times 100$$

式中　D——需要达到的浓缩胶乳的非橡胶固体；

　　　R——需要达到的浓缩胶乳的干胶含量。

$$N' = \frac{d}{100 - r} \times 100$$

式中　d——鲜胶乳的非橡胶固；

　　　r——鲜胶乳的干胶含量。

然后按下式求出稀释每千克鲜胶乳所需水量的千克数（W）：

$$W = \left(\frac{N'}{N} - 1\right) \times \left(1 - \frac{r}{100}\right)$$

再按下式求出总的加水量(G)：

$$G=W×胶乳量$$

【例 4-1】鲜胶乳的总固体含量为 35%，干胶含量为 32.0%，如欲将浓缩胶乳的干胶含量控制在 60.5%，非橡胶固体含量控制在 1.6%，问 10t 鲜胶乳在离心前应加多少千克清水？

解：先求浓缩胶乳乳清的非橡胶固体含量：

$$N=\frac{1.6}{100-60.5}×100=4.1$$

其次，求鲜胶乳的乳清非橡胶固体含量：

$$N'=\frac{35-32}{100-32}×100=4.4$$

计算每千克鲜胶乳需加水量：

$$W=\left(\frac{4.4}{4.1}-1\right)×\left(1-\frac{32}{100}\right)=0.05$$

最后求总加水量：

$$G=0.05×10\,000=500(kg)$$

将计算所需的水量加入鲜胶乳，然后离心浓缩便可得到预期的效果。

若浓缩胶乳的非橡胶固体含量超过或接近 2%，则可加适量清水将此浓缩胶乳稀释后再离心浓缩。这种方法可使所得浓缩胶乳的非橡胶固体含量降至 1% 以下。在正常生产中，最好先测定鲜胶乳的非橡胶固体含量，若非橡胶固体含量过高，则采取在鲜胶乳中加水后离心比制成浓缩胶乳后再加水稀释离心方便得多。在鲜胶乳中加水时，要注意控制鲜胶乳的氨含量，以保证浓缩胶乳的质量。

(3)挥发脂肪酸值

①影响因素　据试验，鲜胶乳乳清中的挥发脂肪酸含量与由此胶乳制得的浓缩胶乳乳清的挥发脂肪酸含量没有明显区别。这说明挥发脂肪酸不与橡胶相相连，而全都分布于乳清之中。所以，可以利用控制鲜胶乳乳清的挥发脂肪酸含量来达到控制浓缩胶乳 *VFANo.* 的目的。干胶含量为 60% 的浓缩胶乳，其 *VFANo.* 大约等于干胶含量为 35% 的原料胶乳 *VFANo.* 的 1/3~1/2。因此，鲜胶乳的 *VFANo.* 越高，或由鲜胶乳制成的浓缩胶乳的浓度越低，则浓缩胶乳的 *VFANo.* 越高。要降低浓缩胶乳的 *VFANo.*，首先必须使鲜胶乳 *VFANo.* 保持尽可能低。而影响鲜胶乳的 *VFANo.* 高低的因素是：

a. 鲜胶乳的细菌污染和繁殖量：现在已经公认，挥发脂肪酸的生成是细菌活动的结果。鲜胶乳中的细菌，主要来自其流经的树皮、胶舌和胶杯。视最初感染度的不同，1mL 鲜胶乳含活菌数通常在 $2×10^6~4×10^6$ cfu 之间。在一般条件下，经常清洁树皮、胶舌来减少鲜胶乳的染菌量比较困难，但使胶杯清洁消毒是较易办到的。

采集鲜胶乳时，应尽量保持清洁，使胶乳污染度小，*VFANo.* 低。

b. 加入保存剂的时间和数量：据试验，胶乳中的细菌在割胶后进入对数生长期前，约有 3h 的停滞期(即 3h 后进入对数生长期)。因此，胶乳的含菌量将决定于保存剂加入胶乳的时间和数量。加入时间越早或越多，杀菌或抑菌的效果越好，胶乳的 *VFANo.* 也越低。

c. 胶乳的温度：温度对胶乳中细菌和其产生的酶的活度有很大影响。最适宜的生长温度是 25~37℃，在此温度范围内，温度越高，细菌的繁殖越快，分泌出来的酶越多，细菌和酶的活度越大。低于或高于此温度范围时，都对细菌的生长、细菌和酶的活度不利。一般来说，胶乳温度低于细菌最适生长温度越多，$VFANo.$ 越低；如高过细菌最适生长温度较多，胶乳的 $VFANo.$ 也较低。高温虽能杀菌，但对胶乳其他性能不利，将胶乳贮存于较低温度较好。

d. 被细菌作用物的数量：生成挥发脂肪酸的具体被作用物虽还有些争论，但属胶乳的非橡胶物质这一点已毫无疑问。因此，加水稀释胶乳或将鲜胶乳对氨水进行渗析，因被作用物浓度减小，挥发脂肪酸的生成率必大大降低。为此，稀释胶乳后离心，是降低浓缩胶乳 $VFANo.$ 简单易行的有效方法。

e. 陈胶乳和鲜胶乳的混合：浓缩胶乳工厂有时不能将当天进厂的鲜胶乳加工完毕，而不得不将第二天进厂的鲜胶乳与之混合。也就是说，新收集的胶乳在离心前不可与陈化的鲜胶乳相混合。

f. 使用甲醛：加入杀菌力强的甲醛，比单独使用同量氨能在较长时间内阻滞挥发脂肪酸的发展。用甲醛和氨处理并贮存了 3d 的鲜胶乳制得的离心浓缩胶乳，其性质较单含氨 0.3% 的鲜胶乳制得的浓缩胶乳要好。制胶厂收到氨达 0.3% 的鲜胶乳时，立刻再加入 0.05% 的甲醛，因甲醛与氨不会马上完全反应而生成六次甲基四胺，故对阻止挥发脂肪酸的初期生成同样有效。

在鲜胶乳中加入五氯酚钠，也与甲醛的作用相似，同样能降低鲜胶乳及其浓缩胶乳的 $VFANo.$。

g. 强度割胶与化学刺激：强度割胶和化学刺激所得的胶乳，除了干胶含量较低，用来制造离心浓缩胶乳分离效率较低之外，它们的 $VFANo.$ 也较高，因而用来生产浓缩胶乳也不大合适。关于强度割胶对鲜胶乳 $VFANo.$ 的影响，已于第 2 章 2.1 论述。施用产量刺激剂后获得的鲜胶乳所制浓缩胶乳，其 90d 后 $VFANo.$ 比未处理的约大 1 倍。原因是刺激后鲜胶乳中的活菌数比对照的多得多。

②调控方法　第一，凡用强度割胶或化学刺激所得的胶乳，必须用较多的氨来保存。最好将这种胶乳分别收集，运到制胶厂后尽快加工，以免制成的浓缩胶乳具有较高的 $VFANo.$。第二，注意浓缩胶乳的保存和贮运。第三，当制出的浓缩胶乳的 $VFANo.$ 过高时，可用水稀释此胶乳，然后再进行离心。因为挥发脂肪酸不与橡胶相相连，全部分布在乳清中，且离心前后胶乳乳清的挥发脂肪酸含量基本上相等，由于加水稀释后原胶乳乳清的挥发脂肪酸含量降低，故离心后所得浓缩胶乳乳清的挥发脂肪酸含量必随之降低。表 4-10 就是劣质浓缩胶乳用水稀释至干胶含量约 35%，然后再离心而获得改善的例子。若已知鲜胶乳的 $VFANo.$ 过高，则先在鲜胶乳中加适量的水稀释后再离心，同样可控制所得浓缩胶乳的 $VFANo.$。第四，使用新的复合保存剂保存胶乳能有效防止其 $VFANo.$ 的增加。

(4) 机械稳定度

所谓胶乳的机械稳定度(MST)是指胶乳对机械搅拌即剪切力所产生去稳定性的对抗力。胶乳在浓缩、泵送、运输、配料和加工过程中，都要承受机械力，因而会产生去稳定作用。因此，测定和调控胶乳 MST 具有十分重要的意义。

表 4-10　劣质浓缩胶乳在离心前后的对比

测定项目	再离心前	再离心后
总固体含量(%)	59.63	64.63
干胶含量(%)	57.76	63.87
非橡胶固体(%)	1.87	0.76
VFANo.	0.18	0.07
用硼酸中和后的气味	微有腐臭味	具有胶乳的特殊香味

影响胶乳 MST 的因素很多，包括橡胶树的品系、树龄、物候、季节、土壤、肥料、割胶强度、化学刺激、割线高度，以及新鲜胶乳的保存、加工、贮存、运输条件等，但归纳起来，主要是胶乳的非橡胶物质的种类和含量，它们以乳清相的离子强度和橡胶相保护层的结构来影响胶乳的 MST。

此外，不同无性系胶乳的 MST 相差很大，而在浓缩天然胶乳生产过程中，胶乳转运站以及胶乳制品厂都要求将不同来源的胶乳进行混合。试验表明，胶乳混合对 MST 将有不同程度的影响。

浓缩胶乳的 MST 与农业因素、鲜胶乳的早期保存以及加工工艺和贮运条件等有密切的关系。要提高浓缩胶乳的 MST，首先必须认真做好上述有关各项工作。如果发现生产的浓缩胶乳 MST 达不到质量指标，就应根据具体情况分别采取不同的措施加以挽救。

提高浓缩胶乳 MST 的方法：

①加可溶性磷酸盐除去游离钙、镁等阳离子　有些地区的某些无性系所产的胶乳，其游离钙、镁含量比较高，由于高价阳离子对胶乳的去稳定作用，使制得的浓缩胶乳 MST 低。在这种情况下，可采取加可溶性磷酸盐(如 Na_3PO_4)的方法来提高其 MST。这是因为可溶性磷酸盐能与 Ca^{2+}、Mg^{2+} 发生化学反应，生成难溶性的磷酸盐沉淀，以除去这些离子对胶乳的去稳定作用。在胶乳中加入可溶性磷酸盐后，则首先把乳清相的 Ca^{2+}、Mg^{2+} 沉淀出来，然后由于吸附和脱附平衡，使吸附在橡胶粒子上的 Ca^{2+}、Mg^{2+} 也慢慢沉淀下来，最后只有少量 Ca^{2+}、Mg^{2+} 残留在胶乳中，这样，二价的 Ca^{2+}、Mg^{2+} 对胶乳的去稳定作用就变为一价阳离子的去稳定作用。

具体做法是：首先测定鲜胶乳的游离钙、镁含量，以 mmol 的 $\frac{1}{2}Ca^{2+}$、Mg^{2+}/kg 胶乳表示。再根据下列公式计算出应加可溶性磷酸盐的量，随即用 60~80℃热水将其溶解，制成 25%的溶液，用双层纱布滤去杂质，然后加入鲜胶乳中，让其静置反应 2h，再进行离心浓缩。

$$X=\frac{G\times10^{-6}(A_1-A_2)\frac{M}{2}}{C}$$

式中　X——应加入的可溶性磷酸盐的量(kg)；

G——鲜胶乳质量(kg)；

A_1——原鲜胶乳的 Ca^{2+}、Mg^{2+} 含量，mmol 的 $\frac{1}{2}Ca^{2+}$、Mg^{2+}/kg 胶乳；

A_2——胶乳中允许保留的 Ca^{2+}、Mg^{2+} 含量，mmol 的 $\frac{1}{2}Ca^{2+}$、Mg^{2+}/kg 胶乳；

M——可溶性磷酸盐的分子量(包括所含的结晶水);

C——磷酸盐的纯度(%)。

【例 4-2】现有鲜胶乳 10t,其游离 Ca^{2+}、Mg^{2+} 含量为 25mmol 的 $\frac{1}{2}Ca^{2+}$、Mg^{2+}/kg 胶乳,

需加入多少纯度为 95% 的磷酸三钠,才能使该胶乳的 Ca^{2+}、Mg^{2+} 含量降为 10mmol $\frac{1}{2}Ca^{2+}$、

Mg^{2+}/kg 胶乳?

解:
$$X=\frac{10\,000\times10^{-6}(25-10)\times\frac{380}{2}}{0.95}=30 \quad (kg)$$

此法不但可提高浓缩胶乳的机械稳定度,而且还可提高浓缩胶乳的热稳定度。这是因为磷酸根可与锌氨络离子反应,生成不溶性的盐,将消除或降低这种离子的去稳定作用。其他一些性能也有所改善。同时对胶乳制品工艺和产品质量也无不良影响。

用可溶性磷酸盐处理鲜胶乳时,由于生成的沉淀物黏性较大,会增加离心机转鼓内各部件的黏结程度,致使拆洗困难。因此,如先用筛网过滤除去鲜胶乳沉淀物后再离心浓缩,不仅可改善这种情况,而且还能提高离心机分离效率。其次,也可在浓缩胶乳中直接加入可溶性磷酸盐,但会降低浓缩胶乳浓度和增加浓缩胶乳的非橡胶固体含量。

常用的可溶性磷酸盐有磷酸氢二铵、磷酸三钠等。

应当指出,可溶性磷酸盐的用量不能过多地超过游离钙、镁的摩尔质量。否则,由于胶乳水相离子强度增大,致使 MST 降低。可溶性磷酸盐最好使用磷酸氢二铵,因它同磷酸三钠相比不仅用量(按质量计)较少,而且带进胶乳的灰分也较少。

②用表面活性物质加强胶粒保护层　有些胶乳的 Ca^{2+}、Mg^{2+} 含量并不高,可是 MST 却达不到要求。这可能是由于橡胶粒子保护层的保护能力太低所致。对于这种胶乳,可加入表面活性物质加强胶粒保护层,以提高其 MST。由于天然胶乳是带阴电荷的胶态分散体系,所以只有加非离子型或阴离子型表面活性物质,才能提高胶乳的稳定性。平平加"O"是非离子型表面活性物质,其用量要在较多的情况下才能明显地提高胶乳的 MST,而用量太多,又会使胶乳的热稳定度过高,给某些胶乳制品工艺带来困难,故应用价值不大。生产上,一般都加阴离子型表面活性物质高级脂肪酸皂来提高胶乳的 MST。在胶乳中加入这种皂后,其疏水基团很快被胶粒吸附,而亲水基团则朝向乳清相,使胶粒的水合度、表面电荷增加和胶粒间相互排斥的势能峰升高,从而使胶乳的 MST 提高。另外,高级脂肪酸皂还能与胶乳中的 Ca^{2+}、Mg^{2+} 反应,生成不溶性的钙镁皂,除去这些离子对胶乳的去稳定作用。因此,这类表面活性物质有"一箭双雕"的作用,能有效地提高胶乳的 MST。

高级脂肪酸皂除去游离 Ca^{2+}、Mg^{2+} 的效果不如可溶性磷酸盐好。月桂酸皂、椰子油皂、棕仁油皂、橡胶种子油皂和油棕油皂都是可提高胶乳 MST 的阴离子型表面活性物质。据试验,胶乳的 MST 随肥皂用量的增加而升高,但肥皂不同,提高胶乳 MST 的效果也不同。碳原子数不同的饱和脂肪酸皂,以月桂酸(十二碳酸)皂的效果最好。碳原子少于或多于 12 个越多的效果越差。另外,碳原子同为 18 个而饱和度不同的硬脂酸和油酸,则以不饱和的油酸皂效果较好。椰子油和棕仁油因含月桂酸较多,故效果较好。橡胶种子油含

油酸、亚油酸等不饱和酸比油棕油多，故油棕油的效果比橡胶种子油差。

产生不同效果的原因可能与它们的表面活性度和亲水性有关。碳链长的脂肪酸皂，表面活性度大，虽较易吸附于胶粒表面，对提高 MST 有利，但由于亲水性较小，即水化膜较薄，则吸附层又较易受到机械处理的破坏作用。月桂酸皂可能由于以上两方面作用，因而提高胶乳 MST 的效果最好。与硬脂酸皂同样具有 18 个碳原子的油酸皂，因分子中具有弱亲水性的不饱和双键，总的亲水性较强，故提高胶乳 MST 的效果较好。

一般肥皂用量占胶乳重的 0.02% ~ 0.08%，具体用量应根据肥皂的种类和胶乳原始 MST 的高低而定。使用时，先将肥皂配成溶液，按其需要量加入鲜胶乳，然后再离心浓缩；也可将此皂直接加入浓缩胶乳中。这两种做法各有利弊。通常是采用后一方法，即在浓缩胶乳出厂前加入肥皂。胶乳加肥皂还可增加干胶量，经济上很合算。然而加皂量不能过多，否则会明显降低胶乳的热稳定度。这主要是由于锌氨络离子与肥皂反应，在胶粒上生成不溶性锌皂，使胶粒所带电荷减少和脱水的结果。必要时，可另加适量的平平加"O"，以提高胶乳的热稳定度。因为平平加"O"的表面活性很强，能取代胶粒保护层的肥皂而又不与锌氨络离子或锌离子发生作用。为了能有效而准确地提高胶乳的 MST，必须控制好肥皂的加入量。应加肥皂量的算式如下：

$$W = \frac{\lg m - \lg m_0}{B} \times 胶乳重$$

式中　W——需加的肥皂量(kg)；

　　　m_0——加肥皂前胶乳的 MST(S)；

　　　m——加肥皂后胶乳的 MST(S)；

　　　B——肥皂的效率常数。即 1g 原油制成肥皂后能提高 MST 一个数量级(10 倍)的胶乳克数。

B 值越大，表明提高胶乳 MST 的能力越强，所需加入的肥皂越少；反之，则相反。B 值与胶乳的品系关系不大，主要取决于油源。肥皂不同，其 B 值也不同(表 4-11)。

表 4-11　各种肥皂的 B 值

肥皂种类	月桂酸钾 (×10²)	月桂酸铵 (×10²)	月桂酸钠 (×10²)	橡胶种子油钾 (×10²)	椰子油钾 (×10²)	棕仁油钾 (×10²)	油酸钾 (×10²)	亚油酸钾 (×10²)	硬脂酸钾 (×10²)
B 值	11.4	10.8	11.0	4.2	7.8	8.0	4.4	4.7	3.0

【例 4-3】现有浓缩胶乳 80t，测得其 MST 为 300S，欲把 MST 提高到 650S，问需加月桂酸铵肥皂多少？

解：
$$W = \frac{\lg m - \lg m_0}{B} \times 胶乳重 = \frac{\lg 650 - \lg 300}{10.8 \times 10^2} \times 80\,000$$

$$= 0.000\,311 \times 80\,000 = 24.9(\text{kg})$$

③可溶性磷酸盐和肥皂联合使用　对于游离 Ca^{2+}、Mg^{2+} 含量高的胶乳，如果单用可溶性磷酸盐处理，MST 还达不到指标时，可再加适量肥皂。这种方法既可除去 Ca^{2+}、Mg^{2+} 的去稳定作用，又可加强胶粒保护层的保护能力，从而能使胶乳 MST 达到规定要求。

④加水稀释后再离心浓缩　若浓缩胶乳的 MST 达不到要求，同时它的 $VFANo.$ 又很高时，一般可加 1 倍清水将此胶乳稀释，然后再离心浓缩以提高 MST。必要时可再加一些肥

皂入浓缩胶乳进一步提高 MST。

加水稀释后再离心浓缩，一方面可提高胶乳的纯度，降低乳清的离子强度；另一方面还可除去较小的橡胶粒子，降低胶粒的分散度，而使胶乳的 MST 提高。

⑤五氯酚钠　用五氯酚钠作保存剂的低氨胶乳，无需另加稳定剂也具有良好的机械稳定性和化学稳定性，而且对提高胶乳 MST 也有很好的效果。

能提高 MST 的酚类物质不限于五氯酚钠和卤酚，大概与酚盐阴离子有关的物质都有增加 MST 的作用。在氯酚类物质中，提高 MST 的效率似乎与取代度有关，因此也与酚基的解离常数有关。由于在水相中存在加入的阴离子时会降低稳定性，所以有理由认为带阴电荷的阴离子必然吸附在橡胶粒子表面，导致橡胶粒子电势增加而使 MST 升高。

把五氯酚钠或其他酚类加入含有氧化锌的配合胶乳，稳定性并没有获得改善。因此可以得出结论，五氯酚钠低氨保存胶乳的化学稳定性高是由于它的 *VFANo.* 低所致。用 ZnO 和 TMTD 保存的新型低氨胶乳的化学稳定性高，*VFANo.* 很低，间接地支持了这一观点。

⑥过氧化氢　将过氧化氢加入胶乳，可使 MST 显著提高。其原因是，过氧化氢在胶乳的过氧化氢酶和碱介质的作用下，分解产生氧，这种氧很活泼，一方面促进能自然水解与不易自然水解的胶乳类脂物水解和产生高级脂肪酸皂，提高胶乳 MST；另一方面，又使不饱和脂肪酸氧化而成羟基酸，增大其亲水性，从而又可提高 MST。此外，一部分高级脂肪酸皂还会在过氧化氢作用下氧化脱羧，变成碳原子数较少的高级脂肪酸皂，进一步使胶乳 MST 提高。

使用过氧化氢提高 MST 时，用量要适中，过多的量反而会使后期 MST 低于量少者。同一过氧化氢量最好分两次，隔一天加入胶乳，这样对 MST 能获得更好的改善效果。

降低 MST 的方法：

①蛋白分解酶处理　将胰蛋白酶之类的蛋白分解酶加入一定 pH 值的胶乳，它将分解、破坏橡胶粒子保护层的蛋白质，并增加乳清相的离子强度，按用量不同，可使胶乳稳定性发生不同程度的降低作用。

②加乙酸铵之类的盐类　它们使胶乳水相的离子强度增加，压缩橡胶粒子双电层，从而使胶乳稳定性降低。

③加阳离子表面活性剂　这类物质加入胶乳后都能使 MST 降低。原因是它们的表面活性度高，被吸附于带阴电荷橡胶粒子的表面，使其电荷密度减小。产生这种现象是由于纯物理的电荷中和，也可能是外加活性剂的阳离子与原吸附的阴离子发生化学反应，生成了不带电荷的物质。

恒定胶乳 MST 的途径：刚制备的浓缩天然胶乳，MST 很低，其后随贮存时间而不断变化，使制胶部门不便及时包装出厂，并给准确控制质量带来诸多困难；同时，MST 的变化，特别是较大的变化标志着胶乳的其他工艺性能也不稳定，如用于制造橡胶制品往往在成型过程中容易出现许多的问题。如果制胶部门能生产出 MST 高低基本一致，而且数值很快恒定不变的浓缩天然胶乳，则具有十分重要的现实意义。

试验发现，胶乳 MST 的变化速率决定于温度，若温度为 30℃时，MST 在 180d 内还达不到最高值的胶乳，在 40℃时仅 30d 就可达到；50℃时则只需 5d。胶乳贮存的温度越高，则达到最高稳定性的数值越低。胶乳在室温下贮存 90d 所达到的 MST 与 50℃贮存 5d 的非常相近。由此可认为，加热促进了非橡胶物质分解，能使胶乳较早达到稳定状态。

利用胶乳 MST 在较高温度下加速变化的规律，有可能生产 MST 固定不变的浓缩天然胶乳。例如，在 80℃ 将浓缩天然胶乳加热一定时间使之显示低而贮存数月都不改变的 MST（100s 左右）。然后，再根据用户需要 MST 的高低，加入适量的肥皂之类的稳定剂；也可选用适当的碱性脂肪酶和蛋白分解酶促进胶乳类脂物和蛋白质的分解，另加稳定剂以达到恒定 MST 的目的。

如果浓缩胶乳的 *VFANo.*、MST 都符合质量指标，其他质量项目一般都可达到要求。如果浓缩胶乳出现轻微的臭味或变色现象，可采取稀释和再离心的方法加以解决。只要包装时做好过滤工作和使胶乳充满包装桶，浓缩胶乳的凝块含量便不会超过规定限量。只要搞好包装容器的涂料工作，浓缩胶乳也不会产生变色现象。

4.2.2.3 离心浓缩天然胶乳的经济技术指标

（1）分离效率

离心机的分离效率，也叫转鼓效率，它是指流出离心机的浓缩胶乳总干胶量与进入离心机的鲜胶乳总干胶量的百分比。一般来说，分离效率要比干胶制成率高一些。分离效率高，则浓缩胶乳干胶制成率就高。分离效率是工厂的重要技术指标，必须严格控制。它可用来确定橡胶损失量。分离效率高，则橡胶的损失量少；分离效率低，则橡胶的损失量多。假定离心机中没留一点干胶，则离心机的分离效率可按下列公式计算：

$$E = \frac{C \cdot (F-S)}{F \cdot (C-S)} \times 100$$

式中　　E——离心机的分离效率；

　　　　C——浓缩胶乳的干胶含量；

　　　　F——鲜胶乳的干胶含量；

　　　　S——胶清的干胶含量。

从上式可以看出，分离效率与浓缩胶乳干胶含量、胶清干胶含量、鲜胶乳干胶含量度等有关。而浓缩胶乳干胶含量和胶清干胶含量除受鲜胶乳干胶含量的影响外，还受鲜胶乳进料速率、胶清流出速率、浓缩胶乳流出速率、离心机运转时间、离心机的转速以及鲜胶乳质量的影响。在一般情况下，鲜胶乳的浓度正常、质量好、进料速率较小、胶清的流出速率和浓度较低、离心机运转时间较短、离心机达到额定转速、转鼓中橡胶的损失量少，则分离效率高。反之，则分离效率低。

一般而言，分离效率要比干胶制成率高一些。分离效率高，则浓缩天然胶乳干胶制成率就高。分离效率是工厂的重要技术指标，必须严格控制。

（2）生产速率

在规定条件下，单位时间处理进料胶乳的量称为生产速率。它的大小主要取决于调节管的大小和调节斗中胶乳液面的高度。此外，还与胶乳特性、质量和离心分离条件有关，可根据具体情况进行调控。但应该指出的是，一般在正常情况下，不要考虑如何提高生产速率的问题，因为生产速率越高，则浓缩胶乳干胶制成率越低，这将影响工厂的经济收益。

（3）干胶制成率

所谓浓缩天然胶乳的干胶制成率是指所得浓缩天然胶乳的干胶总量与进厂新鲜胶乳干胶总量的百分比，即：

$$干胶制成率 = \frac{浓缩胶乳质量 \times 浓缩胶乳干胶含量}{鲜胶乳质量 \times 鲜胶乳干胶含量} \times 100$$

浓缩天然胶乳的干胶制成率是制胶工厂的一项重要经济指标，一般不应低于 86%，否则，损失在胶清中的干胶量太多，影响效益。近几年来，随着割胶制度的改革，影响浓缩天然胶乳干胶制成率的因素增多，浓缩天然胶乳生产中普遍面临着干胶制成率下降的问题，已达不到国家规定 86% 以上的干胶制成率要求，因干胶制成率逐年下降造成的经济损失逐年增加。当然，干胶制成率也并非越高越好。因为干胶制成率过高，就意味着进入胶清中的干胶量太少，胶清浓度过低，造成胶清凝固操作困难，干胶回收率降低。总而言之，应在保证浓缩天然胶乳浓度达到质量指标的前提下，适当兼顾干胶制成率和干胶回收率。

一般而言，一定数量的新鲜胶乳，浓度较高的，其总干胶量就较多；浓度较低的，其总干胶量就较少，如果都用来制造相同浓度的浓缩天然胶乳，则新鲜胶乳浓度较高的，所制得浓缩天然胶乳量就较多，干胶制成率较高。反之，则相反，即干胶制成率和新鲜胶乳干胶含量存在一定的正相关系。但新鲜胶乳浓度过高时，干胶制成率反而会降低。原因是浓度过高的新鲜胶乳，其黏度很大，橡胶粒子与乳清不易分离，为获得浓度符合要求的浓缩天然胶乳，就需选用较短的调节螺丝，这时，胶清的流出量增多，浓度也增高，致使损失在胶清中的橡胶量增多。实践表明，新鲜胶乳干胶含量在 28%~31%，所得浓缩天然胶乳干胶制成率最为理想，而当干胶含量低于 25% 时，干胶制成率会急剧下降。故对于浓度过高的新鲜胶乳，通常应加适量水稀释至正常浓度后再离心浓缩；而对于浓度低的新鲜胶乳，则浓缩前应尽量避免掺水，以便获得较高的干胶制成率，增加效益。

新鲜胶乳的质量特别是 *VFANo.* 的高低，对干胶制成率也有明显的影响。质量较差（如 *VFANo.* 较高）的新鲜胶乳，稳定性较低，黏度较大，橡胶粒子与乳清不易分离，且容易在分离室中聚结，降低有效分离面积，因而分离效率降低，胶清干胶含量增加较快，损失在胶清中的橡胶量增多，导致干胶制成率降低。反之，新鲜胶乳质量好的，则干胶制成率高。试验表明，当 *VFANo.* 高于 0.1 时，随着加工时间的增加，浓缩天然胶乳出口干胶含量就明显降低，此时胶清干胶含量明显提高，干胶制成率显著降低。故用以生产浓缩天然胶乳的新鲜胶乳其 *VFANo.* 按要求不能超过 0.1。此外，若新鲜胶乳出现臭味或产生凝粒，则是新鲜胶乳变质的标志，这样的新鲜胶乳分离效果更差，干胶制成率会更低。

强度割胶与化学刺激割胶，为提高浓乳 MST 而在鲜胶乳中加入的可溶性磷酸盐等也将影响离心浓缩天然胶乳干胶制成率。因为强度割胶与化学刺激的胶乳干胶含量相对较低，非胶组分高，排胶时间也相对长，增加了鲜胶乳中细菌繁殖机会，导致 *VFANo.* 高，影响胶乳的质量，降低了分离效率；制胶厂为了保证浓缩天然胶乳产品出厂时 MST 大于650S（以前贮存 30d 后大于 400S），往往加入可溶性磷酸盐。可溶性磷酸盐处理的胶乳生成另一种不溶的磷酸盐，增加了离心机转鼓内各部件的黏结，降低了离心机的分离效率。对此，为了保证在浓缩天然胶乳生产中获得较高的干胶制成率，对干胶含量低于 27% 和排胶时间长、收集慢的鲜胶乳在保存和加工中对离心机的选型和调节器的配合要加以注意。至于加入可溶性磷酸盐处理的新鲜胶乳，在进入离心分离机加工前，可选用离心沉降器除去沉淀物后再离心浓缩，提高离心机的分离效率。

随着离心机运转时间的延长，胶乳在离心机分离碟片间的凝固量增多，有效分离面积逐渐减少，分离效率降低，浓缩天然胶乳干胶含量逐渐减小，而胶清干胶含量则逐渐增大，所以干胶制成率随之降低。因此，离心机每班运转的时间必须适宜，如运转时间过长，还会使浓缩天然胶乳的凝块和黄色体等杂质增加，使干胶制成率降低和影响浓缩天然胶乳产品质量。当使用9mm调节管加工时，连续运作4h后，浓缩天然胶乳干胶含量仍然较高；但使用11.5mm调节管加工时，3h后浓缩天然胶乳干胶含量已降至60%以下。所以，应根据不同的调节器组合确定运作时间。结果表明，9mm调节管加工最佳运行时间为3.5~4h，10.5mm调节管加工最佳运行时间为3~3.5h，而11.5mm调节管加工最佳运行时间为3h。如果过分缩短加工运行时间，会增加洗机次数，造成浪费，反而降低干胶制成率。

一般而言，调节管在主要影响新鲜胶乳处理量的同时，也将影响浓缩天然胶乳与胶清的浓度及其干胶制成率；而调节螺丝在主要影响浓缩天然胶乳和胶清的浓度的同时，也将影响浓缩天然胶乳的干胶制成率和新鲜胶乳的处理量。调节管越大和调节螺丝越短，单位时间内处理新鲜胶乳量越多，浓缩天然胶乳的浓度和干胶制成率越低，胶清的浓度越高；反之，则相反。调节管与调节螺丝却是互相联系，又是互相影响的。选用规格不同的调节管与调节螺丝的组合时，浓缩天然胶乳和胶清的浓度、产量以及浓缩天然胶乳的干胶制成率也就不同。在选择调节器组合时，不要使浓缩天然胶乳的浓缩率过高，否则将会降低干胶制成率。试验表明，9mm调节管配合12~13mm调节螺丝的效果最佳。调节器的选择应根据鲜胶乳产量、质量、干胶含量等各方面因素决定。

不同型号及不同产地的胶乳离心机，其分离效率不同，其干胶制成率也存在差异。"广重"离心机分离效果较好，浓缩天然胶乳出口干胶含量高，处理量大，干胶制成率高于"西湖"离心机，但存在故障多的缺点。"西湖"离心机虽然制成率不如"广重"离心机，但其运作平稳故障少。当然，使用年限也有一定的影响。使用年限越久的离心机，其分离效果越差，干胶制成率也越低。

离心机能达到额定转速时，分离效果好，干胶制成率也较高。否则，干胶制成率降低。按离心分离机设计要求，供电电压要有320V，才能勉强保证6 800~7 200r/min的转速。如果输出的电压到制胶厂才300V（甚至不足）时，"广重"离心分离机转速为6 600r/min，"西湖"离心分离机为6 450r/min，均达不到设计要求，因而产生的离心力不够，最终影响分离效率和干胶制成率。另外，电源不稳和经常停电也是一个不可忽视的问题，频繁的断电使离心机的转速急剧下降，导致一些未经分离的新鲜胶乳直接从胶清口排出，从而影响了干胶制成率的提高。因此，确保电源的电压稳定和正常的电力供应是提高干胶制成率的保证。

如果离心机电机采用变频器启动，消除了原有离心机的横轴由摩擦片与传动轮的摩擦力带动的机器运转速度不稳定现象，保证了机器的运转速度及分离效果，这也是提高干胶制成率的一种方法。

浓缩天然胶乳生产过程中管道滴漏，调节池溢流，转鼓、管道、流槽的冲洗和离心机加工时调节管堵塞溢流、转鼓堵塞以及贮存、包装等过程都会造成不同程度的损失和浪费，都会影响干胶制成率。因此，如果能控制损失在澄清罐、管道、离心机、积聚罐、胶清等的橡胶量少，则干胶制成率均能获得提高。

（4）干胶回收率

所谓干胶回收率，是指制成各种产品的总干胶量与进厂新鲜胶乳的总干胶量的百分比，即

$$干胶回收率 = \frac{浓缩胶乳重 \times 浓缩胶乳干胶含量 + 工厂杂胶重}{鲜胶乳重 \times 鲜胶乳干胶含重} \times 100$$

工厂杂胶是指新鲜胶乳进厂后所形成的各种凝块、胶屑，包括泡沫凝胶、喇叭头胶、残渣胶、洗桶水胶等。

干胶回收率也是浓缩天然胶乳厂的一项重要经济指标，一般不应低于99%。

4.2.3　延长胶乳离心时间的新工艺

用离心机制造浓缩天然胶乳时，通常运转4h左右就要停机清洗，停机清洗的时间占总操作时间的8%～10%。近年来，由于各方面原因引起新鲜胶乳的稳定性下降，从而导致离心机的运转时间大为缩短而停机清洗的时间则大为增加。为了提高离心机的胶乳处理速率，减少停机清洗的时间，可在新鲜胶乳中加入稳定剂并使其熟成，强化胶乳的澄清，将熟成和澄清处理后的稳定而清洁的胶乳进行离心浓缩，则离心机每班的运转时间能达20h或更长时间。用这种方法制得的离心浓缩天然胶乳称为"新法离心浓缩天然胶乳"，其性质与普通离心浓缩天然胶乳基本相同。

新法离心浓缩天然胶乳是在普通离心浓缩天然胶乳生产的基础上研制出来的，许多工艺条件与普通离心浓缩天然胶乳也都相同，而在保存体系方面，与ZDC低氨胶乳存有异同。相同的是两者都使用了稳定剂——月桂酸铵（或其他高级脂肪酸皂）和辅助保存剂；不同的是新法离心浓缩天然胶乳在制备前几天就在新鲜乳中加入稳定剂和辅助保存剂，并尽量除去胶乳中的残渣。

采用新法生产离心浓缩天然胶乳具有许多优点。例如，对制胶部门而言，可提高离心机的胶乳处理效率，减少转鼓内机件的磨损，节省洗机用工，有利于连续化生产；对制品用户而言，胶乳贮存期间稳定性的变异较小，各种性能较为一致，过滤率高，凝块含量低，具有低氨胶乳的优良性能等。

4.2.3.1　新鲜胶乳的稳定处理

要延长离心机的运转时间，在保证进料胶乳的清洁度，防止凝块和淤渣（杂质）堵塞离心机的前提下，必须进一步提高进料胶乳的稳定性。

至于提高进料胶乳的稳定性，目前多使用月桂酸铵，其性质和某些天然稳定剂相似，是天然胶乳很有效的稳定剂。

使用时应注意两个问题：①月桂酸用量小于0.2%，且加入胶乳后就立即离心浓缩时，浓缩天然胶乳的稳定性并不能迅速而显著地提高。因此，月桂酸铵加入新鲜胶乳后不能立即离心浓缩，而应停放一段时间(3～7d)让其熟成。②新鲜胶乳中加有较多月桂酸铵制得的浓缩天然胶乳，不宜用高氨系统保存，否则会很快使胶乳过度稳定(MST>1 800S)。如果采用高氨系统保存，应调整稳定剂的用量和种类。由此可见，要延长离心机的运转时间，并制得稳定度符合要求的熟成浓缩天然胶乳，必须调节好稳定剂用量和将新鲜胶乳停放一定的时间。试验结果表明：加入新鲜胶乳中的月桂酸铵不应超过0.03%。诚然，月桂酸铵稳定胶乳的效果良好，但并不是不能使用其他的类型稳定剂，如椰子油皂、棕仁油皂、橡胶种子油皂、油棕油皂等都可用

来稳定胶乳。只是其效果不如月桂酸铵，且用量也要相应增加。

4.2.3.2　新鲜胶乳早期保存的特点

其一，用月桂酸铵作稳定剂的新鲜胶乳必须停放一段时间后才能离心浓缩。其二，为了减少凝块和淤渣(杂质)堵塞离心机的转鼓，需要延长新鲜胶乳的澄清时间，这样，新鲜胶乳不宜使用单一的保存剂保存，必须使用复合保存剂。

4.2.3.3　杂质(或淤渣)的排除

用月桂酸铵作稳定剂的进料胶乳，虽然减慢凝块的形成，但胶乳本身形成的而又能穿过过滤筛的磷酸镁铵，也会造成转鼓堵塞，为了进一步减少这种堵塞，胶乳离心前必须通过自然澄清法或离心沉降法排除这类杂质。新鲜胶乳加入月桂酸铵后停放 3~7d 的熟成过程，也是胶乳澄清的过程。澄清设备最好使用浅池或离心沉降器。

4.2.3.4　胶乳离心

由于进料胶乳的稳定性高，而且经过效果较好的自然澄清或离心沉降处理，故离心机可高效连续运转 20h，甚至更长的时间，而进料速率、分离效率和转鼓的清洁程度却仍很正常。

4.2.3.5　浓缩天然胶乳长期保存的特点

由于新鲜胶乳的早期保存剂用量较少，加上离心浓缩过程中的损失，胶乳浓缩后剩下的保存剂就更少了。为了使浓缩天然胶乳较长时间保存良好，必须补加保存剂。新法离心浓缩天然胶乳的长期保存有低氨和高氨两种。以低氨保存为例，如新鲜胶乳采用 NH_3 + TT/ZnO 复合保存剂，则在离心后的浓缩天然胶乳中补加 0.25%TT/ZnO 和 0.05%的月桂酸铵并将氨含量调整至 0.20%。

新法离心浓缩天然胶乳的贮存性能比普通高氨浓缩天然胶乳的好。其原因是鲜胶乳在离心前加了稳定剂，停放时间较长，及时加了辅助保存剂，采取了低氨保存体系。由新法离心浓缩胶乳进行的制品工艺试验结果表明，其操作性能良好，只是将高氨胶乳的配方应用于低氨胶乳的某些情况下，需稍微调整 pH 值和敏化剂或稳定剂的含量。此法的缺点：增加了新鲜胶乳熟成的贮存器及其设备投资，增多厂房建筑面积和投资；磷酸镁铵沉积多，难于清洗；月桂酸铵的用量也大。

4.3　蒸发法浓缩天然胶乳

蒸发法是将新鲜胶乳加热，使其所含大部分水分变成蒸汽而除去，从而实现浓缩的目的。这方法的关键是：①加热时，胶乳要保持稳定而不凝固；②要避免胶乳表面结皮，以便所含水分顺利蒸发；③尽量增大胶乳的蒸发面积，或采取减压的办法，使水分迅速逸去。

4.3.1　生产工艺流程

蒸发法浓缩天然胶乳的一般工艺流程：

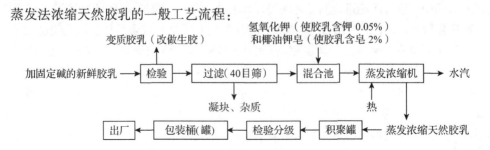

4.3.2　生产方法

英国的 Revertex 公司专门采用蒸发法来浓缩天然胶乳，它生产的蒸发浓缩天然胶乳分两种：一种为标准蒸发浓缩天然胶乳，这是主要产品，浓度为 73%，装桶运输；另一种为低浓度标准蒸发浓缩天然胶乳，浓度为 68%，用于整批运输。这两种蒸发浓缩天然胶乳都用 KOH 和肥皂加以稳定。具体的生产方法有以下几种。

4.3.2.1　Latma 转鼓法

此法早在 1927 年开始大规模用于生产。图 4-6 为 Latma 转鼓法浓缩系统。它由一个有水套和镍衬里的卧式转鼓组成，转鼓直径约 1.5m、长 1.8m，两端都开口。转鼓沿轴心旋转，转鼓内有一个重型滚筒，当转鼓转动时，重型滚筒也随着转鼓自由转动。按图将胶乳加入转鼓，并由水套加热，转鼓转动时，胶乳随之匀化，并由于重型滚筒也同时转动，从而防止了胶乳结皮和产生泡沫。在整个蒸发过程中，将一股空气通入转鼓以带走水蒸气，胶乳本身以及在转鼓壁和重型滚筒上的薄层胶乳都发生蒸发。此法为间歇式生产，影响蒸发速率的因素是温度和表面积，蒸发速率比较低，约 0.068m³/h。

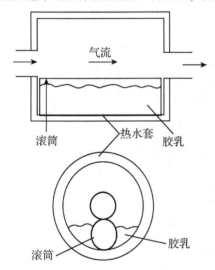

图 4-6　Latma 转鼓法浓缩系统示意

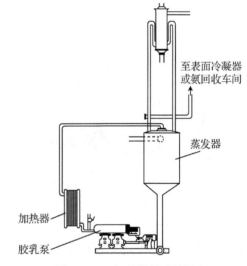

图 4-7　Lurgi 法浓缩系统示意

4.3.2.2　Lurgi 法

20 世纪 30 年代中期，发展了一种比较先进的蒸发法，即 Lurgi 法。此法采用真空，并以预热器使胶乳得到较好的加热，同时采用喷雾法以增加蒸发面积。然而，此法仍是间歇的。图 4-7 是 Lurgi 法的示意图。此法包括将蒸发器抽成真空，真空度不低于 0.93MPa，然后将一定量的胶乳吸入蒸发器，将预热器温度升至 60℃，胶乳不断地用泵泵入预热器，再通过喷雾器入蒸发器，如此不断地反复进行，使水分蒸发，直至达到所需的浓度为止。然后将浓缩天然胶乳排入积聚罐，再重新用鲜胶乳进料。此法浓缩效率较高，蒸发速率可达到 0.45m³/h。

4.3.2.3　Luwa 法

20 世纪 50 年代后期，又发展了连续蒸发法，此法着重于进一步增加表面积和提高浓缩时胶乳的热传递，称为 Luwa 薄层蒸发法，如图 4-8 所示。新鲜胶乳先通过预热器，然后沿切线注入 Luwa 蒸发器，由于转子的作用，迫使胶乳在水套加热的蒸发器壁上形成一层薄膜。转子与蒸发器壁之间的距离 3mm，这也是胶乳薄膜的厚度。胶乳薄膜因重力作用而沿着蒸发器壁往下流动，其浓度也逐渐增加，将浓缩天然胶乳从蒸发器底部取出并泵入积聚罐。浓缩率除受温度、压力、表面积等因素的影响外，还随胶乳注入和流过蒸发器的速度不同而变化，速度越慢，胶乳的最终浓度越高。在正常操作条件下，蒸发速率约 $0.68m^3/h$。虽可以加快通过量的方法提高水分蒸发率，但总的经济效益却有所下降。

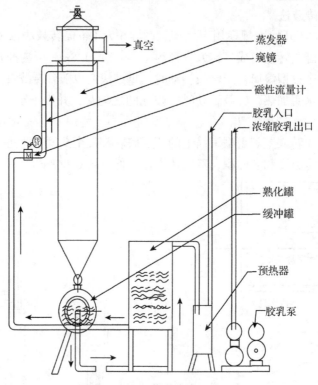

图 4-8　Luwa 蒸发浓缩系统示意

4.3.3　蒸发浓缩天然胶乳的特点及其应用

与普通离心浓缩天然胶乳相比，蒸发浓缩天然胶乳的主要特点有：

①浓度较高，可高达 73%。

②新鲜胶乳全部的大、中、小粒子都保留在蒸发浓缩天然胶乳中，所以粒子大小的范围较宽。

③由于粒子大小分布较广，每单位质量聚合物的表面积大为增加，对于一定体积或一定质量的胶粒子而言，可使用于黏合的表面积大为增加，因而蒸发浓缩天然胶乳的黏合力要比离心浓缩天然胶乳的高得多。

④蒸发浓缩天然胶乳的机械稳定度和化学稳定度高而一致，在极端高温和低温下的贮存稳定也大得多。

⑤蒸发浓缩天然胶乳都以 KOH 作保存剂，不含氨，故没有氨的臭味和由氨引起的废水处理问题。

⑥蒸发法使存在于鲜胶乳中的天然防老剂仍保留在蒸发浓缩天然胶乳中，从而使橡胶

的耐老化性能较好。

当然，蒸发浓缩天然胶乳也存在一些缺点：生产成本较高；含原料胶乳的全部非橡胶物质和外加的不挥发物质，故由它制成的胶膜，吸湿性强，干燥速度慢，耐电性能差，可塑性大等。

蒸发浓缩天然胶乳与其原料胶乳和由此原料胶乳制出的离心浓缩天然胶乳的化学成分比较见表 4-12。蒸发浓缩天然胶乳主要应用于再生革、胶乳沥青、地毯、黏合剂、胶乳水泥等方面。

表 4-12　原料胶乳与其蒸发浓缩天然胶乳和离心浓缩天然胶乳化学成分的比较

化学成分	胶　样		
	原料胶乳	离心浓缩天然胶乳	蒸发浓缩天然胶乳
总固体含量(%)	40	62	75
干胶含量(%)	37	60	68
丙酮溶物(%)(以总固体计)	6.5	3.5	6.0
水溶物(%)(以总固体计)	7.0	1.5	11.5
灰分(%)(以总固体计)	0.9	0.4	5.5
氮(%)(以总固体计)	0.7	0.3	0.6

4.4　膏化法浓缩天然胶乳

膏化法浓缩天然胶乳是在天然胶乳中加入膏化剂浓缩而制成。膏化浓缩是根据斯笃克定律在胶乳中加入一些亲水性胶体，使橡胶粒子聚结起来，形成很小的橡胶粒子团，使橡胶粒子的有效半径增大，以加速橡胶粒子的上浮速度，这与离心浓缩法的增加重力加速度而加速橡胶粒子分离，在条件上是有区别的。

4.4.1　原理

前面已经提到，橡胶粒子大小属胶态粒子范畴，其布朗运动往往在胶乳静置时影响它与乳清分离。用机械方法以比地心引力加速大许多倍的离心加速度固可加速橡胶粒子与乳清的分离，但根据前述的斯笃克定律，只要能使橡胶粒子聚集成团，增加它的有效半径，当聚集体达到一定大小时，则不再受水分子撞击力的影响，由于浮力的作用将较快地上升至胶乳表面，同样能使橡胶粒子与乳清比较顺利地分开。加酸能使胶乳絮凝或凝固，但橡胶粒子在这种情况下发生的聚集是不可逆的，聚集体或絮凝粒一旦形成，就不能再分散了。如果在胶乳中加入一种膏化剂的物质，橡胶粒子就形成很多小橡胶粒子团，使橡胶粒子有效半径增大，大大加速橡胶粒子上浮的速度，在胶乳表面形成干胶含量很高的浓膏，下层变成橡胶粒子很少的乳清。但经搅拌及摇荡后，浓膏仍能重新分散至整个胶乳，并可逆地回复到原来的状态。胶乳静置时出现的这种上浓下稀的现象叫作"膏化"。排去下层的膏清便是膏化浓缩天然胶乳。

膏化剂为什么能使胶乳发生膏化呢？一种观点认为是分布在乳清中的膏化剂夺去水分，使橡胶粒子的吸附层部分脱水，而进入第二最低势能点，橡胶粒子保持独立个体的力量降低,因而聚集起来,增大了有效半径。

4.4.2 生产工艺流程

膏化法浓缩天然胶乳的一般工艺流程:

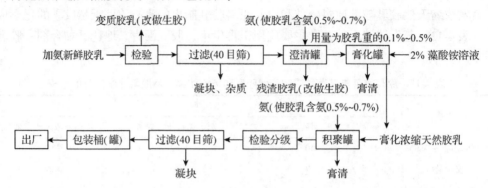

当新鲜胶乳运抵工厂时,过滤流入澄清罐。通入氨气,控制氨含量为 0.5%~0.7%,静置 2~4d,让杂质自然沉降。有时为了加速杂质分离,也可使用澄清离心机处理。澄清后的胶乳即可流入膏化罐准备膏化处理。使用藻酸铵作膏化剂时,用量约为胶乳重的 0.1%~0.5%,使用前先将固体的藻酸铵加水膨润,并充分搅拌使其全部溶解,配成 2% 的溶液。将膏化剂溶液加入膏化罐的胶乳中,充分搅拌使之混合均匀,然后静置膏化。

4.4.3 膏化剂的种类与选择

在胶乳中加入一种物质,使胶乳中橡胶粒子丛集而产生膏化,把胶乳分成浓缩天然胶乳和膏清,这种物质称为膏化剂。几乎所有膏化剂都是高分子有机化合物(有机多糖聚合体),同时能溶于水而形成高黏度的胶体溶液。膏化剂的种类很多,大致可分为:

①天然膏化剂 有藻酸盐、洋菜、果胶、罗望子胶、稻子豆胶(刺槐豆胶)、魔芋粉、鹿角菜、黄蓍树胶、阿拉伯胶、明胶、动物胶等。

②合成膏化剂 有聚丙烯及其盐类、聚乙烯酸及其醚类、氧化聚乙烯及其衍生物等。

③半合成膏化剂 有甲基纤维素、乙基纤维素和烷基淀粉等。

膏化剂种类虽然繁多,但有否工业使用价值,还须视其来源、加工制造成本和膏化效能而定。具体包括:

①膏化效能好 在用量较少的情况下,能使正常的鲜胶乳在 4d 之内达到 58% 以上的干胶含量,而膏清干胶含量不超过 2%。否则,生产周期长,膏化设备的利用率低。

②适宜用量低 一般要求适宜用量不超过胶乳重的 0.3%。如果用量太多,不仅增加浓缩天然胶乳的生产成本,而且还会增加产品的杂质含量。

③颜色浅、杂质少 对浓缩天然胶乳的颜色、残渣含量及其他工艺性能影响不明显。

④原料充沛,提制方便。

⑤成本低廉。

⑥膏化胶乳的条件要求不严格,操作方便。

目前广泛使用的膏化剂以藻酸盐为主,其次是罗望子胶、魔芋粉和稻子豆胶。这些膏化剂除了比较容易制造和成本比较低之外,其使用量不大,作用显著,又能保持胶乳的优良性能。藻酸铵由海藻的藻酸制成。藻酸是一个以甘露蜜糖醛酸为单位的直链高聚物，相对分子质量 48 000~185 000。属褐色海藻的马尾藻，含有大量藻酸，是提取藻酸铵最好的原料。藻酸铵的制备方法如下：将马尾藻收集后，用淡水洗去盐分，晒干备用。先用 0.5% 盐酸浸渍海藻 2h，以除去杂质，同时将所含的藻酸钙变为藻酸。除去酸液，用清水洗涤，然后以 1% 甲醛溶液处理 24h，进行脱色和使部分蛋白质生成复合物，以便滤去，再用浓度为 1%~2% 的碳酸钠溶液消化海藻 3h，使藻酸变可溶性的藻酸钠。将消化后的海藻过滤，便得含粗藻酸钠的溶液。在此溶液中加入浓度为 5% 的盐酸溶液，不断搅拌，直到其 pH 值达到 1~2，藻酸呈凝胶状沉淀出来为止。将藻酸滤出，洗涤数次以除去所附的酸和盐类，然后溶于 1% 的氨水中，再加 95% 的乙醇便可使藻酸铵沉淀而出。最后将它置于 60℃ 以下的温度干燥即成。

藻酸铵质量的好坏，主要由其水溶液的黏度来确定。通常是将藻酸铵配成 1% 的水溶液来测定黏度，一般黏度要 50mPa·s 以上才算是质量好的藻酸铵。

4.4.4　膏化过程及其影响因素分析

4.4.4.1　膏化过程

其过程可分为 3 个阶段：

(1)诱导期

从膏化剂加入起至胶乳开始分出膏清的阶段，称为诱导期。在这段时间里，膏化剂均匀分布于胶乳之中，并对橡胶粒子产生作用，使它们开始聚集起来，有效粒径增加，布朗运动减小而趋于上浮。这段时间大约经历 3h。

(2)作用期

在这段时期，胶乳中的橡胶粒子与乳清保持的均势已失去了平衡，橡胶粒子开始上浮，由于小橡胶粒子团在开始时占有很大的体积，所以上升速度很快，单位时间内分出的乳清亦多，但随着橡胶粒子团的范围逐渐减少，到了一定的时间与一定的体积后，上层膏乳因浓度增大而黏度加大，橡胶粒子上升速度减慢，膏清速度又趋于缓慢。从胶乳开始分出膏清到分清速度开始减慢所经历的时间，叫作作用期。这个阶段从加入膏化剂算起，大约历时 24h。

(3)终止期

由于橡胶粒子团所占的体积大大减少，胶乳浓度大大增加，橡胶粒子团向上位移的速度不断减少，这段时间实际上是很长的，如不进行特殊处理，在膏化浓缩天然胶乳运往用户手中时还会继续膏化分清，这种现象称为"后膏化"。

4.4.4.2　影响膏化的因素分析

(1)膏化剂方面

①膏化剂的种类　种类不同，膏化的效果亦不同。

②膏化剂的制备条件　因膏化剂都是高分子化合物，对制备条件相当敏感。以藻酸铵为例，温度高，虽有助于某些杂质的除去，但过高则会引起藻酸解聚，制成品的黏度显著降低。使用药品的浓度也要恰当，如果盐酸浓度过高，藻酸会被分解，完全丧失膏化的效能。

③膏化剂的贮存条件　膏化剂应密封和贮存于干燥通风之处，在贮存条件不良的情况下，容易由于氧化而颜色加深，吸潮而发霉，大大降低膏化剂的质量。由于膏化剂高分子在稀溶液中呈伸展状态，故最易受光、氧的影响而解聚。同时由于酶的作用，会加快水解

的进行。以藻酸铵溶液为例，配制 24h 后黏度往往降低一半以上，在这种情况下，即使加入甲醛和氨等防腐剂，最多也只能减低膏化剂降解的速度而已。为此，生产上使用膏化剂时才把它配成溶液，并且用多少配多少，否则，剩余的膏化剂溶液放久后易受细菌作用而变质，降低甚至丧失膏化胶乳的作用。

④膏化剂的用量　膏化剂的用量必须适宜，用量过多，不仅增加制胶成本，而且不易使浓缩天然胶乳及其他质量达到规定要求；用量太少，又会使损失在膏清的橡胶过多，降低浓缩天然胶乳的干胶制成率，在严重的情况下，胶乳甚至不发生膏化。膏清的干胶含量，随膏化剂用量的增加而降低，而浓缩天然胶乳的浓度开始随着膏化剂用量增加而上升，但到一定程度后则又下降。所谓膏化剂的适宜用量，是在一定膏化条件下，浓缩天然胶乳干胶含量较高，膏清干胶含量较低时的膏化剂用量。一般把 4d 之内浓缩天然胶乳干胶含量达到 58% 以上，膏清干胶含量低于 2% 作为确定膏化剂适宜用量的依据。所以，膏化剂在使用前都要事先进行适宜用量试验。

（2）新鲜胶乳方面

①新鲜胶乳浓度　干胶含量在 30% 以上的胶乳，能在正常的膏化和积聚时间（约 7d）内浓缩到干胶含量 60% 以上。而浓度低的新鲜胶乳，根据前面所述的膏化机制必须加入较多的膏化剂才能发生膏化，但膏化剂加得太多，分散介质的黏度又很大，根据斯笃克定律，分清速度必然会很慢。因此，浓度低的新鲜胶乳如不采取适当措施，即使膏化时间很长也达不到规定的浓缩天然胶乳浓度。

②橡胶粒子的大小　根据斯笃克定律，在其他条件一定的情况下，橡胶粒子越大的胶乳膏化分清速度越快；橡胶粒子越小的胶乳，必然分清困难。

③新鲜胶乳的黏度　由斯笃克定律同样可知，胶乳黏度大，膏化必然不易。因此，如采取外加表面活性剂的方法使胶乳黏度降低，可提高膏化效果。

④新鲜胶乳陈化时间　经过贮存一定时间的新鲜胶乳，可能由于橡胶粒子保护层发生了一定的变性作用，膏化比较容易，也比较完全，诱导期显著缩短。不仅如此，在陈化过程中，新鲜胶乳还起澄清作用，可减少浓缩天然胶乳的杂质含量。因此，新鲜胶乳不宜马上膏化，最好先陈化一段时间。

⑤保存剂的种类和用法　氨是胶乳常用的保存剂，对某些膏化剂的膏化效能起着决定性作用。例如，刺槐豆胶没有氨或氨量加得太少时，几乎不能使胶乳发生膏化。使用甲醛作保存剂时，往往由于胶乳黏度增高而使膏化浓缩天然胶乳的干胶含量达不到规定指标。不仅如此，加氨的顺序对膏化也有很大影响，见表 4-13。

表 4-13　膏化剂在加氨前或后加入胶乳后 2d 的膏化情况比较

加氨		干胶含量（%）			
		刺槐豆胶 0.15%		罗望子胶 0.2%	
		膏清	浓缩天然胶乳	膏清	浓缩天然胶乳
在加膏化剂前		1.14	56.2	2.22	56.8
在加膏化剂后	立刻	12.31	54.8	—	31.8
	30min	21.40	50.3	—	31.7
	60min	—	30.6	—	32.0
	120min	—	32.3	—	32.1

(3)操作方面

①膏化温度　温度对橡胶相、乳清相的相对密度、胶乳的黏度以及橡胶粒子半径的大小都有一定影响。根据斯笃克定律可知,温度的高低必然会影响膏化。一般而言,温度在60℃以下,温度越高,诱导期越短,膏化速度越快,浓缩天然胶乳的浓度越高。但乳清中的橡胶含量也稍高。由于冬季、寒流等影响,胶乳膏化困难时,可采取加热升温的办法以改善膏化效果。

②搅拌强度　胶乳搅拌速度和搅拌时间的总和,叫作搅拌强度。膏化剂溶液比胶乳相对密度大,如不与胶乳混合均匀,则容易下沉,这不仅使一些膏化剂归于无效,造成浪费,而且会大大降低胶乳的膏化效果。因此,膏化剂与胶乳混合时,必须充分搅拌。试验表明,此时如强烈搅拌胶乳,由于产生的气泡有把橡胶粒子向上带浮的作用,可缩短诱导期并增高浓缩天然胶乳的最终浓度。但用这种方法来加速膏化的实用价值不大。因胶乳经过强烈的机械搅拌后,稳定性降低,同时使胶乳凝块含量增高,动力消耗增大。

③膏化罐的形式　在容量一定的情况下,膏化罐越高,胶乳的分清速度越慢。表4-14是将同一胶乳、膏化剂混合物置直径相同而高度不同的容器中,对比膏化速度的试验结果。分清速度不同的原因,是由于胶乳浓度大时,橡胶粒子上升距离大,尽管在一定条件下橡胶粒子上升的速度相同,而膏清在相同时间内的分出率必然较小。如将一些垂直隔板将膏化罐分成许多高的小室(最好将隔板放成45°的角度),能使膏化得到改进。因隔板能使形成的浓缩天然胶乳和膏清分别上移和下移时不致阻碍彼此的移动。

表4-14　胶乳、膏化剂混合物不同高度对膏清分出率的比较

静置时间(h)	混合物高度(cm)	膏清分出率(%)
17	32.5	16.0
	59.5	9.2
26	32.5	20.9
	59.5	16.0
41	32.5	26.8
	59.5	21.8
65	32.5	32.3
	59.5	27.6

此外,在胶乳中加入膏化剂后再加椰子油之类的表面活性剂,使橡胶粒子界面张力和乳清黏度降低,能加速胶乳膏化和提高浓缩天然胶乳的浓度与稳定性。

4.4.5　生产膏化浓缩天然胶乳的操作要点

新鲜胶乳的处理基本上与离心法浓缩相同。主要不同点是:①胶乳氨含量较高。这是由于在浓缩前需要贮存较长时间的缘故。一般将含量控制在0.5%~0.7%。②澄清时间较长。一般需要2d左右,原因已于上节叙述。经过澄清后的胶乳排入膏化罐,如图4-9所示,准备膏化。

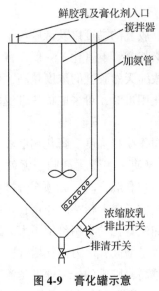

图4-9　膏化罐示意

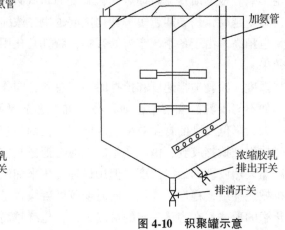

图4-10　积聚罐示意

胶乳膏化使用藻酸铵作膏化剂，用量为胶乳质量的 0.1% ~ 0.15%。使用前先将固体藻酸铵配成 2% 的水溶液，如果藻酸铵溶液的浓度太大(超过 2%)，则藻酸铵溶解不完全，不能起到应起的膏化作用；浓度太低，又使胶乳稀释厉害，与浓缩的目的背道而驰。

膏化时，将膏化罐内的胶乳一边搅拌，一边慢慢加入所需的藻酸铵溶液，并继续搅拌，使二者充分混合均匀。然后静置，让其膏化。大约 2d 后膏化已基本完成作用期而进入终止期。从膏化罐底部排清开关排去膏清，并在胶乳中通入氨气，使它的氨含量达到 0.7%。然后将胶乳排入容积很大的积聚罐，如图 4-10 所示，一方面让胶乳在里面继续分清，提高浓度；另一方面，使浓缩天然胶乳大批地混合，提高产品的一致性。经积聚 7 ~ 15d，预计胶乳干胶含量达到规定指标后，再从罐底排清开关排去膏清，进行搅拌和抽样检查，并将氨含量补加到 0.7%，如质量合格，便可包装出厂。

4.4.6　膏化浓缩天然胶乳的特点

膏化浓缩天然胶乳的主要优点包括：设备简单、建厂投资少、动力消耗少、损失在乳清中的橡胶也比离心法少等；而其主要缺点有：所得浓缩天然胶乳的变异性大、杂质含量多、生产周期长、产品质量不易控制等。

4.5　胶乳浓缩新技术及其展望

随着化工分离技术的发展，应用于合成胶乳的浓缩已经取得了成功，但能否直接应用于天然胶乳的浓缩，有待进一步的探讨。这里，仅简单介绍一下有关应用于合成胶乳浓缩的新技术。

4.5.1　闪蒸

如采用减黏法釜式真空外循环加热浓缩工艺生产道路用胶乳，将 SBR150 混合均匀后流经过滤器，由气动泵送入板式换热器，用热水将循环胶乳加热，再送至闪蒸室进行闪蒸脱水，闪蒸室中的胶乳通过 U 形管保持一定的液位流入胶乳罐中，从而实现胶乳的循环浓缩过程。当胶乳总固体含量达到 45%时，出料至成品槽内。

4.5.2　低压抽滤

如丁腈胶乳的总固体含量一般在 30%以下，通过以下几个过程可将其总固体含量提高到 60%以上：①先用离心的方法初步除去胶乳中的水分，使其总固体含量提高到 35%~45%。②把经预处理的胶乳放置在压力为 366~738Pa 范围内，温度为 90~140℃之间的条件下制成浓缩的丁腈胶乳。③进一步离心分离该丁腈胶乳中的水分。同时，为了增加胶乳的机械稳定度，在进行压力凝聚前，向中等总固体含量的胶乳中加入适量的油酸盐。

4.5.3　悬浮聚合

通过悬浮聚合的方法合成胶乳的总固体含量可达到 70%左右。其特点是在聚合反应的初期将已生成的胶乳不断地从反应釜中抽出，而在聚合反应的末期，又将抽出的胶乳不断送回反应釜。首先，在反应釜中加入含有各种助剂的水溶液，接着缓慢地通入含有引发剂的单体。一旦胶乳分子开始形成，一部分胶乳便被以与单体的加入速率近似的速率从反应釜中不断地抽出。假定，当贮罐内胶乳的总固体含量为 25.4%，反应釜中的胶乳总固体含量为 39.7%时，反应便到达了种子形成的末期。此时，单体和水溶性引发剂的添加速率增加。当反应釜中的胶乳总固体含量变为 59.8%，贮罐内胶乳的总固体含量为 39.7%时便停止加入水溶性引发剂，而被抽出的胶乳又不断地送回反应釜中，同时向反应釜中继续提供单体，直至胶乳的总固体含量增加为 67.8%，停止聚合反应，便得到了高总固体含量的胶乳。

4.5.4　膜分离技术

膜分离技术在近 20 年内发展迅速，其应用已从早期的脱盐发展到化工、食品、医药、电子等行业。产品分离是膜技术应用的重要领域。与常规分离方法相比，膜分离过程具有能耗低、单级分离效率高、过程简单、不污染环境等优点，能解决工业上许多问题，并将对 21 世纪的工业技术起着深远的影响。目前，膜技术主要可分为微滤、超滤、反渗透、离子交换和电渗析技术。针对合成胶乳的浓缩特点，反渗透和超滤是可以考虑的研究方向。超滤技术已应用于合成胶乳的废水处理，虽然存在一些问题，但不失为一个研究方向。

在膜分离技术中，通过研究诸如膜组件选择，膜面速度、温度与压差对膜通量的影响，膜的恢复性，胶乳的凝胶问题等，认为采用膜分离技术浓缩天然胶乳具有一定的可行性。

【本章小结】

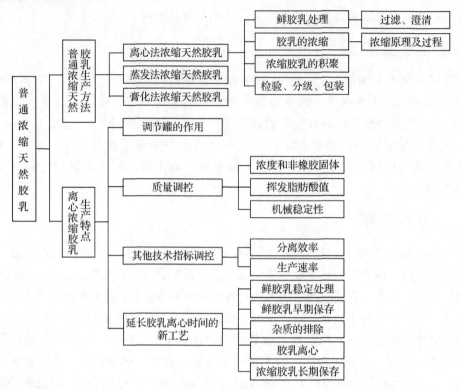

【复习思考】

1. 为什么要生产浓缩天然胶乳？浓缩天然胶乳的产量为什么比生胶低得多？

2. 新鲜胶乳为什么要澄清？澄清过程应注意些什么？

3. 橡胶粒子与乳清分离的根本原因是什么？用胶乳自然沉降法生产浓缩天然胶乳为什么没有实用价值？

4. 试述胶乳离心分离的原理。

5. 影响离心分离速度的因素有哪些？怎样提高离心分离速度？

6. 分析鲜胶乳经过离心分离后发生的变化。

7. 高 MST 胶乳与低 MST 胶乳混合后，为什么混合胶乳的 MST，有时比高 MST 胶乳的 MST 还高？

8. 将固定碱加入胶乳，为什么有时能提高其 MST，有时反而使胶乳 MST 降低？

9. 恒定和控制浓缩天然胶乳的 MST 有何重要意义？如何实现这一目标？

10. 试述胶乳膏化浓缩机制。

11. 胶乳浓缩后为什么要积聚？积聚过程应注意哪些问题？

12. 我国现有的离心浓缩天然胶乳质量检测项目有哪些？各项目的检验意义怎样？

13. 现有浓缩天然胶乳 50t，其氨含量为 0.58%，欲将其氨含量提高到 0.72%，问需加多少氨气？

14. 简要分析离心浓缩天然胶乳的经济技术指标对生产的意义。

15. 已知新鲜胶乳的总固体含量为 35%，干胶含量为 32.0%，如欲将浓缩天然胶乳的干胶含量控制在 60.5%，非橡胶固体含量控制在 1.6%，问 10t 新鲜胶乳在离心前应加多少千克清水？

16. 现有浓缩胶乳 18t，其 *VFANo.* 为 0.08、总固体含量为 61.8%，欲将其 *VFANo.* 下降至 0.045，问

需掺入总固体含量为 61.5% 、 $VFANo.$ 为 0.01 的浓缩胶乳多少?

17. 现有一批浓缩胶乳 MST 很低，不能包装出厂，你认为应采取什么措施来挽救? 并说明其理由。

18. 现有鲜胶乳 10t，其游离 Ca^{2+} 、 Mg^{2+} 含量为 25mmol 的 $1/2Ca^{2+}$ 、 Mg^{2+}/kg 胶乳，欲将游离 Ca^{2+} 、 Mg^{2+} 含量下降为 10mmol 的 $1/2Ca^{2+}$ 、 Mg^{2+}/kg 胶乳，问需加纯度为 95% 的磷酸三钠 ($Na_3PO_4 \cdot 12H_2O$) 多少?

19. 调查云南离心法浓缩胶乳机械稳定性的调控方法。

20. 据气候、季节特点，调查云南离心法浓缩胶乳质量变化规律。

第5章 特种浓缩天然胶乳

所谓特种浓缩天然胶乳是指用不同于常规生产方法得到的浓缩胶乳（特制胶乳）或经过化学改性得到的浓缩胶乳（改性胶乳）。

天然胶乳具有优异的综合性能，具体表现在工艺上易胶凝、成膜性好、湿凝胶强度高、易于硫化，所得制品弹性大、强度高、蠕变小等，应用遍及医疗卫生及其他工业领域，使用范围极为广泛，尤其是在某些制品上，尚无法用其他材料完全替代。但它本身还存在一些不足，如耐撕裂性、耐磨性、抗水性、抗腐蚀性、耐油性、耐气候性和耐溶剂性以及易引起蛋白质过敏等，这使它在某些方面的应用受到限制。基于天然胶乳自身存在的一些不足，为适应胶乳制品工业新的发展需求，对天然胶乳进行特制和改性的研究是一项长期而艰巨且十分必要的工作，国内外对此都做过不少的研究，下面简要介绍这些方面所取得的成果。

5.1 特制天然胶乳

5.1.1 高浓度天然胶乳

所谓高浓度天然胶乳是指干胶含量高达67%以上的浓缩天然胶乳。过去高浓度胶乳的制造几乎全都采用蒸发浓缩法，但存在非橡胶物质含量高、纯度低的缺点。此外，采用一步离心法，以小口径调节管和短调节螺丝进行离心，也可得到干胶含量高达67%的浓缩天然胶乳，但单位时间内的新鲜胶乳处理量将大大降低，加之存在如下3个原因，离心分离效率也会降至最低。

①如其他条件不变，则在正常离心浓缩状态下，胶清的干胶含量将随胶清的排出速率呈正比地增加，因此，当提高浓缩天然胶乳浓度时，则必须排出更多的胶清，因而胶清的干胶含量也升高。

②由于新鲜胶乳中的污渣在转鼓中逐渐积聚起来，浓缩天然胶乳的干胶含量会随离心时间的增长而降低，因此，不得不将最初的浓缩天然胶乳浓度调得比预期的平均干胶含量还高，以补偿后期运转时干胶含量降低的损失。因此，要达到干胶含量67%的平均浓度，必须将浓缩天然胶乳的最初浓度提高到更高的程度。

③生产高浓度胶乳时，浓缩天然胶乳和乳清在离心机中的分界线将从中心移向周边，使中性层与中性孔不吻合，从而降低了离心分离效率。

尽管采用一步离心法制造高浓度胶乳没有实用价值，但如改用两步离心法制造高浓度胶乳却能获得令人满意的结果。

5.1.1.1　制造原理

两步离心法是根据离心机在启动后不久，转鼓中还没有显著污渣积聚之前，所得浓缩天然胶乳浓度很高的启示发展起来的。如将新鲜胶乳进行初步离心，使浓缩天然胶乳浓度不要太高，不仅获得较高的新鲜胶乳处理量和离心分离效率，还可除去新鲜胶乳所含的污渣和某些较小的橡胶粒子，使橡胶粒子的平均直径相对增大，如再进行第二步离心，便可获得高浓度的浓缩天然胶乳。为了获得尽可能高的总分离效率，不同类型的离心机应事先进行试验，以求出第一步浓缩天然胶乳的最适干胶含量。试验表明，通常第一步浓缩天然胶乳的干胶含量在 50% ~ 55% 时，总分离效率最高。

5.1.1.2　制造方法

如系 410 型离心机，则先以大调节管和长调节螺丝(胶乳处理量大)离心加氨新鲜胶乳以获得干胶含量 50% ~ 55% 的浓缩天然胶乳，再加入 0.03% 左右(以胶乳计)的月桂酸铵(改善稳定性)。停放 8 ~ 16h，然后以小调节管和短调节螺丝做第二步离心，便可获得干胶含量为 67% 的浓缩天然胶乳。这样所得的总分离效率约 86%。如在第二步离心时将调节螺丝的正常口径由 4mm 改为 1.8mm 或更小些，碟片的内孔直径从 110mm 增大约 248mm，在顶碟之下增加一个 2mm 厚内圈，分配孔位置由 230mm 直径处改至 300mm 处，以及适当增大蝶片间的间距，则可减少浓缩天然胶乳堵塞离心机现象和提高总分离效率。

用两步离心法制备高浓度胶乳，不仅总离心分离效率较高，还可使用质量不好的原料胶乳，因为第二次离心时的胶乳，都是较稳定的胶乳，这种胶乳在离心过程中不会使第二次浓缩所得的胶乳的干胶含量降低。

也可先在新鲜胶乳中加入胶乳重的 0.12% 藻酸铵和 0.02% 左右的月桂酸铵，静置 18h，使之膏化而成干胶含量 50% 左右的浓缩天然胶乳，然后按上述第二步离心条件，将此膏化胶乳离心，同样可得干胶含量达 67% 的浓缩天然胶乳。

5.1.1.3　特点及其应用

对比研究了采用同一新鲜胶乳制造不同类型的浓缩天然胶乳的性质，结果见表 5-1。

表 5-1　高浓度天然胶乳与普通浓缩天然胶乳的性质比较

胶样	贮存时间(d)	总固体含量(%)	干胶含量(%)	氨含量(%)	pH 值	KOH 值	VFANo.	MST(S)	布氏黏度(mPa·s)	薄膜颜色(拉维邦单位)
普通高	7	62.08	60.80	0.74	10.55	0.41	0.007	70	115	1.0
氨离心	30				10.58	0.44	0.008	560		1.0
浓缩天	90				10.40	0.50	0.011	795		1.5
然胶乳	180				10.20	0.60	0.020	880		—
普通两	7	61.82	61.50	0.74	10.80	0.20	0.005	60	114	1.0
次离心	30				10.72	0.28	0.008	1 060		1.0
浓缩天	90				10.50	0.34	0.009	1 185		1.0
然胶乳	180				10.35	0.43	0.014	1 215		—

（续）

胶样	贮存时间(d)	总固体含量(%)	干胶含量(%)	氨含量(%)	pH 值	KOH 值	VFANo.	MST(S)	布氏黏度(mPa·s)	薄膜颜色(拉维邦单位)
高浓度	7	68.90	68.43	0.80	10.75	0.26	0.004	380	1 292	1.0
两次离	30				10.60	0.34	0.008	1 205		1.0
心浓缩	90				10.48	0.44	0.009	1 315		1.0
胶乳	180				10.42	0.45	0.010	1 105		—
一次膏	7	67.57	67.14	0.87	10.75	0.24	0.005	605	872	1.0
化一次	30				10.62	0.37	0.007	1 520		1.0
离心浓	90				10.50	0.48	0.011	1 520		1.5
缩胶乳	180				10.45	0.52	0.012	1 330		—

结果表明，高浓度胶乳除了干胶含量高以外，KOH 值和非橡胶物质含量较低，机械稳定度和黏度较高。由于去掉了较多的小橡胶粒子，故粒子大小的分布也得到了改善。高浓度胶乳可作膏化浓缩天然胶乳和蒸发浓缩天然胶乳的代用品，其加工性能与通常的离心浓缩天然胶乳相似。它用于制造海绵制品时，收缩率较小；用于制造浸渍制品时，可减少或不用增稠剂，且沉积作用和干燥较快，所得胶膜吸水性较低。

正因为高浓度胶乳原始黏度高，故配料胶乳的黏度亦较高，这是高浓度胶乳的一个缺点，但可加表面活性剂加以克服。更主要的是，高浓度胶乳生产工序复杂，成本加大，但由于它含水量少所节约出来的贮存和运输费用，基本上可弥补所增多的额外费用。

5.1.2　纯化天然胶乳

所谓纯化天然胶乳就是非橡胶物质(特别是蛋白质含量)极低的浓缩天然胶乳。

5.1.2.1　制造方法

制造纯化天然胶乳的方法较多，但效果最好的还是多次离心洗涤法。其原理是根据胶乳的非橡胶物质绝大多数分布在乳清相和小橡胶粒子的保护层中，非橡胶物质相对较多，每离心浓缩天然胶乳一次便从乳清除去一定数量的非橡胶物质和小橡胶粒子，并通过反复加水稀释胶乳和离心，从而得到非橡胶物质含量极低的纯化胶乳。如将氨保存新鲜胶乳先离心一次，再加约 1 倍清水稀释此离心胶乳，然后第二次离心，进一步除去非胶物质。这样所得的浓缩天然胶乳，用 0.7% 氨保存，叫作两次离心胶乳。

采用多次离心洗涤法制造纯化胶乳时，对纯度影响最大的因素是加水量。因此，如何选择每次离心的加水量成为此法生产的关键。此外，选取适当的低氨，对提高胶乳纯度、降低生产成本也有利。同时，每次离心至下次离心的时间间隔亦应适当。

5.1.2.2　性质与化学成分

比较研究了不同离心次数对纯化天然胶乳的性质及其组成，结果见表 5-2、表 5-3。结果表明，纯化天然胶乳的非橡胶固体含量还不到一次离心胶乳的 1/2。但经二次离心后保留下来起稳定作用的蛋白质和皂仍有 60% 以上，这说明蛋白质和皂大部分结合在橡胶相。而经过二次离心浓缩后，去稳定性的组分如不挥发性酸基团、碳酸盐/碳酸氢盐和挥发脂肪酸则大体上减少 1/3，钾的浓度也同样降低了，二次离心没有以相应的程度减少 KOH 值，这是因为胶乳中的皂几乎没有转入到被分离的乳清中而损失。

表 5-2　不同离心次数所得纯化天然胶乳的性质

离心次数	MST(S)	黏度(mPa·s)	热稳定度(S)	锌稳定度(S)	VFANo.
1	223	20.65	669	291	0.059
2	1 050	16.23	175	689	0.023
3	990	21.26	105	571	0.012
4	970	20.99	545	537	0.010

表 5-3　不同离心次数纯化天然胶乳的化学成分比较

离心次数	TS(%)	DRC(%)	非橡胶体(%)	氮(%)(以 TS 计)	灰分(%)(以 TS 计)	水溶物(%)(以 TS 计)
1	59.92	58.37	1.55	0.338	0.443	0.509
2	59.62	59.16	0.46	0.180	0.157	0.273
3	59.40	59.16	0.24	0.172	0.103	0.275
4	59.10	58.97	0.13	0.153	0.103	0.264

5.1.2.3　特点及其应用

纯化胶乳所得胶膜的吸水性低、颜色浅、优异的电绝缘性和生物惰性，可以用于制造要求橡胶较纯的产品，如电工手套、外科手术用品、避孕套等。

5.1.3　耐寒天然胶乳

一般浓缩天然胶乳处在零下低温几小时后便会严重增稠甚至凝固而失去应用价值。所谓耐寒胶乳是指在零度以下低温时冰冻，高温回升后又融化，且胶乳性质基本不变的胶乳，专供寒冷地区使用。

5.1.3.1　制造原理

低温时天然胶乳稳定性降低的主要原因：一是由于橡胶粒子周围蛋白质层的"水化膜"（结合水）形成冰而被除去致使橡胶粒子发生不可逆的脱水作用；二是由于冰晶的形成，迫使橡胶粒子聚集在一起。如在水中加入可溶解的物质，可使其冰点降低。低温下，当水溶液开始冰冻时，大多数溶质会被冰相弃去，剩余液体浓度将会增高，因而使冰点进一步降低。如果继续冷却，更多的冰被析出，剩余溶液的冰点再度下降，直至达到低共熔点温度（即剩余水相的溶质浓度达到饱和状态）为止。再继续降温，则溶质沉淀，剩余的水也全部冰冻。

就某一特定的冰冻温度而言，在达到低共熔点温度以前，残留在溶液中的水量应与原溶液中所含的溶质浓度呈正比的关系。因此，在胶乳中加入任何能溶于其中的溶质，都能提高其抗冻融性。

试验表明，有机溶质对胶乳抗冻融性，特别是用量达胶乳重的 2% 以上时，都有明显改善作用。这就是由于这些溶质在冷冻时保持足量的水来阻止橡胶粒子脱水的结果。

如在胶乳中加入表面活性剂，虽在用量很低的情况下，也可大大改善胶乳的抗冻融性，试验结果见表 5-4。这是因为高级脂肪酸皂不仅在胶乳中起一般溶质的抗冻融作用，还由于它们具有强烈的水化基和被吸附在橡胶粒子表面，因而使橡胶粒子更易保持水化状态。

此外，在筛选试验中发现，羟基苯酸和萘酚之类的酚类物质，能在胶乳中起良好的抗冻融作用，其中以水杨酸的钠盐和月桂酸铵并用时效力最显著，见表 5-5。水杨酸钠在用量很少的情况下，对胶乳抗冻融作用却很大的事实说明，它不是起简单的溶质作用，因为它没有显著的表面活性，似乎对稳定蛋白质层还具有特殊作用——改变蛋白质链的结构，阻碍蛋白质脱水或其脱水程度减小。

表 5-4　表面活性剂对高氨离心浓缩胶乳抗冻融性的影响

表面活性剂		在-26℃冷冻66h后的黏度比
名称	用量(%)(胶乳计)	
月桂酸铵	0	胶凝
	0.02	胶凝
	0.05	1.84
	0.1	1.62
油酸钾	0.02	胶凝
	0.05	2.89
	0.1	1.54

表 5-5　水杨酸钠和月桂酸铵对高氨离心浓缩胶乳抗冻融性的影响

添加物(%)(胶乳计)		黏度比	
月桂酸铵	水杨酸钠	-15℃×96h	-15℃×336h
0.05	0.1	1.06	1.69
0.05	0.2	1.06	1.46

总之，在胶乳中加入适当的药物，可大大改善胶乳耐寒的性能。这些药品虽不能阻止胶乳冻结，但能降低胶乳的冷冻温度和提高胶乳的抗冷冻去稳定能力，使之能抵抗中等程度的冷冻和融解。但这些药物对胶乳的稳定效果并不是牢不可破的，即使是最稳定的保存体系，如果冻融条件足够苛刻(如温度很低、冻结时间甚长)，胶乳还是会增稠甚至会全部凝固。这可能是由于这些外加药物自橡胶粒子之间的接触区慢慢移去所致。但在大多数冷冻环境下，只要选择的耐冷药物适当，这种移动过程很慢，不致过早出现上述问题。因此，选择的药物除了能改善胶乳的耐寒性外，还须具备如下条件：①使用方法简便，能直接加入胶乳。②对生胶乳的性质影响很小。③容易获得而且易于处理。④对胶乳的工艺性能和硫化胶的物理性能没有显著的不良影响。⑤用量少且价格低廉。综合各类试验，以水杨酸钠和月桂酸铵为基础的体系，符合上述条件。

5.1.3.2　制备方法

耐寒胶乳的制备方法基本上与普通离心浓缩天然胶乳的一样，只需在正常离心后另加入胶乳重的 0.2% 的水杨酸钠和 0.04%~0.05% 的月桂酸铵作稳定剂。使用时，这两种药物都配成水溶液加入，其中，水杨酸钠浓度为 4%，月桂酸铵浓度为 20%。也可用同样方法制备各种耐寒低氨浓缩天然胶乳。

5.1.3.3　性质

比较研究了同一新鲜胶乳制出的普通浓缩天然胶乳与耐寒胶乳性质，试验结果见表 5-6 和图 5-1~图 5-4。结果表明，耐寒胶乳具有优异的耐寒性能，而其他性质则与普通浓缩天然胶乳基本上相同。

表 5-6　普通浓缩天然胶乳与耐寒胶乳主要性质的比较

胶乳	总固体含量(%)	干胶含量(%)	氨含量(%)	pH 值	KOH 值	VFANo.	布氏黏度(mPa·s)	MST(S)	表面张力(mN/m)
普通浓缩天然胶乳	61.90	59.54	0.70	10.45	0.62	0.013	79.0	1 910	41.0
耐寒胶乳	61.38	59.73	0.70	10.45	0.62	0.013	80.0	3 215	40.6

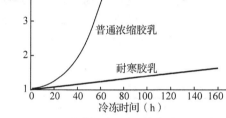

图 5-1　在-15℃冷冻对两种胶乳黏度的影响　　图 5-2　在-15℃冷冻对两种胶乳机械稳定度的影响

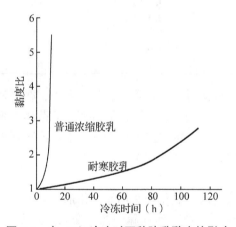 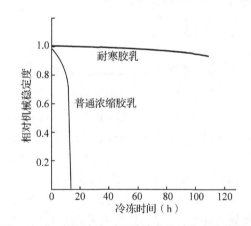

图 5-3　在-26℃冷冻对两种胶乳黏度的影响　图 5-4　在-26℃冷冻对两种胶乳机械稳定度的影响

5.1.4　预硫化天然胶乳

所谓预硫化天然胶乳是指橡胶分子已在橡胶粒子内产生交联的胶乳，简称硫化胶乳。

5.1.4.1　制造原理

胶乳硫化与生胶硫化有很大的不同，生胶硫化前必须通过机械混炼的办法将硫化助剂分散于胶料中，然后在高温高压下进行硫化。而胶乳则只需将助剂以水分散体形式加入，然后在常压和较低温度下硫化。且生胶硫化后形成立体网状结构，其分子链作为一个整体被交联结合起来。而胶乳硫化后交联结构只是在每个橡胶粒子内部形成，橡胶粒子本身仍保持良好的布朗运动，并不互相接触。因此，胶乳硫化的历程被认为是硫化助剂加入胶乳后，先被吸附在橡胶粒子表面上，然后向橡胶粒子内部扩散，由于胶乳硫化速率远远大于助剂扩散速率，当助剂扩散至橡胶相时，在温度作用下很快发生硫化反应。因此，扩散主要在橡胶粒子表面层进行，胶乳硫化反应也只产生于橡胶粒子表面层，在橡胶粒子表面层生成的交联结构，由于橡胶粒子内部橡胶分子的剧烈运动，将逐渐从表面层移向橡胶粒子的中心部位，当另一组硫化助剂扩散进入橡胶相时，将在新的橡胶分子链段产生新的交联结构，再由橡胶粒子表面逐步分布于橡胶粒子中心部位，最后使胶乳达到一定的硫化程度。

5.1.4.2 制备方法

(1)硫黄硫化法

其具体的生产方法基本上有两种，一种是先将硫化配合剂分散体直接加入胶乳进行硫化，然后再通过澄清离心机除去多余的硫化剂。此法可适用于制胶部门，先使新鲜胶乳硫化，然后离心浓缩成干胶含量60%的胶乳，同时也可除去多余的配合剂。另一种是使用最少限量的硫化配合剂，并制成分散体，加入胶乳中。在胶乳硫化时尽量使硫化助剂反应完毕，因而硫化后无需再进行沉降操作。表5-7是常用硫化胶乳定伸应力不同的参考配方。

表 5-7　常用硫化胶的参考配方(硫化条件：60℃×5h)

配方	低定伸	中定伸	高定伸
60%的天然胶乳	167.0	167.0	167.0
20%的月桂酸钾或辛酸钾溶液	1.3	1.3	1.3
10%的KOH溶液	2.5	2.5	2.5
50%的硫黄分散体	0.4	2.0	4.0
40%的ZDC分散体	0.4	1.0	1.0
50%的ZnO分散体	0.4	0.4	0.4

硫化设备是一套带搅拌桨的夹套式反应罐。硫化时一般是将胶乳装入罐内，在夹套内通入热水，使胶温升到30~40℃，然后边搅拌胶乳边加入各种助剂的溶液、分散体，再在45~60min内将胶温升至硫化所需的温度(60℃)，并保温一定时间(5h)，待胶乳达到预期的硫化程度后迅速在夹套内通入冷水，尽快使胶乳温度降至室温。

(2)秋兰姆硫化法(无硫硫化法)

秋兰姆硫化法是没有硫黄存在，用多硫化秋兰姆与氧化锌并用作硫化剂，硫脲、二苯硫脲等为促进剂，高温度(90℃左右)下，秋兰姆分解产生活性硫与橡胶交联。温度低时，硫化速度很慢。硫脲一般以10%水溶液加入胶乳，二苯硫脲要制成50%水分散体方可加入胶乳。碱性硫化物(如硫化钠)也有促进硫化作用，用它代替硫脲所得的胶膜透明度较好。

(3)有机过氧化物硫化法

有机过氧化物硫化天然橡胶是利用有机过氧化物受热裂解而产生的自由基夺去橡胶分子中的α-次甲基的氢原子，使橡胶分子产生自由基，两个这样的自由基相结合，便生成交联橡胶。

参考配方与工艺：天然胶乳(干胶)100，叔丁基过氧化氢0.5，四乙烯五胺0.5，非离子皂0.075。硫化条件：第一次(胶乳)60℃×6h，第二次(胶膜)90℃×2h。

(4)辐射硫化法

辐射硫化法是用放射性同位素(如^{60}Co-γ射线)或电子加速器产生的高能辐射线，使橡胶分子交联的方法。天然胶乳辐射硫化的工艺主要由配料、辐照和精制 3 道工序组成，其工艺流程如下：

$$聚乙烯醇(PVA)$$
$$\downarrow$$
$$天然胶乳+敏化剂\rightarrow混合\rightarrow {}^{60}Co\text{-}\gamma\,射线或电子加速器辐射\rightarrow辐射硫化胶乳\rightarrow(离心)\rightarrow成膜\rightarrow制品$$
$$\uparrow$$
$$抗老化剂$$

配料工序主要包括胶乳的稀释、加入敏化剂和稳定剂、充分混匀等；辐照可采用 ${}^{60}Co\text{-}\gamma$ 射线或低能电子加速器产生的电子束照射；精制工序视制品要求而定，一般制品，无需这道工序，即可进入成膜等工序；对性能要求高的制品，则尚需在辐射硫化胶乳中加入聚乙烯醇(PVA)、抗氧化剂及离心等步骤。

5.1.4.3　特点及其应用

硫化胶乳的优点很多，使用时基本上无需再加配合剂，流态好，结皮少，因其剩余配合剂可以除去，能使制品具有很好的透明度；因胶乳粒子已部分硫化，成型后仅需干燥便可获得硫化胶膜；胶乳稳定性很高，可配入大量填充剂，当硫化程度过高时，可添加硫化程度低的胶乳调节。缺点是干燥时间较长，制品的黏着力较差，卷边较困难，耐油及耐溶剂性也较差。这种胶乳应用很广，尤其是在浸渍制品生产中普遍应用，如医用手套、导尿管、避孕套、气球等，也可用于地毯背衬、模铸制品和胶黏剂。

与硫黄硫化相比，秋兰姆硫化法中的活性硫反应时主要形成单硫键和双硫键。因此，由秋兰姆硫化法所得胶乳制成的制品永久变形较大，但其耐老化性能特别是耐热老化性能优越，胶乳的稳定性、胶凝性能及成膜性能也相当好。秋兰姆硫化法已成为比较通用的耐热天然胶乳制品的硫化方法。

与硫黄硫化法相比，有机过氧化物硫化法所得的硫化胶乳的各种稳定性能(机械稳定度、化学稳定性、热稳定性)好，干胶膜非胶成分少，胶膜透明度高，而胶凝速度较缓慢。由于其交联密度偏低，可制成拉断伸长率大而定伸应力低的柔软橡胶。此外，胶膜的耐热性、耐候性较好，干黏着性也较高。有机过氧化物硫化法所得的胶乳对人体没有危害，还可避免亚硝胺析出的危险，故可用来制造医用橡胶制品，如假皮肤、人工血管、人工内脏器、人工输卵管、人工气管和人工食道等，也可用于制备胶黏剂。

与硫黄硫化法、秋兰母硫化法、有机过氧化物硫化法相比，采用辐射硫化所得的硫化胶乳具有如下一些特性：具有较好的热稳定性；因不含有常规硫化的促进剂和硫黄，可以保证辐射天然胶乳制品不会产生与这些配合剂有关的任何皮肤炎和过敏反应，也可避免促进剂可能产生的组织刺激反应；因不含胺类促进剂，消除了在生产过程中产生亚硝胺的可能性，因而辐射硫化在医用手套、避孕套、奶嘴、导尿管、玩具气球等方面将起重要作用；因不含锌或含锌的促进剂，消除了最小锌含量问题，且由于无硫化助剂，辐射硫化胶乳制品具有较高的透明度，并且无需加热到高温再硫化，颜色非常纯净，不会产生喷霜现象，特别适于奶嘴、假奶嘴头以及导尿管的生产需要；辐射硫化胶乳制品的定伸强度低，对于不需要较高定伸强度的手套、玩具气球、避孕套、指套类制品而言是非常有利的；辐射硫化胶乳的细胞毒性较低，特别适于导尿管、植入器具等制品的生产；由于大多数单一用途的胶乳制品废物处理都是采用焚化方法进行，特别是在使用中被细菌或病毒感染的医用手套和其他医疗类制品，而辐射硫化胶乳制品因不含硫黄，在焚烧处理时不会产生二氧化硫，灰分也较小，符合环保要求；此外，从经济角度考虑，虽然辐射硫化法的一次性投资比较大，但生产能力高，相对而言，单位成本可以大幅度降低，完全可以被胶乳行业所接受，非常适于大规模工业化生产等。最早应用辐射硫化制品的是医学领域，制成的激光气球透射率为98%，而化学硫化的气球透光率仅为65%，这种气球也可用于血管及肠胃检查。辐射硫化制品焚烧时只释放微量的二氧化硫，灰烬少，适合于需焚烧处理的医用及防护手套，另外也可满足特种行业对无硫指套的需求。同时，采用辐射硫化胶乳制备的手套，因其蛋白质含量低，不会引起使用者的过敏反应，在市场上有较大的需求。辐射硫化制品置于环境中极易降解，适合于有环保要求的制品。

5.1.5　低蛋白质天然胶乳

所谓低蛋白质天然胶乳是指通过采用多次离心或酶处理工艺等脱除其中的蛋白质，可制得蛋白质含量很低（低至原来蛋白质含量的1/4）的天然胶乳。表5-8为浓缩天然胶乳氨保存低蛋白质胶乳的技术要求。

表5-8　浓缩天然胶乳氨保存低蛋白质胶乳的技术要求（NY/T 732—2003）

项 目	限值		检验方法
	高氨	低氨	
总固体含量(%)(质量分数)，最小	61.5	61.5	GB/T 8298—2017
干胶含量(%)(质量分数)，最小	60.0	60.0	GB/T 8299—2008
非胶固体(%)(质量分数)，最大	2.0	2.0	—
碱度(NH_3)(%)(质量分数)按浓缩胶乳质量计算	0.6 最小	0.29 最大	GB/T 8300—2016
机械稳定度(S)	400~1 000	400~1 000	GB/T 8301—2008
凝块含量(%)(质量分数)，最大	0.05	0.05	GB/T 8291—2008
铜含量(mg/kg 总固体)，最大	8	8	GB/T 8295—2008
锰含量(mg/kg 总固体)，最大	8	8	GB/T 8296—2008
残渣含量(%)(质量分数)，最大	0.10	0.10	GB/T 8293—2019
挥发脂肪酸值，最大	0.08	0.08	GB/T 8292—2008
KOH 值，最大	1.0	1.0	GB/T 8297—2017
氮含量(%)(质量分数)，最大	0.06~0.12	0.06~0.15	GB/T 8088—2008

注：①固体含量为非强制性项目，其余为强制性项目；②总固体含量与干胶含量之差为非胶固体；③如果氨保存低蛋白质浓缩天然胶乳加入氨以外的其他保存剂，则应说明这些保存剂的化学性质和大约用量。

5.1.5.1　意义

天然胶乳具有优异的综合性能，但由于天然胶乳自身含有相当数量的蛋白质(1%~2%)，容易导致天然胶乳制品的吸湿性、导电性、生热性等的提高，更为严重的是引起天然胶乳制品接触性过敏症。近些年来，天然胶乳手套的过敏事件频繁发生，美国约翰霍金斯学院研究指出，使用天然胶乳手套的人员感染过敏的概率为12.5%，其中2.5%有过敏症状，10%在血液中发生抗体，而引起过敏的主要原因是天然胶乳制品中所残留的可溶性蛋白质。试验结果表明，天然胶乳制品中所残留的可溶性蛋白质的质量分数在 $110×10^{-6}$ 内基本上不发生蛋白质过敏症状。低蛋白天然胶乳生物活性低，不易与人体组织反应，可用于制备对人体组织反应小的医用保健材料及器具。另外，低蛋白天然胶乳具有较低的吸水性，可用于制备对吸水性和绝缘性高的制品。因此，将天然胶乳进行低蛋白处理是天然胶乳生产中迫切需要解决问题。

5.1.5.2 制造方法

(1)酶处理法

其原理是利用碱性蛋白酶分解破坏新鲜胶乳(包括胶粒表面保护层)的蛋白质，同时将分解出来的蛋白质转变成水溶性物质(即使转变不完全，蛋白质也会被降解)，在离心浓缩或生产制品过程中，蛋白质就容易被离心除去或沥滤洗掉，从而大大降低了浓缩天然胶乳及其制品中的蛋白质含量。具体操作是新鲜胶乳按常规方法经早期保存后，先加入一部分月桂酸(配成20%月桂酸铵溶液使用)作稳定处理，而后在35℃±5℃下，加入适量的碱性蛋白酶(视所选择的酶的活性而定)，保温处理18h±2h后，补加余下的月桂酸铵溶液，再继续保温处理3h±1h，经离心浓缩并及时补氨保存；待浓缩天然胶乳的总氮含量降至以干胶含量计0.07%~0.12%，及时加入EDTA(乙二胺四乙酸)、DFP(二异丙基氟化磷酸酯)等酶抑制剂。

(2)多次离心洗涤法

如采用4次离心洗涤方法制备纯化胶乳，其蛋白质含量为0.94%，终因工艺较为复杂、成本较高等而未投入生产。

(3)置换法

黎沛森等用置换法降低可溶性蛋白质含量，即通过加入某些表面活性剂，在胶乳中把橡胶粒子吸附物质中的蛋白质置换出来，其蛋白质质量分数为0.11%。

采用多次离心法和置换法制备低蛋白天然胶乳(LPNRL)，工艺较复杂，成本也较高，且降低蛋白质效果不显著，在实际生产中的应用有限。

(4)取代吸附法

如Shimon Amdur利用气相法二氧化硅除去胶乳制品中的蛋白质，其作用机理是气相法二氧化硅本身能与橡胶粒子连结并取代蛋白质，从而使蛋白质在制品的后处理中较易除去。

(5)辐射法

辐射硫化天然橡胶乳液采用一种有别于传统工艺的新方法，可生产出低可溶性蛋白质的预硫化胶乳。在此新方法中，经γ射线或电子束辐射硫化的离心浓缩天然胶乳经稀释后再进行离心。对于新鲜胶乳，先辐射硫化，稀释后再离心浓缩。

已有试验表明，随着辐照剂量的增加，乳胶浆液中的可抽取蛋白质随之增加，而在橡胶中的可抽取蛋白质却随之减少。这一试验结果提示，离心是降低辐射硫化胶乳中可抽取蛋白质的一种方法。

已有报道，加入一些小溶性聚合物如聚乙烯醇(PVA)、聚乙烯吡咯烷酮(PVP)和聚环氧乙烷氧丙环等可使辐射硫化胶膜在浸渍时的可溶性蛋白质的含量增加。

另外，幕内惠三等还研究了加入 PVA 和离心的复合作用。结果表明，先加入 PVA 后离心要比先离心再加入 PVA 对于降低水溶性蛋白质更加效。试验还表明，低分子质量的 PVA 和 PVP 均比高分子质量的 PVA 和 PVP 浸渍蛋白质的效果要好，加入 3pHr 的 PVA，在 1% 的氨水中浸渍 20min 可有效地减少辐射硫化胶膜中的可抽取蛋白质，直至达到检测不出的水平。

另有报道，Siby Verghese 等利用辐射方法生产不含可溶性蛋白质的胶乳，其作用机理是辐射诱使胶乳中的蛋白质分解而易于除去。

（6）综合法

如美国 Furjamma 提出对胶乳的二次离心，用酶作预处理，再经湿凝胶膜沥滤、干膜沥滤及表面氯化等方法除去胶乳及其制品中的可溶性蛋白质。

此外，天然胶乳被用作一种人造聚合物进行第二步游离基乳聚的种子。在进行此种聚合时，必须注意或是通过确保可代替蛋白质的聚合物组分接枝到胶乳粒子外部，或是通过确保能改善聚合物耐热性能的材料接枝到聚异戊二烯上控制所形成聚合物的分子结构。所得材料有望不含天然胶乳中的蛋白质，也可用于耐热压敏黏合剂。

5.1.5.3 应用

低蛋白质天然胶乳显现出较低的吸水性、良好的模量稳定性和热周期应力松弛及较低的蠕变值和永久变形，因而可专门用于制造对吸水性和绝缘性要求较高的制品，如海底电缆、耐高压电工手套等以及用于制造支承垫、密封件和防振垫等。更主要的是低蛋白质天然胶乳活性低，不易与人体组织反应，也就不易产生过敏，可用于制造对人体组织反应小的医用保健材料及器具，如医用手套、导尿管、伤口引流管、胃肠导管、避孕套、泌尿收集器、灌肠器、压脉器、血压计封套、输氧袋、通气软管等。另据报道，K. G. K. Desilva 利用低蛋白质天然胶乳吸水性低的特性，用其来制作肥料的胶囊。

5.1.6 低氨、超低氨天然胶乳

虽早在 1938 年已有少量五氯酚钠保存的低氨浓缩天然胶乳开始生产，但由于它存在一些缺点，各种浓缩天然胶乳（一部分蒸发浓缩天然胶乳除外）长期以来几乎都仍用 0.7% 氨作长期保存剂。第二次世界大战后，胶乳海绵制品的生产迅速发展，由于胶乳氨含量高会严重影响胶乳的泡沫稳定性，因而进一步向制胶工业提出了生产低氨保存胶乳的要求。所谓低氨浓缩天然胶乳，就是主要根据海绵制品需要的氨含量为基础，用 0.2% 左右的氨作主要保存剂的各种商品浓缩天然胶乳。这种胶乳除了用来生产海绵制品外，也可用来制造许多其他橡胶制品。

目前，国际市场出售的低氨浓缩天然胶乳几乎都是以 0.2% 的氨作主要保存的离心浓缩天然胶乳。因氨含量低，不足以完全杀死胶乳中的细菌和抑酶来防止它们破坏胶乳稳定性的作用，故还需另加其他保存剂（第二保存剂）和稳定剂，以达到长期保存胶乳的目的。现大量生产的低氨浓缩天然胶乳，根据第二保存剂的不同，除五氯酚钠低氨胶乳外，主要还有二乙基二硫代氨基甲酸锌（ZDC）低氨胶乳，于 1955 年开始大量生产；硼酸低氨胶乳，从 1959 年起大规模生产；TT/ZnO 低氨胶乳 1976 年正式投入生产。这些胶乳的生产方法基本上与生产高氨离心浓缩天然胶乳一样。

5.1.6.1　硼酸(BA)低氨胶乳

硼酸是杀菌剂,但杀菌能力较低。试验表明,普通高氨浓缩天然胶乳在制备后 7d, 1mL 胶的活菌数含量便减少到 50cfu 以下,而硼酸低氨浓缩天然胶乳达到同样的水平则需要 28d。但高氨胶乳的 *VFANo.* 则比硼酸低氨胶乳为高。这是由于硼酸使胶乳氧化还原电势保持氧化态,主要对生成挥发脂肪酸的微需氧细菌起杀灭作用,或由于它与胶乳中的糖类结合,阻碍葡萄糖和氨基酸络合而成被细菌作用物所致。因硼酸对胶乳机械稳定度不利影响,故用它作胶乳保存剂的同时,还要再加少量稳定剂,以消除它对胶乳的不利作用。

(1)生产方法

硼酸不易溶于水,一般在热水中溶解或以硼酸铵形式使用。将硼酸加入胶乳有如下 3 种方式:

①先将硼酸溶在稀氨水中,制成 20% 的硼酸铵溶液,当浓缩天然胶乳从离心机流出时,将此溶液滴入浓缩天然胶乳中。纯硼酸的加入量为 0.2%~0.25%(以浓乳质量计)。

②先制成约含 10% 硼酸的浓缩天然胶乳母液,当浓缩天然胶乳从离心机流出时,按上述的硼酸用量比例,准确地将此母液加入浓缩天然胶乳中。

③将新鲜胶乳用少量的氨和足量的硼酸保存,硼酸用量须使最后的浓缩天然胶乳具有准确的硼酸含量。

相比而言,第一种生产方式操作简便,用量易控,不足的是,需将原来浓缩天然胶乳的干胶含量稍微提高,因硼酸溶液的加入所引起的稀释而稍微降低了离心分离效率和浓缩天然胶乳的干胶制成率。

完成上述 3 种中的任一方式后,再按浓缩天然胶乳总重 0.05% 的月桂酸铵(配成 20% 的溶液)或 0.1% 的椰子油钾皂作稳定剂加入到浓缩天然胶乳中,并最终将浓缩天然胶乳的氨含量调到 0.2% 即可。

(2)特点

硼酸无毒,不伤害皮肤,制胶厂容易处理,加上这种胶乳制成的薄膜颜色很浅,故可用来制造无毒的橡胶制品。硼酸低氨胶乳的 KOH 值却较高,这是因为测定 KOH 值必须减去 0.29%(按加入 0.2% 的硼酸计,如硼酸用量多过 0.2%,还要按比例再减少),才能代表硼酸低氨胶乳真正的 KOH 值。

此外,硼酸低氨胶乳长期贮存时会变坏,化学稳定度较低,硫化速率较慢,但这些缺点只要适当地改变配方便可得到克服。

5.1.6.2　二乙基二硫代氨基甲酸锌(ZDC)低氨胶乳

ZDC 与其他许多含锌的盐类一样,具有杀菌的功能,但也会降低胶乳的机械稳定度,因而以它作保存剂时,也要另加少量稳定剂给予补偿。

(1)生产方法

先将 ZDC 置于球磨机中制成浓度为 40% 或 50% 的水分散体。把月桂酸铵配成 20% 的水溶液,当浓缩天然胶乳从离心机流出之后,先加以胶乳计的 0.05% 的月桂酸铵,再加干胶重 0.1(以干胶计 100 质量份)的 ZDC,然后将胶乳的氨含量调到 0.2% 即可。

二乙基二硫代氨基甲酸锌低氨胶乳的性能,除制得初期机械稳定度稍低和黏度略高于同批新鲜胶制得的高氨胶乳外,其他性能基本一样,见表5-9。

表 5-9　ZDC 低氨胶乳与高氨胶乳性能的比较

样品	检验月份	氨含量(%)	pH 值	总固体含量(%)	干胶含量(%)	黏度(mPa·s)（B 型黏度计 1# 转子）	MST(S)	VFANo.
高氨胶乳	5	0.72	—	60.81	59.65	—	84	0.024
	6	0.82	11.45	60.54	59.01	33.77	468	0.027
	7	0.79	11.00	61.49	59.04	27.70	507	0.018
	8	0.81	11.30	61.12	58.86	25.80	717	0.011
	9	0.79	11.60	61.00	59.06	24.76	721	0.021
	10	0.77	11.15	61.00	59.18	24.70	734	0.020
低氨胶乳	5	0.20	—	61.12	59.65	—	66	0.024
	6	0.23	10.70	61.15	59.63	35.42	241	0.016
	7	0.23	10.50	61.80	59.54	27.91	337	0.018
	8	0.22	10.60	61.43	59.57	28.73	381	0.014
	9	0.21	10.90	61.34	59.58	30.43	418	0.017
	10	0.20	10.95	61.45	59.88	29.45	843	0.016

注：样品为 5 月制备的。

(2)特点

ZDC 不仅是杀菌剂，也是橡胶硫化促进剂，故使用 ZDC 低氨胶乳制造橡胶制品时，可不加或少加硫化促进剂。由于 ZDC 在胶乳中具有"一箭双雕"的作用，用它作保存剂的低氨胶乳颇受用户欢迎。

5.1.6.3　五氯酚钠(SPP)低氨胶乳

五氯酚钠是一种杀菌能力很强的杀菌剂，加入胶乳后还能部分地被吸附在橡胶粒子表面，加强橡胶粒子的保护层，使胶乳稳定性明显提高。因此，用它作保存剂时，无需另加稳定剂。

(1)生产方法

将五氯酚钠配成浓度 20% 的水溶液，按胶乳重的 0.2%～0.3% 将五氯酚钠尽快加入刚离心的浓缩天然胶乳中，并将胶乳的氨含量调到 0.2% 即可。

(2)特点

五氯酚钠低氨胶乳的稳定性很高。但五氯酚钠毒性较强，对人的皮肤和呼吸器官的刺激性大，故制胶厂工人在操作时要多加小心，废水也要妥善处理。不宜用于制造输血胶管、奶嘴等制品。

5.1.6.4　TT/ZnO 的低氨胶乳

TT、ZnO 是杀菌剂和毒酶剂，对胶乳的保存效果显著，但会降低胶乳的机械稳定度。因此，采用这种复合保存剂时，还应另加适当稳定剂。

(1)生产方法

新鲜胶乳以 NH_3 + TT/ZnO 复合保存体系保存，从离心机流出后，先加占胶乳重 0.05% 的月桂酸铵液，再加 TT/ZnO 分散体，使 TT 和 ZnO 分别占胶乳重的 0.013%，然后将胶乳的氨含量调到 0.2% 即可。

(2)特点

表 5-10 和图 5-5、图 5-6 是 TT/ZnO 低氨胶乳与其他胶乳的性质比较。结果表明，TT/

ZnO 低氨胶乳是无菌的，*VFANo.* 值和 KOH 值都较低，机械稳定度也较高，多次泵送对它的性质均无任何影响，用于制造泡沫制品时的发泡和胶凝特性良好，与 ZDC 低氨胶乳相似。低氨胶乳的产量虽在不断增加，但发展速度还是很慢，这可能是由于用户在试用方面过于谨慎，以及有关这些胶乳应用的技术资料极少所致。

表 5-10　贮存 30d 后两种浓缩天然胶乳的性质比较

| 性质 | 高氨胶乳 | | | | TT/ZnO 低氨胶乳 | |
| | A 厂 | | B 厂 | | | |
	普通	预处理	普通	预处理	A 厂	B 厂
氨(%)	0.71	0.76	0.76	0.77	0.29	0.21
VFANo.	0.05	0.013	0.04	0.014	0.01	0.01
MST(S)	2 210	2 218	1 150	704	1 500	1 715
pH 值	10.68	—	10.78	10.36	10.41	10.21
KOH 值	0.74	—	0.61	0.55	0.48	0.44

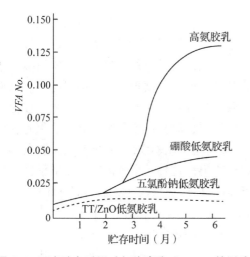

图 5-5　研究贮存时间对各种胶乳 *VFANo.* 的影响

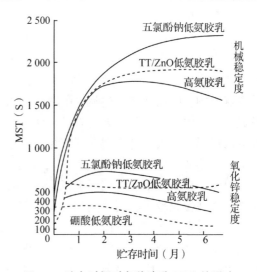

图 5-6　贮存时间对各种胶乳 MST 的影响

与高氨胶乳相比，低氨胶乳主要具有如下优点：①制品生产时，可免去除氨工序，相应节约除氨用化工原料、动力、设备和所需劳动力，降低成本，并改善环境条件。②因氨含量低，气味较小，对直接操作工人的健康比较有利。③胶乳表面结皮倾向小，损耗的胶料相应较少。④因第二保存剂都是不挥发的杀菌剂，特别在未配料的情况下使用低氨胶乳时，它们还留存在制品里，不必另加防腐剂。⑤低氨胶乳易与丁苯胶乳掺和，且增稠效应较小。⑥抗冻性优越。

低氨胶乳的主要缺点是：化学稳定度一般较低，配料后再加热时黏度增加很快，不适于加热法制造硫化胶乳。

5.1.6.5　超低氨胶乳

TT/ZnO 低氨胶乳自 1976 年大规模生产以来，虽然受用户欢迎，但由于其使用时散发到大气中的氨量超过一些国家规定的极限值，故正研究生产一种氨量还要低一些的胶乳。

所谓超低氨胶乳，是指氨含量 0.1% 以下的并含有其他保存剂的浓缩天然胶乳。目前研制的超低氨胶乳，其制备方法与 TT/ZnO 低氨胶乳相似，但减少了胶乳的含氨量，相应增加了辅助保存剂 TT 和 ZDC 用量，有的品种还另加少量的 KOH。

5.1.7　阳电荷天然胶乳

所谓阳电荷胶乳是指天然胶乳中橡胶粒子带上阳电荷的胶乳。

5.1.7.1　制造原理

第一，在胶乳中加入电解质。天然胶乳中的橡胶粒子因吸附的蛋白质电离而带阴电荷。如将电解质加入胶乳时，则溶解在乳清中的一些离子被吸附在橡胶粒子上，吸附的难易和吸附量的多少，主要决定于：①离子的符号。阳离子极易吸附在阴离子上。②离子的价数。离子的价数越多，被吸附得越牢。③离子的原子量。同价离子的原子量越小，越易被吸附。为此，将具有高价阳离子的盐类（如四价阳离子的硝酸钍）加入胶乳时，可使橡胶粒子的电荷显著降低，当盐量达到一定的浓度后，可将橡胶粒子的阴电荷转变为阳电荷。但由于金属对橡胶的防老化性具有不利的影响，生产上一般都不用这种盐类来制备阳电荷胶乳。第二，改变胶乳的 pH 值。当 pH 值低过橡胶粒子的等电点后，也可将带阴电荷的胶乳转变成阳电荷胶乳。在转换电荷过程中发现，胶乳往往在等电点附近的临界电荷区域内发生一定程度的凝固。凝固量的多少决定于下列因素：①通过临界区域的加酸速率。加酸越快，凝固量越少。②存在于胶乳中的电解质。这种电解质往往将 pH 值缓冲于等电点周围，因而增加通过临界区域的时间。③胶乳浓度。浓度越大，凝固量越多。稀释胶乳时，电解质浓度和胶乳凝固量都降低了。④胶乳内存在的天然稳定剂。例如，在保存胶乳的情况下，天然稳定剂受到破坏，通过临界区域时，凝固量比新鲜胶乳多。因此，用改变 pH 值的办法生产阳电荷胶乳时，需要另加一定数量的稳定剂来防止或减少胶乳的凝固。第三，在胶乳中加入烷基季铵盐之类的阳离子肥皂。这种肥皂解离时产生的活性阳离子被吸附在橡胶粒子上而使其阴电荷转变为阳电荷。在这种情况下，胶乳的 pH 值不变，但胶乳的等电点向碱性方面升高。第四，在胶乳中加入非离子型肥皂如平平加"O"。这种肥皂的表面活性强，加入胶乳后可取代橡胶粒子保护层的蛋白质，是一种聚环氧乙烷脂肪醇醚 $R—OCH_2CH_2O)_n—CH_2CH_2OH$，其中 $n = 15 \sim 16$，R 是 $C_{12} \sim C_{18}$ 的烷基），其聚环氧乙烷的氧原子的电负性大，会与水分子以氢键的形式相结合，因而形成弱碱，如再加酸，则生成盐键而使橡胶粒子带阳电荷。

5.1.7.2　制备方法

（1）酸化法

在氨保存胶乳中先加 2%（对橡胶计）的酪素作稳定剂，然后用充气法与甲醛中和法将胶乳所含的氨大部分去掉，使胶乳 pH 值达 7~8。不能采用加酸的方法除氨，因这样会生成起缓冲溶液作用的铵盐而妨碍胶乳 pH 值的降低，且对胶乳的稳定性不利。最后迅速加入大量的乙酸或甲酸，使胶乳 pH 值达 3 以下，并快速搅拌，便可制出凝粒很少的酸性阳电荷胶乳。

（2）阳离子肥皂法

先加 1~2 倍的水稀释胶乳，然后加入干胶重 5% 的阳离子肥皂，如溴化十六烷基三甲胺、氯化十三烷基氮杂苯等，充分搅拌即成。胶乳如不事先稀释，在加阳离子肥皂时将有增稠或凝固的现象。阳离子肥皂不应太少，否则不足以完全转换橡胶粒子的电荷。这样制出的阳电荷胶乳与酸化法所得者不同，它呈碱性。有时为了获得较稳定的阳电荷胶乳，可将酸化法和阳离子肥皂法结合使用，即在酸性胶乳中加入少量的阳离子肥皂。根据试验，这种方法也比较容易掌握。试验采用的阳离子肥皂为新洁尔灭(十二烷基二甲基苄基溴化铵)，它的用量与胶乳酸化 pH 值有关，在一般情况下 pH 值低，则用量可少。如加新洁尔灭而不降低胶乳的 pH 值，则用量高达 20%，转换电荷尚不明显；如果加新洁尔灭后立即酸化到 pH=4 以下，则用量 4% 即可。因此，新鲜胶乳加入新洁尔灭的用量以 4%~7%(以干胶计)为宜。少于 4% 会引起胶乳凝固。胶乳浓度对转换电荷的影响与氨含量有关，胶乳氨含量低，则对转换电荷有利，氨含量在 0.09% 时，胶乳转换电荷的最高浓度可达45%。此外，氨含量高所制得的阳电荷胶乳黏度大。

(3)非离子型肥皂法

先将平平加"O"所制得的阳电荷胶乳，无难闻的气味，冲水不易絮凝，制出的轮胎帘布附着力强，且制备过程中操作安全，转换电荷的适宜用量低，可制有效浓度较高的阳电荷胶乳，所得产品不易膏化和泡沫较少。

5.1.7.3　应用

胶乳在纺织业中广泛用于制造轮胎帘布、防水布、运输带、传送带及橡皮艇、气球等。纺织物如棉布、麻布等，如将橡胶渗入纤维中，可大大增加纺织物的强度，防止布料表面纤维的脱落，增加布料的耐用性。羊毛浸胶乳后，它的纤维更加紧密，不会松软和结粒，品质获得改善。毛毡用胶乳处理，收缩率可减到最小，硬度也可任意改变。对于不同的纺织材料，在加工过程中，会发生起电现象，这不但妨碍了正常的加工生产，而且会影响胶乳与基布之间的黏附力：当基布与胶乳中橡胶粒子所带电荷相同时，会降低它们之间的黏附力，而当基布与胶乳中橡胶粒子所带电荷相异时，则会增加它们之间的黏附力。若先用酸处理织物，使纤维取得阳电荷，然后再浸普通胶乳，但这种方法易使胶乳产固，同时也使织物强度降低。后来多采用胶黏剂来增加附着力，如在轮胎棉帘布浸胶时，多在胶料中加入酚醛树脂作胶黏剂，以增加橡胶的附着力。酚醛树脂的主要原料是间苯二酚，它的价格贵，目前我国还不能自给自足，货源比较紧张，生产成本也高，如果改用阳电荷胶乳来浸渍帘布，由于异电相吸，橡胶粒子易于渗入织物中，增强橡胶对帘布的附着力，并可不用酚醛树脂，简化帘布浸胶工艺，降低生产成本。阳电荷胶乳除广泛用于带阴电荷纺织物的浸渗，增加橡胶与纤维的附着力外，也可与其他阴性乳化液如沥青、水泥混合，用于铺路等。

5.2　改性天然胶乳

天然胶乳可通过卤化、接枝、环氧化等方法进行化学改性，不仅可赋予天然胶乳以特有的宝贵性能，还可以为合成具有各种特殊性能的新材料开辟方便可行的途径。尤其对天然胶乳的接枝改性，已有相当长的历史，已合成出各种具有优良性能的接枝聚合物。

5.2.1　羟胺改性天然胶乳

5.2.1.1　制造原理

刚生产的普通浓缩天然胶乳，门尼黏度相当低，但在贮存和运输期间由于一个橡胶分子上的醛基与其他橡胶分子上的醛基通过醛缩合而产生交联反应，所以在远离胶乳产地的消费国家测定的门尼黏度（ML_{1+4}）往往超过 100℃。这也是由普通浓缩天然胶乳制得的干胶膜相当强韧的原因之一。如在天然胶乳中加入羟胺之类的醛基试剂，堵塞天然橡胶分子的醛基，使它不再与醛缩合反应，由此所得的胶乳，基本上可保持其橡胶的门尼黏度不变，即干胶膜的华莱士塑性值较低。

5.2.1.2　制备方法

基本上与生产普通浓缩天然胶乳的方法相同，只是在离心前或离心浓缩后，加入 0.15%的中性硫酸羟胺或盐酸羟胺（干胶计），以防止天然橡胶在贮存过程中由于醛缩合反应所导致的黏度增加。

5.2.1.3　特点及其应用

羟胺改性天然胶乳所得橡胶的门尼黏度较低，对生胶性能具有明显影响，也改变了硫化胶的性能。例如，与普通浓缩天然胶乳相比，羟胺改性天然胶乳制得的海绵胶的压缩模数显著较低（可加入较多的填料），收缩率也较小。这可能与低黏度聚合物的应力松弛有关。羟胺改性天然胶乳的硫化胶的定伸应力低，对浸渍制品（如手套、气球等）较为有利。当然，其主要用途是作黏合剂，因其黏度较低，可使黏合剂配方中的增黏剂用量大为减少。

5.2.2　环氧化天然胶乳

5.2.2.1　制造原理

天然胶乳经适当的稳定剂（如平平加"O"、溴化十六烷基三甲胺）处理后，在严格控制反应温度、胶乳浓度、酸碱度等条件下与环氧化试剂（一般采用过乙酸）反应，在天然橡胶分子主链双键上引入环氧基而成。如果控制不当，将产生二级开环反应，生成二醇、羟基乙酸盐以及呋喃结构等副产物，这就会在不同程度损害改性胶乳相关的性能。

5.2.2.2　特点及其应用

由环氧化天然胶乳获得的橡胶，因具环氧基而增强了极性，与各种基材具有良好的黏合性；环氧度为 50%的产品，其气密性良好，可与溴化丁基胶媲美；耐油性相当于含 32%丙烯腈的丁腈胶；而拉伸强度、扯断伸长率和耐疲劳性能却显著优于上述两种合成橡胶。因此，环氧化天然乳胶的可能用途是制造气密性佳的制品、耐油性优的制品（如耐油手套）、黏合性良好的胶乳胶黏剂（如黏合织物纤维、木材、金属、玻璃、PVC 等）以及改善与多种聚合物胶乳（如 PVC 乳液、氯丁胶乳、丁腈胶乳等）的相容性。后一用途与环氧化天然生胶和其他极性高聚物的共混相比，显然具有混合容易、节约能耗、质量均匀等优点。

5.2.3　异构化天然胶乳

5.2.3.1　制造方法

在浓缩胶乳中按 100 份干胶加入 2 份脂肪胺与环氧乙烷的缩合物作稳定剂，再加入足量盐酸使胶乳 pH 值降至 0.6，再将 1%（按干胶计）左右的 1-硫酐萘酸以苯溶液或苯与四氯化碳混合物溶液的水乳浊液加入胶乳，然后加入 1-硫酐酸量 10%～20%的特丁基过氧化氢作引发剂，在 60℃加热 5h，使胶乳橡胶产生顺-反式异构化。其加成反应是可逆的，由可逆反应新生成的双键可具有顺式，也可具有反式的构型，从而得到含顺式和反式双键的混合物，使原来几乎全是顺式构型的橡胶分子链的规整性大大破坏。

5.2.3.2 特点及其应用

如生成 6%左右的反式异构体，便可使天然橡胶结晶速率减至原来的 1/500 以下，即天然橡胶耐寒性显著提高。异构化胶乳的可能用途是制造耐寒胶乳制品，如热敏法浸渍探空气球等。

5.2.4 环化天然胶乳

环化天然胶乳是指所含橡胶分子由一系列聚环己基组成，不饱和度大为减小的天然胶乳。

5.2.4.1 制造方法

在 60%的离心胶乳中，按干胶计加入 7.5%脂肪酸或脂肪胺与环氧乙烷的缩合物作稳定剂，然后将此胶乳注入内衬搪瓷并装有搅拌器的夹套容器中，在不断搅拌下加入 100 份 98%的硫酸，将温度升至 100℃，并保温 2.5h，使胶乳充分环化。最后冷却至 50℃以下而成。

5.2.4.2 特点及其应用

胶乳环化橡胶的最小不饱和度约 57%，可溶于多种溶剂（芳香烃、氯化烃类溶剂等），说明其分子没有交联。其相对密度随环化度的增加而增大；环化度与体积收缩呈现线性相关关系，即环化度增加，体积减小。弹性虽有所降低，但耐酸、耐碱、耐油和耐其他许多化学药剂腐蚀的性能较好。

环化胶乳的主要用途是作胶料硬化剂和补强剂，也可用来制造防护涂料和黏合剂。将等量干胶含量的环化胶乳与未环化胶乳或乳清胶乳混合，倾入其总体积 4 倍的沸水使之凝固所得的母炼胶，是很好的鞋底材料。

5.2.5 卤化天然胶乳

卤化天然胶乳是指所含橡胶分子主要在部分 C＝C 键上发生了卤素加成反应的胶乳。其中，较重要的是氯化胶乳。过去由稀橡胶溶液通氯气制备氯化橡胶知道，氯化反应不仅在 C＝C 键发生加成作用，而且还部分发生取代作用。当在胶乳形式下氯化橡胶时，此后反应释放出的 HCl 将引起胶乳凝固，或者由于酸化的结果还会产生橡胶环化作用。还有一个问题是产品含有相当多的氧，此氧可能是生成了氯乙醇带入的。已知氯在水相中能生成次氯酸，这种酸与 C＝C 的键反应便生成氯乙醇，生成氯乙醇的结果，将使氯化物热稳定性降低。

如果采用适宜的稳定剂如环氧乙烷型非离子表面活性剂（环氧乙烷与十八烯醇的缩合物），用量为干胶量的 2%左右，或季铵型阳离子表面活性剂如溴化十六烷基三甲铵，用量为干胶量的 3%~5%，先使胶乳稳定，再用浓 HCl 或气体 HCl 使胶乳深度酸化，然后在一定温度下通入适量的氯气，则可生成稳定的氯化胶乳，大大克服了上述困难。原因是盐酸释放出的两种离子，由于同离子效应，抑制了次氯酸的生成（H⁺抑制 OH⁻的浓度，Cl⁻阻止残余次氯酸盐形成倾向），而且创造一种酸性价质，在氯化过程中释放出的 HCl 对这种介质影响甚小。为了在酸性状态下使胶乳获得最高稳定性，最初的酸化反应尽量快。虽然对抑制氯乙醇的形成最好采用尽可能高的酸度，但应避免胶乳被盐酸饱和。否则，在橡胶氯化的同时将产生氢氯化橡胶。

聚环氧乙烷型稳定剂在橡胶氯化的同时也会产生一些氯化作用，但并不影响氯化胶乳的生成。

胶乳氯化的速率在很大程度上取决于氯对干胶的比率。胶乳最初吸收氯的速率很快，但当产品氯含量接近 50%质量分数后，速率急剧下降。为了避免或将氢氯化反应降至最低限度，通常尽量加快氯化反应。温度对氯化反应以及产品氯含量的影响甚小。提高温度所增加的反应速率却被氯在水相中溶解度的降低抵消了。然而温度对产品特性有一定的影响。例如，在 10℃ 以下制备的产品，当含氯量在 48% 以上时，虽然在加热下其分子较易交联，但一般都溶于氯仿；在 50℃ 以上氯化，会产生不溶于氯仿的变色物质。天然橡胶的氯含量越高，化学稳定性越好。氯化天然胶具有特别优越的耐老化和耐腐蚀性能。因此，氯化胶乳可用于耐老化、耐酸碱(包括海水)制品和保护涂料，也可用作金属、木材、织物和皮革的黏合剂。

5.2.6 氢卤化天然胶乳

氢卤化天然胶乳指所含橡胶分子的 C=C 键上加成卤化氢的胶乳。先将 100 体积 40%的天然胶乳吹风去氨，再加 40 体积 40%的溴化烷基吡啶溶液作稳定剂和稀释胶乳，再通入 HCl 气体。当水相被 HCl 饱和时，橡胶即发生氢氯化反应而成氢氯化胶乳。橡胶吸收 HCl 的速率随反应时的温度和压力增加而增快。也可采用非离子表面活性剂如十八烯醇与环氧乙烷缩合物作稳定剂。在这种情况下，每 100 容积的 40%胶乳需加 5 容积 20%的稳定剂水溶液即可。

用天然胶乳进行氢氯化的一个主要特点，是其反应比用橡胶溶液的完全，前者可达 98%~99%，而后者的理论值最多仅 90% 左右。反应速度还有两个有趣的现象：①最初反应速率极快。这是因为反应在胶粒表面 1.5Å 左右深度的区域内进行，未反应的橡胶分子从内部向外扩散的速率很慢。②天然胶乳的反应速率，比合成聚异戊二烯胶乳的慢。这是由于天然胶乳中存在阻碍氢氯化反应的物质所致。

结构分析表明，由天然胶乳得到的氢氯化橡胶是立构规整的，属反式立构聚合物或间规聚合物，因此，它会结晶形成坚韧的薄膜，故可用作透明包装材料等。

5.2.7 氢化天然胶乳

天然橡胶的双键饱和后将使其抗热氧老化的性能有所提高，而且，橡胶分子链的双键被饱和后，形成聚乙烯链段而结晶，结晶起到了物理交联作用，从而也带来力学性能的变化。Parker 等在天然胶乳中加入肼和过氧化氢，在硫酸铜催化下反应，虽然机理尚不甚明了，但丁腈橡胶和丁苯橡胶的加氢程度可达 90%以上。Singha 等用 Wilkinson 催化剂催化天然胶乳的加氢反应，也得到了很好的加氢效果。天然橡胶在胶乳状态下直接加氢，则可使加氢的橡胶制备工艺简化，因此乳液法加氢的研究具有重要意义。如在 500mL 带搅拌和冷凝管的三颈瓶中依次加入天然橡胶胶乳、去离子水、月桂酸钾、硫酸铜、水合肼，搅拌升温至 45~48℃，滴加过氧化氢，滴加完毕，保温反应 1h，其加氢的配方为 N_2H_4/C=C(摩尔比)为 5.5，H_2O_2/N_2H_4(摩尔比)为 1.75。推算此法的最高氢化度达 38%。

5.3　天然胶乳的补强

作为长期困扰胶乳工业的两大突出问题——胶乳的直接补强和厚制品的脱水干燥，直接影响胶乳工业的进一步发展。所谓天然胶乳的补强是指在胶乳配料中加入有补强特性的物质，来改进硫化胶的性能，并用通常的方法(胶膜干燥、浸渍、热敏化等)来处理胶料制造产品，最终提高胶乳制品的使用寿命等。补强是改进橡胶制品性能的极其重要途径。天然胶乳的补强虽早已引人注目，但至今未能取得显著的效果。

近年来研究用树脂补强胶乳，取得了一定的进展。如利用不同胶乳混合物中的不同性能聚合物颗粒共附聚，可取得较好的补强效果。颗粒的共附聚与由原颗粒表面解吸的乳化剂重新分配是同时进行，并在重新产生的颗粒表面上形成更坚实的吸附层。这样，在共附聚物颗粒之间的接触比未经附聚处理的胶乳混合物颗粒之间的接触更为紧密。据此，用丁苯胶乳与聚苯乙烯胶乳(或者还加有炭黑)共附聚制得的胶膜特性比用相应的混合物制得的胶膜特性要好。

5.3.1　补强机理

对干胶补强效果很好的炭黑，对胶乳不但没有补强效果，往往还会降低胶乳胶膜的强度。这是因为干胶与炭黑在用炼胶机进行混炼时，由于强烈的剪切力作用及空气存在，伴随发生了其他效应，使橡胶分子产生较多的自由基，这些自由基与炭黑等配合剂发生强烈的物理吸附和化学结合，构成特殊的空间网状结构，而产生补强效果。胶乳因未经强烈机械处理，加上橡胶粒子保护层的隔离作用，炭黑粒子不能直接与橡胶粒子接触构成干胶那种直接补强的结构，而分散于橡胶粒子的周围，降低了橡胶粒子间的结合作用，使薄膜性能下降。

一般认为，胶乳直接补强必须具备 3 个条件：①补强剂在胶乳中高度分散，使橡胶粒子与补强剂粒子生成良好的接触面。②在成膜时补强剂与分散相的粒子共沉成膜。③使橡胶粒子与补强剂粒子直接接触。

5.3.2　肼-甲醛天然胶乳

5.3.2.1　制造方法

先在高氨胶乳中加入固定碱，通过充气排氨法将其氨含量降至 0.1%~0.2%，再加入足量甲醛去掉残余的氨并具有同肼反应所需的量，然后在慢速搅拌下加入水合肼。此时胶乳温度上升，15~20min 后，肼和甲醛便缩合成分散度很高的聚合物，获得改性的肼-甲醛胶乳。

5.3.2.2　特点及其应用

肼-甲醛胶乳显示出可观的补强作用，生胶膜有较高的黏度，硫化胶膜硬度较大，定伸应力、拉伸强度、抗撕裂强度和抗溶性能都获得改善。例如，在天然胶乳中加入其干胶质量 10%的间苯二酚-甲醛树脂，其硫化胶膜拉伸强度可由 32.3MPa 提高到 45.1MPa，邵氏硬度由 42 上升到 62，300%定伸应力由 1.5MPa 提高到 5.9MPa，撕裂强度由 49.0kN/m 提高到 98.0kN/m，磨耗由 600cm³/(kW·h)减小到 300cm³/(kW·h)。此树脂是先在弱碱液中缩聚，然后加入胶乳。其配方为(胶乳质量以干胶 100g 计算)间苯二酚 2pHr，30%

甲醛 2pHr，苏打（Na_2CO_3）1pHr。缩聚温度控制在 25~50℃之间。

肼-甲醛胶乳适合于天然胶乳的一般用途，包括海绵胶、胶黏剂、地毯背衬、胶乳浸渍等。

5.3.3　木质素补强天然胶乳

木质素是由纤维素分离制造而得的，含量为 20%~35%（对纤维素的比例）。木质素是一种很复杂的有机物质。适于胶乳用的木质素是用氢氧化钠和硫化钠的混合液处理木材，经蒸煮后回收而得的硫化木质素。其相对密度为 1.3，相对分子质量为 1 000~1 500，pH=3.5。它的碱性溶液极易分散于胶乳中。因它是良好的表面活性物质，故被吸附在橡胶粒子表面。用氯化钙凝固胶乳时，木质素被转变为不溶性钙盐而与橡胶共同沉淀，并形成补强的细粒状结构。也有人认为木质素与橡胶分子的活性基团（或双键）形成化学链或氢键，起着补强效果。

以木质素与胶乳共沉所得的胶料生产的制品具有很高的拉断强度、伸长率和硬度。硫代木质素是胶乳的有效填充剂，但对制品有污染性，所得制品为浓褐色。因此，只能用于黑色或深色胶乳制品。

【本章小结】

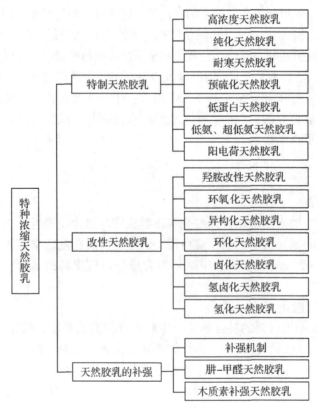

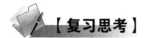【复习思考】

1. 天然胶乳与合成胶乳并用有何重要意义？它与天然橡胶和合成橡胶的干混相比，有什么特点？

2. 为什么有些胶乳并用成膜后，其力学性能与各单一胶乳薄膜的性能差异较大，而有的则差异较小？有什么方法可大致预测混合胶乳胶膜的力学性能？

3. 何谓特种胶乳？为什么要致力于从事特种胶乳的开发与研究？

4. 两次离心法与两步离心法生产浓缩天然胶乳有何不同？

5. 普通浓缩天然胶乳为什么不耐低温？制造耐寒胶乳的原理是什么？

6. 目前硫化胶乳的生产方法有哪些？各有何特点？

7. 硫化胶乳有何特点？你对硫化胶乳的发展前景有何看法？

8. 试简要论述低蛋白质天然胶乳的研究背景。

9. 目前低蛋白质天然胶乳有哪些制备方法？你认为最具有操作性的方法是哪一种？

10. 何谓阳电荷天然胶乳？有何具体的应用价值？主要的生产特点有哪些？

11. 研究开发低氨、超低氨胶乳有何现实意义？调查云南、海南浓缩胶乳生产情况？

第6章 天然生胶生产工艺学基础

天然生胶是以天然胶乳或杂胶为原料，经脱水、干燥等加工处理，含水量在1%左右的天然橡胶。它是天然橡胶加工产品的主要形式，其产量在天然橡胶总产量中占85%～90%。其中，65%天然生胶以上用于轮胎工业，其余则用于制造诸如输送带、胶管、胶鞋等多种橡胶制品。

天然生胶也叫固体天然橡胶，简称固体生胶。

6.1 概述

6.1.1 天然生胶的品种及其原料

在国际市场上，天然橡胶产品的种类和等级繁多，名称各异。据1979年国际橡胶质量和包装会议修订的《天然橡胶等级质量和包装国际标准（绿皮书）》规定，天然生胶使用外观分级方法进行分级的有8个胶种，共35个级别。而国际标准化组织公布的ISO 2000：1978天然橡胶规格规定了5个级别天然生胶，按杂质含量、塑性初值、塑性保持率、氮含量、挥发分含量、灰分含量和颜色限度"拉维邦单位"7项理化性能进行分级。凡使用外观分级的片状胶，仍使用原来的烟胶片、风干胶片或绉胶片的传统名称；凡使用国际标准规定的生胶理化性能进行分级的生胶，不论是烟胶片、风干胶片、绉胶片还是颗粒胶或碎裂胶都称为标准橡胶。例如，胶包上打的标志为"标准胶-5-烟胶片"，指的是胶包内是烟胶片，按理化性能分级为5号标准胶。其他标志依此类推，即有标准胶10烟胶片、标准胶20烟胶片标志。若是马来西亚生产的，则相应的名称为：SMR-5-RSS、SMR-10-RSS、SMR-20-RSS或SMR-50-RSS。若是斯里兰卡或印度尼西亚生产的，则分别用SLR或SIR代替上述标志中的SMR。

凡标上标准胶名称的天然橡胶，依其理化性能进行分级，而不再采用外观分级法。事实上，国际市场分别使用两种分级方法，各成系统，互不干扰。但是，片状胶则可以在两种方法中选择一种进行分级。

天然生胶的品种一般可分为两大类：一类为传统的片状胶，主要有烟胶片、风干胶片、白绉片和褐绉片；另一类为标准橡胶，主要有全乳胶、5号胶、20号胶、9710高性能轮胎胶等。由于这类橡胶通常采用《天然生胶技术分级橡胶（TSR）规格导则》分级，故又称为标准橡胶。到目前为止，标准橡胶已占天然橡胶总产量的80%以上。从橡胶树割取的胶乳，因收集的条件和方法不同，有新鲜胶乳、胶杯凝胶、自凝胶块、胶线、皮屑胶和泥胶等原料，又由于加工方法不同而制成各种产品，见表6-1。

表 6-1　橡胶树产的胶乳形成的原料和加工制成的产品种类

在胶园或工厂收集的原料	经制胶厂加工而成的产品种类
新鲜胶乳 (田间胶乳)	①天然生胶：烟胶片、风干胶片、白绉胶片、浅色绉胶片、全乳绉胶片、乳黄绉胶片、纯烟绉胶片、浅色颗粒胶、较高级别颗粒橡胶、恒黏和低黏橡胶、纯化橡胶、散粒橡胶、油充橡胶、环化橡胶、环氧化橡胶、易操作橡胶、接枝橡胶、氯化橡胶、氢氯化橡胶、热塑性天然橡胶、增塑橡胶、炭黑母炼胶、难结晶橡胶、液体天然橡胶以及其他改性天然橡胶等 ②天然胶乳：离心浓缩天然胶乳、膏化浓缩天然胶乳、蒸发浓缩天然胶乳、电淀法天然胶乳、预硫化胶乳、接枝胶乳以及其他改性成或特制胶乳等
胶杯凝胶	颗粒橡胶、胶园褐绉胶片、薄褐胶绉片(再炼胶)、混合绉胶片和油充橡胶等
自凝胶块	颗粒橡胶、胶园褐绉胶片、薄褐绉胶片、混合绉胶片和油充橡胶等
胶线	较低质量的颗粒橡胶、胶园褐绉胶片、混合绉胶片和油充橡胶等
皮屑胶	硬平树皮绉胶片、再炼胶和标准平树皮绉胶片等
泥胶	标准平树皮绉胶片和硬平树皮绉胶片

　　我国长期以来制造天然生胶的原料，主要是采集自橡胶树的新鲜胶乳，其加工过程主要包括：新鲜胶乳短期保存、机械除杂、凝固、脱水、干燥、检验、分级和包装等，由此制得的橡胶统称为胶乳级天然橡胶，一般清洁度高、理化性能好，可列为高等级产品，如用于轮胎的胎体、缓冲层和胎侧部位。其次是在采胶和加工过程产生的杂胶，主要包括胶线、杯凝胶、外流胶(泥胶)以及各种熟化胶块。这类杂胶含有较多杂质，需经过多次反复的洗涤，然后压炼和干燥。正是由于杂质多且受到不同程度的氧化，所得橡胶的质量较差，一般列入次等产品，可用于轮胎的胎面部位。杂胶的产量约占天然生胶总产量的 10%~15%。若是产自小橡胶园的熟化胶块，其性质及加工方法与杂胶基本相同，所得的橡胶称为再炼级橡胶。目前，国外采用新鲜胶乳做标准橡胶的原料已经不多。例如，泰国生产天然橡胶标准橡胶所用的原料多是杯凝胶、胶线、胶块、烟片等；印度全部采用的是碗块团状体；尼日利亚则采用大块杂胶团，长、宽均在 300mm 以上，厚度在 20mm 以上。此外，在用离心法生产浓缩天然胶乳过程中，由离心机分离出来的胶清(干胶含量为 5% 左右)，经加工制得的橡胶称为胶清橡胶。

6.1.2　天然生胶的现状和发展趋势

6.1.2.1　制胶工艺与生产

　　我国天然生胶中的标准橡胶生产工艺和设备的研制工作于 1971 年开始进行，先后研制成功具有我国特点的造粒和干燥设备，确定了工艺规程。试验结果证明，国产标准橡胶的各项性能符合要求，质量良好。我国标准橡胶的生产方法按造粒方式不同分为锤磨法、剪切法和挤压法 3 种，主要工艺过程包括：鲜胶乳的净化、胶乳凝固、造粒、干燥、分级和包装。3 种生产方法除使用的造粒设备差异较大外，在胶乳凝固、干燥以至产品品质等方面也略有差异。

　　由于标准橡胶中的颗粒胶生产新工艺能适应生产发展的需要，同时产品根据工艺性能进行分级，质量有保证，因此国内外发展很迅速。我国自 1976 年开始推广颗粒胶生产新工艺以来，新工艺已基本代替了传统的片状胶生产工艺。到目前为止，颗粒胶已占天然橡胶总产量的 70% 以上。

近几年，随着经济的快速发展，天然生胶中约 70% 用于轮胎制造，其中 80% 使用的是高性能轮胎专用胶中的 20 号胶和 9710 两种，9710 是子午线轮胎胶，20 号胶主要是指复合橡胶，9710 性能指标要优于 20 号胶，20 号胶主要用于生产全钢胎、半钢胎、斜交胎，故标准橡胶中的颗粒胶从制造轮胎的使用性能分析，远远不能满足轮胎的生产性能要求。因此，目前的生产产品中，以 20 号胶、9710、5 号胶为主。

当然，当前制胶工艺技术革新的中心是进一步节约能源，降低成本、提高产品质量和生产满足生产需要的产品，进一步实现制胶工业的自动化、连续化、机械化。

6.1.2.2　发展趋势

随着标准橡胶分级结构的调整，今后制胶部门会更多转向生产订制橡胶，即按照橡胶制品厂的某种需要生产专用胶，甚至可需要根据最终用途进行某种掺和或改性，如轮胎橡胶、油充橡胶、酶脱蛋白橡胶等即所谓特种橡胶。能源危机促使橡胶业也在探求节约能源的方法，以促使本行业持续发展。就制胶部门而言，不但要尽量减少制胶的能源消耗以节约开支，更重要的是替制品部门着想，提供的产品要能使制品部门节约能源。同时，为适应橡胶制品工业向高度自动化的发展，必须大力开发和研究比标准橡胶更好的天然橡胶产品，如恒黏橡胶、散粒橡胶、热塑天然橡胶、液态天然橡胶等，使橡胶制品生产操作简化。

天然橡胶经过改性，以及与具有弹性、纤维性、塑性和树脂性的特殊聚合物掺和，能与聚合物本身结成一个整体。由于改性反应和改性过程可以控制，所以不仅能改善老化、黏合、耐磨、气密性和结晶等天然橡胶在传统应用中的性能，更重要的是还能使天然橡胶具有不透气、耐溶剂和热塑性等特殊性能。多年来，一直认为天然橡胶的改性是产生具有特殊性能的新型橡胶的可行方法。但过去因改性天然橡胶的经济效益和工艺性能都还存在着某些问题，使发展受到一定阻碍。近年来，由于以石油化学为基础的聚合物的成本不断增加，对天然橡胶改性的研究和应用又重新引起重视，如热塑橡胶、环氧化橡胶、环化橡胶、接枝橡胶等的研究与开发都有了相应的发展。此外，目前仍在致力于发展天然橡胶的新用途，如用于频震城市建筑物的防震结构，桥梁建设中的橡胶桥墩，铺设路面用的含胶沥青和含新鲜胶乳泥等。

6.2　新鲜胶乳的预处理

鲜胶乳的处理包括：胶乳的净化、混合和稀释。

6.2.1　胶乳的净化

净化的目的是除去胶乳中的杂质。胶乳中的杂质是指割胶、收胶、运输等过程中由外界混入的机械杂质，其成分主要是泥沙、虫蚁、树皮、树叶等。外来杂质对胶乳的污染程度，取决于胶园的"六清洁"。此外，如遇到雨冲胶，因雨水将树身上的脏物和某些酸性物质(单宁)冲入胶乳，造成严重污染，这样的胶乳极易变质。低割线的胶乳一般污染较严重。

如果不除去胶乳中的杂质，会使制品产生许多"砂眼"，使制品的质量低劣，在使用过程中容易破裂和损坏，降低制品的使用寿命。一般在收胶站收胶时先用 40 或 60 目过滤筛过滤，胶乳运到加工厂流入混合池前再通过离心沉降器进一步净化。为此，在标准胶的分级制度中，杂质含量已列为主要的指标之一，我国规定 5 号胶产品的 325 目筛余物不得超过 0.05%。

保证产品清洁度的最有效措施就是将胶乳在加工前充分净化。此外，还应在加工的各个阶段防止杂质的污染。

目前制胶厂使用的胶乳净化设备主要有各种形式的过滤筛和离心沉降器。

①过滤筛　用于过滤胶乳的筛网必须用不锈钢制作，不能使用铜或铁质的筛网。因铜、铁等都是橡胶的有害金属，这些金属存在于橡胶中，会促使橡胶老化。氨保存胶乳具有碱性，会增加这些金属的溶解倾向，从而造成胶乳的污染。

制胶厂常用筛号的规格见表 6-2。

表 6-2　常用筛号规格

筛号(筛孔目数)	40	60	80	100	325
筛孔净宽(mm)	0.351	0.246	0.175	0.147	0.043

在过滤胶乳时，若筛网堵塞，应再换清洁的筛网继续过滤，而不应擦筛或拍打，强使胶乳通过，否则会使部分杂质通过筛网，降低过滤效果。

常用的过滤筛有斗筛、半圆筛和电动连续筛等形式。

②胶乳杂质离心沉降器　离心沉降器的工作原理是利用胶乳与杂质密度的差异，在离心力作用下使其分离。

与过滤筛网比较，离心沉降器的优点在于能处理浓度较高、黏度较大的胶乳，处理量大，操作方便。其缺点主要是不能除去诸如树皮、树叶以及早期凝固胶块(简称早凝胶块)之类的密度小于胶乳的杂质；其次是从转鼓流出的胶乳由于强烈的撞击作用，产生很多泡沫，如直接引到凝固槽，则泡沫往往溢出流槽面。因此，离心沉降器一般只适于安装在紧靠混合池的平台上，将分离后的胶乳引入混合池，以便喷射高压水消除泡沫。

6.2.2　胶乳的混合

收胶站收集的胶乳，由于受到胶树不同品系、树龄、土壤以及不同的早期保存条件等因素的影响，胶乳在成分、浓度和氨含量等方面存在着一定的差异。因此，各收胶站的胶乳进厂后，必须于混合池中混合，其目的是使整批胶乳的性质一致，稳定工艺条件，提高产品的一致性。

为了达到最大限度的混合，同一天的胶乳最好能一次混合完毕。但因设备限制，或因各批胶乳进厂的先后时间相差很大，需要分批处理时，应尽量减少混合的次数。

胶厂一般设 2~3 个混合池，如图 6-1。每个混合池的容量，除按日产量和每天处理的批数计算外，还需要考虑稀释水的容量。为了便于清洗和延长混合池的使用寿命，混合池的内表面须用瓷砖衬垫。池底沿胶乳出口方向要有一定的倾斜度，前后高差一般为 8~10cm，以便将胶乳排尽。混合池最好设上下两个排出口，上出口供排胶用，下出口供排出沉渣和清洗水用，胶乳排出口位置必须高出凝固槽面 30~40cm，以便利用高差把胶乳排入凝固槽。此外，为提高沉降效果，最好在混合池底加设一个长、宽和深分别为 40cm×

25cm×10cm 的沉沙池，使胶乳中沉降下来的泥沙集中在小池中而不随最后部分胶乳排出，在排完清洁胶乳后再将含有残渣的脏胶乳从小池底部的出口排出，进行再沉降，最后的残渣单独处理，制成次等胶。

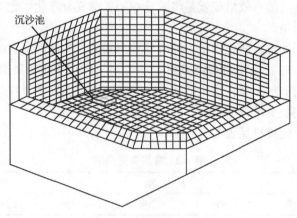

图 6-1　胶乳混合池示意

6.2.3　胶乳的稀释和沉降

胶乳进厂后，经混合均匀便可取样送化验室测定干胶含量，然后加水稀释，再取稀释后的胶样测定氨含量，稀释浓度和氨含量是凝固一定量胶乳时确定凝固剂用量的依据。

6.2.3.1　胶乳稀释的目的

胶乳稀释的目的是调节胶乳的浓度，从而控制胶乳的凝固速度和凝块的软硬度。

胶乳的浓度对以后的凝固影响很大。胶乳的浓度高，加酸后凝固速度快、生成的凝块硬。在生产烟胶片时，一般都要将胶乳稀释到 20% 以下，目的是为了使凝块具有合适的软硬度，以使压片能顺利进行，同时使压出的胶片薄一些，干燥快一些。但是过分稀释胶乳，会使许多能改善橡胶性能的非橡胶物质随乳清排走，从而降低橡胶的质量。然而，用鲜胶乳直接凝固也不太好，因为由于自然的和人为的因素，在一年中鲜胶乳的浓度变化比较大，如用鲜胶乳直接凝固，则制得的凝块软硬度将会随着鲜胶乳浓度而变化，造粒设备的工作情况、粒子的含水量和干燥时间以及产品质量也将随之变化。因此，生产标准胶时，一般都将胶乳稀释浓度控制在 22%~27%，即以全年鲜胶乳的最低浓度作为胶乳的稀释浓度并相对固定，这对稳定工艺条件和提高产品质量的一致性都有好处。此外，稀释还能带来这样的好处，即当稀释浓度和凝固时加入的酸水量都有固定，则胶乳的凝固浓度也相应固定，从而可以排除由于自然的和人为的因素造成的鲜胶乳浓度变动所带来的影响，有利于稳定凝固，凝块机械脱水和干燥过程的工艺条件，也有利于提高产品性质的一致性。

稀释浓度是由凝固浓度来决定的，所谓凝固浓度，是指凝固时加入酸水以后胶乳的浓度，在确定了凝固浓度和加入的酸水量以后，可根据下式计算稀释浓度。

$$稀释浓度=凝固浓度\times\left(1+\frac{酸水量}{稀释胶乳量}\right)$$

一般稀释浓度约比凝固浓度高 1.5%~2%。也可以此定出稀释浓度，再计算需加的酸水量。如果采用并流加酸方法，酸池容积与胶乳池容积比为 1/10 时，稀释浓度等于凝固浓度乘以 1.1。

6.2.3.2　加水量的计算

通常使用下列两种公式：

（1）计算稀释加水量的公式

$$稀释水质量=胶乳质量\times\frac{鲜胶乳浓度-稀释胶乳浓度}{稀释胶乳浓度}$$

【例 6-1】 有鲜胶乳 3 300kg，测得其干胶含量为 32%，现要稀释到 24%，则加水量为多少？

解：稀释加水量 $=3\ 300\times\dfrac{32\%-24\%}{24\%}=1\ 100(\text{kg})$

（2）计算稀释后胶乳的液面高度

制胶厂使用的混合池一般都是长方体或立方体，可以认为其横截面积处处相等。因而池中单位高度胶乳的质量(或体积)处处相等，在忽略稀释前后胶乳密度差异的条件下，可以直接计算出加水后稀释胶乳的液面高度。

$$加水后液面高度=稀释前胶乳高度\times\frac{原胶乳浓度}{稀释胶乳浓度}$$

【例 6-2】 混合池中鲜胶乳高度为 52cm，测得干胶含量为 30%，现要稀释到 24%，应加水使液面提高到多少厘米？

解：加水后液面高度 $=52\times\dfrac{30\%}{24\%}=65(\text{cm})$

在生产中可将不同条件下稀释鲜胶乳的加水量预先计算出来，并制成表来查对，不必每天计算，耽误时间。生产中，也可用图表求得稀释加水量，例如，图 6-2 是利用相似三角形对应边成比例的原理来求出稀释胶乳高度的。

图中横坐标为胶乳的干胶含量，纵坐标为胶乳高度。使用时，先找出稀释浓度(如 20%)和鲜胶乳高度(40cm)的交点 A，连接 OA 并延长至与胶乳浓度(30%)的交点 B，则 B 点对应的高度(60cm)为所求的稀释胶乳高度。

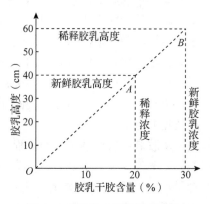

图 6-2　图解法求稀释胶乳高度

6.2.3.3　稀释用水的质量

制胶用水，尤其是直接加入胶乳中的稀释用水的质量对胶乳稳定性和橡胶质量均有影响。因此，要求所用的水清洁、不混浊，所含泥沙、可溶性盐类以及有机物杂质要少，呈中性或微碱性(pH 7~8)为宜，尤其铜含量每升水不能超过 0.5mg。为此，企业根据工业用水标准《城市污水再生利用 工业用水水质》(GB/T 19923—2005)曾制定出制胶用水的水质标准，供水质检验时参考，见表 6-3。

表 6-3　制胶用水的水质标准

项目	最高限量	项目	最高限量
pH 值	5.8~8	浮渣(悬浮物)	≤10mg/L
高锰酸钾值	≤20mg/L	铜含量	≤0.5mg/L
碳酸氢盐	≤300mg/L	锰含量	≤1mg/L
钙含量	≤50mg/L	铁含量	≤3mg/L
硬度	≤7度(德国度)		

解决好制胶用水问题，关键在于建厂时正确选择厂址。除保证充分供水还必须对水质进行认真的检验。对于混浊的水源(如河水)必须建立适当的沉降或沙滤设施，至少须经过细滤才能使用。

6.2.3.4　胶乳的沉降

胶乳在加稀释水并搅拌均匀以后，让其静置，其中密度大的杂质(泥沙)会在重力作用下慢慢下沉到混合池的底部，这个过程称为沉降。沉降可进一步除去杂质，提高产品的清洁度。沉降时间主要取决于胶乳的黏度、稀释度和混合池中胶乳的高度。通常情况，一般泥沙可按每分钟下沉 2cm 速度估算。清洁胶乳排出后，将含有残渣的脏胶乳从混合池底部的出口排入小桶进行再沉降，回收部分清洁胶乳，其余部分做次等胶处理。

6.3　胶乳的凝固

胶乳的凝固是颗粒胶生产的一个重要环节。胶乳的凝固条件、凝固方法等不仅影响到机械脱水、干燥等后续工序，而且影响生胶的性能，要掌握好胶乳的凝固，必须了解胶乳的凝固机理和影响因素，正确选择和使用凝固剂，以及严格控制凝固条件。

胶乳的凝固方法依凝固浓度的不同，有稀释胶乳凝固和原胶乳凝固之分。但结果都必须使凝块经脱水造出的胶粒能适应干燥的要求。目前标准橡胶在生产上一般采用稀释胶乳凝固方法，用以乙酸为凝固剂的凝固方法。这种方法的主要缺点是设备占地面积大，凝固时间长，不能连续生产。近年来，随着颗粒胶生产的发展，在凝固工艺的改革方面，出现以盐类和表面活性剂为辅助凝固剂的快速凝固、机械方法加速凝固和热凝固等可能使凝固连续化的方法。

从胶乳制造标准橡胶的过程，简单地说就是把橡胶与水(乳清)分离的过程，一般在制胶厂要经过 3 个主要工序：①凝固(化学脱水)；②压绉、造粒(机械脱水)；③干燥(物理脱水)。3 个过程的处理方法和条件对生胶性能都有不同程度的影响。这 3 个过程中凝固过程是最重要的，凝固的方法和条件不但对生胶性能有显著影响，同时也影响压绉、造粒和干燥。因此，它是制造标准橡胶的一个重要过程。

6.3.1　胶乳的凝固机理

6.3.1.1　胶乳的稳定性与凝固

胶乳的稳定和凝固是共存于胶乳系统中互相联系又互相排斥的矛盾的两方面。胶乳的凝固是在一定条件下，胶乳由稳定状态向其反面转化的过程。换言之，凝固就是破坏稳定性的过程。

橡胶粒子的表面有一层由蛋白质和类脂物组成的保护层。保护层具有两个特性即带有电荷和包围着一层水化膜，把胶粒包围起来，而被"水膜"所包围的胶粒就可以均匀地分散在乳清中，并且在运动中互相碰撞时由于水膜的隔离和缓冲作用，胶粒不容易黏结在一起。这种特性主要与蛋白质的性质有关。

蛋白质分子中既有羧基（—COOH）又有氨基（—NH$_2$），是一种典型的两性电解质。在不同的介质中发生不同的离解。这种性质可简单表示如下：

$$P\diagdown\begin{matrix}COO^-\\NH_2\end{matrix}\quad\underset{OH^-}{\overset{H^+}{\rightleftharpoons}}\quad P\diagdown\begin{matrix}COO^-\\NH_3^+\end{matrix}\quad\underset{OH^-}{\overset{H^+}{\rightleftharpoons}}\quad P\diagdown\begin{matrix}COOH\\NH_3^+\end{matrix}$$

pH＞等电点	pH＝等电点（4.5～5.0）	pH＜等电点
酸式电离	等电点状态	碱式电离

刚从橡胶树排出的胶乳，pH 值为 7.0 左右。氨保存胶乳的 pH 值在 8.0 以上，均高于蛋白质的等电点，因而胶粒保护层的蛋白质做酸式电离，胶粒表面带有阴电荷。胶粒保护层的蛋白质要在酸性较强的情况下才带正电，在碱性、中性或微酸性的情况下都带负电。

胶粒表面带有阴电荷，势必引起其周围水分子的极化，产生诱导偶极并在胶粒表面做定向排列，从而形成一层水化膜。当胶粒由于热运动而相互靠近时，由于相同电荷的排斥力和水化膜的缓冲与隔离作用，不能互相黏结，因而胶粒能分散于乳清中，胶乳体系保持稳定状态。

胶粒所带的阴电荷和水化膜是构成了稳定胶乳的两个主要因素。如果条件改变，破坏了其中的一个或两个因素，胶乳的稳定性也受到破坏，橡胶粒子便会聚结起来，凝固成团。几乎所有的凝固手段都基于这样两个目的。

胶乳的凝固方法可分为化学凝固法、物理凝固法、生物凝固法。凝固方法不同，所采取的机械脱水和干燥方法也不一样，产品性能也不同。因此，要根据生胶种类的不同，选择适当的凝固方法是很重要的。目前制胶生产上常用的凝固方法有酸凝固法、盐凝固法、辅助生物凝固法等。

6.3.1.2　不同凝固方法的作用机制

胶乳的凝固方法可分为如下 3 类：①化学方法，加入如酸、盐、脱水剂之类的凝固剂使胶乳凝固，其中酸类是目前生产中普遍使用的凝固剂。②物理方法，用加热、冷冻或强烈机械搅拌使胶乳凝固。③生物方法，利用胶乳原有的或外加的细菌或酶的作用使胶乳凝固。

（1）化学方法

①酸类的凝固作用　酸的凝固作用主要是增加胶乳中的 H$^+$ 浓度，使 pH 值降低到某一临界值，橡胶粒子便达到等电状态。此时橡胶粒子表面的电荷为零，即 $\xi=0$，橡胶粒子间的电斥力消失。而且随着电荷的降低以至消失，水化膜也同时受到破坏。因此，橡胶粒子极易互相黏结而凝聚起来。胶乳的凝固 pH 值依浓度的高低而略有差异，一般为 pH＝4.5～5.0，浓度高，凝固 pH 值也高。

事实上，胶乳的凝固并非一下子就完成，而有一定的发展过程。这是因为胶乳中橡胶粒子的大小不一，呈多分散，因而橡胶粒子的稳定性也不一致。在接近等电点时凝聚首先在最不稳定的橡胶粒子之间开始，逐步波及全部橡胶粒子，若胶乳的 pH 值仅接近而不完全达到等电点，便会出现凝固不完全即通常所谓"出白水"现象。假如胶乳 pH 值突然改变并迅速越过等电点(如将大量的酸加入胶乳)时,则橡胶粒子可由原来带阴电荷转变为带阳电荷,具有与原来相反符号的 ξ 电位,橡胶粒子同样处于稳定状态而不产生凝固,这也是生产中偶尔可见的现象。此时,只有加入如氨水之类的碱性溶液才能使胶乳凝固。

②盐类的凝固作用 许多盐类电解质对胶乳具有凝固作用,其作用机理可用"压缩双电层"和形成不溶性皂来解释。盐类电解质在水溶液中能离解为金属正离子和酸根负离子,而其中对胶乳起凝固作用的是金属正离子。将盐溶液加入胶乳时,胶乳中离子的浓度将增加,橡胶粒子双电层外围的离子密度将随之增大,在橡胶粒子表面阴电荷的静电引力作用下,外围的正离子有向橡胶粒子表面靠近的倾向,导致扩散层受到压缩,其中的部分自由反离子(对于氨保存胶乳为 NH_4^+)可能被挤进了固定层成为束缚反离子,使自由反离子的数目减少而束缚反离子的数目增加,ξ 电位降低,即所谓"压缩双电层"。如果加入盐溶液的量足够,ξ 电位甚至可降至零,从而导致胶乳完全凝固。此外,若新增加的金属离子在吸附势大于原有反离子的吸附势时,除了"压缩双电层"外,还存在着离子间的交换吸附,即增加的金属离子把原有反离子从双电层中置换出来。离子间的这种交换吸附通常是按等电量进行的,如一个二价离子可将一个二价离子或两个一价离子置换出来,其结果是双电层中电荷的平衡虽未受到破坏,却往往使双电层变薄,从而降低电位。对于氨保存胶乳,如加入的是二价盐的溶液,则交换吸附的结果,一个二价金属离子进入双电层,将有两个 NH_4^+ 被置换出来,双电层中反离子的数目减少,原来由两个离子占据的位置变成一个离子占据着,结果双电层变薄,ξ 电位降低。如是一价金属盐的溶液,影响的程度则取决于金属离子的水化程度,离子的水化性小,离子体积必然也小,交换吸附的结果同样使双电层变薄,ξ 电位降低,只有水化性小于 NH_4^+ 的一价金属离子能与 NH_4^+ 发生交换吸附。由此可见,对于价数不同的阳离子,则价数越高,其凝固能力越强(即所谓价数法则),而同价离子,则水化性越小,吸附势越大,凝固作用越强,按这个规则将离子凝固作用由强至弱排列的顺序如下:

一价离子: $NH_4^+ > Cs^+ > Rb^+ > K^+ > Na^+ > Li^+$

二、三价离子: $(H) > \cdots > Fe^{3+} > Al^{3+} > Ba^{2+} > Sr^{2+} > Ca^{2+} > mg^{2+}$

除上述作用以外,某些金属离子,特别是二、三价离子还能与橡胶粒子的保护层物质结合,生成不溶性化合物,破坏橡胶粒子稳定性,这也许是胶乳对某些高价盐较为敏感的主要原因。以 Ca^{2+} 为例,它既可与保护层的蛋白质阴离子作用生成不溶性的钙盐,又能与高级脂肪酸根作用生成不溶性皂,结果均可使橡胶粒子所带的电荷被中和和脱水。如这样的反应发生在不同橡胶粒子之间,Ca^{2+} 还能起桥梁作用将橡胶粒子联结起来,加速凝胶团的形成过程并使其结构更为紧密。综合的结果使原有盐类的胶乳稳定性降低,这样的胶乳如再加酸凝固时,则所需的酸量较少,且凝固 pH 值较高,即加有盐类溶液的胶乳,凝固 pH 值移向碱性区。基于这一点,提出盐类在胶乳凝固中的有关应用。

加速凝固以酸为主要凝固剂,并增加 0.1%(对干胶重计,下同)左右的氯化钙($CaCl_2$),可使胶乳完全凝固的时间由单独用酸时的 30~40min 缩短到 15~20min,形成的凝块收缩脱水较快,可提前进行机械处理。

③快速凝固 盐类与阴离子表面活性剂并用,如 0.3% 的 $CaCl_2$ 与 0.4% 的肥皂和适量的酸并用,可使胶乳在几分钟内凝固完全。此法可实现胶乳凝固的连续化。其作用机理是金属离子与表面活性剂离解产生的阴离子反应生成不溶性物质,如普通肥皂多为高级脂肪

酸的钠盐，可用 RCOONa 表示，在水溶液中离解：RCOONa→RCOO⁻+Na⁺，离解产生的高级脂肪酸根 RCOO⁻由于表面活性大，容易被橡胶粒子所吸附，从而使橡胶粒子的稳定性提高，但若再加入 $CaCl_2$ 或酸，则可产生如下反应导致胶乳凝固：

$$2RCOO^- + Ca^{2+} \longrightarrow (RCOO)_2Ca \downarrow \quad \text{或} \quad RCOO^- + H^+ \longrightarrow RCOOH \downarrow$$

由此可见，制备溶液时不可将阴离子表面括性剂与盐或酸混合在一起，否则将因上述反应而失效；具体操作时，应先加入表面活性剂溶液，待其与胶乳混合均匀后再加入盐或酸溶液(盐和酸溶液则可混合并一起加入胶乳)。

④用铝盐使胶乳絮凝　用 $2.8\% \sim 3.2\%$ 的 $Al_2(SO_4)_3$ 可使具有强碱性的胶乳(pH=11~13)在搅拌条件下絮凝成稳定的凝粒。这是由于除凝固作用外，过量的 Al^{3+} 与 OH^- 结合产生了胶态的 $Al(OH)_3$ 吸附于凝粒表面，从而阻止凝粒的互相黏结。如在普通氨保存的新鲜胶乳中先加入 $1.0\% \sim 1.2\%$ 的 $CaCO_3$，利用 $CaCO_3$ 与 $Al_2(SO_4)_3$ 的复分解反应，同样能生成胶态的 $Al(OH)_3$，得到同样稳定的凝粒。

$$3CaCO_3 + Al_2(SO_4)_3 =\!=\!= 3CaSO_4 + 3CO_2 + Al_2O_3 \qquad Al_2O_3 + 3H_2O =\!=\!= 2Al(OH)_3$$

20 世纪 60 年代初人们曾试图应用这个原理进行化学造粒，结果因干燥费用高以及产品质量不符合要求等原因未能推广应用。然而，化学造粒的各种尝试，至今仍在继续探索中。

(2)物理方法

①加热　加热使分子的平均动能加大，促使胶乳中的橡胶粒子运动加剧，从而使橡胶粒子之间相互碰撞的机会增多。另外，橡胶粒子保护层的蛋白质会由于加热而变性，从而减少橡胶粒子所带的电荷并使水化膜受到破坏。因而胶乳本身具有热敏化性，即加热会使胶乳不稳定而引起凝固。

②冷冻　在冷冻条件下，胶乳也会产生凝固。这种凝固作用主要由于橡胶粒子周围蛋白质的水化膜因冷冻结冰而被除去，使橡胶粒子发生不可逆的脱水作用。另外，由于冰晶的形成，分散介质的状态发生改变，而冰的体积比水大，对胶粒有挤压作用，从而迫使橡胶粒子聚积在一起而发生凝固。

③搅拌　胶乳中橡胶粒子处于布朗运动状态中。因此相互碰撞的机会很多，由于橡胶粒子表面相同电荷和水化膜的斥力作用，使它们在碰撞时不会发生凝聚。但若橡胶粒子布朗运动具有的能量足以克服橡胶粒子间斥力的势能时，橡胶粒子便互相撞击而凝聚。对胶乳进行强烈的机械搅拌，则一方面由于机械力的作用，水化膜受到破坏，另一方面则增加了橡胶粒子相互碰撞的机会和增加了橡胶粒子的能量，当橡胶粒子具有能量足以克服橡胶粒子间斥力的势能时，胶乳就会发生凝固。

(3)生物方法

从橡胶树流出来的胶乳，放置一段时间后，会发生自然凝固，其根本的原因是由于微生物的作用使胶乳中非橡胶物质发生变化的结果。由于胶乳中含有大量的糖类、蛋白质、磷酸盐等细菌所需的"营养品"，因此细菌繁殖很快，与此同时，糖类被细菌吸收利用，转化为各种酸类，主要是挥发性脂肪酸。蛋白质也会被细菌分泌的酶分解为氨基酸被吸收利用或发生变性。因而橡胶粒子的保护层受到破坏，pH 值不断下降，直至到达或接近等电点的 pH 值时，胶乳便产生自然凝固。但是，这种利用微生物作用使胶乳自然凝固的过程较长，而且会发臭，有时凝固不完全。如果能加快胶乳的凝固速度，则可以克服上述不足之处。

微生物凝固胶乳的研究主要采用如下几种方法：①在胶乳中加入有效的碳水化合物，被微生物分解为酸性衍生物。②用适当的菌种接种胶乳，从而使天然存在于胶乳中的碳水化合物加速分解为酸性衍生物。③如果胶乳中碳水化合物的数量不足以使微生物分解凝固所必需的酸，则在用适当的菌种接种胶乳的同时，还需在胶乳中加碳水化合物。

6.3.1.3 凝固过程

在胶乳中加入凝固剂，当达到一定量时，由于橡胶粒子稳定性受到破坏，橡胶粒子逐渐互相黏结，胶乳因黏度逐渐增加而稠化，最后形成了连续的凝块。如果凝固过程发展较慢，则在显微镜下可直接看到其发展过程。曾有人在显微镜下观察到凝固过程的 3 个阶段，并做如下描述：第一阶段是一些较小的黄色体聚结成较大的团块，并嵌入了部分橡胶粒子，因此，胶乳仍保持良好的液体状态，黏度也较低。第二阶段中黄色体的团块继续增大，好似一块"三角洲"。具有很多支流的"河流"沿着大岛屿的河堤之间流动。"河流"中仍密布着自由流动的橡胶粒子，而"岛屿"则是以黄色体为核心，四周包着一大堆静止的橡胶粒子。此时，胶乳仍是液体，但黏度逐渐增高。第三阶段"河流"变狭，自由流动的橡胶粒子逐渐减少，而"岛屿"由于黏附了更多的橡胶粒子而继续增大并互相联系起来，这样"三角洲"就变成了好似丘陵地，在"小山丘"之间有许多"湖泊"和"小溪"，此时胶乳已不能自由流动而转变为糊状，但仍然很容易用玻棒插入其中。最后"河流"和"湖泊"都干了，胶乳就变成凝块。无论是加酸凝固或是自然凝固，其凝固现象基本上都与上述情况相同。

凝固发展过程的第二阶段，即增稠过程，在制胶生产中具有重要意义，因为凝固剂用量是否适当在这一阶段中已能够充分反映出来。鉴别的方法除使用指示剂外，有经验的操作工人还能根据某些与胶乳稠化速度有关的现象，如推动搅拌浆的沉重程度，胶乳中气泡的上升速度等来判断凝固剂用量是否适当。如发现用量不足，在这一阶段迅速补加还来得及。对于一般的酸凝固，当用酸适当时，在夏天，加酸后 20~30min 便能形成连续凝块，冬天则需要 40~60min。

初形成的凝块，在其网状结构中含有大量的乳清，因而疏松柔软，在停放过程中，网状结构慢慢收缩，将部分乳清挤出，凝块逐渐由软变硬，这个过程称为"熟化"，经历的时间称"熟化时间"。生产标准橡胶的胶乳凝块一般要熟化 4h 以上才能进行造粒，以利湿胶粒的干燥。

6.3.1.4 影响胶乳凝固的因素

了解各种因素对胶乳凝固的影响，其目的是根据制胶生产的实际选择适当的凝固条件，以制得符合工艺要求的凝块。

(1)凝固剂的种类

酸类是目前使用最多的凝固剂。各种酸由于酸性的强弱不同，对胶乳的凝固效果和产品性能有不同的影响。例如，使用硫酸之类的强酸，胶乳的凝固速度快，不易控制，腐蚀性大，使用不安全，而且使用掌握稍有不当，对橡胶的干燥和产品性能有不良影响，故较少使用，一般用来凝固胶清胶；乙酸和甲酸都是有机酸，离解度不太大，凝固能力适中，且易于控制，对产品性能影响较小，故国内外多使用这两种酸。盐类和阴离子表面活性剂并用，可以使胶乳快速凝固，这类凝固剂已用于连续凝固的试验中，缺点主要是加入盐类会使制得橡胶中的灰分含量升高。

（2）凝固剂的用量

凝固剂的用量是指胶乳凝固时所需的适宜酸量。制胶生产中加酸量适宜时，乳清"清而不澈，浑而不浊"，胶乳凝固完全，残留在橡胶中的酸也少，产品质量好；加酸不足时，胶乳凝固不完全，即所谓"出白水"，未凝固的橡胶粒子随乳清排走造成橡胶的损失，同时由于凝块软而影响压片或造粒；加酸过量则不但增加了酸的用量，而且留在橡胶中的残酸较多，制得的橡胶硫化速度降低，耐老化性能也差。因此，加酸不足和加酸过量都必须尽量防止。凝固剂用量不适当也是造成橡胶性能变异的因素之一，目前生产上按胶乳所含的干胶量来计算用酸量是不尽合理的。一般说来，对于同量的胶乳，凝固适宜用酸量随胶乳干胶含量的升高而有所减少，而按胶乳所含的干胶含量计算的结果却相反。以胶乳 pH 值控制凝固较为合理，不仅凝固剂用量较准确，而且产品性能的变异性也较小。

（3）凝固浓度

凝固浓度是胶乳在加酸后的浓度，也称最终浓度。凝固浓度高，橡胶粒子间的距离小，加酸后容易互相靠拢而黏结，因而凝固速度快。同时由于形成的网状结构中保留的间隙小，容易收缩脱水，故形成的凝块较硬。生产颗粒胶时，胶乳的凝固浓度一般控制在 20%~25%。凝固浓度太高，往往由于凝块过硬而增加造粒设备的负荷，在压片或压绉过程中硬的凝块难于展开，使造出的粒子粗，干燥时间延长。相反，凝固浓度过低，则凝块松软，造出的粒子虽然细而均匀，但粒子含水量较高，在干燥过程受热容易黏结，妨碍热风穿透胶层而造成干燥不完全，同时还会降低橡胶的质量，必须尽量避免。生产颗粒胶时，由于对凝块软硬度的要求不那么严格，可用原胶乳或稍为稀释的胶乳凝固，凝固浓度高，不仅干胶制成率较高，制得橡胶的性能也较好，这是由于橡胶中保留有较多的非橡胶物质，使橡胶具有较好的强伸性能和耐老化性能，硫化速度也较快。相反，过分稀释胶乳时，有较多的非橡胶物质随乳清排走，从而损害橡胶的性能，凝固浓度不加控制也是造成产品性能差异的原因之一。

（4）熟化时间

凝块的停放过程称为熟化。熟化时间一般是指胶乳加酸凝固至凝块机械脱水所经历的时间，熟化过程最显著的特点是凝块逐渐收缩脱水，硬度增加。熟化时间长短对后续工艺和产品质量均有影响，当熟化时间过短时，凝块的质量、造粒、干燥以及产品质量都有与凝固浓度过低时相似的缺点；熟化时间过长（超过 8h），凝块过硬，容易造成脱水和造粒机械的负荷过大，造出的粒子较粗，并且，随着熟化时间延长，干燥难度增加，制得的橡胶的塑性保持指数有降低的倾向。但延长熟化时间可提高拉伸强度，生胶氮含量及 P_0 略有下降，熟化时间一般控制在 6~16h。

（5）气温

胶乳的凝固速度与环境温度的关系很大。在一定温度范围内，温度高则凝固速度快，生成的凝块硬。这种现象一方面是由于化学反应速度随温度的升高而加快，另一方面则与胶乳的稳定性有关。在气温高的夏季，胶乳中细菌繁殖快，酶的活性亦大，因而胶乳的稳定性较低，容易出现早凝或腐败变质现象，加酸后凝固也较快。而在气温低的冬季则相反。加酸后凝固速度较慢、凝块较软，就需要提高凝固浓度，适当增加用酸量并延长熟化时间。

(6)胶乳的保存条件

胶乳早期保存所使用的保存剂的性质和用量也会在某种程度上影响胶乳的凝固，以目前最普遍使用的氨为例，当用量较低时，胶乳凝固仍属于正常，但当用量超过0.1%为高氨胶乳，往往会使凝固时间延长，生成的凝块软，而且除了增加中和用酸消耗外，按胶乳干胶含量计算的凝固适宜酸量还需相应提高，才能使胶乳凝固完全。例如，氨含量为0.05%~0.08%的正常胶乳用乙酸凝固时，凝固用酸量约为干胶的0.5%~0.8%，而当氨含量超过0.1%以上，凝固适宜用酸量需提高到1.0%以上，这是由于在高氨条件下，当加入乙酸之类的弱酸后，胶乳具有类似缓冲溶液的性质，pH值难降低。高氨对快速凝固是一个障碍，因而采用快速凝固时必须严格控制胶乳氨含量或选用其他保存剂，如EDTA的钠盐(乙二胺四乙酸二钠)等。长时间保存的高氨胶乳由于铵皂的形成，改变了粒子保护层的结构，这样的胶乳加酸时容易产生局部凝固，难于形成连续凝块。高氨以及随之而来的高酸还将影响橡胶的干燥并损害橡胶的性能。

6.3.2 凝固方法

6.3.2.1 一般酸凝固

一般酸凝固指以酸为凝固剂，用凝固槽凝固的方法，其工艺过程如下：

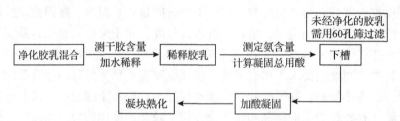

这种方法的优点是当天收集的胶乳可在短时间内凝固完毕，不需要积聚胶乳，而且凝块有充分的熟化时间以满足机械处理所要求的软硬度。缺点是设备占地面积大，用工多而且生产不能连续化。

(1)常用的酸及其性质

①乙酸 也叫醋酸，分子式为CH_3COOH，相对分子质量为60，是具有醋味的无色液体，在常温下的电离常数为$1.83×10^{-5}$，比甲酸低，沸点为118℃，熔点为16.5℃。温度在熔点以下时的无水乙酸为冰状晶体，故称冰乙酸，乙酸能与水混溶，乙酸溶于水时放出热量而总体积缩小，其密度随稀释度而变化，制胶厂用的乙酸，质量分数一般在96%以上，密度重1.06左右。

用乙酸作胶乳凝固剂的主要优点是：①凝固能力适中，容易制得软硬度适中的凝块，用量稍多时对凝固过程和橡胶质量没有明显的影响；②制得的胶片颜色外观质量较好，残酸容易挥发或通过凝块的浸水和机械脱水过程及冲洗而除去；③乙酸是弱酸，腐蚀性较小，操作比较安全。其缺点是：有刺激性和轻微的腐蚀性，在操作时浓乙酸应避免与皮肤接触。

乙酸与氨中和反应的质量比为17(氨)∶60(乙酸)=1∶3.53；制造标准橡胶时其适宜用酸量(凝固酸)为干胶重的0.5%~0.8%，在加入胶乳前应配成5%~10%的水溶液。

②甲酸 也叫蚁酸，分子式为$HCOOH$，相对分子质量为46，沸点为101℃，与水的

沸点很相近，在常温下的电离常数为 $1.4×10^{-4}$ 比乙酸大 11 倍，容易氧化和分解，酸性比乙酸强。制胶厂使用的甲酸，其质量分数一般为 90%左右，比重为 1.204，用量比乙酸少，仅相当于乙酸用量的 65%~70%。加酸搅拌后液面生成的泡沫比用乙酸少，凝固速度较快，胶乳凝固浓度相同时，用甲酸凝固的凝块比用乙酸的稍硬。制得的产品无论在外观或物理机械性能方面与用乙酸的比较，均无明显差异。其缺点是腐蚀性稍大，与皮肤接触会起泡，刺激性大，使用时要注意安全。

甲酸与氨中和反应的质量比为 17(氨)∶46(甲酸)=1∶2.71；凝固适宜用酸量一般为干胶重的 0.3%~0.54%，使用前加水配成 1%~3%的水溶液。

目前，生产全乳胶(WF)、5 号胶(SCR 5)产品用甲酸作胶乳凝固剂。

③硫酸　市售浓硫酸挥发性小，是一种强酸，用作胶乳凝固剂的唯一优点是价格便宜，用量仅为乙酸 1/10。

硫酸与氨中和反应的质量比为 17(氨)∶98/2(硫酸)=1∶2.88，凝固适宜用酸量为干胶量的 0.25%~0.4%，使用前配成 0.5%水溶液。因浓硫酸稀释时产生大量的热，故在配制硫酸溶液时只能把浓硫酸慢慢加入水中，并边加酸边搅拌，决不允许把水倒入浓硫酸中，否则会引起溶液飞溅甚至产生爆炸。其缺点是用酸量难于控制准确，橡胶干燥时间长，使标准胶含水量增加，降低橡胶的硫化速率和耐老化性能，一般只用来制造胶清橡胶。

(2)凝固总用酸量的确定

①计算方法　目前生产上多把凝固总用酸量分为两部分计算：一部分是中和胶乳中的氨所需的酸，叫中和用酸；另一部分是使橡胶粒子互相凝聚，起着凝固作用的酸叫凝固用酸。中和用酸和凝固用酸虽然是分别计算，但实际上它们的作用是不能截然分开的。

中和用酸量：是根据某种酸和氨产生中和反应的质量比来计算的。用纯乙酸时，所需的酸量为纯氨含量的 3.53 倍(以纯酸计)；用甲酸时为 2.71 倍；用硫酸时为 2.88 倍。因此，必须先测定并计算出胶乳中氨的质量，再根据反应比例计算出所需的酸量，如用乙酸时的计算公式如下：

$$中和用酸量=3.53×胶乳质量×氨含量$$

凝固用酸量：是根据胶乳的稀释浓度、气温的高低、氨含量的高低和凝块熟化时间的长短等条件并结合经验确定的一个凝固适宜用酸量，以对干胶的百分数表示，即凝固出 100kg 干胶所需纯酸的千克数，根据所确定的凝固适宜用酸量以及胶乳质量和干胶含量便可计算出凝固用酸量。计算公式如下：

$$凝固用酸量=胶乳重量×干胶含量×凝固适宜用酸量$$
$$凝固总用酸量=中和用酸量+凝固用酸量$$

【例 6-3】有稀释胶乳 160kg，干胶含量为 22%，氨含量为 0.04%，凝固时甲酸的适宜用酸量定为 0.4%，应加多少甲酸凝固？

解：中和用酸量=2.71×160×0.04%=0.17(kg)
　　　凝固用酸量=160×22%×0.4%=0.14(kg)
　　　凝固总用酸量=0.17+0.14=0.31(kg)

计算结果是纯甲酸的用量，而实际使用的甲酸不是纯酸，必须将纯酸用量换算成实际用量，因甲酸具有挥发性，在运输和贮放中浓度会改变，故使用前必须重新测定其浓度。假如测得甲酸的体积百分比浓度为 88%(即每 100mL 中有纯甲酸 88g)那么 390g 纯甲酸的实际用量为352.27mL，换算公式如下：

$$甲酸实际用量(mL) = \frac{纯甲酸克数}{甲酸的体积百分比浓度} = \frac{310}{88\%} = 352.27(mL)$$

加进胶乳的酸必须配成浓度较低的酸水才能分散均匀，使胶乳凝固均匀一致，配制酸水时应加的水量，要根据最终凝固浓度来确定。因为这部分加水量使胶乳浓度由稀释浓度降至凝固浓度，所以凝固浓度和稀释浓度确定后，应加酸水量便可由下面公式计算出来：

$$每槽胶乳需加酸水量 = 每槽胶乳量 \times \frac{稀释浓度 - 凝固浓度}{凝固浓度}$$

在制胶生产中，通常都按季节将凝固浓度、稀释浓度、每槽胶乳的量以及加入的酸水用量相对固定，这样有利于稳定工艺条件，方便操作并能提高产品的一致性。

②控制 pH 值凝固的方法　由于计算凝固用酸量的依据是由经验选择一个适宜用酸量，因此有相当随意性，另外，按实际情况，相同质量的胶乳，浓度越高，越容易凝固，但计算方法不能反映出这个规律。用 pH 值控制胶乳凝固是比较合理的，首先是加酸准确，其次是产品的一致性较好，但这种要使用酸度计(也叫 pH 计)，因而也就受到仪器供应及仪器本身准确性的限制，目前仍未在生产中大量使用。

我们知道凝固胶乳时需要加酸，如果加酸的速度很慢时，胶乳的 pH 值便慢慢降低，由碱性逐渐变成酸性，当它的 pH 值达到 4.8 左右时，停止加酸并放置一段时间后，胶乳便会凝固，这时的 pH 值就叫胶乳的凝固 pH 值。胶乳的凝固 pH 值与胶乳的干胶含量有关：生产颗粒胶时，干胶含量为 25%～30% 时，凝固 pH 值一般控制在 4.8～5.0 范围内；干胶含量为 16%～18% 的稀释胶乳，凝固 pH 值可控制在 4.5～4.8。粗略测定时可用 pH 试纸，精确测定必须用酸度计。

控制 pH 值凝固的方法大致如下：

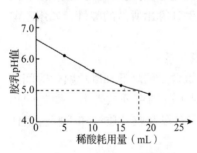

图6-3　pH 值控制凝固用酸

配制酸溶液——从当天凝固用的浓酸罐中准确吸取 3mL 浓酸加入 100mL 的容量瓶中，加入蒸馏水稀释到刻度摇匀，装入酸滴定管中备用。此酸液的浓度为 3%。

用酸量试验——取 250mL 经混合稀释的胶乳样品，放入烧杯中，用酸度计测定其 pH 值并记录，然后从滴定管中每次加入 5mL 酸液，搅匀后测定胶乳的 pH 值并记录，直至胶乳 pH 值降至 5.0 以下停止加酸。将所得各点用线连接起来，从当天确定的胶乳凝固 pH 值便可找到需要加的酸量。图6-3 为实际运用的一个例子。

【例6-4】稀释胶乳浓度 25%，加入甲酸浓度为 3%，确定凝固 pH 值为 5.0，测得 250g 胶乳的初始 pH 值为 6.7，各次加酸量及 pH 值为：

5mL—6.2　　　10mL—5.6　15mL—5.2　　20mL—4.9

将所得各点连接后，找到对应于 pH 5.0 的加酸量应为 18.4mL 浓度为 3% 的甲酸。

问：300kg 的胶乳，需加多少浓度为 3% 的甲酸？

解：设每槽胶乳质量为 300kg，需加浓度 3% 的甲酸量为 $x$kg，由此可列出比例式如下：

$$300 : x = 250 : 18.4, \quad x = \frac{300 \times 18.4}{250} = 22.1\,(\text{kg})\,(3\%\text{的甲酸})$$

即　　　　　$$稀释用量 = \frac{需凝固胶乳量 \times 样品凝固用酸量}{样品毫升数}$$

$$浓酸用量 = 稀酸用量 \times 稀释浓度 = 22.1 \times 3\% = 0.66\,(\text{kg})$$

要注意的是，用来配制3%稀甲酸的浓酸一定要取自当天凝固用的同一罐酸。如果当天不只是用一罐酸，则必须先将几罐酸混合起来再取样，并且浓度一定要配准，否则最后计算结果将会产生很大的误差。

（3）检查用酸量的方法

为了预防意外，当凝固一批胶乳时，必须在第一、二槽胶乳加酸后，用甲基红或溴甲酚绿指示剂检查用酸量是否适当，以便及时发现问题，加以纠正，避免造成大的损失。少量胶乳的凝固也可用指示剂控制加酸。

①用甲基红指示剂检查用酸量　先将甲基红配成0.1%的乙醇溶液，胶乳加酸并搅拌均匀后，同时在不同部位吹开液面的泡沫，各滴入一滴甲基红溶液，如溶液散开后马上收缩成直径2~3cm的圆圈，圈中间无白点，颜色呈橘红色，则用酸量适当；如溶液散开范围小，收缩快，圈中间无白点，颜色呈深红色，则用酸量过多；如甲基红散开范围大、收缩慢，圈中间有白点，颜色呈粉红色，则用酸量不足。

②用溴甲酚绿指示剂检查用酸量　有溶液滴试法和试纸法两种。

溶液滴试法：先将溴甲酚绿指示剂配成0.2%乙醇溶液。方法与甲基红相同。溶液滴入胶乳后，若呈蓝绿色，则用酸量适当；若呈黄绿色，则用酸量过多；若呈蓝色，则用酸量不足。

试纸法：胶乳加酸、搅拌均匀后，将溴甲酚绿试纸掠过胶乳液面使试纸的一面涂上胶乳，从另一面呈现的颜色即可判断加酸量是否适当。不同加酸量的颜色反应与滴试法相同。

目前，生产上多数用精密pH试纸检查用酸量：胶乳加酸搅拌均匀后用70号精密pH试纸（指示范围3.8~5.4）掠过胶乳液面。使试纸一面沾上胶乳，观察另一面呈现颜色并与试纸盒上比色板对照，即可知对应pH值，从而确定用酸量是否合适。

（4）胶乳凝固操作方法

1976年改用胶乳与酸溶液并流的方法加酸，不但操作简便，而且酸溶液和胶乳混合也较均匀。采用并流加酸方法，需在混合池旁边加设一个酸池，容积约为混合池的1/10，酸池的出口接管顺着胶乳流动方向插入胶乳输送管内。预先调节好流量使酸溶液流量恰好为胶乳流量的1/10或当胶乳和酸溶液的液面等高时，同时打开阀门，两池内液面的下降速度完全一致。最后胶乳和酸溶液同时排完。如在两池中加设液面指示装置和阀门开关联动机构，则操作更为简单。使用时，先加少量水入酸水池，再将计算好的整池胶乳所需总酸量加入酸池，加水至水面高度与胶乳高度相等，然后加入混合池中的胶乳凝固所需的总酸量并搅拌均匀，即可开始操作。

（5）凝固操作要点

选择适当的凝固条件和准确加酸，对胶乳的凝固固然重要，但若没有正确的操作，同样不能制得好的凝块。

①胶乳下槽　下槽前，首先应认真检查凝固槽、流槽、管道、阀门等是否有泄漏现象，以防胶乳流失浪费。各种与胶乳接触的设备和用具在使用前均用水淋湿，以便用后清洗。随时保养维护，保证正常完好地使用。每槽放入的胶乳要求数量准确，以便准确用酸，胶乳下槽后，需用高压水喷射胶乳表面，以除去泡沫。

②并流加酸　采用并流加酸时，要注意酸池与胶乳池两液面高度相等，两阀门要同时打开，酸水与胶乳要同时放完。这些需要在实际操作中进行摸索与调整，以取得良好凝固效果。

③加酸搅拌　采用人工加酸时，将先配制好的酸溶液迅速而均匀地倒入胶乳中，并边加酸边搅拌，加完酸溶液继续搅拌 3~5 次，再用高压水喷洒液面泡沫。

④凝块浸水　胶乳凝固 30min 后，放水覆盖凝块表面，防止氧化变黑。在凝块处理前应在槽中注满清水泡洗凝块，以便除去残酸和部分乳清物质，使制得胶片不易吸潮长霉，同时也可使凝块上浮，便于输送。

(6)非正常胶乳的处理

①雨冲胶的处理　雨冲胶的主要特点是浓度低，其次是杂质多、氨含量高。雨冲水量不太多的胶乳，稳定性较低。在处理时应视具体情况适当增加用酸量，并适当提高酸溶液浓度。氨含量很高的雨冲胶乳，在设备许可的条件下可将其放置过夜使部分氨挥发，待氨含量降至 0.1% 以下再加酸凝固。这样可减少酸的消耗，凝固也较顺利。

②变质胶乳的处理　变质胶乳的特点是稳定性差，所以处理要快，以免继续变质。凝固前应选用适当的筛网过滤除去杂质和凝块。加酸时极易出现局部凝固，为减慢凝固速度，便于排出气体，可适当降低凝固浓度。此外，还应适当缩短熟化时间，提早处理凝块，防止大量细菌繁殖引起的凝块发酵。

③高氨胶乳的处理　高氨胶乳粒子稳定，加酸后不易凝成整块，常常在酸加到的地方发生局部凝固，因而用酸量大大增加(除去中和酸、凝固酸也要提高)。因此，如果氨含量超过 0.15% 以上的，可将其放置过夜，使部分氨挥发，待氨含量降至 0.08% 以下，再与正常胶乳混合凝固。

(7)凝固设备

凝固设备如图 6-4 所示。

颗粒橡胶生产使用的凝固设备主要是凝固槽，形式有多种多样。生产上普遍采用深层凝固设备。槽宽 40cm、高 30~40cm、长 15~40m，每槽一次凝固干胶 450~1 200kg。基础一般用石片、红砖构筑，槽身用混凝土浇灌或红砖砌成，内壁衬贴瓷砖或厚玻璃板。生产的凝块宽约 40cm、厚 20~40cm 的长条厚凝块，需要一台压薄机压薄，再送绉片机脱水。凝固车间内只需在两侧留出人行道，有些还设置横跨槽面的行车，供胶乳下槽后喷水和洗槽使用。

(8)胶乳凝固的条件和方法

胶乳的凝固浓度一般控制在 20%~25%。如采用并流加酸，酸池的容积又恰为混合池的 1/10 时，则混合池中胶乳的稀释浓度应等于凝固浓度乘上 1.1，如确定凝固浓度为 25%，则稀释浓度 = 25%×1.1 = 27.5%。

胶乳凝固的适宜用酸量，用甲酸时为干胶重的 0.3%~0.54%；胶乳凝固 pH 值为 4.4~4.8。

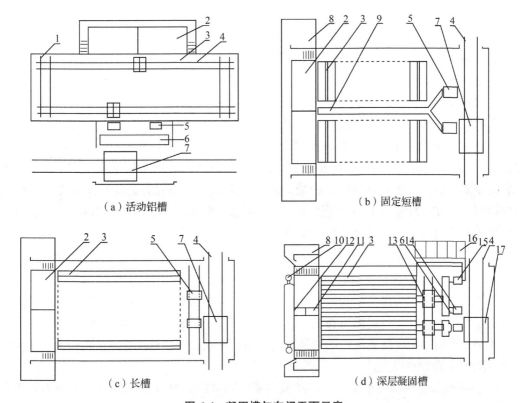

（a）活动铝槽　　　　　　　　　　　（b）固定短槽

（c）长槽　　　　　　　　　　　（d）深层凝固槽

图 6-4　凝固槽与车间平面示意

1-渡车　2-混合池　3-凝固槽　4-轨道　5-压片机　6-水槽　7-挂胶车　8-化验室　9-流槽　10-胶乳杂质分离器
11-酸池　12-胶乳池　13-压薄机　14-脱水造粒机　15-绉片机组　16-杂胶池　17-干燥车

目前普遍采用的凝固方法是深层凝固法。凝块经压薄机压薄后再进入绉片机压绉，当使用单对辊筒的压薄机，凝固深度一般为 20~25cm；最近出现一种有两对辊筒的超厚压薄机，使用这种压薄机，凝固深度可增加至 45cm。深层凝固的优点是生产效率高，劳动强度低和厂房占地面积小等。

6.3.2.2　生物凝固

（1）化学法凝固新鲜胶乳的弊端

使用有机酸凝固新鲜胶乳生产标准橡胶，存在以下弊端：①凝固成本高。②腐蚀性强，锈蚀制胶机械设备，缩短设备使用寿命，增加设备维修费用。③刺激性气味浓，劳动强度大，影响身心健康。④使用方法和用量要求较严格，使用不当将严重影响制胶工艺和产品质量。⑤产品的拉伸强度有时难以达到国家标准。⑥所排放的废水酸性强，化学需氧量等污染物含量高，严重污染环境。

（2）生物凝固生产标准橡胶工艺

①生物凝固生产标准橡胶的工艺流程

无氨混合鲜胶乳→验收→净化（过滤）→混合→稀释→加生物凝固液→制得厚凝块→凝块压薄→压绉→造粒→干燥→标准胶产品→检验→包装→入库

新鲜胶乳经净化（过滤）后进入混合池的目的：一是混合均匀；二是加水稀释至需要

的浓度；三是测定干胶含量和氨含量，计算凝固剂用量。

生物凝固液配制的目的：一是使废糖蜜和乳清混合均匀；二是酸化产酸，至于酸化时间可根据季节、气温和湿度等调节。

②生物凝固原料及要求

a. 新鲜胶乳：要求品质良好，无污染其他有害杂质；气味芳香，颜色洁白，流动性好，无腐败变质现象；氨含量在 0.05% 以内。

b. 生物凝固液：配制第一次凝固原液，按干菌种：清水：糖蜜 = 0.5：100：5（质量比）的比例配制，搅拌均匀，贮存发酵 2d，待凝固液 pH 值达到 3.8~4.1 可用于新鲜无氨胶乳的凝固。第二次培养：收集生物凝固的凝块乳清，根据乳清量及时投入 5% 的糖蜜，搅拌均匀，贮存发酵留待下一次凝固用。以此方法不断循环扩大培养，取得生物凝固液。一次投入菌种培养凝固液可循环扩大培养 20~25d。

③生物凝固技术要点

a. 菌种：新鲜胶乳生物凝固效果如何，很大程度上取决于生物凝固剂的质量，生物凝固剂的质量又很大程度上取决于所选用的菌种种类和类别。这是因为在废糖蜜和乳清混合酸化过程中，主要是依靠微生物发生作用来产酸的，因此，菌种的选择是十分重要的，据试验结果表明，生物凝固最好的菌种是链球菌、乳酸杆菌和双歧杆菌这 3 种，占生物凝固剂中微生物的 85% 以上。

b. 新鲜胶乳氨含量及早保质量：试验表明，新鲜胶乳氨含量高低对生物凝固效果影响很大，氨含量越低，生物凝固效果就越好，当氨含量超过 0.04% 时需用有机酸来中和 0.04% 以上的氨，才能保证生物凝固完全；同样，新鲜胶乳早期保存质量不保证，出现严重腐败变质现象，生物凝固不完全，且凝块软硬不一，影响制胶工艺和产品质量，因此应加强新鲜胶乳的早期保存工作，保证新鲜胶乳氨含量和早期保存质量符合生物凝固的要求。

c. 新鲜胶乳稀释浓度：稀释浓度过高，凝块过硬，凝块发胀肿大，制胶工艺难以贯彻，产品容易夹生、产品质量不保证；稀释浓度过低、凝块过软，经受不起机械辊压破坏，产品容易发黏。试验表明，稀释浓度控制在 21% 左右效果较理想。

d. 废糖蜜用量及与乳清的配比：废糖蜜用量过多，不仅生物凝固过头，影响生产工艺和产品质量，而且造成浪费；用量过少又达不到完全凝固的目的，试验结果表明，气温在 28℃ 以上，天气炎热，建议用量为 15kg/t 干胶；气温在 28℃ 以下的雨天，则建议用量为 17kg/t 干胶。糖蜜与乳清配比，对菌种的繁殖产酸影响很大，须合理掌握。试验结果表明，废糖蜜与乳清的配比控制在（3~5）：100 效果最佳。

e. 生物凝固剂酸化时间：通过试验不难发现，酸化时间过长，微生物繁殖就旺盛，产酸量就多；反之，微生物繁殖不够，产酸就少。要保证生物凝固效果，就必须合理掌握酸化时间，气温在 28℃ 以上，天气炎热，酸化时间控制在 16~18h；气温在 28℃ 以下的雨天，酸化时间控制在 18~20h。

④影响生物凝固液的因素分析

a. 容器清洁度对生物凝固液的影响：我们采用的菌种是经过筛选、分离培养用于凝固天然橡胶的菌种，如果其他的杂菌在菌液中含量较多时将会抑制有益菌种的生物活性或吞噬有益菌种，影响到凝固效果。在配制过程中应保持容器的清洁，特别是在一次培养菌种时一定要将上一循环遗留下来的残液全部清除，容器清洗干净，尽量减少其他杂菌对它的污染。

b. 配制及发酵时间对生物凝固液的影响：凝固液的 pH 值随着培养时间的延长而逐渐下降，当降到 3.8 后保持不变，说明微生物代谢产物达到 pH 值为 3.8 后会抑制它自身的繁殖成长，乳清回收完毕后应在 5h 之内及时加入糖蜜培养凝固液，超过 8h 后，发酵效果不太理想。贮存发酵 2d 以上凝固液比发酵 1d 的凝固液 pH 值更易达到 3.8。但发酵时间过长(在 5d 以上)的凝固液 pH 值会有上升的趋势，乳清有浑浊现象，而且凝固后的产品氧化严重，黑点多，影响产品质量。一般应控制在 2d 比较适宜。

c. 气温对生物凝固液的影响：随着配制贮存时气温的升高，凝固液的 pH 值下降，达到 pH3.8 的时间也更短。说明温度升高，加快微生物的生长繁殖，代谢产物也增多，凝固液达到稳定 pH 值(3.8)也较快。发酵气温在 24℃ 以上(当天最高气温计)，培养 1~2d，凝固液 pH 值可达到 3.8~4.1；在 18℃ 以下，增加糖蜜用量(由 5% 的用量提高到 5.3%~5.5%)及延长培养时间，pH 值有望达到 3.8~4.1。

d. 鲜胶乳氨含量对生物凝固液的影响：云南省 6~8 月属雨季，胶乳一般要在林段加氨保存，生产中的加氨量≤0.05%，试生产表明：当胶乳中的氨含量为 0.02% 时，8h 后胶乳仅为豆花状，20h 后乳清仍呈白色，用量达到 0.05% 时，8h 后仍不能絮凝，且氨含量越高，絮凝时间长，凝固不完全，凝块软，乳清浑浊，制成率低。当胶乳中的氨含量大于 0.02% 时，就可严重影响胶乳的凝固效果，说明氨水的加入可能对凝固液有杀菌作用。

⑤影响胶乳凝固效果的因素分析

a. 胶乳稳定性对凝固效果的影响：胶乳稳定性高，微生物凝固速度慢，凝固效果差；反之则好。试验过程中一般取用新鲜无氨或低氨保存的混合胶乳进行凝固，pH 值为 6.7~7.0。当 pH 值大于 7.0 以上时，凝固不完全，乳清中有白水现象。

b. 鲜胶乳浓度对凝固效果的影响：胶乳浓度高，凝固速度快，凝块硬，产品颜色深，凝固效果好；反之，胶乳浓度低，凝固速度慢，凝固效果差。鲜胶乳稀释浓度一般控制在 25%~28%。6~8 月雨季，鲜胶乳干胶含量有时会达到 15% 左右，此浓度的鲜胶乳稳定性低，胶乳已有凝粒，不适合用生物凝固法凝固胶乳。

c. 凝固液用量对凝固效果的影响：凝固液用量为鲜胶乳量的 10%，但因为凝固时胶乳浓度各不相同，试验过程中多数采用糖蜜的用量来计算凝固液的用量。气温高时，糖蜜的用量减少；气温低时，糖蜜的用量增加。当气温高于 24℃、胶乳干含高于 25%、凝固液 pH 值在 3.8 时，糖蜜消耗量可采用干胶量的 1.8% 或稍低来计算；当气温低于 24℃，特别是进入 10 月份，胶乳干含低(一般在 21%~23%)、凝固液 pH 值在 4.1~4.4 时，糖蜜消耗量可采用占干胶量的 2%~2.3% 计算。胶乳凝固时 pH 可控制在 4.8~5.0 之间。

d. 不同气温条件对凝固效果的影响：气温越高，凝固越快，凝固效果较好，6~10 月气温在 24℃ 以上，凝固液用量较少，糖蜜用量为干胶量的 1.8%，回收率 99.9%，凝块有轻微的膨胀。10 月以后，气温下降，在 18℃ 以下时，凝固液用量增加，糖蜜用量为干胶量的 2%~2.3%，回收率下降，凝块膨胀率严重时超过容积的 20%，给工艺操作带来了困难。

(3)生物凝固生产成本分析

采用微生物凝固生产子午线轮胎胶，除了凝固段工艺有所不同，其他的生产工艺成本与甲酸生产工艺成本没有什么区别，所以我们只作凝固成本的比较。

①采用微生物凝固计算每吨干胶凝固成本　若糖蜜单价0.9元/kg，用量为干胶量的1.8%~2.5%，当用量为1.8%时，吨干胶凝固费用=1 000kg×1.8%×0.9元/kg=16.2元；当用量为2.5%时，吨干胶凝固费用=1 000kg×2.5%×0.9元/kg=22.5元。

②采用甲酸凝固计算每吨干胶成本　甲酸单价8.8元/kg，吨干胶耗酸量为6.5~7.5kg，吨干胶耗酸为6.5kg时，吨干胶凝固费用=1×6.5kg×8.8元/kg=57.2元；吨干胶耗酸为7.5kg时，吨干胶凝固费用=1×7.5kg×8.8元/kg=66元。

从以上理论计算可看出生物凝固直接费用比甲酸凝固直接费用每吨干胶可节约41~43.5元。

(4)生物凝固存在问题及其对策

①发臭　是生物凝固过程中的某些微生物发生作用的结果，发臭不但影响作业工人身心健康，污染环境，还影响橡胶产品的质量。解决方法：一是坚持每周彻底清洗乳清积集池一次(在清洗前，应先盛装两桶约50kg原乳清作为新乳清的菌种)；二是坚持每次生物凝固时，加入0.05%焦亚硫酸钠水溶液(干胶计)做凝块喷面，一方面可防发臭，另一方面以可抗氧化酸致黑。

②发胀　是生物凝固过程中的普遍现象，不但影响制胶工艺的贯彻和橡胶产品质量，还减少凝固槽的利用率，降低标准胶厂的凝固能力。发胀是生物凝固中一个主要难题，解决方法：一是合理控制新鲜胶乳的稀释浓度；二是掌握好废糖蜜用量及其与乳清的配比；三是控制好凝固剂的酸化时间；四是制造一种专用辊筒，在新鲜胶乳生物凝固基本完全后辊压凝块排气。

③凝块过软或过硬　在生物凝固中，只要控制好新鲜胶乳稀释浓度和氨含量、废糖蜜用量、废糖蜜与乳清配比、酸化时间，凝块软硬度差距不大，不会影响生产工艺和产品质量。

④夹生胶　在生物凝固中，尽管各大技术控制点均严格控制，但干燥出柜的橡胶产品仍然容易存在夹生现象，从理化性能检验可知，用有机酸凝固和用生物凝固生产出来的标准胶产品对比，虽然外观上均熟透，但检验结果发现，挥发物含量后者仍高出0.1%~0.15%。解决生物凝固夹生胶的方法：一是严格把好各技术控制点关，做好各项质量管理工作；二是将第三号压绉脱水机辊筒辊距调整至绉片厚度为3.0~4.5mm。

6.3.3　不同凝固工艺对产品质量的影响

采用不同凝固工艺凝固胶乳所得产品的质量见表6-4。结果表明，采用氯化钙凝固，制得的橡胶除灰分和挥发物含量较高外，其他性能优于另外两种凝固工艺。由于胶乳在中性(pH=7)状态下凝固，乳清中的蛋白质没有沉淀，故氮含量约低30%左右，定伸应力、拉伸强度和门尼黏度得到明显的改善。而采用辅助生物凝固制得的橡胶，由于凝块熟化时间长，蛋白质分解产生了碱性氨基酸，产品的氮含量也较低，促进了橡胶硫化，定伸应力、拉伸强度也有改善。

表 6-4　不同凝固工艺对产品质量的影响

凝固工艺	样品编号	杂质量(%)	灰分含量(%)	氮含量(%)	挥发物含量(%)	P_0	PRI	硬度Shore(A)	300%定伸应力(MPa)	500%定伸应力(MPa)	拉伸强度(MPa)	扯断伸长率(%)	门尼黏度ML_{1+4}, 100℃
氯化钙凝固	1	0.01	0.41	0.30	0.16	51.0	62.7	41	1.9	3.9	26.3	827	81.7
	2	0.01	0.34	0.20	0.24	47.5	71.6	40	1.8	3.9	27.7	833	82.9
	3	0.01	0.36	0.40	0.48	39.0	69.2	40	1.8	3.7	27.4	848	82.7
	4	0.02	0.47	0.20	0.41	45.0	69.0	40	1.8	3.6	25.7	844	81.5
	5	0.01	0.44	0.20	0.39	47.0	77.0	40	1.8	3.7	27.4	843	79.4
	6	0.01	0.41	0.20	0.50	44.0	60.0	38	1.6	3.1	26.2	892	79.2
	7	0.01	0.33	0.20	0.48	42.0	79.0	40	1.8	3.8	26.6	833	83.8
辅助生物凝固	1	0.01	0.27	0.40	0.24	43.0	84.9	36	1.4	2.6	22.2	907	74.2
	2	0.01	0.29	0.30	0.23	36.0	85.0	34	1.2	2.3	21.8	935	68.2
	3	0.01	0.30	0.30	0.21	34.0	83.0	33	1.2	2.3	21.7	948	62.0
	4	0.01	0.30	0.30	0.21	34.0	83.0	34	1.3	2.4	21.0	922	64.1
甲酸凝固	1	0.01	0.20	0.40	0.10	44.0	80.0	32	1.1	1.9	19.8	980	68.3
	2	0.01	0.20	0.40	0.10	42.0	80.0	33	1.1	2.0	20.5	965	67.8
	3	0.02	0.20	0.50	0.20	45.0	84.0	34	1.2	2.1	23.5	948	68.2
	4	0.03	0.20	0.40	0.20	45.0	87.0	32	1.0	1.9	18.8	975	64.6
	5	0.01	0.30	0.50	0.20	38.0	92.0	33	1.1	2.0	19.9	966	64.3

6.4　凝块的机械脱水

　　胶乳凝块的含水量依凝固浓度的不同差异很大，如采用稀释胶乳凝固，凝块含水量高达 500%（对干胶），而采用原胶乳凝固，凝块含水量为 250%～300%（对干胶），因此，若直接用热源干燥排除含水量极高的凝块，不仅有难度，而且费用也很高。机械脱水设备简单，脱水效率高，费用低。但不能将橡胶中的水分彻底排除，而只能为进一步用热源干燥创造更为有利的条件。

　　目前，制胶工业使用的脱水机械主要有压薄机、绉片机和锤磨造粒机 3 种类型。除脱水的作用外，压薄机和绉片机还兼有压片的作用，而锤磨机则兼有造粒的作用。

6.4.1　凝块压薄

　　凝块厚度在 10cm 以上时必须先经过压薄机压薄，使厚度减少到 5～6cm 再送入绉片机。如厚凝块直接送入绉片机，则会因打滑造成进料不均匀，使压出的绉片不连续并降低生产效率。压薄机有单对辊筒普通压薄机和两对辊筒的超厚压薄机两种。前者可加工厚度在 25cm 以下的凝块，而后者可加工厚度在 45cm 以下的凝块。超厚压薄机是在普通压薄机的基础上经改进而成。其相关技术参数见表 6-5、表 6-6。使用这种压薄机时，由于胶乳的凝固深度可由原来的 25cm 增加到 45cm 左右，因而在不增加凝固车间面积的情况下，只需将原来的凝固槽稍加改造即能使凝固车间的加工能力成倍地提高。

表 6-5 Y450×650 型压薄机技术参数

项 目		指标值
辊筒直径(mm)		450
辊筒长度(mm)		650
辊 筒 花纹	波纹深×宽(mm)	20×40
	槽距(mm)	59
	波纹槽宽(mm)	560
辊筒转速(r/min)		6.4
主 电 动机	功率(kW)	10
	转速(r/min)	960
减速器传动比		20
出片输送带线速度(m/min)		13.6
生产能力(kg 干胶/h)		2 500

表 6-6 2-520 型超厚压薄机技术参数

项 目		指标值	
辊筒		第一对	第二对
直径×长度(mm)		φ520×500	φ400×630
转速上/下(r/min)		2.8/2.7	9.3/8.3
速比上/下		1/0.96	1/0.98
可调辊距(mm)		0~80	0~8
电动机	主电机	功率(kW)	7.5
		转速(r/min)	1 440
	行走电机	功率(kW)	1.1
		转速(r/min)	1 440
产量(kg 干胶/h)		2 500	

6.4.2 凝块压绉

凝块压绉一方面有脱水作用,另一方面有脱除橡胶中的杂质和使胶料混合均匀的作用。绉片机主要由底座和机架、动力及传动系统、辊筒、喷水装置、安全装置构成。使用较多的绉片机,辊筒规格多为 φ200×600mm,其主要技术参数见表 6-7。绉片机在使用时应注意以下事项:

表 6-7 φ200mm×600mm 型绉片机技术参数

绉片机类型(机号)		深纹绉机 1#	中纹绉机 2#	浅纹绉机 3#
辊筒尺寸(mm)			φ200×600	
辊筒花纹(mm)	深度	3.5	1.5	1.5
	宽度	4	3	3
	菱形	14×9	20×13	20×13
辊筒转速后/前(r/min)		27.7/25.5	42.8/24	49.3/27.7
辊筒速比后/前		1.09/1	1.78/1	1.78/1

（续）

绉片机类型(机号)		深纹绉机 1#	中纹绉机 2#	浅纹绉机 3#
驱动大(小)齿轮速比		模数 = 8	齿数 98/23	速比 = 4.26
电动机	型号	JO252-4		
	功率(kW)	10		
	转速(r/min)	14 500		
减速机		PM350 传动比 = 6.9		
产量(kg/干胶 h)		800~1 000		
外形尺寸(mm)		1 785×1 250×1 305		

①开机前检查机上确无工具、杂物。

②开机后应空转 2min，待机器运转正常后才能开始压绉。

③胶料入机前应注意是否夹杂有杂物。

④操作时集中精力，手不要靠近辊筒间隙，不可使劲猛推胶料入机以防造成事故。

⑤工作完毕时，停机清洁并检查机器。

凝块的脱水和压绉一般用 3 台绉片机，又称脱水机。特点是两辊筒相对回转而转速不同，因而当凝块通过绉片机时，受到强烈的滚压和剪切作用，使凝块大量脱水而且表面起绉，这也是绉片机压绉的基本原理。压出的绉片经锤磨机造粒所得粒子表面粗糙，因而蒸发水分的表面积较大，干燥时间较短，粒子间也不容易互相黏结，透气性好。压薄机虽有脱水作用，但压出的胶片表面光滑不起绉、内部结实，因而用只经压薄机处理的胶片造粒，得到的粒子不但含水量较高，而且粒子表面光滑，在干燥过程中容易黏结，透气性差，干燥时间长。试验也证明，用压薄机处理凝块，效果远不如用绉片机。曾经以压片机和绉片机不同组合处理凝块，经锤磨机造粒后进行干燥试验，结果是单用绉片机处理的效果最好，锤磨机工作电流低而稳定，粒子含水量稍高且均匀，干燥时间短；单用压薄机处理的效果最差，粒子几乎全是碎片，含水量高，干燥时间长；压薄机、绉片机联合处理的效果居中，而且压薄机滚压次数越多，粒子越粗，锤磨机工作电流越大，干燥时间越长。

绉片机组对凝块的脱水和压绉效果，直接影响锤磨机的工作和造出粒子的软硬、粗细以及干燥时间的长短。一般来说，绉片机台数多，凝块的脱水、压绉效果好，生产效率高；就单机而言，辊筒直径大、转速低、速比大、花纹沟深、辊筒间隙小，则处理效果好；反之则处理效果差。

6.4.3　凝块造粒

凝块经 2~3 台绉片机脱水压绉后，再进行造粒。目前，造粒的方法有 3 种：锤磨法造粒、剪切法造粒、挤压法造粒。

国内主要用锤磨法造粒，生产上推广使用的是 CM-550×500 型和 CM-500×450 型。锤磨造粒机主要由电动机、传动系统、入料辊装置、转子、出料筛、喷水管、机壳等部分组成。

(1)锤磨造粒机的工作原理

利用处于高速转动的锤片并具有很大的动量，当锤子与进料绉片机压出的绉片接触瞬间，把部分动量传递给胶料，产生强烈的碰撞作用使胶料被撕碎成小颗粒。由于转子的转速高，锤片的数目又多，在单位时间绉片受锤击的频率很高，假设锤片每次都碰到绉片，那么每分钟绉片受锤击的次数达 84 000 次。通过试验，不同的锤子和排料方式，对造出的粒子均匀度没有影响。

（2）影响锤磨造粒效果的因素

①转子的转速　在锤子数目固定条件下，转子转速越高，则单位时间里锤击的次数越多，粒子越细，生产能力随着增加。但转速提高，电动机的负荷、机器噪声随之增大，零件寿命缩短，也容易造成事故。

②进料速度　绉片机的进料速度取决于辊筒的转速，进料速度越高，粒子越粗。考虑到加工量和粒子大小，进料绉片机前后辊筒转速分别为 47~70r/min 较合适。

③锤片顶端与绉片机辊筒间的距离　一般为 5~6mm 过大时会造成粒子粗或粗细不均匀。

④凝块的预处理　单用一台绉片机处理凝块，造出的粒子较细且均匀，但含水量高，受热容易黏结，干燥时间较长；经多台绉片机压出的绉片越薄，粒子越细，一般要求压出绉片的厚度在 5~6mm 较合适。

使用锤磨造粒机生产胶乳级标准橡胶的优点是：对各种胶料的适应性广，它既能生产新鲜胶乳标准橡胶，又能生产杂胶标准橡胶，并且机械化程度高、设备的生产能力较大、结构简单、制造方便及使用故障少。

采用锤磨造粒机生产标准橡胶，必须有相应的绉片机（脱水机）配合。未经绉片机处理的胶乳凝块或洗涤过的杂胶，由于本身物理性质（硬度、塑性、含水量、表面形状等）的缘故，使锤磨造粒机难于破碎。如果胶料经过绉片机处理后，不但形成带有孔隙的均匀薄片，而且软硬程度也较一致，就可大大提高破碎效率。因此，采用锤磨造粒机生产标准胶，需要绉片机进行胶料的预处理。

6.5　天然橡胶的干燥

通过造粒工序造出的粒子，一般都含有 30%~40% 的水分，这些水分用机械方法不可能完全排除，必须用热能将它们进一步除去，这种借热能除去固体物料中所含的水分的操作，在工业上称为干燥作业。颗粒胶必须充分干燥，才能适应运输、贮存和制品生产的需要。因此，只有充分干燥的橡胶才能作为产品出厂。

干燥过程就是借助热源排除橡胶中所含水分的过程。橡胶的干燥多采用燃料燃烧所产生的烟道气直接加热橡胶，使其中的水分蒸发并随气流排出，也有采用间接加热的，但均属于气流传热干燥。由于橡胶是一种对热相当敏感的材料，加热时会加速分子的交联或降解。因而干燥器的设计以及干燥条件的选择和控制，不仅影响干燥效果和燃料的消耗，也直接影响橡胶的性能。干燥是制胶生产中一个十分重要的环节。

6.5.1　基本原理

6.5.1.1　橡胶含水量的表示方法

橡胶的含水量是评价脱水机械的脱水效果，进行干燥过程分析以及确定干燥终点等的重要依据，也是产品分级的一个主要指标。橡胶含水量的测定，通常是用感量千分之一的分析天平称取约 5g 胶样，在 70℃ 的烘箱中烘干至恒重。含水量的表示方法，依计算基准的不同有如下两种：

（1）湿基含水量

湿基含水量以湿胶为计算基准，即水分质量对湿胶质量的百分数，以 W 表示，即

$$W = \frac{\text{水分质量}}{\text{湿胶质量}} \times 100\% = \frac{\text{湿胶质量} - \text{干胶质量}}{\text{湿胶质量}} \times 100\%$$

（2）干基含水量

干基含水量以干胶为计算基准，即水分质量对干胶质量的百分数，以 X 表示，即

$$X = \frac{\text{水分质量}}{\text{干胶质量}} \times 100\% = \frac{\text{湿胶质量} - \text{干胶质量}}{\text{干胶质量}} \times 100\%$$

湿基含水量和干基含水量可应用下面两个公式换算：

$$W(\%) = \frac{100X}{100 + X} \qquad X(\%) = \frac{100W}{100 - W}$$

【例 6-5】 湿胶样品重 5.000g，烘干后重 3.500g，则除去水分重 1.500g，其含水量为：

$$W = \frac{1.500}{5.000} \times 100\% = 30(\%)$$

$$X = \frac{1.500}{3.500} \times 100\% = 42.86(\%)$$

可见，对于同一个胶样，不同计算基准所表示的含水量在数值上差异很大，因此，在指出含水量时必须说明计算基准，以免混淆。习惯上常用湿基含水量，但在进行干燥过程的有关计算时，采用干基含水量则更方便些。因为在干燥过程中随着水分的蒸发，湿胶重量不断变化，而干胶质量则可以认为是不变的，而且还可以将达到干燥终点的橡胶当成绝干橡胶。这样，用干基含水量时，干燥过程的初始状态和终了状态之间含水量变化的计算便可以直接相减，而用湿基含水量则不能。

6.5.1.2 空气的干燥性质

尽管橡胶的干燥多采用烟道气作为干燥介质，就干燥性质而言，烟道气与空气没有明显的差别，因而空气的干燥性质也适用于烟道气。大气中的空气是干空气和水蒸气的混合物，即湿空气。鉴于国内外许多《化工原理》之类的教材就（湿）空气作为干燥介质的性质有详尽的介绍，在此不再阐述。需指出的是，空气作为干燥介质，既是载热体又是载湿体。对于一定量的空气而言，其干燥能力体现在它所能提供的热量和所能带走的水分量的多少，了解空气的这些性质为干燥器的设计以及干燥方案的选定提供依据。

6.5.1.3 干燥的过程

（1）干燥过程

橡胶的干燥是一个传质和传热同时进行的综合过程。当湿胶与作为干燥介质的热空气直接接触时，由于热空气的温度高于湿胶的温度，因而发生了由热空气将热量传递给湿胶的传热过程。一旦湿胶吸收热量后，其中所含的水分便开始汽化，所产生的水蒸气通过包围着湿胶的空气膜间气流主体扩散，即蒸发，其结果是在橡胶表面和内部膜间产生了湿度梯度，从而引起内部水分借扩散作用（或称湿传导）向湿度较低的表面移动。这样，表面蒸发和内部扩散同时进行，水分得以不断排除，最终达到干燥的目的。表面水分的汽化和

内部水分的扩散在干燥过程中虽是同时进行着，但在不同的干燥阶段其机制却不尽相同。在干燥初期，即在湿胶表面出现"干渍"以前，可以认为水分的内部扩散与表面汽化速度相等，相当于相同条件下自由水分的汽化速度，此时橡胶表面的温度等于空气的湿球温度，干燥速度取决于橡胶表面水分的汽化速度；而当橡胶表面干燥以后，由于受内部水分扩散速率的限制，水分不能及时扩散至表面，因而蒸发表面向橡胶内部移动，干燥速度即由表面汽化控制转变为内部扩散控制。这种控制机制的转变使橡胶的整个干燥过程出现具有明显区别的干燥阶段。

（2）干燥曲线

通常干燥曲线描述为橡胶干基含水量与干燥时间关系的曲线。它是以干燥时间(θ)为横坐标，以橡胶的干基含水量(X)为纵坐标来绘制的，如图 6-5 所示。

在干燥过程中，单位时间内从橡胶的单位面积上所蒸发的水量称为干燥速度 $[kg/(m^2 \cdot s)]$，即 $U = \dfrac{dW}{A \cdot d\theta}$。干燥速度一般可利用干燥曲线求得，方法是在干燥曲线上选定一系列的点求出每一点上切线的斜率(切线倾斜角的正切)即为干燥速度。

如以干燥速度(U)为纵坐标、干燥时间(θ)为横坐标作图便可得到干燥速度曲线，如图 6-6 所示。此外，还可以干燥过程中胶层的温度(t)为纵坐标、以干燥时间(θ)为横坐标绘制胶层的升温曲线，如图 6-7 所示。

图示结果表明，橡胶的干燥过程中有一个明显的转折点(图中 C 点)，此点称为临界点(对应的干基含水量称为临界含水量 X_C)，它表明了不同干燥阶段之间的转变。此外，图 6-6 中的 BC 段近似为一直线，表明其干燥速率为一常数，故称为恒速干燥阶段，而 CD 段干燥速率不断下降，故称为降速干燥阶段。

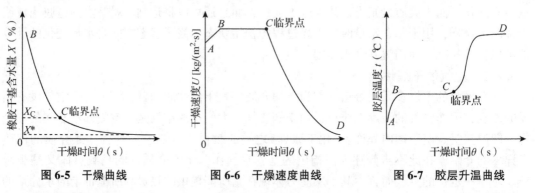

图 6-5　干燥曲线　　　　图 6-6　干燥速度曲线　　　　图 6-7　胶层升温曲线

（3）干燥阶段的划分

橡胶的干燥过程与其他湿固体物料的干燥过程基本相同，按照干燥曲线的变化特征，大致可划分为以下几个阶段：

①预热阶段　其特征是橡胶吸收热量温度升高至空气的湿球温度，干燥速度很快增大到某一最大值并大量滴水(图 6-6 曲线 AB 段的 B 点)。对于颗粒橡胶，在强制通风条件下预热时间一般很短，在具体计算时，可忽略；而烟胶片或在自然通风条件下，预热时间则稍长。

②恒速干燥阶段　其特征是橡胶排出的水量或橡胶的干基含水量与干燥时间成直线关系，干燥速度达到最大值并保持恒定。由于此时橡胶的含水量较高，内部水分能迅速向表

面移动，足以使表面保持饱和状态(即含有足够量的自由水分)，橡胶表面水分的气化速度相当于在相同条件下自由水分的汽化速度；橡胶温度保持在热风的湿球温度；橡胶表面上的蒸气压力等于饱和空气的水蒸气分压。恒速阶段是干燥过程中的主要阶段。由恒速阶段向降速阶段转变时橡胶的临界含水量一般为 10% 左右，即恒速阶段排除了 70% 左右的水分，而时间则仅为总干燥时间的 20%~30%。

③降速干燥阶段 其特征是橡胶排出的水量及橡胶的干基含水量均按曲线规律变化，干燥速度逐渐减慢，直至等于零。此时，内部水分的扩散速率较表面汽化速度为小，成为干燥速度的控制因素。因受扩散速度的限制，水分不能及时扩散到表面，因而干燥速率下降，这一阶段又可分为两个小阶段，其临界点为含水量 1.5% 左右。在降速第一阶段，橡胶表面出现逐渐扩大的干渍，此时粗的毛细管已不向表面送水，水分的蒸发仅在细毛细管的表面进行，因而蒸发面积小于胶片或胶粒的几何表面；在降速第二阶段(即达到临界点以后))橡胶表面的一切毛细管包括小毛细管已经没有水，橡胶表面已完全干燥。此时，蒸发面移入橡胶内部，蒸发已不在橡胶的几何表面上进行，而在橡胶的内部进行。在橡胶内部生成的水蒸气必须克服橡胶的边界气体层的阻力后才能进入气流主体，因而随着干皮的增厚，水分由内部向表面扩散的阻力不断增大，干燥速度迅速下降。在降速阶段，随着干燥速度的降低，用以蒸发水分的热消耗逐渐减少，有多余的热量用以加热橡胶，因而橡胶温度将逐渐升高，并接近气流的干球温度。

④平衡阶段 就一定的干燥体系而言，在这一阶段橡胶与气流的传质和传热过程达到了动态平衡，所对应的干基含水量称为平衡含水量(X^*)。此时，橡胶的干基含水量保持定值，干燥速度等于零，橡胶温度达到气流的干球温度并保持恒定，在橡胶升温曲线上出现与横轴(干燥时间)平行的直线，而干燥曲线和干燥速度曲线则与横轴重合。

平衡含水量取决于热空气的温度和湿度。当空气的干球温度 $\theta' > 100℃$ 时，平衡含水量为零；$\theta' < 100℃$ 时，平衡含水量随空气相对湿度升高而增加。

在达到平衡阶段以后，继续加热橡胶已经没有必要，反而有害。因此时橡胶已经干燥，继续受热将导致橡胶分子的热降解，使塑性增大，塑性保持指数降低。因此，准确掌握干燥终点十分重要，既有利于保证产品质量，又有利于提高干燥器的利用效率和减少燃料的消耗。

6.5.1.4 影响天然橡胶干燥效果的因素

上面已经指出，热风的温度、湿度、风量等对不同的干燥阶段有不同程度的影响。除此之外，干燥前各工序的工艺条件也会影响干燥效果。其中主要有如下几方面：

(1)胶乳的氨含量

氨含量高的胶乳制得胶粒受热更容易黏结，因而干燥时间长，制得橡胶的颜色也较深。

(2)胶乳的凝固浓度

过高过低对干燥都不利。在每年初开割的 4~5 月特别不宜用过高的凝固浓度；遇到雨冲胶时需加强凝块的脱水，否则干燥将有困难。

(3)胶粒含水量

含水量低，不仅需要排除的水分较少，而且在干燥过程粒子不易黏结，干燥时间较短。就锤磨法而言，当压绉次数相同时，如绉片机辊筒间隙过大或表面花纹磨损致使压绉和脱水效果降低，则干燥时间会延长。此外，当锤磨机的筛网破损时，粒子增大甚至出现片状胶块，将严重影响干燥。

（4）装料不均匀

特别在干燥箱四角严重缺胶时，会使大量热风从空隙通过而不穿透胶层，即产生"偏流"，就可能出现不熟胶。锤磨机或输送带上产生的大块胶团不宜装入干燥箱，否则也会产生不熟胶。

（5）滴水时间

在干燥前，让胶层适当滴水可排除部分水分，对于干燥是有利的，但时间不能太长，否则因胶层下沉压实，妨碍热风穿透，延长了干燥时间。滴水时间一般控制在 0.5～1h。

（6）新鲜胶乳的早期保存

若新鲜胶乳在进厂加工前已经腐败变质，就无法加水稀释，无法混合均匀，无法加酸凝固完全，凝块软硬度就很难一致，锤磨造粒的湿胶粒子就不松散、大小和湿含量不一致，干燥工艺也就难准确控制，干燥出来的橡胶产品就往往存在有夹生和发黏现象，不仅产品外观质量差，而且产品理化性能也达不到标准。新鲜胶乳的质量可从 4 个方面考核：一是氨含量在 0.05% 以内；二是流动性好，黏度达标；三是没有凝粒或凝块；四是颜色洁白，味道芳香、无臭味。

（7）干燥温度

天然橡胶是一种有机高分子材料，所能承受的温度不高，受热极限温度约 105℃，若超过 105℃，橡胶分子链就会严重受破坏，甚至裂解。若干燥温度过低，胶粒内部的水分也很难渗出，干燥时间就得延长，达不到彻底干透的要求，甚至因长时干燥而降低天然橡胶的性能。因此，科学控制干燥温度是十分重要的。如对三段六车位 28 箱干燥柜的温度控制，可采用热端进风口 115℃，冷端进风口 65～80℃ 的形式。

（8）干燥线类别

国产标准橡胶自 20 世纪 70 年代诞生以来，经过多年的技术革新与改造，工艺技术、工艺设备和加工厂规模都基本完善，也基本定型。作为配合橡胶生产的干燥线类别已基本定型为三段六车位 28 箱或 14 箱干燥柜，干燥效果较好。

对于燃烧炉与低压喷嘴的选择，主要根据所选干燥线的干燥车箱数来决定，一般 14 箱干燥车选中号或小号燃烧炉，选 RK50 型低压喷嘴；28 箱干燥车选大号燃烧炉，选 RK80 型低压喷嘴。在干燥线选定后，务必注意干燥线建设质量，因为在橡胶干燥过程中所产生的有害气体，很容易腐蚀损坏干燥线设备，因此，在燃烧炉、低压嘴、鼓风机、干燥车和热风管道的购置方面，都必须严格把好产品质量关。干燥柜、烟道和烟窗在建造方面也要认真把好质量关，所选用材料的质量一定要保证，热烟道的尺寸、热风转弯弧度等均要严格计算和把关。

（9）司炉工的素质

司炉工是干燥器系统的直接操作者，对干燥湿胶料的准确分析辨别、对所用燃料的鉴定、对干燥温度和干燥时间的掌握控制、对干燥效果的判断和对产品质量鉴别等负有直接责任。在选择司炉工时必须考虑以下 3 方面的因素：一是司炉工要有一定的文化程度，因橡胶干燥是一门科学，有它一整套干燥理论，没有一定的文化程度，就无法掌握好干燥的原理和技术操作规程；二是司炉工的责任心要强，因为影响橡胶的干燥因素很多，橡胶干燥过程的参数千变万化，同样的操作方法，有时得不到同样的干燥效果，所以司炉工操作时，不得随意离开工作岗位，应随时注意观察干燥过程的变化情况，并根据工艺技术要求，采取相应的技术措施，保证橡胶干燥工序正常运转，从而达到干燥要求的最佳效果；三是司炉工要有较好的灵活性和应变能力，才能适应干燥过程的千变万化，否则在干燥操作过程中就可能出现失误(有夹生胶、发黏胶等质量缺陷)。

此外，湿胶粒的装车高度及其分散或黏结程度也将影响到干燥的效果。

6.5.2　干燥方法和热源

目前，生产上应用的干燥方法和热源有多种多样，几乎每种生胶都有相应的干燥方法，而每种干燥方法又有其相应的热源。

6.5.2.1　自然风干

自然风干白绉片、褐绉片基本上都采用自然风干，这种干燥方法是利用空气自然对流来排除橡胶中的水分，无需消耗燃料。由于空气的温度低、湿度高，因此干燥时间很长，尽管绉片通常压得很薄且表面起绉，干燥时间仍需 10~20d，在低温、潮湿的天气，甚至需 30d 以上才能干燥，所需干燥房的容积大，利用率低，干燥过程胶片也容易长霉。

6.5.2.2　熏烟干燥

熏烟干燥是利用木柴燃烧产生的热和烟来熏烤橡胶，达到干燥目的，多用于烟胶片生产。橡胶在干燥过程中吸收了烟气，使产品呈浅棕色并具有烟气，这些烟气含有杂酚油之类的防腐剂，有利于橡胶的保存。熏烟干燥的主要缺点是消耗大量的木柴，且热能利用效率较低。以烟胶片生产为例，木柴耗用量为 0.5~1t/t 干胶。随着垦区的开发和天然橡胶产量的迅速增长，木柴短缺的现象日趋严重，解决这一矛盾的途径，一方面是选用其他热源，如煤、电和燃料油等；另一方面是改变干燥物料的形式，即将片状胶改为颗粒橡胶，以增大干燥面积，加快干燥速度并提高热能利用率。

6.5.2.3　热干燥

热干燥多用于生产风干胶片，一般用煤作燃料，采用间接的加热方法，即利用煤燃烧产生的烟道气加热钢板，钢板产生辐射热而加热橡胶。而在有水电供应的地区也可用电干燥。由于橡胶不受烟气的污染，因而颜色浅，适于制造浅色制品。此法适于木柴缺乏而有煤或电力供应的地区。

6.5.2.4　热风干燥

热风干燥多用于颗粒橡胶生产，以燃料油(重油或柴油)为热源，以 100℃ 左右的烟道气直接穿透颗粒橡胶层并采用部分废气循环，由于橡胶为颗粒状，且热源采用强制通风，胶粒与热风充分接触，因而干燥时间短，一般只需 4~8h，且燃料的热利用效率较高，每吨干胶仅需 30~40kg 的重油(或柴油)，重油容易充分燃烧，采用烟道气直接加热仍可制得颜色浅的橡胶。随着颗粒橡胶生产工艺的推广，燃油热风干燥已逐渐发展为主要的干燥方式。

6.5.2.5　其他干燥方法

颗粒橡胶的燃油热风干燥与传统的熏烟干燥相比有很大的改进，但仍不完善，因而进一步改进干燥设备和方法仍然是科研和生产部门的重要课题。另外，为了实现标准橡胶生产的连续化生产，节约能源或充分利用其他能源，有必要研究其他形式的干燥方法，目前这方面的工作已取得一些进展。现将一些有关资料，简要介绍如下。

(1)天然橡胶的机械干燥(膨胀干燥)

膨胀干燥技术是在20世纪60年代发展起来的。广西橡胶研究所把合成橡胶工业应用的挤压膨胀干燥技术和设备应用于天然橡胶的干燥，试制了天然橡胶的膨胀干燥机，并进行了膨胀干燥试验。结果表明，此法是可以干燥天然橡胶的，且干操周期短，从脱水到干燥只需3~4min，并容易实现连续化、机械化。

天然橡胶膨胀干燥机的主要部分由一条圆柱形螺杆及机筒组成，在机筒的四周装有破碎螺钉，机筒用电阻丝(或远红外线发热管)加热。机头板上装有出料模头，模头上有出料小孔。

工作时，先预热机筒，使机头温度达130℃，将轻微脱水的小胶块投入进料口，小胶块进入机体后，经螺杆、破碎螺钉挤压输送前进，挤压出的一部分水分由机筒内壁沟槽返流，自进料口下端小孔排出。胶料在挤压输送过程中迅速升温和升高压力，使胶中水分呈过热状态，胶变柔软，从机头模头出料小孔挤出，进入常压状态，由于压力突变，胶中水分立即汽化逸出，被气流带走，使胶膨胀、脱水、干燥。

(2)远红外干燥

远红外干燥技术在许多领域里得到了广泛的应用。曾试用于远红外干燥橡胶，具有干燥快速，所得成品特别是绉片，胶片颜色好，清洁等优点，质量符合要求，为探索橡胶生产连续化，探索干燥橡胶新能源方面提供了可供选择的途径。

远红外干燥的原理是利用许多物质易于吸收远红外线的特点，通过远红外辐射器将一般的热能转变为远红外辐射能，直接辐射到被加热物体上，引起物质内部分子共振，即分子和原子的振动与转动加剧，增加了运动的能量，而使物体自身发热而迅速升温，达到加热与干燥的目的。

(3)开辟新的能源

如采用标准橡胶厂的乳清废水经过厌氧发酵生产沼气，废水经过这样的处理，既大幅度降低了废水的化学需氧量，又可产生标准橡胶干燥用的燃料——沼气。估计可望解决标准橡胶干燥用燃料的1/4左右，将为标准橡胶生产开辟一个新能源。此外，海南、云南富有丰富的天然气资源，目前，橡胶加工科研工作者及相关的橡胶加工企业正试图采用天然气作为天然橡胶干燥的能源，具有燃烧容易，安全环保，价格适宜，来源丰富等优势，有望成为今后的研究与开发的重点。

6.5.2.6　不同热源干燥天然橡胶的特点及其比较分析

天然橡胶加工其实就是一个包括凝固、机械挤压、干燥脱水等一系列单元操作的过程，其中干燥所需的时间长、能耗大，直接关系到产品的质量，因而是整个加工环节的关键。我国天然橡胶的干燥所采用的主要热源有：煤、重油、柴油、液化气、电。在一些阳光强度强、日照时间长的地区(如云南)还尝试了利用太阳能进行标准橡胶的干燥，但终因经济方面的原因无法进一步推广。

(1)主要的热源种类

①燃油　与燃煤相比，燃油的热效率高，且对环境污染小，因而广泛应用于天然橡胶加工的干燥工艺中。燃油干燥的主要设备为燃油炉，由炉壳体、喷油嘴、安全总管及其他一些附件组成。炉壳体内用红砖、耐火砖拱砌，红砖与壳体间是用石棉、水泥为材料的隔

热保温层。RK-100 型喷油嘴为一个组合件，有两个接口，一个燃油接口，一个压缩空气接口，使用时打开油路开关，点着火接入燃油炉，油在炉膛内得到充分燃烧，并产生大量的热空气，在引风机的作用下，被送到干燥器。通过调节油路开关可调整供油量的大小，从而得到所需要的温度。燃油炉的后上方设有安全管总成，当炉膛内出现压力时，气流将冲开安全管上的罩盖，从而保护燃烧炉的安全；调节安全管上罩盖的开口可控制热气流的大小和温度的高低。燃油炉因设计的结构特点使之可直接加热空气，其热效率较高，因而得到广泛的应用。

实践测得，颗粒橡胶干燥所需的热量约为 $1.67 \times 10^6 kJ/t$。已知 $0^\#$ 柴油的热值为 $4.27 \times 10^4 kJ/kg$，重油的热值为 $4.18 \times 10^4 kJ/kg$。若不考虑热量损失，则每干燥 1t 颗粒橡胶所需的 $0^\#$ 柴油量（$G'_{柴油}$）和重油量（$G'_{重油}$）分别为：

$$G'_{柴油} = \frac{1.67 \times 10^6}{4.27 \times 10^4} = 39(kg)$$

$$G'_{重油} = \frac{1.67 \times 10^6}{4.18 \times 10^4} = 40(kg)$$

由于重油含杂质较多，黏度大，需要预热，雾化效果差，燃烧不彻底，其热效率相对较低（实际使用时，取重油热效率约为 60%，0#柴油热效率约为 80%），故每干燥 1t 颗粒橡胶实际所需的 $0^\#$ 柴油量（$G_{柴油}$）和重油量（$G_{重油}$）分别为：

$$G_{柴油} = G'_{柴油}/80\% = 39/0.8 = 48.8(kg)$$

$$G_{重油} = G'_{重油}/60\% = 40/0.6 = 67(kg)$$

②燃煤　采用燃煤干燥需设计燃煤热风炉。热风炉由燃烧器和热交换器两部分组成。热交换器是利用空气作为传热介质来传递热量，空气在热交换管里被间接地加热，在引风机的作用下，热风经过输风管道被送到干燥器。由于燃煤干燥天然橡胶的特点是采用间接式加热空气的方式，因而保证了热空气不受污染，干燥后的橡胶外观颜色好，含杂质也比燃油要低。但由于间接加热空气时，大部分热量随热风炉的烟囱尾气被排走，只有部分热量通过热交换管传递给空气，故热效率比燃油要低（实测热效率约为 50%）。此外，燃煤热风炉的烟囱尾气排放大量二氧化硫及其他环境污染物，尾气净化不好会造成环境污染，因此，在发达地区将被禁用。

已知煤的热值一般为 $1.26 \times 10^4 kJ/kg$，故每干燥 1t 颗粒橡胶实际所需的燃煤量 $G_{煤}$ 为：

$$G_{煤} = \frac{1.67 \times 10^6}{1.26 \times 10^4}/50\% = 133/0.5 = 266(kg)$$

③燃气　用燃气作为热源需设计燃气干燥装置，其主要由燃烧室和干燥室组成。空气在燃烧室加热后送到干燥室，热源为液化石油气（指在常温下稍加压力就液化的天然石油气或石油炼制中生产的石油气）。通过调节燃烧器的燃气量，同时配合调节空气供应量来调节温度，提高热效率。由于液化石油气在常温常压下能气化，燃烧充分，其热效率比燃油或燃煤都要高（可达到 85% 以上），而且使用燃气排放的尾气基本不污染环境。在环境保护呼声越来越高的情况下，工业系统采用燃气供热或干燥物料将是未来发展的趋势。

已知液化石油气的热值为 $5.02 \times 10^4/kg$，则每干燥 1t 颗粒橡胶实际所需的液化石油气量 $G_{气}$ 为：

$$G_{\text{气}} = \frac{1.67 \times 10^6}{5.02 \times 10^4}/85\% = 33/0.85 = 39(\text{kg})$$

④电　在水电资源丰富的地区，用水电作为干燥天然橡胶的热源，不仅实现了以电代油，以电代煤，而且电热转换效率高，便于实现自动化控制，进而减轻了工人的劳动强度和减少环境的污染。

用电热作热源需设计电热发生装置，其原理是通过电热发热管升温来加热空气，再通过风机把热风送到干燥器。但电热升温速度慢，生产时准备时间较长，装置投资相对较大，在电源紧缺的地区因使用成本太高而无法进行推广应用。已知 $1\text{kW} \cdot \text{h} = 3\,600\text{kJ}$，则每干燥 1t 颗粒橡胶(在理想状态下，不计热损失)所需的用电量 $X_{\text{电}}$ 为：

$$X_{\text{电}} = \frac{1.67 \times 10^6}{3\,600} = 465(\text{kW} \cdot \text{h})$$

(2)经济分析

使用不同热源干燥 1t 颗粒橡胶分别所需的用量及费用见表 6-8。

表 6-8　使用不同热源干燥颗粒橡胶费用比较(单价采用 2006 年上半年市场价)

项目	柴油	重油	煤	石油气	电
用量(kg)	48.8	67	266	39	465
单价(元/t)	4 300	3 500	550	4 000	0.7
费用 W(元)	209.8	234.5	146.3	156	326

结果表明，$W_{\text{电}} > W_{\text{重油}} > W_{\text{柴油}} > W_{\text{石油气}} > W_{\text{煤}}$，即用煤作为热源来干燥颗粒橡胶的费用相对较低，显然，用电热的费用最高。当然，在电力资源非常丰富的地区，若电价低于 0.2 元/度，也可考虑用电作热源，毕竟用电最为清洁、环保，也容易实现自动控制。实际上，无论是使用柴油、重油、煤、液化石油气还是电等作为热源来对天然橡胶进行干燥，技术及工艺上都是可行的。只是不同热源因设备装置不同，特别是燃烧装置的差异，使热能利用的效率有较大的差异。就目前而言，综合考虑经济效益及环保的因素，使用 0# 柴油或液化石油气作为热源无疑是最佳的选择。特别是液化石油气，热效率高，不污染环境，作为制胶工业上理想的热源将受到广泛的关注。总之，橡胶加工厂应根据其所在地的资源及自身的实力来决定使用何种热源。

6.5.3　干燥设备

6.5.3.1　干燥车和推进器

(1)干燥车

干燥车的结构单元是干燥箱，规格是根据标准橡胶的包装规格来确定的。按规定，标准橡胶每包净重 33.3kg，其胶包规格长为 330mm，宽为 680mm，高为 400mm。

目前生产上使用的干燥车，按每部车干燥箱的数目分为 28、15、14、8、4 箱等多种型式，干胶容量分别为 1 000kg、550kg、500kg、300kg、150kg 左右。驱动形式有轮式和链传动两种(图 6-8、图 6-9)。轮式干燥车可在轨道上移动，当主车间、干燥柜和包装间之间的距离较远时，适合用这种干燥车，不过干燥柜内的密封较为困难，链传动干燥车容易密封，但不适于远距离输送。

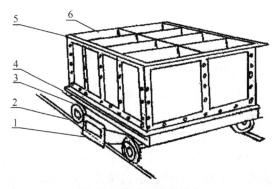

图 6-8　轮式 8 箱干燥车

1-热风罩　2-铁轨　3-轮子　4-分风室　5-车架　6-装胶箱

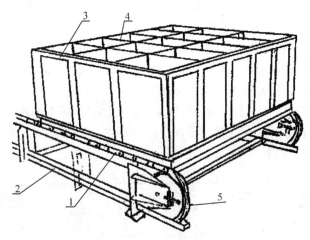

图 6-9　链动式 15 箱干燥车

1-链带　2-链槽　3-车架　4-装胶箱　5-链轮

（2）轮式干燥车推进器

　　轮式干燥车进入干燥柜须使用推进器。推进器有链式和钢索牵引式两种，一般多采用链式，其结构主要包括电动机、减速箱、链轮链条和支架等部分，如图 6-10 所示。

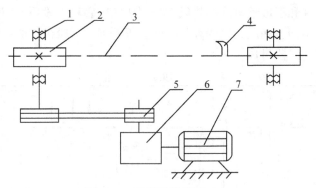

图 6-10　干燥车推进器示意

1-轴承　2-链轮　3-链条　4-顶车板　5-三角皮带轮　6-变速箱　7-电动机

6.5.3.2 洞道式干燥柜

洞道式干燥柜也叫半连续干燥器。一般采用砖结构，仅在需要密封的位置上设有钢结构的框架以加固洞道并提供安装密封材料的位置，顶面用水泥预制板覆盖。洞道壁中设有若干个进风口、回风口和废气排出口。

洞道式干燥柜的特点是利用部分废气循环来降低热损耗，节约燃料。一般热风分2股或3股进入干燥器，并在两次穿透胶层后，或作为回风引回热风管或作为废气排除。对处于干燥初期(即恒速阶段或降速阶段初期)的胶层，由于胶温低，含水量高，热风穿过胶层时把大量热能传给橡胶并带走大量水分成为低温、高湿的气流，这部分气流没有利用价值，故作为废气排除，而处于干燥后期的胶层，随着干燥程度的提高，胶层温度逐渐升高而含水量又低，热风穿透胶层时消耗的热量及带走的水分都较少，排出的气流温度较高而湿度较低，弃之可惜，故将其引回热风管再利用，可节省燃料。

洞道式干燥柜按热风穿透一次胶层为一段来划分，可分为三段、四段和六段式干燥柜。云南主要采用三段、四段式干燥柜。

①四段干燥柜 热风分成两股进风，一股向进车端由第二段底部进入干燥柜，两次穿透胶层后由第一段底部排出废气；另一股向出车端由第三段顶部进入干燥柜，两次穿透胶层后由第四段顶部引回热风管再利用(图6-11)。目前生产上应用的4箱干燥车、18车位的干燥柜即是这种形式。干燥柜长为15.90m、宽1.29m、高1.51m。内中每段有4个车位，四段共16个工作车位，另在热端设两个冷却车位。配用一套燃油炉和一台7号风机。两股热风的风量通过分风板调配，使二段进风大于三段进风，其比例约为3：2。

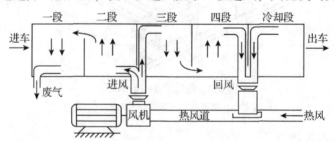

图6-11 四段干燥柜示意

②六段干燥柜 热风分三股进风，如图6-12所示。由二段底部进入的热风，由一段底部排除，由四段底和五段顶进入的热风，分别从三段底和六段顶引回热风管再利用。由于穿越胶层的情况不同，两股回风的温、湿度有所差别，三段排出的一般温度稍低，湿度稍高，应尽可能引向二段进风。

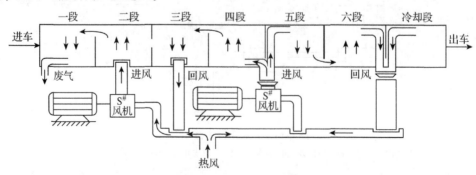

图6-12 六段干燥柜示意

某制胶厂的六段干燥柜，使用 15 箱干燥车(链条输送)，配用两台 8 号风机，一台主轴转速 960r/min，供给二段进风，另一台主轴转速 1 450r/min，供四、五段进风。干燥柜内每段 2 个车位，六段共 12 个车位，另设 2 个冷却车位，以总干燥时间 8h(即每 40min 进出一车)，每车干胶量 750kg 计，则日产干胶 18t。

③三段干燥柜　是新发展起来的一种干燥时间短、耗油量低、产品质量较好的干燥柜。一般采用 14 箱干燥车，设 6 个工作车位和 1 个冷却车位(图 6-13)。这种三段六车位的干燥线设两台 7 号风机，其中 I 号风机(转速 2 000r/min)抽取第二段的回风并从燃油炉抽取所需的补充热量。热风从第一段自上而下穿过一、二号车位的胶层后，作为废气由烟囱排出；II 号风机(转速 1 900r/min)直接从燃油炉抽取热量，热风从第三段的五、六号车位自下而上，再从第二段的三、四号车位自上而下两次穿过胶层后，由 I 号风机回收再利用。已干燥的橡胶进入第七号车位时，由一台 4 号风机抽风冷却使胶层温度降至 60℃ 以下，抽出的热风可由 II 号风机回收利用。进风温度，热端一般控制在 120℃ 以下，冷却端则在 90℃ 左右。在正常情况下，进出一车的时间为 35～40min。总干燥时间为 210～240min，产量为每小时 800～900kg 干胶。每吨干胶的耗油量为 32kg 左右(其中柴油少于 3.2kg)。由于干燥时间短，产品的颜色也较浅。干燥柜的产量与一条挤压造粒作业线和一般锤磨造粒作业线的产量相近，适合于中小型的颗粒胶厂使用。其主要的设备和规格大致如下：

干燥车外形尺寸：长×宽×高为 2 865mm×1 290mm×1 150mm

干燥柜外形尺寸：长×宽×高为 17 716mm×1 980mm×1 700mm

燃油炉外形尺寸：直径×长为 ϕ1 400mm×3 100mm

炉膛尺寸：直径×长为 ϕ800mm×1 500mm

热风管道直径：主风道 ϕ450mm，分风道 ϕ400mm

I 号风机：7 号，转速 2 000r/min，电机功率 13kW，风量 9 522m³/h

II 号风机：7 号，转速 1 900r/min，电机功率 13kW，风量 7 828m³/h

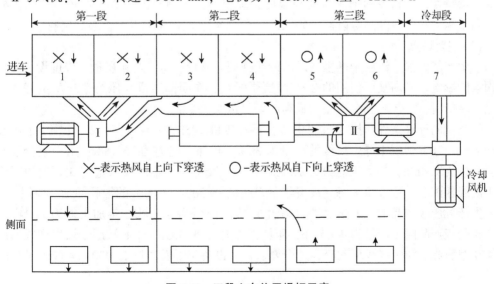

图 6-13　三段六车位干燥柜示意

冷却风机：4 号，转速 2 400r/min，电机功率 5.5kW

洞道式干燥柜的干燥效能除取决于设备的设计和制造外，与设备的安装和维护关系也很大，若设备安装不当或缺乏维护，将会导致干燥柜过度漏风和供热不足，结果不但增加燃料和动力的消耗，还会延长干燥时间或产生不熟胶。干燥柜的密封目前仍是一个棘手的问题，一方面是因为需要密封的范围大，包括段与段之间，干燥车之间，干燥车与干燥柜壁之间等，范围大，困难也大；另一方面是密封材料问题，目前多用橡胶板，密封性能较好，干燥车通过时阻力也小，但即使采用耐热橡胶，在高温下长期使用并经常受到干燥车的摩擦、曲挠作用，其使用寿命也有限，而更换一次不仅花费大，还会影响生产。因此，密封问题仍有待不断改进。

洞道式干燥的主要缺点是容易产生局部干燥不完全，即所谓"夹生"现象。这是由于胶层很厚(达 40~70cm)，当橡胶受热软化后容易黏结，加上重力的作用使胶层被压实，因而对热风的流动产生很大的阻力。"夹生"常产生在干燥箱的中心部位，因而不容易检查出来。另一个缺点是由于干燥箱中热风温度分布的不均匀，使干燥箱中靠近上下面的橡胶先干燥，由于总干燥时间达 4~8h，这部分先干燥的橡胶往往受到过长时间的加热，严重时会发黏。此外，深层干燥所得的都是大胶块，卸料、称重和搬运操作都较困难，也不利于实现机械化。

6.5.3.3　标准橡胶自控浅层干燥

通过近些年的研究与开发，采用标准橡胶自控浅层干燥技术已经在我国许多大型胶厂得到了广泛的推广与应用。下面就标准橡胶自控浅层干燥技术作一些简单介绍。

(1)工艺流程

湿胶料装车→滴水→湿胶料进入干燥柜→机械抽湿→高温除湿→中温除湿→干胶料出柜卸→干胶料冷却

湿胶料经隔离剂(如生石灰等)处理后由抽胶泵、振动筛、装料斗等自动装入干燥车中，并在干燥柜前滴水(约 1h 左右)，借助链轮式推进器自动推入干燥柜内。根据天然橡胶的干燥特性，严格控制干燥时间与温度，湿胶料在干燥柜内先后经过热空气的机械抽湿、高温除湿和中温除湿等阶段，并在冷却车位被冷却至 50℃以下，最后出料。

(2)主要特点

①生产能力强　浅层干燥生产线的产量受凝固质量、压绉造粒质量、温度设定和气候等因素的影响。海南某厂使用的 2t/h 浅层干燥线，在凝固质量和压绉造粒质量好、气温高且湿度低时，生产乳胶级产品的最高产量可达 3.75t/h。

年产量的计算条件：按 3 班制生产，每日每班 7.5h，每年生产 225 日计。生产乳胶级产品时，2t/h 浅层干燥生产线的产量为 3t/h，年加工能力为 15 188t；生产凝胶级产品时，产量为 2.4t/h，年加工能力为 12 150t。2t/h 浅层干燥生产线产量与 350 型的压绉造粒生产线相配套，适合要求每套设备年干燥产量 10 000~15 000t 的橡胶加工厂使用。

生产乳胶级产品时，4t/h 浅层干燥生产线的产量为 4.8t/h，年加工能力为 24 300t；生产凝胶级产品时，产量为 4.05t/h，年加工能力为 20 503t。4t/h 浅层干燥生产线的产量与 450 型压绉造粒生产线相配套，适合要求每套设备年干燥产量 15 000~24 000t 的橡胶加工厂使用。

②加工品种齐全　适于干燥不同原料的系列产品包括以新鲜胶乳为原料的 SCR5；以

胶园凝胶为原料的 SCR10、SCR20；以全乳生物凝固的凝块为原料的 SCR-RT5、SCR-RT10 或 SCR-CV-RT5；以自然凝固或生物凝固胶块为原料的 SCR-RT5、SCR-RT10 或 SCR-CV-RT5；以生物胶片为原料的 SCR-RT5，SCR-RT10；以胶园凝胶为原料的 SCR~RT20；以胶清为原料的胶清橡胶。

③产品质量较好　外观质量：所得产品不夹生、不发黏，颜色均匀一致。理化指标：所得产品的理化性能、力学性能、硫化性能、硫化特性等都能达标。

④干燥能耗低　干燥能耗与每小时干燥产量直接相关。对于同一种浅层干燥生产线，每小时干燥产量越高，干燥能耗越低。因此，凝固质量、压绉造粒质量、温度设定和气候也同样是影响能耗的因素。试验表明，采用自控浅层干燥线取得了明显的节能效果。

6.5.3.4　电热风干燥

早期标准橡胶干燥的能源，在广东、广西等垦区主要使用重油。而在云南垦区，由于地处边远地区，燃料油的来源和运输都比较困难，但水电资源丰富，因此，以电代油干燥标准橡胶，不但能充分利用当地的资源优势，而且电热干燥具有设备简单、操作方便、对环境污染较少等优点。除以电热代替燃油产生热风外，电热干燥的干燥车、干燥柜、风机等设备及干燥原理与燃油干燥的相同。

(1) 干燥设备

干胶产量为 800~900kg/h 的电热风半连续干燥装置，如图 6-14 所示。

①干燥车　采用 14 箱干燥车，每箱规格为 400mm×600mm×600mm。

②干燥柜　采用四段干燥柜，每段 2 个车位共设 8 个工作车位，另设 2 个冷车位。干燥柜的外部尺寸为长×宽×高为 2 867mm×2 180mm×1 550mm。前后两端均设有大门。

③风机　设二台风机分别供给二段(下称恒速段)和四段(下称降速段)进风。其中，恒速段风机选用 Y6-47NQ8C 型离心式锅炉引风机，全压为 174 ~ 256mmH$_2$O，流量

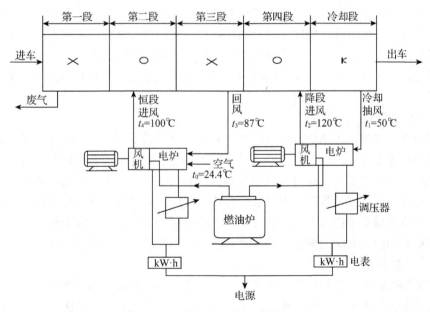

图 6-14　电热风半连续干燥装置示意

13 780～26 360m³/h，配用电机的功率为 22kW，转速 1 820r/min。降速段风机选用 Y6-47N Q6C 型锅炉引风机，全压为 184～268mmH₂O，流量 8 379～15 410m³/h，配用电机的功率为 17kW，转速 2 620r/min。

④电热风发生炉　设两台电炉分别与两台风机相连接。每台电炉的总功率由固定功率和可控功率两部分组成，规定每组固定功率为 90kW，每组可控功率为 60kW。恒速段电炉由两组固定组和两组可控组组成，总功率为 300kW，降速段电炉一组固定组和两组可控组，总功率为 210kW。选用 OCr25A L5（铁路铝丝）线材作为电热元件，为提高冷却效果并防止产生短路，确定发热体元件的绕组与气流走向相垂直；炉芯的绝热、绝缘材料选用半刚玉耐火材料（耐高温 1 300℃、高温下的绝缘电阻大于 0.5MΩ）、在发热体绕组的圈与圈之间设计凸形半刚玉耐火材料管隔开，炉壳采用薄壳钢结构填珍珠岩粉作保温层，进风温度的控制选用 KWD-202 型温度自动控制屏进行自动监控。

⑤燃油炉　为保证在旱季供电不足的情况下能正常生产，供热系统除电护外，还安装了一台燃油炉与电炉并联，以便必要时改用燃油供热。

（2）操作条件

恒速段的进风温度为 110℃，风速 0.7m/s，热风由二段底进风，由一段底排出废气；降速段的进风温度为 120℃，风速 0.5m/s，热风由四段底进风，三段底排出后进入恒速段电炉再加热利用，每 30～35min 进出一车，总干燥时间为 4～4.7h，干胶产量为 800～900kg/h。据测定，每吨干胶耗电量（不计风机用电）为 300～320kW·h。干燥效率约 65%～70%。

6.6　分级、检验和包装

6.6.1　天然生胶的分级方法

对产品进行质量分级，是一项十分重要的工作。合理的分级制度不仅可以为橡胶制品工业选用原材料提供重要的依据，做到物尽其用，还能帮助制胶厂发现生产中存在的问题以便及时加以纠正，促进生产的发展和产品质量的提高。长期以来，为了建立合理的分级制度进行过许多工作，但只是在 20 世纪 60 年代初标准橡胶分级方案问世以后才取得了较大的进展。

6.6.1.1　外观分级

外观分级方法是将天然橡胶按制造方法和使用原料的不同分成烟胶片、风干胶片、白绉片和褐绉片等七大类。各类再按外观质量，如颜色、疵点、弹性等划分等级。各等级的质量标准除有文字说明外，还付有供检验对照的实物样本。外观分级制度的不合理之处在于不能准确区分性能以及等级多而复杂的橡胶，我国天然橡胶的外观分级标准经过多次修改，删繁就简并摒弃了许多不合理的规定，目前仍应用于烟胶片、风干胶片、褐绉片等产品。在采用新的分级方法之前，仍应认真执行规定的标准，以免引起混乱。

6.6.1.2　工艺分级

橡胶的塑炼特性和硫化特性是两个重要的工艺性能，橡胶制品厂在使用每一批生胶之前，一般都要进行繁复的检验工作，以了解原料的工艺性能和力学性能。因此，如能标明生胶的工艺性能，对用户将具有重要意义。基于这样的目的，1949 年由法国人首先提出了天然橡胶的"工艺分级"方案，主张在外观分级的基础上加上用门尼黏度计测定的黏度数值和硫化特性两项工艺性能。其中，黏度值分为大、中、小 3 类，分别表示橡胶硬、中和软，相应的门尼黏度（ML_{1+4}，100℃）为大于 87、73~87 和小于 73；硫化特性则以 ACS-1 号为配方、140℃硫化 40min 硫化胶的 600% 定伸应力的大小分为快、中、慢 3 类，在胶包上以蓝、黄、红 3 种颜色加以区别，按以上两项工艺性能的组合便分成了 9 类橡胶。

上述方案在试行过程中，很快就发现橡胶的黏度值在贮存和运输过程会由于结晶和交联等作用而自然增大，而这种变异又是不规则的，在生胶出厂时测定的黏度值，对实际使用没有指导意义，因而取消了这一项分级项目；对硫化特性的测定，系统试验和统计分析发现试样的伸长率越大时，其定伸应力的变异系数也越大，因而使用 600% 定伸应力是不适当的，从而改用测定试样的 100% 定伸应力。另外，试样 5kg/cm² 恒定负荷作用下的伸长率，即定负荷伸长率或称 T_C 应变值，与 100% 定伸应力有良好的相关性，故同样可用来表示橡胶的硫化特性，指标见表 6-9。

表 6-9　天然橡胶工艺分级标准

硫化特性		红(慢)	黄(中)	蓝(慢)
100%定伸应力（kg/cm²）	最高	5.35	5.95	7.30
	最低	4.70	5.35	5.95
应变值(负荷为 5kg/cm² 的伸长,%)	最高	116	93	77
	最低	93	77	54

检验硫化速率的配方（质量分数）：橡胶 100，氧化锌 6，硬脂酸 0.5，硫醇基苯骈噻唑 0.5，硫黄 3.5，硫化条件：140℃×40min。

"工艺分级"方案提出以后，曾在某些国家和地区试行，其缺点：一是不能反映橡胶的动态性能和杂质含量等更为重要的性能；二是由于橡胶硫化体系的改进使硫化速率的变异减小。对大多数实用配方而言，没有特别重要的意义。此外，进行工艺分级需要设立检验站，耗资较大，因而该方案始终未被普遍接受。

6.6.1.3　产品分级

早期的天然生胶产品分级是以产品的外观质量作为标准，不仅等级多而且不够全面反映天然生胶的实际使用性能。既妨碍产品质量的提高，又妨碍天然橡胶原料的合理使用。鉴于此，提出采用橡胶使用性能来分级，即工艺分级的方案。此方案随着颗粒胶的出现和发展，1965 年马来西亚橡胶研究院首先提出了"标准马来西亚橡胶"分级方案。经多次修订，于 1979 年正式规定了新的修正方案。该方案确定了以橡胶的杂质含量、灰分、氮含量、挥发物、塑性保持指数、塑性初值等指标作为分级标准，将除胶清外的天然生胶统一分为 9 个等级，即恒黏胶、低黏胶、浅色胶、全乳胶、5 号、10 号、20 号、50 号和通用胶。凡按该标准分级的橡胶统称为"标准马来西亚橡胶"（SMR）。这种分级制度的优点是产品根据工艺性能分级，而且这些工艺性能都可以用客观的检验方法测定，质量有保证，因而得到用户的普遍接受。目前已发展成为橡胶国际贸易的标准。各主要产胶国都参照其标准先后制订出本国的标准橡胶分级方案。我国也于 1976 年拟订出国产标准橡胶暂行标准，1987 年制定了《天然生胶标准橡胶规格》（GB/T 8081—1987），至今已修订了 6 次，2018 年制定了新标准《天然生胶技术分级橡胶（TSR）规格导则》（GB/T 8081—2018），与

1987 年相比存在较大的差异，主要是增加了全乳胶（WF）、10 号恒黏胶（10CV）、20 号恒黏胶（20CV）3 个等级，删除了 50 号胶等级。

6.6.2　天然生胶的质量规格要求

国产通用固体天然橡胶产品主要有烟胶片、风干胶片、绉胶片和颗粒胶。分级方法有两种：片状胶的外观分级法和天然生胶理化性能分级方法。

6.6.2.1　烟胶片

《天然生胶　烟胶片、白绉胶片和浅色绉胶片》（GB/T 8089—2007）中烟胶片的适用范围、技术要求如下：

（1）适用范围

适用于天然胶乳经加酸凝固、压片、熏烟干燥而制成的胶片。烟胶片胶包中不允许有胶块、分级剪下的不合格的碎胶、撒泡胶、弱胶、烧焦胶、夹生胶、返生胶、无花纹的胶片和其他杂胶。本标准不适用于全部或部分胶清制成的胶片。

（2）技术要求

一级烟胶片：每个胶包在包装时必须无霉，但允许在交货时发现包皮上或者在包皮与胶包表面连接处有极轻微的干霉痕迹，唯不得透入到胶包的内部。

不允许有氧化斑点或条痕、弱胶、过热胶、熏烟不透胶、不透明和烧焦胶片。

所交货物必须是干燥、清洁、强韧、坚实的橡胶，而且没有缺陷、树脂状物质（胶锈）、火泡、砂砾、污秽包装和任何其他外来物质。但允许有实物标准样本所示程度的轻微分散的屑点和分散的针头大小的小气泡。

二级烟胶片：允许在交货时发现有轻微的树脂状物质（胶锈），以及在包皮上、胶包表面和内部胶片有少量的干霉。如胶包上出现有显著程度的胶锈或干霉者，不允许超过抽取大样胶包数的 5%。

允许有实物标准样本所示程度的针头大小的小气泡和微小的树皮屑点。

不允许有氧化斑点或条痕、弱胶、过热胶、熏烟不透胶、熏烟过度胶、不透明和烧焦胶片。所交货物必须是干燥、清洁、强韧、坚实的橡胶，而且没有缺陷、火泡、砂砾、污秽包装和上述规定允许之外的其他任何外来物质。

三级烟胶片：允许在交货时发现有轻微的树脂状物质（胶锈），以及在包皮上、胶包表面和内部胶片有少量的干霉。如胶包上出现有显著程度的胶锈或干霉者，不允许超过抽取大样胶包数的 10%。

允许有实物标准标本所示程度的轻微色泽深浅的差异、小气泡和小树皮屑点。

不允许有氧化斑点或条痕、弱胶、过热胶、熏烟不透胶、熏烟过度胶、不透明和烧焦胶片。所交货必须是干燥、强韧的橡胶，而且没有缺陷、火泡、砂砾、污秽包装和上述规定允许之外的其他外来物质。

四级烟胶片：允许在交货时发现有轻微的树脂状物质（胶锈），以及在包皮上、胶包表面和内部胶片有少量的干霉。如胶包上出现有显著程度的胶锈或干霉者，不允许超过抽取大样胶包数的 20%。

允许有实物标准样本所示程度的数量和大小的中等树皮颗粒、气泡、半透明的斑点、轻度发黏和轻度的熏烟过度橡胶。

不允许有氧化斑点或条痕、弱胶、过热胶、熏烟不透胶、熏烟过度胶(超过实物标准样本所示程度)和烧焦胶片。

所交货物必须是干燥、坚实的橡胶，而且没有缺陷、火泡、砂砾、污秽包装和上述规定允许之外的其他外来物质。

五级烟胶片：允许在交货时发现有轻微的树脂状物质(胶锈)，以及在包皮上、胶包表面和内部胶片有少量的干霉。如胶包上出现有显著程度的胶锈或干霉者，不允许超过抽取大样胶包数的 30%。

允许有实物标准样本所示程度的数量和大小的大树皮颗粒、气泡和小火泡、斑点、熏烟过度胶和缺陷。允许有轻度的熏烟不透胶。

不允许有氧化斑点或条痕、弱胶、过热胶和烧焦胶片。

所交货物必须是干燥、坚实的橡胶，而且没有火泡、砂砾、污秽包装和上述规定允许之外的其他外来物质。

6.6.2.2　白绉胶片和浅色绉胶片

《天然生胶　烟胶片、白绉胶片和浅色绉胶片》(GB/T 8089—2007)中白绉胶片和浅色绉胶片的适用范围、技术要求如下：

(1)适用范围

适用于天然胶乳的新鲜凝块，经精心和一致地控制整个生产过程而制成的表面起绉的胶片。绉片的厚度必须与样本的厚度大致相同。

本标准不适用于全部或部分胶清制成的胶片。

(2)技术要求

特一级薄白绉胶片：所交货物必须是色泽极白而且均匀、干燥、坚实的橡胶。

不允许有任何原因所引起的变色、酸臭味、灰尘、屑点、砂砾或其他外来物质、油污或其他污迹、氧化或过热的迹象。

一级薄白绉胶片：所交货物必须是色泽白、干燥、坚实的橡胶。允许有极轻微的色泽深浅的差异。

不允许有任何原因所引起的变色、酸臭味、灰尘、屑点、砂砾或其他外来的物质、油污或其他污迹、氧化或过热的迹象。

特一级薄浅色绉胶片：所交货物必须是色泽很浅而且均匀、干燥、坚实的橡胶。

不允许有任何原因所引起的变色、酸臭味、灰尘、屑点、砂砾或其他外来物质、油污或其他污迹、氧化或过热的迹象。

一级薄浅色绉胶片：所交货物必须是色泽浅、干燥、坚实的橡胶。允许有极轻微的色泽深浅的差异。

不允许有任何原因所引起的变色、酸臭味、灰尘、屑点、砂砾或其他外来物质、油污或其他污迹、氧化或过热的迹象。

二级薄浅色绉胶片：所交货物必须是干燥、坚实的橡胶。色泽略深于一级薄浅色绉胶片。允许有轻微的色泽深浅的差异。

允许有样本所示程度的带有斑迹和条痕的橡胶一旦在被检验的胶包中，这种胶包的个数不得超过检验包数的 10%。

除上述可允许者外，不允许有任何原因所引起的变色、灰尘、屑点。砂砾或其他外来物质、油污或其他污迹、氧化或过热的迹象。

三级薄浅色绉胶片：所交货物必须是色泽淡黄、干燥、坚实的橡胶。允许有色泽深浅的差异。

允许有样品所示程度的带有斑迹和条痕的橡胶。但在被检验的胶包中，这种胶包的个数不得超过检验胶包数的 20%。

除上述可允许者外。不允许有任何原因所引起的变色、灰尘、屑点、砂砾或其他外来物质、油污或其他污迹、氧化或过热迹象。

6.6.2.3 标准橡胶

2018 年颁布实施最新的《天然生胶　技术分级橡胶(TSR)规格导则》(GB/T 8081—2018)(技术要求见表 6-10)规定了标准橡胶 4 个级别的最低质量规格，并按本标准检验的天然生胶。此外，近年来还对某些特种天然生胶制定了行业或企业标准，参见表 6-10 ~ 表 6-12。

表 6-10　《天然生胶　技术分级橡胶(TSR)规格导则》(GB 8081—2018)的技术要求

性　能		级别的极限值				检验方法
		5 号	10 号	20 号	全乳胶	
杂质含量(质量分数)(%)	最大值	0.05	0.10	0.20	0.05	GB/T 8086—2019
塑性初值(P_0)	最小值	30	30	30	30	GB/T 3510—2006
塑性保持指数(PRI)	最小值	60	50	40	60	GB/T 3517—2017
氮含量(质量分数)(%)	最大值	0.6	0.6	0.6	0.6	GB/T 8088—2008
挥发物含量(质量分数)(%)	最大值	0.8	0.8	0.8	0.8	GB/T 24213.1—2018
灰分含量(质量分数)(%)	最大值	0.6	0.75	1.0	0.5	GB/T 4498.1—2013

表 6-11　农业行业标准《天然生胶　子午线轮胎标准橡胶规格》(NY/T 459—2001)的技术要求

性　能		各级子午线轮胎橡胶的极限值		检验方法
		一级(SCR RT1)	二级(SCR RT2)	
杂质含量(质量分数)(%)	最大值	0.05	0.10	GB/T 8086—2019
塑性初值[a](P_0)	最小值	36	36	GB/T 3510—2006
塑性保持率(PRI)	最小值	60	50	GB/T 3517—2017
氮含量(质量分数)(%)	最大值	0.6	0.6	GB/T 8088—2008
挥发分含量(质量分数)(%)	最大值	0.8	0.8	GB/T 6737—1997
灰分含量(质量分数)(%)	最大值	0.6	0.75	GB/T 4498.1—2013
丙酮抽出物含量[b](质量分数)mg/kg	最大值	2.0~3.5	2.0~3.5	GB/T 3516—2006
门尼黏度 50ML_{1+4}，100℃		83±10	83±10	GB/T 1232.1—2016
硫化胶拉伸强度(MPa)	最小值	21.0	20.0	GB/T 528—2009

注：a. 交货时塑性初值不大于 48。b. 硫化胶拉伸强度的测定使用 GB/T 15 340—1994。

表 6-12　农业行业标准《天然生胶　航空轮胎标准橡胶规格》(NY/T 733—2003)的技术要求

性　　能		限值	试验方法
杂质含量(质量分数)(%)	最大值	0.05	GB/T 8086—2019
塑性初值[a](P_0)	最小值	36	GB/T 3510—2006
塑性保持值(PRI)	最小值	60	GB/T 3517—2017
氮含量(质量分数)(%)	最大值	0.5	GB/T 8088—2008
挥发分含量(质量分数)(%)	最大值	0.8	GB/T 6737—1997
灰分含量(质量分数)(%)	最大值	0.6	GB/T 4498.1—2013
丙酮抽出物含量[b](质量分数)mg/kg	最大值	3.5	GB/T 3516—2006
铜含量[b](mg/kg)	最大值	8	GB/T 7043.2—2001
锰含量[b](mg/kg)	最大值	10	GB/T 13 248—2008
门尼黏度 $50ML_{1+4}$, 100℃		83±10	GB/T 1232.1—2016
硫化胶拉伸强度[c](MPa)	最小值	21.0	GB/T 528—2009
硫化胶扯断伸长率[c](%)	最小值	800	GB/T 528—2009

注：a. 交货时塑性初值不大于 48。b. 丙酮抽出物含量、铜含量、锰含量为非强制性项目。c. 硫化胶拉伸强度的测定使用 GB/T 15 340—1994。

6.6.3　天然生胶的各项指标意义

为保证天然生胶产品质量，云南生产天然生胶产品如全乳胶(WF)、SCR5 SCR10 等均执行《天然生胶　技术分级橡胶(TSR)规格导则》(GB/T 8081—2018)标准。

6.6.3.1　杂质含量

杂质含量是指橡胶样品经溶剂溶解后，用孔径 45μm 的筛网过滤，筛余物烘干后的质量占样品质量的百分数。杂质含量是主要分级指标之一。橡胶中的杂质主要是在胶乳或杂胶的收集和加工过程中混入的外来物质。其中有些是由于割胶时胶树、胶杯、胶舌、胶桶等不清洁或刮风下雨、低割线割胶以及收集处理不当，致使胶乳或杂胶受污染的；有的是在加工过程中由稀释水带进的；有的则是在干燥、包装、运输和贮存过程污染的。橡胶中含有这些外来杂质，会使橡胶制品的性能降低，如不耐撕裂、不耐曲挠、不耐磨耗、生热高、轮胎脱层等，对内胎及薄制品危害更大，常引起漏气或爆破。因此，杂质含量高的橡胶不能用于制造性能要求较高的制品。降低杂质含量的措施首先是做好林段和收胶站的"六清洁"，减少胶乳的污染；其次是胶乳下槽时必须用 80 目筛(不能低于 60 目)认真过滤。如使用离心分离器分离杂质时，则必须十分注意分离效果是否确有保证，此外工厂厂房、与橡胶接触的设备、用具以及制胶用水都要注意清洁。

6.6.3.2　灰分含量

灰分含量是指橡胶经高温灼烧后留下的灰烬质量占样品质量的百分数。灰分是存在于橡胶本身的无机盐和外来杂质的燃烧残留物。橡胶中无机盐含量的多少取决于栽培因素，其中以铜、锰、铁等金属及其盐类对橡胶的耐老化性能有较大的危害，但单纯无机盐一般不致于使灰分含量超过指标，外来杂质或有意掺假是导致灰分含量过高的主要原因。

6.6.3.3 氮含量

橡胶中的氮主要来源于其所含的蛋白质，氮的平均质量约占蛋白质质量的 16%。因此，将测得的氮含量乘以 6.25 大体上便是蛋白质含量。蛋白质含量高的橡胶除了容易吸潮长霉，不利于制作绝缘性好的电工器材外，更重要的是生热性大、动态性能差。胶清橡胶之所以质量不好，其主要原因便是蛋白质含量特别高（一般 10%以上）。因此，氮含量指标对防止在一般橡胶中掺入胶清橡胶起着重要作用。橡胶的氮含量高低，主要取决于栽培因素，除与橡胶树的品系、树龄等有关外，还随割胶强度和季节而变化。随季节变化的规律一般是开割时最低，以后逐月升高直至停割前达到最高值。在加工过程，特别是生产标准胶时，原则上应尽可能避免蛋白质和其他非胶组分的过分损失。为此，要求胶乳凝固浓度尽可能高些，凝固 pH 值控制在 4.8~5.0 较合适，且造粒过程不要过分冲洗胶粒。

6.6.3.4 挥发物含量

挥发物含量是指橡胶样品经加热后损失的质量占样品质量的百分数。橡胶中的挥发物主要是水分。橡胶的水分含量高，特别是含有不熟胶时，在贮存过程中容易长霉发黏；在制品加工过程，塑炼时容易打滑，以致延长塑炼时间；在混炼时，配合剂容易结团而分散不均匀，硫化时可能产生气泡或起皱，产生废次品。因此，各类生胶都必须充分干燥，及时包装并注意包装严密，贮放胶包的仓库要干爽、通风。如果橡胶水溶物及蛋白质含量高，橡胶容易吸潮，可在加工时适当增加喷水和漂洗。

6.6.3.5 塑性初值(P_0)

P_0 值表示橡胶可塑性的大小。用华莱士塑性计测定的塑性值越大，橡胶的可塑性越小。生胶的可塑性对橡胶制品生产的工艺操作有着重要的意义。生胶塑炼的目的就在于破坏橡胶的弹性，提高可塑性，以便在混炼时配合剂能分散均匀，并使胶粒在硫化初期具有流动性以充满模型。可塑性小的橡胶在炼胶时动力消耗较大，操作时间较长。规定 P_0 值指标可为制品厂制定工艺规程提供参考。但必须指出，生胶在贮存过程中可塑性将发生变化，先是由于交联硬化使塑性降低，随后是由于氧化降解使塑性增大。在加工过程中，当干燥温度过高或干燥时间过长造成橡胶氧化发黏时，所表现的可塑性大（P_0 值小），将严重危害橡胶性能，须注意防止。

6.6.3.6 塑性保持指数(PRI)

塑性保持指数是标准橡胶的主要质量指标之一。其测定仪器是华莱士塑性计和老化箱。方法是分别测定试样的 P_0 值和经老化箱在 140℃温度下老化 30min 后的塑性值 P_{30}，以 P_{30}/P_0 的百分数表示橡胶的 PRI 值。

PRI 试验已成为测定生胶在加热时抗氧化性能的简单而又迅速的方法。PRI 同橡胶原来的可塑度完全无关，但采用不同的塑性计、变动加热时间或温度，都会得出不同的数值。采用华莱士塑性计是因为测定速度快、试片的形状和大小适于加热；选用的加热时间和温度则是考虑到能适当区分各类橡胶，也考虑到试验的速度比较合适。温度同制品厂密炼机的操作温度相近。

PRI 表示橡胶的耐老化性能，其值高说明橡胶的抗氧化断链的性能好。这个指标对于橡胶由于各种原因，如加工过程的工艺条件、橡胶中有害金属的含量等所引起的氧化降解具有一定的敏感性。此外，*PRI* 还与生胶塑炼的操作性能以及硫化胶的主要物理机械性能之间存在良好的相关性，即，*PRI* 高的橡胶，这些性能往往也较好。*PRI* 与纯胶配合胶料黏度的相关分析结果表明，具有相同塑性初值的橡胶，*PRI* 越高，则混炼胶的黏度也越高。这种橡胶在高温下炼胶时，其抗氧化降解的性能将较好。试验还表明，*PRI* 与硫化胶的耐老化性能、定伸强力、扯断强力、回弹率、压缩疲劳生热以及压缩疲劳变形等性能也有良好的相关性。

影响塑性保持指数的因素：

①胶乳的凝固条件 胶乳的凝固方法、凝固浓度、凝固 pH 值、凝块熟化时间等都会影响制得橡胶的塑性保持指数。一般说来，凝固浓度高，塑性保持指数也高，过分稀释或自然凝固都会使塑性保持指数降低；凝固 pH 值 4.8~5.0 时，塑性保持指数较高；过低或过高时都有下降趋势；凝块熟化时间延长，则塑性保持指数降低。

②过度加热 已干的橡胶若在干燥房中继续加热，会显著降低塑性保持指数甚至导致完全降解。

③阳光暴晒 已干的橡胶即使在阳光下暴晒几个小时，也会使塑性保持指数急剧下降，暴晒 6h 可降低 50%，但湿胶则影响较小。

④金属离子 生胶中含有微量的铜、锰、铁等有害金属能促使橡胶老化。

6.6.4 天然生胶包装与贮存

橡胶的包装是制胶过程的最后一道工序。包装方法是用液压打包机将橡胶产品压实成坚实、方形的胶块，每包净重为 33.3kg。采用聚乙烯薄膜袋作内包装，聚丙烯编织袋作外包装。包装的目的在于保持胶包内橡胶的清洁、干燥，防止运输和贮存过程受外来杂质的污染，外形方正的胶包有利于运输、堆放及贮存。

6.6.4.1 包装设备

(1)油压打包机

目前生产上使用的打包机，按油缸所能产生的最大压力分为 30t、60t、100t 三种。其中，100t 打包机由于压力大，打出的胶包回弹性小，不易变形，仅需设两个包装箱，供装料和压包操作轮换进行，压好的胶包由顶包机构顶出，每小时可压 40~45 包，生产效率较高，目前已推广用于标准胶的打包。

(2)包装箱

包装箱用厚钢板制成，箱底装有 4 个轮子可在轨道上移动，为了使加压不致损坏包装箱底板或轮子，通常都有在穿过打包机的两段钢轨下面装上弹簧。当加压时包装箱连同轨道一起下沉，包装箱底即落在承压板上，由承压板代替轮子承受负荷，从而避免轮子受力过大而损坏，压力消除后，轨道连同包装箱被弹回原位，与车间上的轨道重新接上。

6.6.4.2 包装的基本要求

(1)胶包规格

标准天然橡胶每包净重 33.3kg，长×宽×高为 330mm×670mm×200mm。胶包标志，包括在一个正面上标明品种、等级、质量、工厂代号、出厂日期和所属公司字样，另在两端面标明等级，对于标准胶，还要求在内袋中间印上品种、等级、代号。规定标准胶外袋一律用绿色印字标志，封口、编号统一。

（2）及时包装

经加热干燥的橡胶在离开干燥器后应及时包装，如停放时间过久，橡胶容易吸湿返潮以至长霉，不利于长期保存。未能在当天处理完毕的干燥橡胶，应妥善保存，最好用塑料薄膜遮盖以防吸潮和落入灰尘污染。采用深层干燥的颗粒胶，刚移出干燥器时胶块的温度仍很高，则不应立刻压实包装。因橡胶是热的不良导体，加上打包后结构密实，高温下打包将使胶包内的热量难以散失，从而危害橡胶的性能。据报道，高温下打包的橡胶在贮存的最初几个月，其门尼黏度值升高和抗氧指数降低都十分显著，说明打包温度高对橡胶的贮存性质和使用性能具有不良影响。据称，胶温在60℃以下打包，上述影响较小，这是在生产颗粒胶时需注意的。

（3）操作要求

包装操作的基本要求是：称重准确、叠包平整、压包结实、标志清楚。对于片状胶，包皮外面需涂上涂料，以防止胶包在堆放时互相黏结和沾着灰尘。涂料用滑石粉的煤油胶浆，原料的配合比例为橡胶∶煤油∶滑石粉＝1∶50∶20。先将干胶线（或次等胶碎）放入煤油中浸泡使溶液成胶浆，再与浸透煤油的滑石粉按比例混合均匀。

（4）安全操作

包装过程要特别注意防止将刀、刺锥、锤子、插销等工具包入胶包内，以免制品厂使用橡胶时发生生产事故。为此，除在包装箱装料时须严格检查外，包装间应有严格的管理制度，特别要有工具使用和保管制度，每当工作完毕，一定要认真清点工具，如数收回。

6.6.4.3 胶包的贮存和运输

存放胶包的仓库一般和包装间建在一起。要求通风良好、不漏雨、不受阳光直射。将胶包堆放于离地面30cm以上的木板上以保持干燥和清洁。温度不得超过40℃，胶包应按等级和生产日期的先后次序分级堆放，叠堆不应超过6包，以免下层胶包受压变形。胶包与墙壁应有10cm以上的距离，以防潮湿。为安全起见，仓库和包装间要严禁烟火，周围附近不要存放易燃物品，油类或其他化学药品，发霉的胶块等不要和胶包或胶片一起堆放。

运胶包的车厢要干燥、清洁，运输途中要用帆布遮盖，防止日晒雨淋及外来污染。胶包不要和其他物资混运。

6.7 天然生胶生产的技术经济指标

6.7.1 技术经济指标

天然生胶的技术经济指标主要包括：干胶制成率、干胶回收率、等级率、化工原材料消耗定额和劳动生产率。相关指标可参考表6-13～表6-16。

表6-13 干胶制成率与干胶回收率

项目	烟胶片、风干片	胶清片（烟、绉）	白绉片（全乳）	褐绉片
干胶制成率(%)	99.0	93	98.5	75
干胶回收率(%)	99.5	—	99.5	—

表 6-14　等级率

级别	烟胶片 风干片	胶清 烟片	胶清绉片	白绉片(全乳)	褐绉片
特级(%)					10
一级(%)	85	70	80	85	50
二级(%)	10	25	15	10	20
三级(%)	3	4	4	3	12
四级(%)	1			1	
五级(%)	0.5			0.5	
等外(%)	0.5	1	1	0.5	8

表 6-15　劳动生产率　　　　　　　　工/t

级别	烟胶片 风干片	胶清 烟片	胶清绉片	白绉片(全乳)	褐绉片
日产 2t 以上日产 1~2t	9~10 12~13				15 15
日产 0.5t 左右	18~20	28	15	15	25

表 6-16　化工原材料消耗定额　　　　　　　　kg/t 干胶

名称	规格	烟胶片	风干胶片	胶清烟片	胶清绉片	白绉片	褐绉片
氨水	(折纯氨计)		3			2	
乙酸	96%以上	18	18	50		18	
硫酸	96%以上			120	150		
氯化亚锡	工业用		2				
滑石粉	工业用	3	3	3	5	3	5
煤(汽)油	工业用	6	6	6	10	7	10
炭黑	工业用	0.2	0.2			0.2	0.2
甲醛	40%	0.2	0.2	0.5		0.2	
亚硫酸钠	工业用					3	
五氯苯酚钠	工业用						6
碎胶片		0.2	0.2	0.2	0.2	0.2	0.2
木柴		400		1 000			
煤			300		300		
水(t/t)	工业用	40	40	40	60	60	100
用电量(度/t)		40	40	200	450	550	700

6.7.2　技术经济指标的计算方法

6.7.2.1　产品制成率

产品制成率系以合格产品质量对原料质量的百分比来表示，并以干胶为计算基础。"合格产品"一般是指非等外产品。计算新鲜胶乳和产品的干胶含量以及制成率时，均需按加权平均法计算。

（1）干胶含量

$$D(\%) = \frac{d_1 W_1 + d_2 W_2 + \cdots}{W_1 + W_2 + \cdots} \times 100$$

式中　D——新鲜胶乳或产品的平均干胶含量(%)；

　　　d_1、d_2——各批新鲜胶乳或产品的干胶含量(%)；

　　　W_1、W_2——各批新鲜胶乳或产品的质量(kg)。

新鲜胶乳的干胶含量的计算，必须先计算每日的平均干胶含量，再计算每月的平均干胶含量，最后计算年平均干胶含量。各种固体生胶的干胶含量平均值按100%计。

（2）制成率

$$P(\%) = \frac{D'(W'_1 + W'_2 + \cdots)}{D(W_1 + W_2 + \cdots)} \times 100$$

式中　P——产品的平均制成率(%)；

　　　D'——产品的平均干胶含量(%)；

　　　W'_1、W'_2——各批产品的质量(kg)；

　　　W_1、W_2——各批新鲜胶乳的质量(kg)。

6.7.2.2　干胶回收率

干胶回收率系指产品(包括合格品及等外品)和副产品(包括生产过程中所产生的胶碎、胶团等，不包括胶园带进厂内的胶头、胶线)的干胶总质量与新鲜胶乳中干胶质量的百分比。

$$R(\%) = \frac{D'W' + D''W'' + D'''W'''}{DW} \times 100$$

式中　R——平均干胶回收率(%)；

　　　D——新鲜胶乳的平均干胶含量(%)；

　　　D'——合格产品的平均干胶含量(%)；

　　　D''——等外产品的平均干胶含量(%)；

　　　D'''——副产品的平均干胶含量(%)；

　　　W——新鲜胶乳的总质量(kg)；

　　　W'——合格产品的质量(kg)；

　　　W''——等外产品的质量(kg)；

　　　W'''——副产品的质量(kg)。

6.7.2.3　劳动生产率

劳动生产率(A)，以每吨产品耗用工数表示，其单位为工/t。不同产品应分别计算。耗用工数是指直接用于生产的工数，不包括运输、供柴、设备修理、工厂维修、收胶员、制氨等用工。

计算耗用工数时，以每一工人工作8h为一个工。生产两种或两种以上产品的工厂，共同使用同一动力设备时，则管理动力所耗用的工数应按每种产品所耗用的时数比例进行分配计算。

$$A = \frac{L}{W'}$$

式中　W'——某种产品产量(t)；

　　　L——耗用于该种产品的工数(工)。

由于各制胶厂的规模不一，每吨产品规定耗用工数不同，为便于进行统计、比较，除上述(实际)劳动生产率外，采用相对劳动生产率(N)，单位为工/t。

$$N = KA$$

式中　A——(实际)劳动生产率(工/t)；

　　　K——折算系数(表6-17)。

表 6-17　折算系数 K

工厂类型	烟胶片、风干胶片					褐绉片		胶清片
工厂规模(t/d)	0.5	1	2	4	8	0.5	1	—
K	0.67	1	1.33	1.5	1.6	1	1.66	1

注：①工厂规模按设备能力或编制确定；②0.5t/d产以下的烟片、风干片制胶点不列入统计，1.5t/d产、2.5t/d产的烟胶片厂按2t/d产计；3~5t/d产烟片厂按4t/d产计。

统计某一期间数个工厂某种产品的平均相对劳动生产率时，按加权平均法计算：

$$N' = \frac{N_1 W'_1 + N_2 W'_2 + \cdots}{W'_1 + W'_2 + \cdots}$$

式中　N'——平均相对劳动生产率(工/t)；

　　　W'_1、W'_2——统计的各单项产量(kg)；

　　　N_1、N_2——相应于各单项产量的相对劳动生产率(工/t)。

6.7.2.4　燃料和电力消耗率

燃料消耗率系以生产1t某种产品所消耗的燃料质量来表示，其单位为 t(kg)燃料/t产品。

电力消耗率以每吨产品所消耗的电量表示，其单位为(kW·h)/t。不同的燃料应分别统计，不应混在一起或折算为某一种来表示。

燃料必须经过称量，不应靠估计，以确保准确。

木柴统一以干基计算，半干的木柴以0.7乘木柴质量作为干基质量。刚砍下的生木柴以0.5乘木柴质量作为干基质量。

燃料消耗率 F(t燃料/t产品或kg燃料/t产品)：

$$F = \frac{G}{W'}$$

电力消耗率 F[(kW·h)/t]：

$$F = \frac{V}{W'}$$

式中　W'——某种产品产量(t)；

　　　G——耗用于该产品的燃料质量(t或kg)；

　　　V——耗用于生产的总电量(kW·h)。

6.7.2.5 辅助材料消耗率

辅助材料消耗率以生产 1t 产品所消耗的辅助材料的千克数表示，其单位为 kg 材料/t 产品。生产中所使用的化工材料，除氯化亚锡、滑石粉、汽油、煤油、炭黑等可直接按消耗质量来计算外，其他如甲醛、乙酸、氨水等因系水溶液，应于每批材料进厂时进行分析，测定浓度，在使用时根据其浓度换算为 100% 的纯品质量作为材料消耗率的计算基准。

辅助材料消耗率(kg/t 产品)：

$$F = \frac{G}{W'}$$

式中　W'——某产品产量(t)；
　　　G——生产该产品时某材料的耗用量(kg)。

【本章小结】

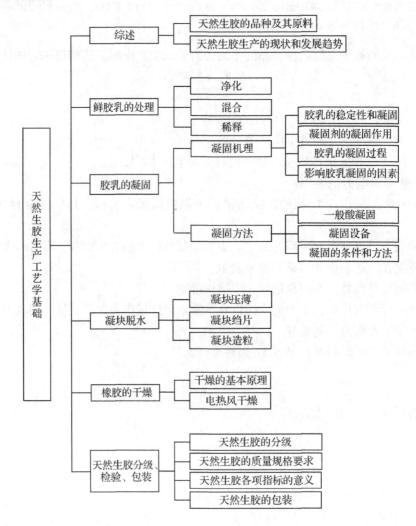

【复习思考】

1. 天然生胶生产上常用的凝固剂有哪几种？用乙酸或用甲酸作胶乳凝固剂有何优缺点？

2. 天然生胶生产有哪几种造粒方式？影响锤磨造粒效果有哪些因素？

3. 天然生胶干燥过程可划为哪几个阶段？

4. 常用的热风穿透胶层干燥设备有哪些？

5. 简要说明新鲜胶乳的凝固、压薄与压绉、造粒、干燥及胶园凝胶的浸泡、洗涤、掺和、压绉等操作要点。

6. 国产标准橡胶产品分为哪几个等级？各等级产品规格代号是什么？

7. 胶乳凝固总用酸量的计算，分析影响胶乳凝固的因素并加以控制。

8. 简述橡胶干燥的湿基含水量、干基含水量、干球温度、湿球温度、绝对湿度、相对湿度之间区别及其在橡胶干燥中的应用。

9. 国产标准橡胶质量指标的含义及其与加工工艺有什么关系？

10. 简述国产标准橡胶生产的主要技术经济指标和计算方法。

11. 简述胶乳凝固的机理和检查胶乳凝固用酸量是否适宜的方法。

12. 简述雨冲胶和变质胶乳的处理操作。

13. 分析影响 3 种造粒方式效果的因素及其应采取的调控措施，并分析 3 种造粒方式的优缺点。

14. 简述标准橡胶干燥过程、干燥原理、各干燥阶段的特点及其调控。

15. 简述六段十二车位干燥器的热风进入与穿透胶层走向路线，分析操作故障(熄火、逆火、黑烟)的原因及其排除故障操作。

16. 分析影响标准橡胶干燥效果的因素及应采取的控制措施。

17. 怎样使胶园凝胶的洗涤、压绉、掺和等操作达到质量一致要求？

18. 你认为提高标准橡胶生产的主要技术经济指标应采取哪些措施？

第7章 三种类型的天然生胶生产

7.1 传统天然生胶

7.1.1 烟片胶

烟胶片(RSS)是天然生胶的传统产品。在标准橡胶出现以前,它是天然生胶最主要的品种。据统计,目前需求量在3%左右。其一般的工艺流程:

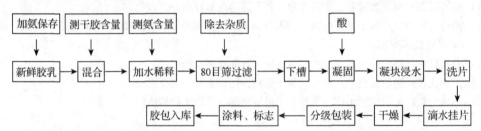

7.1.1.1 新鲜胶乳的处理

新鲜胶乳进厂后先在混合池混合,然后取样测定混合胶乳的氨含量,以便计算凝固用酸量。新鲜胶乳在加水稀释并搅拌均匀后,应让其静置一段时间,使其中的泥沙之类相对密度大的杂质下沉到混合池的底部。这个过程称为沉降,目的在于除去杂质,提高产品的清洁度。沉降时间的长短主要取决于胶乳的黏度、稀释度和混合池中胶乳的高度,一般为30~40min。在清洁胶乳排出后,池底含有残渣的脏胶乳必须进行再沉降处理,回收部分清洁胶乳,其余部分则做次等胶处理。

胶乳的净化处理一般是在稀释胶乳下槽时用80目筛网(不应少于60目筛)过滤,也可在新鲜胶乳进入混合池前用离心沉降器分离杂质。

7.1.1.2 凝固方法和条件

胶乳的凝固方法依凝固浓度的不同,有稀释胶乳凝固和原胶乳凝固之分,但结果都必须使压出的胶片能适应片状胶干燥的需要。

(1)稀释胶乳凝固法

一般用各种形式的凝固槽凝固,用隔板分隔凝块,凝块经一定时间熟化后再压片。

①凝固浓度(指干胶含量,下同) 一般控制在14%~18%范围,具体应根据气温和熟化时间而定。在夏季或隔天压片,可用14%~16%;冬季或当天压片可用16%~18%。凝固浓度确定后,相应的稀释浓度便可根据凝固时加入的酸水量计算出来,通常稀释浓度约

比凝固浓度高 1.5%~2%。

②凝固适宜用酸量　也应根据季节和凝块熟化时间来决定，夏天或隔天压片时低些，冬天或当天压片时高些，用乙酸作凝固剂时，凝固适宜用酸量(对干胶重)控制在 0.5%~0.8%；用甲酸时为 0.3%~0.5%。中和用酸则根据胶乳氨含量另计。如以 pH 值控制凝固，则一般控制范围为 4.5~5.0。

③槽中胶乳的凝固高度　槽中胶乳的凝固高度决定了凝块的宽度，因而受压片机辊筒长度的限制，一般取 24~26cm。凝块厚度(即隔板间的距离)一般为 3~4cm。

(2)原胶乳凝固

原胶乳如用凝固槽凝固，难于制得符合干燥要求的胶片。生产上使用原胶乳凝固有两种方法，一种是用圆柱形凝固桶凝固，制得的圆柱形凝块用锯片机切割成连续的薄片再经压片机压片；另一种是用凝固带连续凝固，通过控制胶乳和凝固剂的流量使带上的凝块具有合适的厚度和软硬度，再经压片机压片。

7.1.1.3　压片和挂片

(1)压片目的

①脱水并增加湿胶片的强度　凝块在压片前的含水量为 350%~500%(对干胶)，因此十分松软，容易变形或断裂。经机械滚压脱水后，其含水量一般可降至 60% 左右。不但使干燥过程须排除的水分量大为减少，而且胶片的强度大为增加，便于挂片。此外，在滚压过程中，凝块中所含的残酸和部分非橡胶物质随同乳清排出，压片过程的喷水和压片后的漂洗也能使其含量进一步降低，残酸的排除有利于保证产品质量。

②减少厚度，增加表面积　胶片厚度是影响胶片干燥的主要因素，胶片压得越薄，则干燥后期越利于水分的向外扩散，可显著缩短干燥时间，压片前的凝块厚度一般为 2.5~3.5cm，压片后其厚度减至 2.0~3.5mm，长、宽相应增加了 85%~90%、61%~65%。由于脱水设备和挂片操作的限制，不可能把胶片压得太薄，否则不好挂片，太薄的胶片在干燥过程中还易被拉长或断片。为便于水分的蒸发和内部水分易于向外扩散，一般都将湿胶片的表面压成棱形花纹，以增加有效干燥表面积，缩短干燥时间。

(2)压片操作

①压片机的调整和使用　压片操作是否顺利，压出的胶片是否符合要求，关键在于正确调整和使用压片机。应通过调整辊筒间隙使压出的胶片厚度在 3~4mm，还应使胶片能顺利通过各对辊筒，不走边、不重压、不堆片或拉片，转刀切片顺利等。

②送片　送片时一般应使凝块的中间部位对准辊筒的中部并首先进入辊筒。如果让凝块边角部分先进入辊筒，则会造成走边或折角重压。凝块能否顺利通过辊筒，除与其本身的厚薄、软硬和压片机的调整等有关外，还与凝块的形状，特别是前方端面的形状有关，如果端面整齐或仅略有倾斜，则一般能顺利通过；如端面倾斜度过大，在压片过程中会由于不均匀收缩而引起前端上翘或下卷，造成折边或重压，影响压片质量。对于这种凝块，必要时可进行简单整形，有时只需用手将凝块前端顶压一下，消除或减少端面的倾斜。送片时如发现凝块进入辊筒后前进方向不稳定，可用手摆动凝块尾端予以纠正。在压长凝块时，刚进入辊筒的凝块由于后面有不均匀拉力，前进方向往往不稳定，容易走边，此时应用手给予纠正。

③设备清洗　压片结束后应让压片机空转 2~3min 并喷水冲洗辊筒和过渡板，停机后

最好将辊筒和机体其他部件擦拭干净；及时清洗凝固槽、隔板、厂房及其他用具，防止残酸腐蚀和乳清发酵，影响车间卫生和污染胶乳。

④压片过程的操作安全　应严格遵守操作规程，既有利于提高压片质量，又可避免或减少事故发生。送料时，手不要进入安全罩，更不应靠近辊筒。推动凝块时用力不宜过猛，手指应略微向下弯曲，即使接触辊筒也不容易被卷进去，而用伸直的手指推动凝块，一旦疏忽便会造成意外事故。当胶片滞留在过渡板上而不走片时，不应把手伸入辊筒间拨弄或取出胶片，而应停机检查故障原因加以排除，擦拭辊筒及其他部件也应在停机后进行。此外，选料时还应注意凝块中是否混入杂物，以防有坚硬物体损坏辊筒。

⑤影响压片效果的因素

a. 凝块的质量：如前所述，凝块的软硬、厚薄对压片效果有直接的影响。凝块过硬时，不容易压薄且容易压破，胶片的干燥时间较长，影响干燥房的周转；凝块过软时，往往产生不走片或胶片卷曲而不能顺利通过各对辊筒，压出的胶片软，干燥过程容易拉长以至断裂。凝块的软硬可通过调整凝固浓度和熟化时间来控制。

b. 压片强度：压片强度不但影响湿胶片的厚度，也影响湿胶片的滴水速率。压片强度越大，压出的胶片越薄，同时湿胶片的滴水速率和加热干燥初期的滴水速率都较快。如采用高强度压片，当胶片厚度减少20%时，干燥时间可缩短35%，且胶片在干燥过程不易产生气泡和火泡，因而可以用提高干燥温度来缩短干燥时间。当干燥温度提高 2.6℃，干燥时间可缩短约为10%。

c. 表面压花：胶片表面由压片机最后一对辊筒压出棱形花纹，目的是增大表面积以缩短干燥时间。如将"五合一"压片机第四对辊筒先车成圆柱体，然后再车出直纹，其纹宽、深和沟槽宽分别为4mm、5mm 和6mm，上下辊筒互相咬合，经改装后的"五合一"压片机具有两对花纹辊筒，可将胶片压得更薄，表面积更大，更有利于缩短干燥时间，而且直花纹辊筒具有控制胶片前进方向，减少走边和重压的作用。

(3)挂片和滴水

①挂胶车　由底盘、车轮和挂车架等组成，其尺寸大小可设计为长、宽和高均为280~285cm。挂胶架共分 5 层，用角钢焊接而成，供承放挂胶竿用。

挂胶竿可用直径约 3.0cm、皮厚、刚直的竹子。竹竿的粗细和竹间的距离对胶片的干燥和生产操作均有影响。直径过小的竹竿强度低，使用过程容易弯曲变形致使上下层胶片互相粘连，也容易爆裂积水，引起竹竿和胶片长霉；竹竿间的距离小，则胶车的容量大。但挂胶过密会妨碍烟气流通，使干燥时间延长，而且胶片间也容易粘连而造成局部不熟并增加卸片的困难。竹竿的中心距离通常为 7.5~9cm，每层可放竹竿 32~37 根，每根竹竿可挂 5~6 张胶片，每部胶车的容量为 0.5~0.6t 干胶。挂胶架两端的角钢上应开出锯齿槽固定竹竿位置并防止推动挂胶车时竹竿滑动。

②挂片　由压片机压出的胶片，经漂洗后逐片挂到竹竿上，从胶车顶层开始逐层挂满全车，要求胶片不重叠、不粘连、整齐稳当。胶车的两端要挂满而不留空位，以增加胶车容量并防止烟气偏流。

由于烟房内上层和下层之间通常有 5~7℃ 的温差，挂片时一般应上层稍密，下层稍疏，特别在不满车时更应如此。此外，坏胶乳、雨冲胶等制得的胶片应挂在胶车的下层。

③胶片的滴水　刚压出的胶片会由于机械力作用的消除而慢慢收缩并将其中部分乳清

挤出，产生所谓"滴水"现象，因而刚挂满胶片的胶车不应立即移入烟房加热，而应放在阴凉通风处让其滴水，以免将这部分水分带入烟房，增加烟房的湿度和燃料的消耗。但胶片在室温下收缩脱水有一定限度，因而滴水时间也不宜过长，一般 2~4h 即可，特别在低温、潮湿的天气，胶片更不宜在烟房外停留过长时间，否则会由细菌的繁殖而致使胶片发酵或长霉。滴水期间应防止胶片受阳光暴晒，最好设有凉棚供停放胶车之用。

7.1.1.4　胶片干燥

胶片干燥是橡胶加工的最后一个脱水过程，使生胶的最终含水量降至合乎要求的标准。各类生胶的含水量只有达到规定标准时，才能出厂。含水量过高的生胶，不但贮存运输过程中容易长霉，降低外观质量，而且还会严重影响橡胶制品的工艺性质和质量。

(1)胶片干燥的脱水历程

胶片干燥过程中，经历收缩脱水、恒速率干燥和降速干燥 3 个阶段。

①收缩脱水阶段　经过机械脱水后的湿胶片，即使把它放在水里或湿度饱和的空气中，它仍会自动地渗出水分，这种现象称为橡胶收缩脱水。橡胶在机械脱水过程中，由于受机械力的滚压作用，厚度减少而长度和宽度都显著增加，在这个变化过程中，橡胶分子链也被拉长，当机械力除掉后，即湿胶片离开压片机后，被拉长的橡胶分子链由于弹性作用，逐渐收缩并将内部的水分挤出来。这就是在压片后最初 1h 左右胶片滴水迅速的原因。常温下，经 4h 左右，这种收缩作用便停止。湿胶片在机械脱水过程中受到的机械滚压力越强，橡胶分子链变形也越大，因而收缩力也越强，挤出的水分也越多。

橡胶的收缩脱水作用也受温度的影响。常温下已停止收缩脱水的胶片，送进烟房后，由于胶片温度的升高，增加了橡胶分子链的活动性，分子链又继续收缩，因而胶片还会重新滴水，收缩脱水过程能使橡胶的含水量在短时间内迅速下降，因此它是橡胶干燥的一个重要阶段。刚压好的湿胶片，其含水量一般在 60%左右，在干燥房外停止滴水时可降至 40%左右，而进入烟房经 4~6h 重新滴水后可降至 15%~20%。

②恒速干燥阶段　当胶片的含水量降至 15%时，橡胶收缩脱水作用停止，进入以表面水分汽化为主的恒速干燥阶段。在这个阶段的干燥，主要是表面的水分不断蒸发损失，而内部的水分能保证及时地流向表面。此时，由于胶片的水分含量仍很高，潮湿的表面有足够的水分供应蒸发，所以胶片的干燥速度取决于其表面水分蒸发的速度，而与内部的含水量关系不大，就是说表面水分蒸发掉多少，内部就有多少水分流向表面补充。当胶片水分蒸发到一定程度后表面呈现局部干燥。因胶片内部的水分是通过凝聚橡胶粒子之间的一系列小孔流向表面的，其蒸发速率随胶片的潮湿表面积的减少而成比例的下降。

③降速干燥阶段　当胶片的含水量降至 10%左右时，小孔的末端也干燥了，因此水分只有通过扩散作用才能达到胶片的表面而逸出，此时，胶片进入了以内部水分扩散起主导作用的降速干燥阶段。由于干燥的表面对内部水分向外扩散起着阻碍作用，因此这个阶段的显著特点是干燥速度很慢。并且随着干燥表面的增厚，内部的水分越难以扩散，因而这个阶段的干燥占了整个干燥过程的大部分，如采用熏烟干燥，一般需要 2~3d 的时间，才能将含水量从 10%左右最终降至 0.75%以下。

(2)影响胶片干燥的因素

①空气流速　当胶片含水量在 15%以上时，空气流速对干燥速度有很大的影响。空气流动速度快，能使温度分布均匀，并迅速排出干燥房内的湿气，降低干燥房的湿度，从

而加速胶片的干燥。如相对湿度相同，空气流速为 0.5m/s 时，水分蒸发速率要比在空气自然流动的条件下快 1~3 倍。空气流速超过 0.5m/s 时，水分蒸发速率与空气流速增量的 0.8 次方成正比。但含水量低于 15% 时，空气速度对干燥速率的影响就大为减少。因为含水量降低时，水分从胶片内部向外扩散的速率便逐渐成为控制的因素。即使采用高达 3.0m/s 的空气流速进行试验，也难以缩短含水量 10% 以下的胶片的干燥时间。

②温度和湿度　当胶片的含水量在 15% 以上，即胶片表面仍处于潮湿状态时，胶片的温度与周围空气的湿球温度相同，蒸发速率受着供给胶片水分蒸发潜热的热传递速度所控制，而热传递和蒸发速率取决于空气的流动速度，也取决于空气与胶片间的温度差。当空气流速固定时，蒸发速率与空气的干湿球温度差正比例，即干湿球温度差越大，表示空气的湿度越小，蒸发速率越快。

然而在这个阶段，蒸发并不是水分损失的唯一途径，特别是当空气的湿度高而胶片温度也相对高的时候，滴水起着很大的作用。这样就可以减少由于湿度变动而引起的干燥速率的变化，因为在高湿度下由于蒸发速率降低而少蒸发的水，基本上可由增加收缩脱水得到补偿。

胶片含水量自 15% 降至 10% 是一个中间阶段。这时，温度、湿度和空气速度都起作用，不易从数量上来分析这些因素，但总的效应可概括如下：在烟房中使胶片含水量降至 10% 所需的干燥时间一般约为 12h，在备有加速循环设备的洞道式干燥房中可缩短到 6h 左右。

干燥时间随湿度的增加而显著延长，这对橡胶干燥而言是一个很重要的问题。若把一块在一定湿度下已干燥的橡胶放在湿度较高的地方，它会重新吸水；反之，把它放在湿度较低的地方，它又会继续失去水分。如把一块经过一天熏烟，表面已初步干燥的胶片切开，表面层已呈半透明，而中心部分则仍为白色和不透明。胶片表面的含水量主要取决于空气的相对湿度，而水分自胶片内部扩散出来的速率，则取决于胶片内部和表面含水量之差。当空气湿度增加时，胶片表面的含水量也增加，这就减低了胶片内部和表面的含水量的差，从而使扩散速度减慢。因此，在降速干燥阶段要求较高的温度和较低的湿度，以增加内部水分向外扩散的推动力，尤其要有适当低的湿度，才能使胶片干燥到要求的含水量。

③胶片厚度　在降速干燥阶段，胶片厚度及其状况是影响干燥时间的重要因素。胶片越厚，内部的水分扩散到表面的距离越长、阻力越大，干燥时间也就越长，若胶片的厚度增加 1 倍，则干燥时间就要延长 3 倍，即干燥速率与胶片厚度的平方成反比。因此，将胶片压薄，对缩短干燥时间是十分必要的。

④胶片表面花纹　凝块经过几次光面辊筒滚压获得一定厚度后，由最后一对花纹滚压出菱形花纹。其作用主要是增大胶片表面积，相应地缩小胶片的厚度，利于干燥。经过压花的菱形烟片在烟房中可 4d 内可完全干燥，而未压花的光面胶片则需 8d 才能干燥。可见，压花显著提高干燥速率。

(3) 胶片的干燥方法

①胶片的滴水和初期熏烟　鉴于湿胶片能够收缩脱水，挂片后应将挂胶车推到阴凉通风的地方，自然滴水 3~4h，使其水分含量降低，以免将大量水分带进烟房，从而增加烟房的湿度和燃料的消耗。须注意的是，阳光能促进橡胶氧化而降低质量，因而滴水期间应

严防胶片暴晒。

湿胶片停止滴水后，应即刻移入烟房熏烟。由于房内温度较高，胶片会重新滴水而增加烟房内的湿度，所以，初期熏烟最好在单独的烟房（即预热烟房）内进行，以免影响其他胶片的干燥，也便于控制温度。预热烟房和正式烟房连在一起的长烟房，最好以活动的拉门隔开，并在拉门旁边（靠近正式烟房一边）开一个小门，这样可以避免首尾两端的干湿胶片互相影响，且进出胶片操作也较方便。预热烟房要求地面排水良好，使胶片滴下的水分能迅速排出，不致在烟房内汽化，消耗热量。预热烟房的温度一般应控制在 48～50℃，通风口应适当打开，增加空气流动，排出湿气，胶片一般在预热烟房停留 1d 再移入正式烟房。

②胶片的晾、烟结合方法　　晾、烟结合的干燥方法是一种节省木柴的好方法。基本做法是：胶片滴水后移入预热烟房，在 50℃ 左右温度下熏烟 3～4h，然后移到晾棚晾干 1.5～2d，最后在正式烟房用 76℃ 以下温度熏烟 1～2d，使胶片干透。采用此法比单纯熏烟可节省木柴 25% 左右。胶片先经短时间的熏烟加热，是利用收缩脱水作用除去相当大量的水分，以缩短晾干的时间，而且此时胶片的结构比较疏松，容易吸收烟分，晾干过程不易长霉。晾干是利用自然风蒸发胶片的水分，降低水分含量，以缩短熏的时间和减少木柴消耗。但单靠自然风不足以使胶片完全干燥，最后还需将胶片移入烟房熏烟，用较高的温度和较低的湿度除去剩余水分。

采用晾、烟结合的方法时，必须设有晾棚，并适当地增加挂胶车。晾干时间要根据气候条件灵活掌握，晴天多晾少烟，阴雨天少晾或不晾直接进行烟干。晾棚的建造及晾片操作与风干胶片生产基本相同。

③胶片的烟干　　胶片熏烟时要控制烟房的温度、湿度和通风。从预热烟房（或晾棚）移入正式烟房的胶片，应放在冷端，然后逐步往热端推移。质量好的长烟房，其冷端与热端一般会自然形成 10～15℃ 的温差，使越接近干燥的胶片得到越高的熏烟温度。烟房热端的温度应控制在 75℃ 以下。如温度过高，会促进橡胶的氧化，引起胶片发黏，起泡而降低质量。有时温度虽未超过 75℃，但已干的胶片在烟房中停留时间太长，也会引起同样的恶果。如能加设温控装置，确保烟片干燥温度不超过 75℃。胶片进入烟房后，应使烟房逐步升温，当达到要求的温度时，应保持稳定、防止忽高忽低。否则，就有损于胶片的质量。因此，除了注意掌握好烧火方法外，还要根据烟房温度的分布情况及外界条件的影响调节好出烟口。

烟房的湿度对胶片后期的干燥有重要的影响。因此，除了将含水量较高的湿胶片放在预热烟房单独干燥外，正式烟房也要适当地通风，以降低烟房的湿度，但通风口不宜全开，过分通风会损失许多热量。

④胶片的熏烟与电烘相结合的方法　　湿胶片在预热烟房中，以 45～50℃ 的温度熏烟 1d，使胶片吸收木柴的烟分以防霉。然后移入电干燥房，以电作热源，在 60℃ 的温度下干燥 2d。

目前所用的电干燥房是在原有烟房的烟道上面装设若干组电热丝来加热空气使胶片干燥的。4 部胶车的烟房，可在每部胶车下面安装一组电热丝（共 4 根），每根 1.5kW，共 6kW，每幢烟房安装 4 组电热丝合计 24kW，另装两部鼓风机，加速空气流通，并使温度分布均匀。当胶片移入电干燥房时，接通全部电热丝电源并启动通风机，3h 左右房内温度便可升至60℃，然后把电热丝组关闭一半，靠其余一半维持60℃温度干燥2d，最好每根电热丝都安装一个开关，最少也要两根电热丝装一个开关，最好能加设温控装置，以便能灵活调节和控制温度。为使房内空气流通和温度分布均匀，可根据干燥房长短安装适量的通风机。

7.1.1.5 烟胶片的外观缺点

(1) 不熟胶

不熟胶是指未干透的胶片，透明度差，切开时断面中间呈白色。不熟胶在贮存过程中容易长霉甚至长虫、腐烂；在制品厂加工压炼时，胶料容易打滑，加入的配合剂难于分散均匀，产品容易产生气泡。在检查分级时应把不熟胶部分剪下来，再送去干燥。

(2) 杂质

杂质是指胶片中含有的泥沙、树皮等外来杂物。如胶片中杂质多，会使制品性能变劣，如泥沙造成的"砂眼"容易引起制品破裂等。因此，在制造过程中，胶乳必须严格过滤并经过沉降。此外，还要注意制胶设备和厂房的清洁，以减少杂质的污染。

(3) 脆弱胶片

脆弱胶片是指拉伸时容易断裂的胶片，尽管其工艺性能和使用性能都不见得差。脆弱胶片产生的原因还不十分清楚，一般可能包括胶乳中非胶物质含量高、胶乳氨含量高、凝固时间短、熏烟温度高或胶片受阳光暴晒等。

(4) 氧化发黏

氧化发黏是由于胶片受氧化而出现黏手、变软、熔化的现象。一旦氧化发黏，由于橡胶分子结构受到破坏，胶片的使用性能会显著降低。

日光的照射、高温和存在铜、锰、铁等有害金属，胶片含有大量的铁盐等都能促进橡胶的氧化。因此，胶片在滴水和晾片过程中不要受阳光暴晒；烟胶片干燥温度最高不应超过75℃，胶乳不要与铜、锰等有害金属接触，以免受到污染，影响胶片的质量。

(5) 发霉

存在于胶片中的非橡胶物质，往往是霉菌生长、繁殖的营养物质。在湿度高(相对湿度75%以上)和温度适当(37~40℃)的情况下，霉菌会在胶片表面大量生长繁殖，引起胶片发霉。胶片发霉是变质的表现。严重发霉的胶片，质量还会不断减轻。胶片发霉后，丙酮溶物含量降低，硫化速度减慢，对制品工艺性能有一定影响。此外，某些霉菌具有毒性，发霉的胶片不宜用来制造供医药卫生用的橡胶制品。

防止胶片发霉的主要措施：①加强凝块的浸水和胶片的漂洗，降低胶片中水溶物的含量。②晾片房要通风良好。在阴天、低温、高湿的天气下应缩短晾片时间，尽早使胶片进入烟房熏烟，烟房的温度不应低于40℃，并注意适度通风。③干燥的胶片移出烟房后应及时包装，以防胶片吸水返潮。包装间和仓库应保持干燥、通风。④胶片包装要结实，最好用两层包皮，以防胶包内部吸潮发霉。

(6) 油光面

产生油光面的原因：①在晾片期间，湿度大遇阴雨天没有及时把胶车推入烟房内加热干燥。②烟房湿度大，胶片干燥时间太长，特别是湿、干胶置于同一干燥房内干燥，而又未注意排湿和通风。尤其在胶片处于半干或接近干燥状态时，湿度大，干燥时间长，更易出现。

(7)胶锈(树脂状物质)

胶锈是指覆盖在胶片表面的,呈棕色或淡黄色的透明树脂状物质,有时要在拉伸才能看到。产生胶锈的原因主要是由于酵母菌和其他一些微生物在湿胶片表面繁殖所致。胶锈实际上是这些微生物的分泌产物,多产生于胶片表面干燥之前。尽管胶锈对橡胶使用性能一般认为没有不良影响。然而,尚未干燥的胶片一旦产生胶锈,将覆盖胶片表面,而导致难以继续干燥。胶锈的产生至少说明工艺操作中有不妥之处,应及时纠正。

(8)气泡

气泡是烟片最常见的外观缺点,按泡的大小一般可分为火泡、丛集的小气泡和分散的针头状气泡等,其中,以分散性的小气泡最为常见。产生气泡的主要原因在于原料胶乳本身含有某些气体。例如,如橡胶树新陈代谢过程中产生的二氧化碳,可直接溶解于胶乳中,或以重碳盐酸的形式存在;胶乳中细菌的繁殖和酶的分解作用也能产生二氧化碳,特别是变质胶乳、雨冲胶和橡胶树开花期的胶乳;此外,制胶用水中如含有重碳酸盐,也会由稀释水带入胶乳中;在运输及倾倒胶乳时,还会有空气混入胶乳中等。当这些胶乳凝固时,因加酸而呈酸性,而在酸性介质中二氧化碳的溶解度很低,重碳酸盐也会分解出二氧化碳。因此,胶乳加酸后便有气体释出,成为胶片产生气泡的主要原因。然而,对于质量好的胶乳,尤其是在适宜的工艺条件下,这些气体可在凝固前或干燥初期从胶乳或胶片中慢慢排出,不致使胶片产生气泡。但如果胶乳的凝固速度太快,其中的气体来不及排除就被固定在凝块中,在干燥过程中又因胶片太厚或胶片表面过早产生不易透气的"结皮",内部的气体难于排出,从而产生小气泡。当干燥温度高时,胶片内部的水分迅速汽化膨胀,便形成大的气泡(即火泡)。

(9)氧化变色

氧化变色是指胶片表面出现形状不规则的黑斑和黑色条痕(也叫黑边)。产生氧化变色的原因主要是胶片中胡萝卜素、酪氨酸等非橡胶物质在氧化酶作用下发生氧化。除非特别严重,对浅色橡胶制品的颜色有些影响外,胶片的氧化变色对其他使用性能没有不良影响。

(10)油污

产生油污的原因主要是压片过程中,由于胶片走边,沾染了轴承上的油或由于干燥房设计不合理,凝结在天花板或烟囱上混杂有烟油或铁锈的水落在胶片等。

7.1.1.6 烟胶片的包装

胶包包装:每个胶包连包皮胶净质量为 111.11kg。胶片在加压打包肘,可在打包箱上下四周撒少量滑石粉,以便加压后的胶包能顺利脱离打包箱。每个胶包的各个面和角,使用同种类、同级别或较高质量的胶片作包皮进行包裹。如果包皮有洞孔,要使用双层包皮。禁止在包皮的内外捆绑金属带、金属线或非金属绳索。

块状包装:即将胶片压成一叠,每叠定量包装 33.33kg,每块用塑料薄膜包裹,每层6块,每 36 块置于一个托或木箱中,若用托装胶块需用聚乙烯薄膜包裹固定。

烟胶片经装箱并加压成胶包后,胶包的各面和角必须用同种类、同级别或较高质量的胶片作包皮进行裸包。如包皮有孔洞,要用双层包皮。禁止在包皮胶片的内外放置金属带、线或非金属绳索。

胶包钉上包皮后,用涂包溶液均匀地涂抹胶包的各个表面,以防在贮存和运输过程中胶包之间互相黏结，并保证胶包的标志具有明亮的底色。最后，在胶包面积最大的一个面上涂刷上标志溶液，标明橡胶种类、级别、净重、生产厂（或代号）和生产日期。并在胶包的两个小侧面上标明级别标志。涂包溶液的配方（质量比）是：橡胶1，滑石粉30，石油溶剂（馏程143~275℃）70。配制时先称取0.5kg清洁而干燥的碎胶，放入盛有15kg石油溶剂（可用煤油）的容器中，浸泡并搅拌使其充分溶解制成胶黏剂溶液。同时，在盛有20kg石油溶剂的容器中边搅拌边加入15kg的细滑石粉，制成糊状液体，再与上述胶黏剂溶液合并，搅拌均匀即成涂包溶液。按上述量配制的涂包溶液约可涂抹100个胶包，规定每个胶包涂料干物质的质量不得超过250g。

黑色标志溶液的配制方法是将上述胶黏剂溶液与等量的炭黑混合并充分搅拌成糊状即成。

7.1.2　风干胶片

风干胶片生产的工艺过程与烟胶片生产有许多相同之处，主要区别是：①胶乳凝固时，风干胶片除加酸以外还加入适量的氯化亚锡。②风干胶片的干燥采用自然风干和热干燥相结合的方法。

氯化亚锡具有一定的催干作用，因而风干胶片的干燥较快、消耗燃料较少。热烘的热源除用木柴外，可用煤或电等。此外，氯化亚锡还具有防止胶片氧化变色的作用，加之胶片在干燥过程不受烟气的熏烟污染，制得的产品颜色呈金黄色，因而可代替白绉片用于制造浅色或彩色的橡胶制品，也可与烟胶片通用。

风干胶片生产工艺流程如下：

新鲜胶乳→混合→稀释→过滤下槽→凝固（酸+氯化亚锡）→洗片、挂片→自然风干（1~3d）→热干燥（1~2d）→分级、包装

7.1.2.1　氯化亚锡的作用和使用方法

氯化亚锡又称二氯化锡，市售产品通常是无色的水合晶体，分子式为$SnCl_2 \cdot 2H_2O$。

（1）氯化亚锡的作用

①氯化亚锡能防止橡胶氧化变色　橡胶的氧化变色是由于橡胶中的胺类物质及酪酸等在酶作用下氧化产生褐色或黑色物质所致。氯化亚锡具有还原性，是一种还原剂，二价的锡离子容易失去电子被氧化成四价锡离子（$Sn^{2+} - 2e \rightarrow Sn^{4+}$），因而加有氧化亚锡的橡胶颜色较浅。

②氯化亚锡具有催干作用　氯化亚锡具有加速橡胶干燥的作用，其作用机制还不清楚。胶乳加氯化亚锡后制得的干胶中氮含量增高，原因是氯化亚锡与其他重金属盐一样具有沉淀蛋白质的作用。据此推测，也许由于锡离子与蛋白质中的羧基反应生成不溶性的蛋白质盐，同时打开蛋白质的球形结构，使原来向内的疏水基团露出表面，使亲水性的蛋白质变成疏水性的。另外，在生成锡盐后，蛋白质分子间的结构也许较为疏松，有利于水分的扩散。

③加速凝固作用　氯化亚锡溶液中的二价锡离子具有加速胶乳凝固的作用，因而在加入凝固剂后胶乳的凝固速度较快。

（2）氯化亚锡的使用

①用量（以干胶计，下同）　一般为0.15%~0.20%。用量在0.15%以下时，催干作用

不明显，胶片颜色也较深，用量高于0.20%时，胶片颜色浅，但催干作用并不随氯化亚锡用量的增加而提高。用量过高时，胶乳的凝固速度显著加快，甚至会在插隔板时胶乳已逐步凝固，造成操作困难。

②溶液配制　通常配成浓度15%~20%的溶液备用。由于氯化亚锡溶液在中性或碱性条件下容易水解生成碱式盐沉淀而失效：$SnCl_2 + H_2O \rightarrow Sn(OH)Cl \downarrow + HCl$，因而配制氯化亚锡溶液时必须加少许酸(凝固用的酸即可)使其保持酸性，以抑制水解。氯化亚锡易氧化，不宜大量配制储备液供长期使用。贮存期最好不超过7~10d。此外，在配备溶液时务必使晶体充分溶解，否则制得的胶片会出现灰白色的斑点。

③注意使用安全　氯化亚锡晶体和溶液具有较强的腐蚀性，使用时应注意如下几个问题：氯化亚锡晶体和储备液不能贮放于铁、铝等金属容器中，而应使用木质、玻璃或陶瓷等容器；晶体和溶液不能触及皮肤，以免受腐蚀，操作时宜带上防护手套；与氯化亚锡溶液接触过的生产设备及工具，如酸桶、凝固槽、隔板组、压片机等，使用后必须立即清洗干净。

7.1.2.2　胶乳凝固条件

胶乳凝固浓度越高，所得橡胶的拉伸强度也越高，但浓度过高时与制造烟胶片一样，不但干燥困难，而且凝固快，易产生局部凝固而出白水，来不及放隔板等。在正常情况下，凝固浓度控制在13%~17%。通常加酸后4min左右即凝固完全，但冬季则要8~10min，甚至更长。初开割及割胶后期所得的胶片较难干燥，可适当降低凝固浓度。

氯化亚锡会降低胶乳的凝固pH值，生产风干胶片时，一般将凝固pH值控制在4.8~5.0，用酸量在0.5%~0.65%。

加入氯化亚锡的胶乳，其凝固速度比烟胶片的快得多，故不宜搅拌过久，插放隔板要迅速。一般插隔板后8~10min，便可起隔板。因此，隔板可轮换使用，可节省隔板和设备费用。

在起隔板前应注入少量清水，以便于起隔板和防止凝块黏结，但不宜过多，否则氯化亚锡因水解而失效。

7.1.2.3　风干胶片的干燥

胶片干燥采用自然风干和热干燥相结合的方法。

(1)自然风干

压片机压出的胶片，先挂在挂胶车上滴水，然后移至晾干房晾干。在晴天高温的季节里，胶片的晾干速度很快，一般经2~3d，3.5mm厚胶片的水分含量可降至3%左右。但在低温、潮湿季节，特别是相对湿度在80%以上时，胶片的晾干速度很慢，而且在短时间内，胶片便会发霉，表面滑腻，并且出现红、黄、黑等颜色的霉斑，也容易产生胶锈，使胶片干燥后呈现褐色。为了防止胶片发霉，保证胶片质量，遇到阴雨天气时，胶片不宜留在晾片房，应尽快推进干燥房干燥。

在自然风干过程中，加氯化亚锡的风干胶片比不加的对照胶片干燥快。在晴朗天气，风干胶片自然风干24~27h后，含水率从70%~80%降低到5%，而对照胶片的含水率从60%~70%降低到5%需要33~39h，如果胶片含水率要降到2.5%，风干胶片要比对照胶片快1d。

晾片房应位于地势高、通风、干燥而又靠近凝固车间和干燥房的地方，以利于晾干和操作。晾片房可采用晾棚的简易结构，即用废铁皮；格子板、沥青纸做房顶，火砖或木料做支柱。这种简易晾片房建造简单，通风良好，但刮大风、下雨时，胶片容易被淋湿。如建成有墙壁门、窗的晾片房虽无此缺点，但房屋造价高，空气对流不如前者好。还须指出，不管哪种形式的晾片房都需要设法遮挡阳光，使胶片不受暴晒，晾片房设置的挂胶车为单列式，挂胶竿的排列应与该地区每年常风的方向平行，条件许可时，胶片应疏挂(到进入干燥房时，再并车密挂)，使空气对流顺畅，加快胶片干燥。因地形和建造条件所限，也有采用双列式的。

(2)热干燥

干燥房的结构和洞道式烟房相似。不同的是烟气不进入干燥室，而是将热传给烟道上面盖的钢板(通常厚2~3mm)，受热的钢板产生热辐射而加热干燥室内的空气，使胶片干燥。传热的钢板不能有接口不严或日久腐蚀而产生裂缝现象。也不能在此钢板上放置杂胶或其他易燃物品，以免引起火灾。因烟气不与胶片接触而从烟囱排出，胶片的颜色较浅。为使火炉燃烧良好，烟气排出顺畅，烟囱的高度不得少于烟道的长度。如用薄钢板卷成直径30~40cm的钢管代替烟道，则可增大散热面积，提高烟气的热利用率。

通常以煤作燃料，也可使用其他热源，如油、电热等。干燥房温度的控制原则上与烟胶片生产相同，但最高温度不得超过70℃，干燥温度过高，会使胶片颜色加深。热干燥的时间由几小时至3d不等，依胶片的晾干程度而异。如在晴朗天气，厚度为3.5~4mm的湿胶片，经自然风干1d后进入干燥房，用65~70℃温度烘36~42h即可干透；自然风干2~3d的胶片，干燥时间可缩短至12~24h。

7.1.2.4 风干胶片的质量

(1)理化性能

由于氯化亚锡的影响，风干胶片的灰分、蛋白质等非橡胶物质含量较烟片略高，但在力学性能方面，风干胶片与烟胶片没有多大差别。使用风干胶片、国产烟胶片和进口烟胶片制造的汽车轮胎无论在胶料测试、机床试验和里程试验等的结果都表明彼此性能基本相同。

(2)外观缺陷

主要外观缺陷有变色、长霉和气泡等。湿度大、空气不流通时凝块和湿胶片容易发酵，出现红、黄、黑色的霉斑。克服办法是做好清洁工作，晾片房空气要流通，如天气潮湿，尽快将胶片推入干燥房。新鲜胶乳氨含量高，胶片颜色就深。因此，新鲜胶乳的氨含量应尽可能控制低些。

风干胶片不经熏烟，失去具有防霉作用的烟分的保护，容易长霉。因此，须加强防霉措施。天气好，胶片可多晾少烘，以节省燃料；潮湿天气，则可少晾多烘，这对防止胶片长霉很有必要。

气泡的产生和防止办法，与烟胶片相同。

此外，传统天然生胶片状胶还有白绉片、褐绉片。

7.1.3 胶乳级标准橡胶

标准橡胶是指质量符合标准橡胶质量标准的各种天然生胶。胶乳级标准橡胶是指用鲜胶乳为原料生产的各种标准橡胶，如5号标准橡胶(SCR5)，现介绍胶乳级标准橡胶生产特点。

7.1.3.1　胶乳级标准橡胶生产工艺

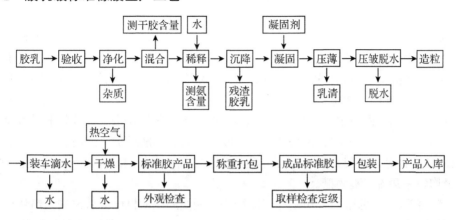

7.1.3.2　生产工艺控制与技术要求

（1）胶乳收集

①胶乳收集的工艺流程

鲜胶乳→加氨保存→过滤→称量→贮胶→混合补氨保存→制胶

②胶乳收集基本要求

a. 所有与胶乳接触的用具、容器应保持清洁。每次使用后应立即用水冲洗干净，定期用 0.5% 的甲醛溶液消毒。

b. 用氨做胶乳的早期保存剂，氨液配成 5%~10% 的浓度，由胶工在胶园收胶时加一部分氨。收完胶时，胶乳应补加氨至要求的氨含量。胶乳氨含量根据气候及保存时间长短来决定，一般控制在 0.04%（按胶乳计）以内，特殊情况不应超过 0.06%（按胶乳计）。

c. 用 40 目筛网过滤去除胶乳中的凝块杂物，过滤时不准敲打或用手搓擦筛网。

d. 收胶站发运胶乳时，发运单应填写胶乳的数量、质量、变质胶乳的数量、发运时间等有关情况。

（2）鲜胶乳的净化、混合、稀释

①严格检查进厂胶乳质量及数量，做好进厂胶乳的验收记录。

②进厂胶乳应用离心沉降器或用 60 目筛网过滤，除去泥沙等杂质。离心沉降器、筛网在使用时应定期清洁，以保证分离效果。过滤过程中，若发现离心沉降或过滤效果不理想时，应立即停止使用离心沉降器或筛网，及时清洗及检查离心沉降器或筛网是否可正常使用。

③净化后的胶乳流入混合池达到一定的数量时，搅拌均匀后测定胶乳的干胶含量及氨含量，然后加入清洁用水，将胶乳稀释至所要求的浓度。根据不同的造粒方法、物候期和季节等情况，选择胶乳稀释浓度在干胶含量 18%~25% 的范围内。根据测定的氨含量，确定中和酸的用量。

④稀释后的胶乳应在混合池中至少静置 5min，以使微细的泥沙沉淀池底，然后才将胶乳放入凝固槽中。

⑤混合池底部的胶乳应另行处理。

（3）胶乳凝固条件及操作方法

①胶乳凝固条件　生产 5 号标准橡胶（SCR 5），用甲酸做凝固剂，胶乳的凝固浓度一

般控制在 20%~25%，胶乳的凝固适宜用酸量为干胶重的 0.3%~0.54%，胶乳凝固 pH 值为 4.4~4.8。

②胶乳凝固操作方法　采用并流加酸，需在混合池旁边加设一个酸池，容积约为混合池的 1/10，酸池的出口接管顺着胶乳流动方向插入胶乳输送管内。预先调节好流量使胶乳凝固剂(酸溶液)流量恰好为胶乳流量的 1/10 或当胶乳和胶乳凝固剂(酸溶液)的液面等高时，同时打开阀门，两池内液面的下降速度完全一致。最后胶乳和胶乳凝固剂(酸溶液)同时排完。如在两池中加设液面指示装置和阀门开关联动机构，则操作更为简单。使用时，先加少量水入酸水池，再将计算好的胶乳凝固总用酸量加入酸池，然后，加水至与胶乳液面高度相等，即胶乳凝固剂(酸溶液)配制完成。操作时，胶乳与胶乳凝固剂(酸溶液)混合均匀一并流入凝固槽。

目前，普遍采用的凝固方法是深层凝固法。凝块经压薄机压薄后再进入绉片机，当使用单对辊筒的压薄机，凝固深度一般为 20~25cm；最近出现一种有两对辊筒的超厚压薄机，使用这种压薄机，凝固深度可增加至 45cm。深层凝固的优点是生产效率高，劳动强度低和厂房占地面积小等。

(4)压薄、压绉、造粒

压薄、压绉、造粒操作时应注意问题：

①凝块应熟化 8h 以上方可压薄，压薄在凝固槽中注入清水将凝块浮起。

②压薄、压绉、造粒前，应认真检查和调试好各种设备，保证所有设备处于良好状态。

③设备运转正常后，调节好设备的喷水量，在冲洗干净与凝块接触的机器部位后，开始进料压薄、压绉、造粒。经压薄机脱水后的凝块厚度不应超过 40mm，经绉片机压脱水后的凝块厚度不应超过 6mm。经造粒机造出的胶粒大小应均匀，不应有较大的片状胶块。

④装载湿胶料的干燥车每次使用前，应用清水冲洗，已干燥过的残留胶粒及杂物应清除干净。

⑤湿胶料装入干燥车时，应疏松、均匀，避免捏压成团，装胶高度应平整一致。

⑥造粒完毕，应继续用水冲洗设备 2~3min，然后停机清洗场地。对散落地面的胶粒，清洗干净后装入干燥车干燥。

(5)干燥

橡胶干燥操作时应注意的问题：

①湿胶料应放置滴水 10min 以上，随后推入干燥设备进行干燥。

②干燥过程应随时注意燃料的燃烧状况，调节好燃料与气量比，以求燃料燃烧完全。

③要严格控制干燥温度和时间，使用洞道式深层干燥的进口热风温度不应超过 120℃，干燥时间不应超过 5h；使用洞道式浅层干燥的进口热风温度不应超过 130℃，干燥时间不应超过 3.5h。

④停止供热后，使用砖砌炉膛的燃炉，继续抽风 20min；使用不锈钢制圆筒式燃炉，继续抽风至进口温度 85~90℃；以保证产品质量及炉膛使用寿命。

⑤经常检查干燥设备上的密封胶皮，破损及密封性能不好的胶皮应及时更换，以防密封不好引起严重漏风而影响干燥效果。

⑥干燥后的橡胶应及时冷却，冷却后的橡胶温度不应超过 60℃。

⑦干燥工段应建立干燥时间、温度、出胶情况、进出车号等生产记录，以利于干燥情

况的监控。

（6）打包

橡胶打包操作时应注意的问题：

①干燥后的橡胶应冷却至 60℃ 以下，方可进行打包。

②打包前应检查胶块是否存在夹生胶，夹生过多时，不应打包，应重新干燥。

③胶包尺寸为：对于净重 33.3kg（允许±0.5%）的胶包，其长为 680mm，宽为 330mm，高 400mm。

7.1.4　胶园凝胶标准橡胶

胶园凝胶标准橡胶也叫杂胶标准橡胶，如 SCR10、SCR20 橡胶。

7.1.4.1　胶园凝胶标准橡胶工艺

鲜胶乳→过称→进厂验收→人工除杂→浸泡→洗涤→深纹压绉→浅纹压绉→泡片→锤磨造粒

后继工序与胶乳标准橡胶相同。

7.1.4.2　生产工艺控制与技术要求

杂胶也称胶园凝胶，指采胶过程形成的胶团、胶线以及胶乳加工过程产生的碎胶屑、泡沫胶和各种原因形成的熟化胶块。其数量随橡胶树的品系、树龄、物候，以及采胶制度、胶乳早期保存条件等因素的不同而异，一般为干胶总产量的 5%~10%。在强度割胶，增产刺激条件下或某些胶乳稳定性差的品系，比率可高达 20%~25%。

杂胶都带有较多的杂质，在贮存过程中容易氧化变质。提高质量的措施是原料的及时收集和及时加工，并尽最大可能脱除杂质。

一般来说，新鲜的胶头和工厂杂胶可制成二级标准胶，未经分选的贮存杂胶、胶线和其他熟化胶块，经适当处理可加工成三、四级标准胶，泥胶和严重变质的杂胶不能作为生产标准胶的原料。

生产的工艺流程大致如下：

杂胶→检查分选→浸泡→洗涤与掺和→压绉→造粒→干燥→分级和包装

在进行这些操作时，可以单独使用或联合使用剪切机、绉片机、锤磨机和挤压切粒机等机械。一般而言，加工程度越高，杂质和非胶成分清除得也越多。但过渡的加工不但增加动力和劳力的费用，还会损害橡胶的性能。

SCR10 号和 SCR20 号标准橡胶为杂胶级标准橡胶，是用杂胶为原料制备的，广泛用于一般橡胶制品，包括轮胎输送带、汽车用模制品和海绵制品等。

胶料质量是能否制好胶园标准胶的先决条件。从生产情况来看，普遍认为杂胶要及时收集并严格分选，及时加工，一般尽可能在 3d 之内加工完毕，才能制得好的标准胶。有资料介绍，胶料在不浸泡的情况下，贮放 7d 以上，则制得产品颜色变深，且有发黏现象，贮存时间增加，则杂质含量升高。因此，胶料在加工前应及时用清水浸泡，以利于加工和产品质量的提高，同时，胶料严禁露天堆放和暴晒。

7.1.4.3　杂胶的分类与收集

（1）杂胶的分类

各种杂胶由于形成的过程不同，制得产品的质量也有很大差异。根据杂胶的来源和所得橡胶的质量，可将杂胶划分为如下 3 类：

①胶头、胶团、洗桶水、泡沫胶和碎胶屑

胶头：又叫杯凝块，是指采胶过程中胶乳在胶杯内自然凝固而成的胶膜。其质量与胶乳凝块相近，数量多少，则与排胶时间有密切关系，高产树和长流胶，往往在收胶后很长时间仍有胶乳排出，胶头数量较多。

胶团：是指在收胶桶或过滤筛上收集的早期凝块。其数量多少，与胶园"六清洁"的程度、气候条件、胶乳早期保存情况等有关。

制胶过程产生的泡沫、洗桶水胶、凝块碎屑等，数量虽不多，但橡胶的质量较好，可加工成二级标准胶。这类杂胶如能及时加工，所制得的橡胶在硫化性能方面与烟胶片相近，用作轮胎胶料时，其疲劳性能更与烟胶片接近。

②胶线、皮屑胶　胶线是割胶后残留在胶树割口上的胶乳凝固而成的胶膜，皮屑胶是割胶时连同树皮割下的胶线。这种杂胶由于与树皮接触时间较长，沾染树皮中的锰、铁一类物质较多，加上都较薄，与阳光、空气接触的表面积大，因而很容易受到氧化。用这类杂胶制得的橡胶，无论在外观或理化性能方面都比前一类差。可加工成三级标准胶。

③泥胶　是指采胶过程中流到地上的胶乳凝固而成的杂胶。这类胶黏有许多泥沙等杂质，而这些杂质有促使橡胶氧化变质的作用。如果能在泥胶形成不久及时收集加工，则不仅杂质容易脱除，而且产品质量也较好。但泥胶一般在林段里留置的时间都很长，经日晒雨淋，橡胶严重氧化变质，有的又黑又黏，有的又硬又脆，不但在加工时杂质很难脱除干净，而且制得的产品外观质量和理化性能都极差。

（2）杂胶的收集、贮存和分级

杂胶的加工，关键是搞好杂胶的收集和及时加工处理。杂胶贮存是在不得已的情况下采取的措施。

①杂胶的收集　根据生产上多年的实践，要做好杂胶的收集工作，必须充分发动群众，调动胶工割好胶和收好胶的积极性，使他们能够自觉地把每天从林段收回的新鲜杂胶事先除杂，然后分类交收胶站验收。这样花工不多，既能做到及时脱除杂质、保证质量，又能将杂胶按质分类，为加工厂生产创造有利条件。

②杂胶的贮存　杂胶如不能及时运往加工厂，必须做好贮存工作。杂胶贮存的方法、条件及时间长短对制得橡胶的杂质含量和理化性能均有影响。

a. 阳光下贮存：阳光能促进橡胶氧化降解。杂胶因含有各类杂质，尤其是胶线中锰、铁含量较高，这种变价金属的存在，在阳光照射下更有加速橡胶氧化的作用。特别是铜、锰、铁含量高的胶线和泥胶对光和热的作用十分敏感，最容易氧化降解。因此，这类杂胶应放在阴凉通风的地方干燥。各类杂胶从原料收集到加工成产品的整个过程，都应避免受阳光暴晒，否则，即使晒几个小时也会出现氧化发黏现象。

b. 水中贮存：将杂胶贮存在水中，可以降低杂质含量和铜、锰、铁含量。因此，当杂胶数量较多而又不能在短期内运往工厂时，最好是把不同种类的杂胶分别放在水中浸泡，水面要浸过杂胶，每 2~3 天换水一次。但胶料在水中的贮存时间不宜太长，最多不要超过 2 周。

c. 通风潮湿条件下贮存：胶线在这种条件下贮存，与在水中贮存比较，制得绉片的锰和氮含量降低较少，灰分含量降低更少，而丙酮溶物含量降低较多，生胶门尼黏度显著下降。由此看来，通风潮湿条件下贮存的效果不及水中贮存的好，尤其是胶线更不宜在通风潮湿条件下贮存。

d. 干燥后贮存：把杂胶烟干后放在干燥地方贮存，对工艺性能影响较小，橡胶老化前后的强力比其它贮存方法好，又可保存橡胶性能长期无较大变化，但在压炼时杂质不易除去，故杂质含量与在水中贮存的约多 1 倍。

因此，如果杂胶数量不多而又需要积存较长时间才能送出加工时，可先将杂胶晾干或烟干，然后放在阴凉干燥的地方，其缺点是在加工前需浸泡较长时间才能使胶料软化，而且压炼时杂质的脱除不如新鲜杂胶或水中贮存的那样容易。必须注意的是，如果干燥条件掌握不当，会导致杂胶变质并给加工带来更多麻烦。

③杂胶的分级 未经分选的杂胶由于贮存条件和贮存时间不同，质量差异很大。为保证产品质量，在加工前必须将杂胶原料按质量分级并分别加工。分级标准没有统一的规定，云南的试行标准如下，以供参考。

特级杂胶：应是浅色、新鲜、清洁的湿胶头、胶团、洗桶水胶、泡沫胶以及制胶厂的凝块、碎胶屑等；干爽、清洁、浅色、未氧化发黏、未长霉、未发臭的上述杂胶的干料也可当该级胶料验收。该级杂胶的杂质含量不超过 2%。

一级杂胶：应是浅色、新鲜、清洁的湿胶线；干爽、清洁、浅色、未氧化发黏、未长霉的胶头、胶团等也可当一级杂胶验收。该级杂胶的杂质含量不超过 2%。

二级杂胶：应是颜色略深，有少量较难分离的变色胶块或者说轻微发臭的新鲜的湿胶头、胶线、胶团、洗桶水胶、泡沫胶以及制胶厂的碎胶屑等；干爽、未长霉、未发黏、发臭的胶线、胶团等也可当该级胶料验收。该级杂胶的杂质含量不超过 5%。

三级杂胶：应是颜色深、发臭、发脆、有霉迹、轻微发黏的各种湿杂胶(不含胶泥)，或是干爽颜色深、有轻微长霉、轻微发黏各种杂胶(不含胶泥)。该级杂胶的杂质含量不超过 8%。

等外杂胶：凡严重长霉、发黏、变黑、泥沙杂质含量超过 10% 的各种杂胶均列为等外杂胶。其中泥胶又分为两级：一级泥胶，收集及时、无严重氧化发黏，并经洗去大部分泥沙杂质的泥胶；二级泥胶，不含一级规定的泥胶定为二级，但必须经过清洗。

7.1.4.4 杂胶的预处理

(1)杂胶的浸泡

对于新鲜杂胶来说，主要是防止氧化变色和除去泥沙等杂质；对于干杂胶是使其软化从而易于压炼，以及有助于压炼过程中杂质的脱除。

①常用的浸泡液

a.1% 的亚硫酸钠或偏重亚硫酸钠溶液：由于含有二氧化硫，具有漂白和防止胶料变色作用。当新鲜杂胶安排在隔天压炼时用这种溶液浸泡比较合适。溶液需在使用前配制，每批溶液可连续使用 2~3 次。

b. 新鲜乳清浸泡杂胶：既能节约水又能使新鲜胶头或胶团中未凝固的胶乳凝固。乳清中含有氨基酸，能溶解杂胶中大部的铜，成为络合物而除去，从而使杂胶，尤其是胶线中的铜含量大为降低，铁含量减少 2/3~3/4，锰也能除去一部分。缺点是乳清容易发臭，必须天天更换。

c. 水：用水浸泡是干杂胶软化最普遍采用的方法，简便而有效。水浸泡既能软化杂胶，又能除去部分泥沙、杂质和水溶性盐类，杂胶中金属离子能与蛋白质分解生成的氨基酸形成络合物而溶解。

②浸泡方法和时间　浸泡干料时，先将经过分选的各级杂胶分别卸入浸泡池，然后注入清水，加上压盖，使杂胶完全浸泡在水中。第二天可用耙子搅动杂胶，促使黏附在杂胶表面的杂物脱落，然后排除污水，注入清水，盖好压盖，以后每2~3天换水一次。各种杂胶的浸泡时间大致如下：干胶线：1~3d；干胶头：3~7d；干胶团：5~7d；干泥胶：5~8d。

冬季温度低，由于橡胶结晶使硬度增加，即使延长浸泡时间也难以使胶料继续软化，在这种情况下，往往需在压炼前将杂胶加热促使其软化。此外，还要注意浸泡池中的杂胶不要装得太满，否则杂胶在浸泡过程中会因吸水膨胀而互相压实，这样既不利于杂质的脱落，又会造成出料困难。

③浸泡池　用红砖砌成，内外用水泥批挡，每个池可装杂胶1t左右，池的数量可根据工厂规模和最长的浸泡时间来确定。池与池之间应留出50~60cm宽的走道。池底的一端设一个排水口，每个池应备有板。浸泡池池面与洗涤机进料口之间有一定的高差，以便利用重力送料。此外，并排建立的浸泡池应设一个公共流槽，杂胶一般供水流槽经滑板送入洗涤机。

当池内的杂胶处理完毕后，要及时清洗浸泡池以备下次再用。

（2）杂胶的撕碎、洗涤及掺和

杂胶在洗涤前先撕碎，用碎胶机撕碎。

碎胶机专门用于杂胶凝块、胶头、胶线的破碎，是杂胶标准胶生产中的主要设备之一。其作用在于将每块质量在5kg以内的杂胶凝块剪切锤击，撕裂破碎成质量不超过0.5kg的松散小块，以便于对杂胶凝块内的杂质进行清洗，以及对下部工序采用洗涤机进行洗涤或采用绉片机进行撕裂挤压提供方便。

杂胶洗涤是提高产品质量的一个重要措施。它的作用一是用机械方法充分脱除杂质；二是使用性质不同的杂胶初步掺和并进一步软化，为压炼创造有利条件。

目前国内多采用波浪形双辊筒洗涤机。国外趋向于利用锤磨机或剪切机经反复压绉、切碎、冲洗和混合来洗涤杂胶。据称可更有效地降低杂质含量。

为了降低产品的杂质含量，要求洗涤机洗涤胶料时要充分喷水，每次洗涤时投料量要适宜，不能太多，以8~10kg较合适，洗涤时间为6~7min。以排出的洗涤水较清白、不浑浊为度。

杂胶的掺和其目的在于获得质量一致性好的产品，减少产品质量的变异，因而掺和的规模越大越好。方法可采用下述的一种或几种结合进行：①把几批不同的杂胶在卸车时均匀分配到贮槽里。使得在一个贮放槽里的各批杂胶得到初步掺和。②把经过洗涤的杂胶（或经锤磨过的碎胶）分配到掺和池里。③把反复掺和过的胶料重叠压绉。

7.1.4.5　胶料的机械脱水

（1）压绉

压绉除了能进一步清除杂质并使产品均匀一致外，还能使造粒所得的粒子较为均匀，以适应干燥的需要。

胶料压绉的次数应根据胶料的性质和造粒方法而定，一般情况下，胶料经过洗涤后先经深纹绉机压绉5~7次，接着用中纹绉机压绉5~6次，使绉片的厚度达到3~4mm便可进行造粒。

在压绉过程中应充分喷水，压绉后的胶料也应充分漂洗并及时造粒，以降低产品的杂质含量，不能及时造成粒的绉片则应浸泡于水中，防止胶料氧化变色。

（2）造粒

要求造出的粒子均匀、疏松，否则干燥困难。如果造出的粒子能经水漂洗后再装箱，可进一步除去杂质，又可减轻粒子之间的黏结。

（3）输送

随着制胶工业朝机械化方向的发展，关于湿胶粒子的输送及其装车越来越依赖机械设备来完成，以利于工厂的布局和减小劳动强度，提高效率。当然，相应地增大了投资成本及其运行、维持费用。目前采用最多的、最重要的是抽胶泵。

抽胶泵是将由锤磨机或撕粒机所造出的湿胶粒子，与水一起运送到指定地点的设备，特点是低压大流量。其工作原理是利用旋转的叶片产生离心力而进行输送。

7.1.4.6　胶料的干燥

干燥杂胶标准橡胶可采用与胶乳级标准橡胶相同的干燥设备，但干燥条件与胶乳级标准橡胶略有不同。这是因为杂胶胶料在加工厂之前已受到不同程度的氧化作用，胶料在多次压炼后，湿胶的强度又较差，所以制得的颗粒胶在干燥过程中对热更为敏感，更易互相黏结，干燥条件控制不当，往往胶料易夹生，易氧化发黏，会降低塑性保持指数和塑性初值。

如与胶乳级一起干燥，则杂胶颗粒胶在装入干燥车时，胶料的装箱厚度宜薄些，具体的装箱高度应根据干燥柜的实际干燥情况而定，否则会出现干燥过度或不足的现象。

具体要求：

①装箱后的湿胶粒可适当放置让其滴水，但一般不应超过 30min，即送入干燥器进行干燥。

②橡胶干燥过程中，要严格控制干燥温度和干燥时间。胶料的干燥温度应略低，干燥胶块时，温度最好不超过 115℃，干燥胶粒时，则温度不超过 110℃。有可能的情况下，杂胶胶料最好专柜干燥，总干燥时间为 3.5~4h。

③燃油炉（或其他类型烤炉）停火后，应继续抽风 0.5h，充分利用余热和延长炉的寿命。

④与胶乳级标准橡胶相比，杂胶级标准橡胶较难干燥，若干燥温度超过 100℃，胶料就会降解发黏，会降低塑性保持指数和塑性初值，影响产品质量。为了解决这个问题，国外一般是采用分层装胶或降低装胶的高度，降低干燥温度和延长干燥时间，这样势必严重影响干燥效率。

7.1.4.7　包装、标志、贮存与运输

（1）包装

干燥后的标准橡胶应冷却至 60℃ 以下，方可进行压包，然后按 GB/T 8082—2018 规定包装。

（2）标志

每个包装上应标志注明下列项目：产品名称、执行标准、商标、产品产地；生产企业名称、详细地址、邮政编码及电话批号；净重、毛重、生产日期；生产国（对出口产品而言）、到岸港/城/镇（对出口产品而言）。

(3)贮存和运输

贮存与运输按 GB/T 8082—2018 规定执行。

7.1.4.8 影响杂胶标准天然橡胶质量的因素及其提高措施

在目前胶园凝胶的生产过程中,影响分级的主要指标是杂质含量、塑性保持指数和塑性初值,这 3 个项目是杂胶加工成标准橡胶的难关,往往顾此失彼。下面介绍加工过程中需要采取的措施。

(1)杂质含量

橡胶中杂质来源主要是外来物质的污染,对于杂胶来讲,往往沾染的泥沙、树皮、碎屑比较多。而要提高标准胶的等级,首先要降低胶料的杂质含量。要求割胶工人在割胶、收胶时做好杂胶的收集和分选工作。当不能及时加工时,应放在水中浸泡,不应暴晒或烘干,这样可以防止胶料氧化发黏。胶料在加工时要充分掺和,否则产品一致性差,也会影响杂质的脱除。杂胶在洗涤和压绉过程中也可以充分除去杂质,一般情况下,机器性能越好,洗涤、压绉次数越多,则除去杂质的效果越好。但过度的机械处理,则会影响标准橡胶的其他性能,如塑性保持指数和抗张强度等,也会降低产品性能。

(2)塑性保持指数和塑性初值

杂胶中所含的泥沙等杂质有促进橡胶氧化变色的作用。橡胶一旦氧化变质,则塑性初值、塑性保持指数降低。所以,杂胶的加工除强调对胶料要及时收集、及时加工之外,胶料压绉过程中掺入一部分质量好的橡胶也可以提高塑性保持指数。

在加工过程中,特别要注意胶料的机械处理和浸洗。胶料经过洗涤和压绉可以除去杂质,但强烈的机械剪切力的作用,对橡胶的塑性保持指数产生明显的影响。表 7-1 就是胶园凝胶为原料制造标准橡胶时,用绉片机组滚压对清除杂质和塑性保持指数的影响。

表 7-1 通过绉片机次数对杂质含量和塑性保持指数的影响

橡胶通过各台绉片的次数				杂质含量(%)	塑性保持指数
第一和第二台洗涤机	第三台洗涤机	光面绉片机	次数合计		
2	—	—	2	0.19	76
4	—	—	4	0.18	96
4	4	—	8	0.10	64
4	8	—	12	0.09	61
4	8	3	15	0.05	47

结果表明,胶料虽 15 次处理,杂质含量指标可达到相当一级的标准,但由于机械处理过度而使塑性保持指数降低至 47(一级指标是 60 以上),也就是说这种处理,只能达到相当于三级的指标。如果使用滚压 8~12 次的工艺处理方法,则杂质含量和塑性保持指数都符合二级的指标要求。

胶料加工前用水浸泡,可除去杂质和铜、锰、铁的含量,这对提高塑性保持指数是有利的。但长期浸泡也是没有必要的,原因是非胶抗氧物质损失太多,而导致塑性保持指数下降和使胶料发臭,加工处理也困难。如浸泡时加入一些磷酸或 EDTA 等药剂,也可提高塑性保持指数。

此外,某些无性系橡胶的 P_0 值极低,如 RRIM501、PR107 幼树的橡胶,其 P_0 值在

40 以下，不宜直接制成杂胶级标准橡胶，解决的办法可将这种无性系的杂胶同其他 P_0 值高的无性系杂胶掺和使用。

7.2　胶清橡胶

鲜胶乳经过离心机后，分成浓缩胶乳和胶清两部分，浓缩胶乳约占鲜胶乳重的 40%，胶清约占 60%。

7.2.1　胶清

如回收胶清橡胶的方法适当，不仅生产成本低，回收率高，而且如应用性能抵得上普通胶乳橡胶的话，则又等于相对增加了橡胶产量，因而在经济上具有重大的意义。要很好地回收胶清橡胶，首先必须了解胶清的特性。

7.2.1.1　胶清的化学成分

表 7-2 是一个胶清样品与鲜胶乳的化学成分的分析结果。可以明显看出，胶清的化学成分与鲜胶乳的化学成分很不相同。

表 7-2　胶清与鲜胶乳的化学成分比较

化学成分	胶清	鲜胶乳
总固体含量(%)	11.0	37.5~41.0
干胶含量(%)	7.0	34.6~37.5
丙酮溶物(按总固体计的%)	10.3	0.75~3.28
灰分(按总固体计的%)	2.2	0.26~0.37
水溶物(按总固体计的%)	35.6	1.13~2.87
氮(按总固体计的%)	2.3	0.15~0.29
水分含量(%)	89.0	62.5~59.0

7.2.1.2　胶清的特点

胶清与鲜胶乳相比，主要有如下几个特点：

(1)干胶含量低

胶乳通过离心机后，因绝大部分橡胶都进入了浓缩胶乳，故排出的胶清含水量多，干胶含量低。这无论对浓缩法或凝固法回收胶清橡胶都带来了一定的困难。当然，胶清的浓度主要由离心机的调节管和调节螺丝来控制，如用凝固法回收胶清橡胶，一般将干胶含量控制在 5% 左右。

(2)非橡胶物质含量高

鲜胶乳中的非橡胶物质的相对密度几乎都比橡胶粒子的大，经过高速旋转的离心机作用，相对密度大的非橡胶物质绝大部分都跑到胶清里去。据多次试验认为，胶清中的非橡胶物质含量约与其橡胶含量相等。因此，胶清中的蛋白质、丙酮溶物以及铜、锰等无机组分的含量都比鲜胶乳高得多。

(3)氨含量高

由于氨溶解于水，鲜胶乳离心分离后，其中大部分氨和水一起跑到胶清里，因此，从离心机排出的胶清氨含量，一般都在 0.25% 以上，这对凝固法回收胶清橡胶将增加额外的费用和处理的麻烦。

(4)变异性大

鲜胶乳是生物合成的产物，本身的变异性就大，由它所得的胶清，因非橡胶物质含量更高，加上受处理条件的影响又大，不同批次的胶清，性质差异特别大。在处理胶清时必须充分注意此点。

(5)橡胶粒子的平均直径小

这是因为大胶粒(保护层的比例相对少)相对密度小，小胶粒(保护层比例相对大)相对密度大，在离心力的作用下，由于相对密度的差异，较大的胶粒容易进入浓缩胶乳，故存留在胶清中的胶粒较小。

(6)容易腐败发臭

由于细菌比较重，鲜胶乳中的细菌在离心后多分布在胶清中，加上胶清含细菌需要的蛋白质等营养物质较多，故受细菌分解、破坏后很快产生不愉快的腐臭味。胶清不耐贮存，一般贮放到第二天就会发臭。因此，胶清应该及时处理，处理车间应距离浓缩胶乳车间较远，以免浓缩胶乳受发酵细菌感染，质量受到不必要的威胁。

7.2.2　胶清橡胶的回收方法

曾研究和试用的胶清橡胶回收方法很多，但目前采用的是加酸直接凝固而制成胶清颗粒胶。近年来，我国已生产锤磨造粒、挤压造粒、深层干燥的胶清颗粒胶。胶清颗粒胶具有效率高、成本低、节省劳动力等优点，很受生产部门欢迎。

7.2.2.1　工艺流程

用胶清为原料制造颗粒胶的工艺流程如下：

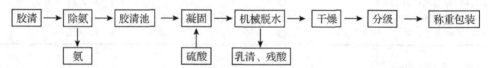

7.2.2.2　技术要点

(1)除氨

为了节省凝固剂，使胶清容易凝固以及提高胶清橡胶的质量，一般均先将胶清的氨含量从0.25%以上降低至0.1%左右。胶清去氨的方法主要有自然通风、机械鼓风及离心雾化3种。第一种是让胶清在通风的地方流经一定的路途，借自然风力将氨驱除。这种除氨方法有受地形限制的局限性，而且除氨效果不够理想，一般还要与机械除氨法结合进行。第二种是利用鼓风机鼓风，将胶清吹成细雾状，增大胶清与空气的接触面积，促进氨的挥发，如果用两台鼓风机分两段吹风，就能使胶清氨含量顺利地降低至0.1%左右。第三种是让胶清掉落在高速旋转的转盘上，由于离心力的作用，把胶清抛成细雾状，加速氨的挥发。此法除氨的效果好。后两种方法的缺点是需要消耗较多的动力和一定的设备投资。

(2)凝固

胶清干胶含量低，氨含量高，中和与凝固用酸量都多，为了降低生产成本，又不影响橡胶质量，一般多采用硫酸中和残氨，用乙酸使之凝固。硫酸的浓度为10%~15%，乙酸浓度为15%~20%。浓度太低，胶清凝固更慢，凝块更软；浓度过高，容易引起局部凝固。胶清因浓度低，乳清相大，故它的凝固适宜用酸量比鲜胶乳的高很多倍。如用乙酸，一般为干胶重的 4%~4.5%。这个用酸范围还要根据季节、气候、氨含量的变化进行适当调整。另外，冬天胶清凝固很慢，有的工厂在胶清中加入 0.03%~0.05% 的肥皂或再在凝固用酸液中加入 0.05%（对胶清重计）的氯化钙（氯化钙不能加在硫酸溶液中，因生成的硫酸钙溶解度很小），可使胶清凝固时间缩短一半左右，凝固用酸量减少 25%。

可用甲基红和溴甲酚绿指示剂检查中和酸和凝固酸用量是否恰当。

凝固时，要求 pH 值控制在 3.8~4.5。生产实践证明，pH<3.8，凝块太硬；而 pH>4.5，则凝固不完全。一般夏天要求控制 pH 值高些，冬天则要求控制低些。为便于凝块的输送，要求凝固池高于压炼（片）、造粒等机械设备。胶清凝固采用大池，也有采用长槽的。胶清凝固后，如遇凝块表面很快氧化变色时，可喷一层 0.5% 的亚硫酸氢钠溶液来防止。

（3）压炼、造粒

凝块先经压炼（片）后才进行造粒，目的是除去一部分水分和增加凝块的硬度，以便造粒。

锤磨造粒法的凝块的压炼，目前有两种方法：第一种是绉片机压炼法，即第一台绉片机压一次后，随即用脚踩实，然后用第二台绉片机压二次，把凝块压成片状。将此胶片堆放在地板上或浸泡在大池中，以增加胶片的硬度，第二天进行锤磨造粒；第二种是洗涤机压炼法，即以平常 3 倍绉片机处理的凝块量，放入洗涤机中压炼 2min 左右，直至凝块压成团块状，当天锤磨造粒。试验表明，洗涤机压炼法，不但效率高，操作也比较方便。如采用挤压造粒法，凝块基本上不经过压炼即可造粒。

（4）干燥

采用普通颗粒胶的干燥方法，通常用薄层、低温、适当加大风量、延长干燥时间的办法以利干透，一旦干透，就要立即出车，否则会降低胶清橡胶的质量。若鲜胶乳采用 NH_3+TT/ZnO 复合体系保存时，更应注意此点，否则会引起胶清橡胶隐燃。

（5）包装

按普通颗粒胶的要求和方法进行。

需要特别强调的是，胶清颗粒胶仍然是胶清橡胶，不得混称标准胶。

7.2.2.3 胶清颗粒胶与胶乳颗粒胶生产工艺的比较（表 7-3）

表 7-3 胶清颗粒胶与胶乳颗粒胶生产工艺的比较

工艺条件	加工原料	
	胶清	胶乳
除氨	除	不除
凝固设备	长槽	长槽
凝固剂	硫酸	甲酸
凝固剂的浓度	10%~15%	0.5%~1%
凝固适宜用酸量	2.4%~4.0%	0.3%~0.5%
凝固 pH 值	3.8~4.5	4.4~5.8
凝固浓度	低	20%~25%
加酸方法	长槽并流加酸	长槽并流加酸

(续)

工艺条件	加工原料	
	胶清	胶乳
凝固时间	长	短
凝块硬度	软	硬
压炼造粒	间歇式	连续式
干燥温度	温度低	温度高
干燥时间	时间长	时间短
分级	三级	四级
包装标志	红	绿

7.2.2.4 注意事项

①要及时加工，否则原料容易腐败。

②搞好卫生，否则影响产品质量。

③凝固总用酸量要足够。

④冬季温度低，可加 0.03%~0.05%的肥皂或 0.05%的氯化钙(注意肥皂和酸不能同时加)，另云南有些厂在胶清凝固时加 0.01%~0.02%的氯化铝，有利于胶乳凝固。

⑤使用氨时要注意安全。

⑥同时生产胶乳颗粒胶和胶清颗粒胶时一定要标志好，不能混在一起。

7.2.3 胶清橡胶的特点

加酸直接凝固法因回收胶清橡胶的工序简单，辅助材料较易解决，故国内外均广泛采用。加酸直接凝固的主要缺点是制得的胶清橡胶纯度较差，它们与胶乳制成的橡胶相比，具有如下特点：

(1)橡胶烃含量低

胶清胶片的橡胶烃含量一般为 70%~85%，普通烟胶片则含橡胶烃 92%以上。这是因为胶清含原胶乳的乳清物质多和橡胶粒子较小，保护层物质相对较多所致。

(2)非橡胶组分含量高

胶清橡胶含有超常量的非橡胶物质，其丙酮溶物含量一般为 5%~10%，蛋白质高达 9%~18%，而烟胶片的平均分别为 3%和 2.5%左右，这种差异系由于胶清的非橡胶物质含量高所引起。根据胶清橡胶的外观往往可鉴定其非橡胶物质含量的高低，胶清橡胶的色泽越淡，其非橡胶物质越少。利用压炼收缩率(橡胶在一定条件下用炼胶机塑炼后减少的长度与其原长之百分比)还可了解胶清橡胶氮含量的高低，收缩率大的胶清橡胶，其氮含量往往较小。

(3)清洁度好

由于胶乳离心时，绝大多数杂质都沉积在离心转鼓中，同时因为胶清(黏)度很小，即使还有残留杂质也很易沉淀出来，故由胶清制得的橡胶比较清洁。

(4)变异性大并易焦烧

这都是由于非橡胶物质含量高所引起。据测定，胶清橡胶的硫化速率一般比胶乳橡胶快 6 倍。据说，只要在使用时采用丁醛苯胺之类的碱性促进剂代替通常采用的促进剂 M，大部分胶样的硫化速率都不比普通胶乳橡胶快，也没有焦烧现象。有人曾将一半胶清橡胶和一半丁苯胶掺和并用，不但避免了焦烧所引起的麻烦，改进了丁苯胶硫化慢的缺点，并可在一定程度上减小胶清橡胶的变异性。

（5）硬度大，回弹性差

胶清橡胶硫化后的硬度随氮含量的增加而加大，回弹性则深受非橡胶物质总含量的影响，非橡胶物质含量越多，弹性一般也越差。

（6）铜、锰含量略高

这是由于胶清中存在着大量的原胶乳乳清，用胶清制得的橡胶必然比胶乳制成的橡胶的铜、锰含量较多，这可能是胶清橡胶老化系数较低的一个原因。

胶清橡胶的反常性质主要是由于它非橡胶物质含量多所致。为了减低非橡胶物质含量，特别是蛋白质的含量，来改善胶清橡胶的性能，曾发展了蛋白酶处理法和碱处理法。最近还提出了新的改进法。

7.3　特制天然橡胶

7.3.1　恒黏橡胶

所谓恒黏橡胶是一种黏度恒定的生胶，通常是在橡胶中加入羟胺类化学药剂（黏度稳定剂），使之与橡胶链上的醛基作用，使醛基钝化而抑制生胶贮存硬化，保持生胶的黏度在一个稳定的范围。不同种类的黏度稳定剂处理天然橡胶，可以分别制得低、中、高黏度的恒黏橡胶。恒黏橡胶的原材料充沛，生产工艺简单，价格低廉，产品一致性好，且可保持天然橡胶的优良特性。黏度稳定的天然橡胶可以简化制品加工工艺，保证制品性能的一致性；而低黏恒黏橡胶还可以减少或免去橡胶的烘胶和塑炼工序，降低能耗。

（1）生产工艺

恒黏橡胶生产工艺流程如下：

　　　　　　分离杂质　水、恒黏剂　凝固剂
　　　　　　　　↑　　　↓　　　　↓
新鲜胶乳→验收→离心沉降→混合→稀释→凝固→熟化→压薄机压薄脱水→绉片机组脱水压绉（1#2#3#）→造粒→装车滴水→干燥→冷却→称量→打包→包装→产品入库→抽样→检验

（2）应用

目前，恒黏天然橡胶已在天然橡胶制品中得到广泛应用，特别是高黏恒黏子午线轮胎天然橡胶的研究成为近十多年来研究的热点。固定黏度橡胶的主要特点是生胶门尼黏度低而且稳定。因此，制品厂加工时不必塑炼就可以直接加入配合剂进行混炼，不但可以减少炼胶过程中橡胶分子链的断裂，而且缩短炼胶时间，可节省炼胶的能量35%左右，但其硫化速率稍慢。固定黏度橡胶的价格要比普通同级别的橡胶高2%~3%。

7.3.2　湿法混炼橡胶

在20世纪20年代就开始使用分散剂分散炭黑，加入胶乳中制造炭黑共沉胶（carbon black masterbatch），由于这些共沉胶制成的轮胎比干混法加入炭黑制成的轮胎行驶里程要少5%~10%，因而产品没有出路，直到20世纪50年代开始使用高速搅拌法代替分散剂分散炭黑所制得的共沉胶，制成的轮胎比干混法的轮胎多行驶15%之后，炭黑共沉胶才有了新的进展。

（1）制造方法

①炭黑的湿润　将定量的炭黑放入水池中，控制炭黑含量以2.5%~4%为宜，用转速为400r/min搅拌桨搅拌30min，使炭黑与水接触而湿润。影响炭黑湿润性的因素包括炭黑含氧量、pH值和苯抽出物的含量。槽黑含氧量较高，在2.5%~4.5%之间，pH值为2~5，因而容易湿润；而炉黑的含氧量在1%以下，pH值为6~10，较难湿润，因而还需加入分散剂NF才能得到良好的分散体。

②炭黑分散体的制备　将湿润的炭黑-水混合体用齿轮泵输送入高速搅拌分散机。该机是一个圆筒体，中轴装有多层桨叶，速度为5 600~7 500r/min。从一端进料，经10~20s就从另一端流出炭黑-水分散体，控制出料的速度使炭黑分散均匀。炭黑-水分散体输送到有计量设备的贮存罐，按需要定量排放入凝固罐与胶乳混合。

③炭黑共沉胶的制备　将新鲜胶乳稀释至干胶含量20%，与定量的炭黑-水分散体充分混合，用硫酸作凝固剂，加酸后搅拌均匀。当使用低炭黑配合量时，凝固成大块凝块；高炭黑配合量时，凝絮成颗粒状。经充分漂洗，清除残酸后，用振荡筛排除多余的水分，在50~60℃下干燥，约24h可完全干燥而得成品。

（2）特性和应用

用高速搅拌分散法制造的炭黑共沉胶，与干混法炭黑胶料相比，除定伸应力稍低之外，其他各主要项目都显得比较优越，见表7-4。

表7-4　炭黑共沉胶与干混法炭黑胶料硫化胶性能的比较

胶料	硬度 shoreA	定伸应力（MPa）		拉伸强度 （MPa）	扯断伸 长率（%）	永久变形 （%）	撕裂强 度（kN/m）	磨耗 （cm³/40m）	老化系数 （100℃×24h）
		300%	500%						
炭黑共沉胶	66	6.7	22.7	38.5	672	35	181.4	0.082 3	0.478
炭黑胶料	68	10.8	24.9	32.4	596	50	152.0	0.099 2	0.423

应用炭黑共沉胶时，由于炭黑在橡胶中已经分散均匀，所以在混炼时可节省一半时间，可以提高炼胶设备的利用率，节省劳动力。而且在混炼时没有炭黑飞扬，改善了混炼车间的工作条件和环境卫生。但是，炭黑共沉胶的表观密度小，包装体积的相对增大而增加了运输费用。

7.3.3　子午线轮胎橡胶

子午线轮胎橡胶是天然橡胶中的优质产品，既满足了一般标准橡胶优良的理化性能，又赋予门尼黏度恒定和拉伸强度高等特性。

子午线轮胎专用橡胶适用于生产高档乘用轿车轮胎。研制和开发这个新产品，是快速发展我国子午线轮胎工业的急需，也是实现子午线轮胎国产化的需要。

7.3.3.1　生产工艺流程

(1)凝胶掺和级子午线轮胎橡胶的工艺流程

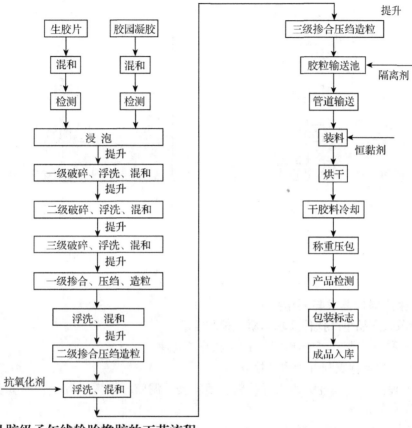

(2)乳胶级子午线轮胎橡胶的工艺流程

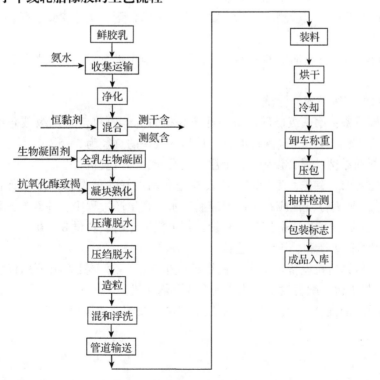

(3)干胶料级子午线轮胎橡胶的工艺流程

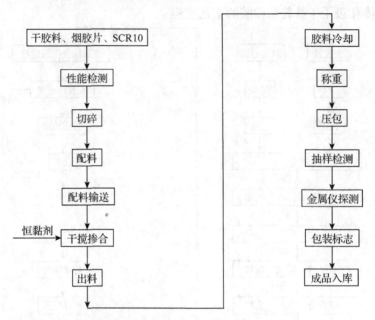

7.3.3.2　生产操作要求与质量控制要求

(1)凝胶级产品生产操作要求与质量控制要求

①凝胶原料(生胶片、胶园凝胶)的验收与预处理

a. 验收：包括称重和外观质量检查。

b. 预处理：去除原料中的假冒胶料、塑料袋、泥胶、带树皮胶线、严重发黏胶料、石块、铁器等物质。

②原料的混和　以铲车把当天要加工的原料进行充分的混和，使原料的性能一致。

③原料的理化性能检测　检测主要项目：杂质含量、灰分含量、塑性初值、塑性保持率、门尼黏度。

④原料浸泡　批次加工的原料必须在贮存水池中进行浸泡，使胶料变软，易于分离泥沙杂质。

⑤胶料的三级破碎、浮洗、混和

a. 破碎设备：第一级破碎设备为低速高扭力的碎胶机，第二级破碎设备为双螺杆碎胶机，第三级破碎设备为高速锤磨机，最后碎胶块的直径为3~5cm。

b. 胶料的浮洗、混合设施：3个浮洗池及配套的拨胶机。

c. 操作要求：首先，生产前应认真检查和调试好各种设备，保证所有设备处于良好状态。其次，所有浮洗池应在生产前灌满清水，在生产过程中，注意补充清水，保持水池液面高度。最后，必须严格控制投料量，每个提升斗的装料量8~10t。

⑥胶料的三级掺和、压绉、造粒

a. 掺和压绉造粒设备：由3个机组组成生产线。每个机组由下列设备组成：绉片机3台、撕粒机1台、配套设备为斗式提升机和输送机。

b. 湿胶粒的混合、浮洗设备：由2个浮洗池及配套拨胶机组成。

⑦湿胶粒的输送与装料

a. 湿胶粒的输送与装料设备：由输胶泵、塑料管组成输送设施；由振动筛及卸料斗、干燥车组成装料设施。

b. 须在胶粒池中加入湿胶粒隔离剂，以保证湿胶粒在输送过程中不成团堵塞管道，并保证湿胶粒在装车时保持松散、不黏结成团。隔离剂为低浓度石灰悬浊液，浓度为 2%~3%，并由振动筛及回流管道回流入胶粒池，循环使用。

⑧抗氧化剂及恒黏剂的应用

a. 以胶园凝胶为原料，经检验其塑性保持率低时，应在第 5 个净洗池中加入抗氧化剂草酸，用量为 0.1%~0.2%（占干胶重）。

b. 以生胶片为原料，加工生产高、中恒黏子午线轮胎标准橡胶时，应分别在湿胶粒喷淋用量为干胶重的盐酸羟胺恒黏剂 0.04%~0.06% 及 0.08%~0.1%。

⑨干燥　严格控制干燥温度和干燥时间，使用浅层多车位自控干燥生产线时，采用的工艺条件见表 7-5。当然，必须根据干燥的效果，适当调整干燥技术条件。燃烧机停火后，应继续鼓风 30~40min，以冷却胶料及燃烧机。

表 7-5　子午线轮胎橡胶干燥工艺条件

原料/产品	温度梯度(℃)	总干燥时间(h)
生胶片/SCR CV-RT5	125~115	3.5~4.0
胶团/SCR CV-RT10	122~112	4.3~4.5
胶园凝胶/SCR CV-RT20	120~110	4.5~4.6

⑩质量控制要求、产品的包装、标志、贮存与运输

a. 质量控制要求：轮胎标准胶技术规格。产品抽验密度为 1/10，即 10 包产品抽 1 包。若发现产品质量不达标时，必须及时研究，采取有效技术措施进行改进、提高。

b. 产品的包装、标志、贮存与运输：

产品的包装规格：胶包净重为 33.33kg 或 35kg（允许±0.5%）。

胶包尺寸：长×宽×高 = 670mm×330mm×200mm±20mm 或 680mm×340mm×200mm±20mm

包装材料：双层包装，内袋聚乙烯薄膜袋，外袋聚丙烯编织袋。

单层包装：内袋聚乙烯箔膜袋，熔点小于 110℃，用于吨包装。

标志：编织袋最大一面标上产品名称、等级、净重、生产厂名称、生产许可证号、代号、联系电话、生产日期、地点等。5# 产品用绿色字标志；10# 产品用蓝色字标志；20# 产品用橙色字标志。

产品的贮存与运输：按 GB/T 8082—2018 执行。

（2）乳胶级产品生产操作要求与质量控制要求

①新鲜胶乳的收集与运输

a. 新鲜胶乳在收胶站中用 60 目不锈钢筛网过滤，称重，测干胶含量。

b. 新鲜胶乳在收胶站中的加氨量 ≤0.03%（胶乳计）。

c. 新鲜胶乳的贮存、运输容器必须保持清洁，定期消毒。

d. 收胶站的洗桶水不能与新鲜胶乳混合。

e. 用大罐及时把新鲜胶乳运输至加工厂。

②鲜胶乳的处理

a. 新鲜胶乳的净化：以离心过滤器离心沉降胶乳中的泥沙杂物。

b. 新鲜胶乳混合：在胶乳混合池以搅拌器均匀混合新鲜胶乳，并取样测定干胶含量、氨含量。

c. 在混合池的新鲜胶乳中加入恒黏剂，搅拌混合均匀。其中，对中恒黏产品：$ML_{70\pm5}$，恒黏剂的用量 $0.04\%\sim0.06\%$（干胶计），对低恒黏产品：$ML_{60\pm5}$，恒黏剂的用量 $0.06\%\sim0.1\%$（干胶计）。

③全乳生物凝固

a. 新鲜胶乳不稀释，不加入洗桶水、洗罐水。

b. 生物凝固剂用量（干胶计）：辅助剂 A，$0.7\%\sim0.8\%$；辅助剂 B，$0.15\%\sim0.2\%$。辅助剂溶解于酸池中。

c. 凝固方法：采用辅助剂溶液与新鲜胶乳并流下槽凝固法。

④凝块热化　凝块热化时间 $\geq12h$，不超过 20h。

⑤凝块的压薄、压绉、造粒

a. 生产前，必须认真检查和调试好所有机械设备，使设备处于良好状态。

b. 凝块的压薄：以双辊压薄机压薄脱水，压薄的凝块厚度为 $5\sim8cm$。

c. 压绉机组的压绉脱水、除杂：由 3 台绉片机连接压绉、脱水、除杂。绉片最终厚度 $\leq5cm$，必须调节好各绉机辊筒的间隙，使压绉操作同步运转，绉片厚度达标。

d. 造粒：由撕粒机或锤磨机造粒，湿胶粒直径 $5\sim6cm$，湿胶粒含水量（干基）$\leq33\%$。

⑥湿胶粒隔离剂处理与管道输送及装料

a. 造粒后的湿胶粒在胶粒池中浸泡石灰水溶液隔离剂，浓度为 $2\%\sim3\%$，石灰水溶液循环利用。

b. 以输胶泵及塑料管道输送湿胶粒至装料设施中。

c. 装料设施包括振动筛、卸料斗及装料干燥车。湿胶粒经振动筛、卸料斗进入干燥车，水与湿胶料分离，由振动筛底部回流至胶粒池循环使用。

d. 湿胶粒装车要松散、均匀、不黏结、装料质量准确。

e. 装料的干燥车必须保持干净、清洁，并定期以 5%氢氧化钠溶液浸泡和清洗隔板、车体。

⑦湿胶粒的干燥

a. 湿胶粒的干燥必须严格执行操作规程，保证生产安全进行。

b. 必须严格控制干燥的工艺条件：使用浅层多车位自控干燥生产线时，采用下列干燥技术条件：温度梯度，$124℃\rightarrow(114\pm2)℃$；总干燥时间，$3.6h\rightarrow4.0h$。当然，应根据干燥的效果，适当调整干燥的技术条件。

c. 生产线停火后，风机应继续鼓风 $30\sim40min$。

⑧质量控制与要求　干燥后的产品必须按国家标准进行抽验、定级，产品质量必须符合恒黏子午线轮胎标准橡胶的技术规格。产品抽验密度为 1/10。发现质量不达标时，必须及时采取有效技术措施加以控制。

⑨包装、标志、贮存、运输与凝胶级产品的相同。

(3) 干胶料级产品生产操作要求与质量控制要求

①进厂原料检查验收与预处理　原料的外观质量检查，重点考虑的是：SCR10、

SCR20 是否有团状夹生；烟胶片是否有严重的夹生不熟胶、发黏胶、外来杂质严重胶。

②原料的预处理　用切胶机切除 SCR10、SCR20 中的团状夹生块。若发现有严重夹生不熟及严重发黏的烟胶片，则不能作为恒黏产品的原料。烟胶片外来杂质较严重的，必须进行人工或机械洗涤，去除大部分泥沙杂质。

③原料的理化性能检查

a. 检查项目及抽检密度：检查项目有杂质含量、灰分含量、塑性初值、塑性保持率、门尼黏度。原料抽检密度为每吨 1 个样品。

b. 原料理化性能指标要求：杂质含量≤0.2%，灰分含量≤1.0%，塑性初值≥30%，塑性保持率≥45，门尼黏度 $ML_{100\pm5}\geqslant ML_{70\pm5}$。

④原料掺和配比配方　必须根据原料理化性能检验结果，进行掺和的配方设计。设计的原则是加工生产产品达到中恒黏 SCR CV-RT20 的技术规格。

⑤原料的切碎与混和

a. 原料 SCR10、SCR20 的胶包，以切胶机切成 2~3kg/小块并进行批量混合。

b. 烟胶片，胶包也以切胶机切成 2~3kg/小块；散装的，则以 1~2 片为一个单位进行批量混合。

⑥两种原料掺和加工的配料　按设计的配比配方，在进料输送带上进行两种原料的配比进料。

⑦干搅掺和

a. 生产前，必须认真检查和调试好所有的加工机械设备，保证安全生产。

b. 干搅掺和的进料速度为：35~40kg/min。

c. 干搅机必须先运转加热 3~5min 后才能进料干搅掺和。

d. 恒黏剂盐酸羟胺用量为 0.1%(干胶计)，配成 5%~6%溶液，自动喷淋在掺和的胶料中。

e. 必须严格控制干搅机的出料温度：125~130℃。

⑧胶料的冷却　熟胶料的输送及冷却装量(抽风)的设计，必须使胶料冷却降温至 50℃以下。

⑨包装、标志、贮存与运输与凝胶级产品的相同。

7.3.4　浅色标准橡胶

浅色标准橡胶具有天然的淡琥珀色，是标准橡胶中唯一有颜色规格的等级。即是说，颜色浅是浅色胶最重要的特征。因此，在生产过程中凡是可能使产品颜色加深的因素，都必须尽可能排除。

(1)生产工艺

浅色标准橡胶的生产工艺流程如下：

新鲜胶乳→检验分级→净化(离心分离或过滤)→混合→稀释及加抗氧化剂→净化(自然沉降)→凝固→凝块压薄脱水→绉片机组脱水压绉(1#、2#、3#)→造粒→滴水→干燥→称量→打包→包装、标志→产品入库→抽样→检验→定级

(2)主要生产特点

①新鲜胶乳的选择　不同无性系的胶乳中，由于天然黄色物质(主要是类胡萝卜素)的含量不同，制得橡胶的颜色也不同。为了确保所制得橡胶的颜色达到规格限量的要求，必须对提供新鲜胶乳的无性系进行选择。若使用的是掺和胶乳，则制得橡胶的颜色取决于

参加掺和的每种橡胶的颜色及其所占的比例。

②保存体系　某些保存剂会使橡胶的颜色加深。例如用甲醛作保存剂时，即使用量低于0.05%时也会使橡胶变黑。氨对橡胶颜色的影响取决于用量和保存时间，用量高且保存时间长时，会使橡胶的颜色加深。

因此，若胶乳须保存较长时间时，推荐使用硼酸和氨并用的复合保存体系。用量为0.03%氨+0.2%硼酸时，保存时间可达12h，用量为0.03%氨+0.5%硼酸时，可达20h。两种用量组合制得橡胶的颜色均可达到3.5拉维邦单位。

此外，在浅色胶的生产中，为防止酶致黑，必须在胶乳混合后尽快加入0.05%（干胶计）的焦亚硫酸钠。不宜使用常用的漂白剂。因为漂白剂通常都具有热敏性，过量的漂白剂在干燥温度较高时会使橡胶颜色加深，且会降低橡胶的 P_0 值和 PRI 值。

③稀释　胶乳稀释有助于改善橡胶的颜色。但除了绝对必要之外，不应采取此项步骤。因为将胶乳稀释，不但降低凝固设备的利用率，而且对橡胶的质量会产生不良影响。

④凝固　一般说来，凝固pH值高时，制得橡胶的颜色较浅，但凝固pH值过高会导致凝固不完全，从而造成橡胶的损失。适宜的凝固pH值应在4.8~5.0范围内。

⑤造粒　使用绉片/锤磨机造粒时，所得橡胶的颜色较浅。而用压出机造粒时，橡胶的颜色则较深。在压绉和造粒过程中，应对凝块和胶粒进行充分的冲洗，以除去乳清物质。因为这些物质残留在橡胶中，在干燥阶段会使橡胶的颜色加深。

⑥凝块和胶粒的熟化　在浅色胶生产过程中，凝块和胶粒都不应长期显露在空气中，而应浸没在水里。必要时可用焦亚硫酸钠溶液喷洒凝块的表面，以防止酶致黑。

⑦干燥温度　干燥温度影响制得橡胶的颜色。一般说来，干燥温度较低时，橡胶的颜色较浅。例如，干燥温度为100℃时，橡胶的颜色单位为3.0；而用200℃时，则为4.0。然而过低的干燥温度会延长干燥周期，从而降低干燥器的产量。因此，生产浅色胶时，干燥温度为100℃较合适。对使用单元式或半连续式干燥柜的，进口热风温度一般不应超过105℃，干燥时间一般不应超过5h；使用连续干燥机的，进口热风温度一般不应超过110℃，干燥时间一般不应超过3h。

 【本章小结】

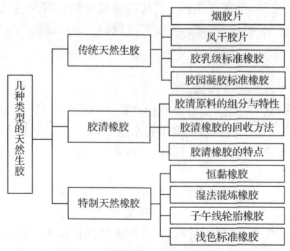

【复习思考】

1. 简述烟胶片的生产特点。

2. 简述风干胶片的生产特点。

3. 简述胶乳级标准橡胶生产特点及工艺要求。

4. 简述胶园凝胶标准橡胶生产特点及工艺要求。

5. 简述胶清橡胶的生产特点及工艺要求。

6. 简述恒黏橡胶的生产特点。

7. 简述湿法混炼橡胶的生产特点。

8. 简述子午线轮胎橡胶的生产特点及工艺要求。

9. 简述浅色标准橡胶的生产特点及工艺要求。

10. 调研云南子午线轮胎橡胶的生产情况及存在的问题，并提出自己的见解。

第8章 制胶废水处理

天然橡胶是我国主要栽培的热带作物，主要产品有标准橡胶和浓缩胶乳，这些产品都要通过制胶厂加工生产出来，由于加工生产中排出大量的酸性有机物，污染环境。为了保护环境，这些废水必须处理，使其达到国家规定的排放标准方能排放。

天然生胶加工废水主要在胶乳凝固、凝块压薄和压绉洗涤以及杂胶清洗和压绉洗涤等工序产生；浓缩胶乳加工废水则主要源自两方面：一是由清洗离心机和其他器具与设施所产生的；二是利用胶乳离心浓缩时所得胶清（副产物）生产胶清胶而产生。

因产品种类、工艺设备、技术水平等的不同，制胶废水的量及其理化特性会有较大差异。据测算，每生产1t产品（以干胶计），产生7~30m³废水。制胶废水污染物包括可溶性有机物、悬浮颗粒和氨态氮等。从样品检测结果看，COD（化学需氧量）、BOD（生化需氧量）、SS（悬浮物）、氨态氮等指标均超过允许的标准（从几倍到几十倍），如不做处理直接排放，势必对环境和水资源造成严重污染。影响生产和人民生活，危害身体健康，恶化投资环境，制约经济的可持续发展。

8.1 制胶废水分析

天然橡胶按不同的加工工艺，分别加工成天然生胶和浓缩天然胶乳。天然生胶加工过程中用氨作鲜胶乳保存剂，然后用甲酸凝固胶乳，其排放废水的污染物是可溶性有机物和氨态氮等。因此，天然生胶加工废水排放主要控制项目是pH值、BOD、COD、悬浮物、氨态氮和排水量6项。其中，COD是衡量水质污染程度的重要指标之一，也是天然橡胶加工废水厌氧生物处理和达标排放常用的重要检测指标。浓缩天然胶乳加工废水主要是胶清凝固排放废水，其污染物是可溶性有机物和氨态氮等，处理过程较天然生胶加工废水复杂。

在制胶生产过程中，凝固和稀释胶乳、洗涤凝块和制胶机械的用水，以及新鲜胶乳的大量乳清和未凝固部分，最后都变成废水。因此，制胶废水是由生产用水、未凝固的胶乳和大量非橡胶组分（如蛋白质、糖类、类脂等）所组成。如果把废水直接排放到地面水里，将对环境造成污染。而对这些物质进行适当的处理，变废为宝、综合利用，所创造的经济价值会相当可观。

表8-1列出了各种制胶废水的理化性质。这些废水的特征，第一是一般都呈酸性。这是由于制胶过程中使用了乙酸或甲酸、硫酸等凝固剂所致。由于各制胶厂用酸量各不相同，故废水的pH值相差较大。第二是固体含量高。这些固体大部分是溶解于废水的，其

BOD 以及 BOD 与 COD 之比(0.56~0.8)都高，这说明它们主要是在氧化时需要大量氧气的有机物。BOD 随制胶生产的产品不同而异，但即使是产品相同的同一制胶厂，其废水的 BOD 也由于耗水量不同而不同。第三是氮含量很高，主要是氨态氮含量高。氨之所以会引起环境污染，不仅仅是因为它与需氧量有关，而且是因为它本身有毒，还会直接促使水域污染。废水中的氨，主要来自新鲜胶乳所用的保存剂。因此，浓缩天然胶乳厂废水的氮含量比其他工厂废水的都高，而且主要来自于凝固胶清。制胶废水主要含有两种潜在污染物，即有机碳和氨态氮。如果废水未经处理而直接排放，那就必然会耗尽水域中溶解的全部氧气，导致大量藻类生长，随之而发生水生物窒息。因此，制胶废水的处理，是制胶工业急待解决的重大课题。

表 8-1　各种制胶废水的理化性质

工厂类型	悬浮固体(mg/L)	总固体(mg/L)	COD(mg/L)	BOD(mg/L)	氨态氮(mg/L)	pH 值
标准胶	230	995	1 620	1 140	55	6.3
烟胶片	140	3 745	3 300	2 630	10	4.9
再炼胶	350	480	900	740	15	6.2
浓缩天然胶乳	190	6 035	4 590	2 580	395	4.2

制胶废水排放标准见表 8-2。

表 8-2　制胶废水污染物最高允许排放浓度和最高允许排水量

产品类别	标准分级	pH 值	BOD (mg/L)	COD (mg/L)	悬浮固体 (mg/L)	氨态氮 (mg/L)	最高允许排水量[a] (m³/t)
天然生胶	一级	6~9	30	100	70	20	12
	二级	6~9	60	150	200	30	
浓缩胶乳	一级	6~9	30	100	70	20	10
	二级	6~9	80	200	200	30	

注：①排入 GB 3838—2002 中Ⅲ类水域(水体保护区除外)的废水，执行一级标准。②排入 GB 3838—2002 中Ⅳ、Ⅴ类水域的废水，执行二级标准。a. 以胶园凝胶为原料生产天然生胶的企业，其排水量可放宽至 30m³/t。

8.2　制胶废水处理技术

据统计，我国现年产天然橡胶初级产品(天然生胶和浓缩天然胶乳)约 57×10^4t。近几年来，虽经大规模的天然橡胶产业结构调整，建立了大规模的橡胶加工集团公司，压缩了不少小规模的橡胶加工企业，但全国天然橡胶加工厂近 300 家，其中云南天然橡胶产业集团占 2/3 左右。这些橡胶加工厂大多处于偏僻地区，每年废水排放量几百万吨(据测算，生产 1t 橡胶约排放 18t 废水)。这些废水的 BOD 和 COD 超过污水综合排放标准规定的限值几十倍，因而对生态环境构成严重的威胁。从 20 世纪 80 年代开始，天然橡胶加工厂及其相关的管理机构、科研院所便开始重视废水处理工作。初期，普遍使用不规范的氧化塘处理工艺、氧化塘—活性污泥曝气工艺；经几年推广应用后，针对开放氧化塘产生臭气污染空气环境的问题，近几年，多次召开了制胶污水处理工艺研讨会，经专家筛选后，确定采用密封厌氧发酵、沼气收集利用、氧化塘(必要时再进行机械曝气)处理的工艺路线。国外一些知名的橡胶研究机构,如马来西亚橡胶研究院(RRIM)和斯里兰卡橡胶研究所(RRIS)多年来一直从事废水处理技术的研究并取得一定进展。特别是 RRIM 设立废水分析和废水处理工程实验室,对加工废水进行监测和净化处理,并设计、推广废水处理体系,以防止制胶废水对自然环境污染,因此在制胶加工废水处理方面的技术比其他植胶国领先一步。

作为世界天然橡胶生产大国之一的马来西亚,从 20 世纪 40 年代起就用制胶废水灌溉胶园,如今,以牧草、油棕、橡胶、水稻等多种作物为对象的废水应用,已成为马来西亚等热带地区制胶废水治理的主要途径。

近几年推广应用的废水处理方法有:厌氧和兼性塘系统;氧化塘系统;活性污泥系统;生物转盘法等。其中应用最为广泛的是厌氧和兼性塘系统,具有投资少结构简单,操作容易等优点,因而它广泛应用于处理橡胶废水,但它占地面积大、恶臭、悬浮固体含量高,在此基础上而建造的高效藻池(HRAP)和间歇式砂子过滤器(ISF)可以克服厌氧/兼性池系统所遇到的问题,HRAP 占地面积比兼性池小,ISF 会进一步降低废水中的悬浮固体,有机物和氮含量。ISF 也提供回收藻类的方法,这些藻类的蛋白质含量丰富,又可以作为牲畜的补充饲料。另外,还利用乳清制备乳清粉作为肥料及用以发酵培养基。同时也研发了从乳清中提取白坚木皮醇的技术。

20 世纪 90 年代马来西亚和斯里兰卡等国天然橡胶加工厂的废水处理通常有:胶清去氨;废水发酵生产酵母;以好氧过程结合厌氧消化器为基础的处理系统,该系统用于处理无硫酸盐的浓缩天然胶乳废水,COD 和氨态氮总去除率高于 98%,若浓缩天然胶乳废水含硫酸盐,则去除率低;双相厌氧化消化系统;生物转盘法。将厌氧消耗和需氧消化过程结合的处理技术已被印度橡胶研究所开发应用于生胶加工厂的废水处理,它是目前为止非常有效和低耗的一种处理方法,该系统包括厌氧、需氧、浓缩、澄清和过滤等过程。厌氧处理是高效的消化过程,这一过程需要加入一部分有用的材料。在厌氧处理过程中 BOD一般都可达到 90%以上,剩下很少物料用于需氧消化,这样就减少了需氧处理的设备。

目前,有些制胶厂把废水排入一系列的厌氧/需氧池,进行厌氧/需氧微生物的作用,降低 BOD 和 COD 后再排放出去;有些则利用甲烷菌使废水厌氧发酵而产生沼气,以作为干燥橡胶的部分热源,并使点火时不需柴油,等等。所有这些处理废水的方法,尚不够完善,并不能完全达到国家排放标准,有待今后进一步研究。此外,随着相关学科的发展,新的废水处理技术也在不断的探索之中,包括电解絮凝法、膜分离技术等。

8.2.1 氧化塘法

氧化塘法是通过厌氧、兼性(厌氧和好氧)两级氧化塘处理,从而使废水达到排放标准的方法。通过试验表明,氧化塘法可以使废水的 COD 及 BOD 的总去除率分别达到 97%及 98.5%。各项污染指标均达到国家污水综合排放标准规定的第二类污染物最高允许排放浓度的一级标准。

氧化塘法的优点是结构简单,投资少,几乎不需要运转费用,处理效果可靠,容易掌握处理技术。但占地面积大,厌氧部分有臭味。

8.2.2　氧化塘—活性污泥曝气法

此法是先用氧化塘处理废水，使 COD 降低至 300~500mg/L，再用活性污泥曝气法进一步处理，使 COD 降低至 100mg/L 左右。使用此法，BOD 及 COD 总去除率可分别达到99%及98%以上。

此法优点是处理效果比氧化塘法好，占地面积可以减少 1/3。但需要运转费用，处理每吨干胶的废水约需要 1.5~1.6 元，处理技术要求比氧化塘法高。此法适用于中型规模制胶厂废水处理。

8.2.3　沼气—氧化塘法

此法先将废水在密封容器中发酵产生沼气，产生的沼气作为干燥橡胶的燃料。造气后废水的 COD 约为 1 000~1 200mg/L。再用氧化塘法处理，使 COD 下降至 200mg/L 以下。

此法优点是再生能源，有经济效益。但投资量较大，再生能源部分工程投资约需要20 万~30 万元。

8.2.4　综合处理

将氧化塘法、氧化塘—活性污泥曝气法、沼气—氧化塘法合而为一，具有较大土地面积的单位采用沼气—氧化塘法；土地小的采用沼气—氧化塘曝气法；也可以考虑另一方法，即废水经过发酵造沼气后，直接用于橡胶树或农作物的施肥。近几年，云南各大胶厂利用厌氧制胶废水灌溉胶园都取得了一定的经济效益和社会效益。

8.2.5　乳清循环使用法

此法是云南天然橡胶产业集团在制胶废水处理中推广的技术，主要包括如下两个方面：一是将压薄机从凝块中挤压出来的乳清(甚至还有绉片机出来的乳清和凝固槽的乳清)收集起来，代替清水用于当日酸水配制，并采用三管(乳清、胶乳和酸水)并流的操作方法稀释凝固胶乳；二是凝固槽浮送水的循环，每天造粒开始的第一槽加清水送片，送完后用潜水泵把第一槽的水抽到第二槽送片，依次类推。其优点主要体现在乳清循环使用可以使生产每吨胶乳级标准橡胶的用水从 18t 降低到 8t 以下，减少了污水排放量，污水的COD 值可以提高到20g/L 以上，可以增强厌氧发酵效果，提高沼气产生率。因此，采用沼气法，最好结合乳清循环利用法，才能提高效率，减少发酵罐容积，降低工程费用。

据报道，云南某胶厂设计出的一套废水处理工艺，很适合处理这种乳清循环使用得到的污水及类似高浓度的废水，它根据该类废水的酸度高、间歇排放，且具有很好的可生化性，经好氧和厌氧试验，并根据废水处理区的场地条件，提出了稳定塘系统及稳定塘与生物滤池相结合的处理工艺，工艺如下：

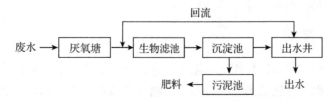

8.2.6　生物净化

利用水葫芦、芦苇、藻类等水生植物净化胶厂废水的研究报道较多。常温下，水葫芦预发酵后与废水按 1：3 的比例(以 COD 计)混合连续发酵，混合液中的 COD 可产生沼气 0.556g/L，容积产气率达 1.78L/(L·D)。在装有标准胶厂厌氧消化液的稳定池中种植藻类还可繁殖各种各样的淡水鱼。

以上所讨论的各种制胶废水处理方法中，采用厌氧发酵生产沼气的生物处理方法效果较好，沼气与重油并烧干燥橡胶，节约重油，还能烧饭做菜等，废液含有丰富的氮、磷、钾作为营养，可以用作水肥，灌溉工厂周围生产基地，利于发展农业生产，使废水得到净化，收到经济效益，如不灌溉，经氧化塘自然曝气处理，也能达到排放标准。

8.2.7　系统处理法

(1)胶清去氨

20 世纪 90 年代国外研究的胶清除氨装置有切口板除氨塔、转盘式除氨塔等。处理能力为 2 755L 胶清/h 的工业化转盘式除氨塔(高 3m、直径 1.5m)的除氨率可达 75%，比切口板除氨塔的高 50%。

(2)废水发酵生产酵母

利用甲酸或硫酸凝固胶清胶乳所得的胶乳废水，用容量 1L 的发酵罐生产酵母。使用硫酸凝固胶清胶乳所得的胶清，酵母生长量($0.54gVSSg^{-1}COD$)以及比增殖速度($1.41d^{-1}$)较高；使用甲酸凝固所得胶清，上述的相应值分别为 $0.29gVSS\ g^{-1}COD$ 和 $0.8d^{-1}$。经 4d 发酵之后，两种胶清除去的可溶性 COD 约为 75%。

(3)以好氧过程结合厌氧消化器为基础的处理系统

①装有涂胶椰棕载体的厌氧菌处理槽。

②细胞曝气器，阶式废水处理器。

③沉淀池。

此系统多用于处理无硫酸盐的浓缩天然胶乳废水，经济、有效，有机物去除率高，COD 和氨态氮总去除率高于 98%。

(4)双相厌氧化消化系统

此系统由涂胶椰棕酸化反应器和甲烷化反应器组成，其性能优于单相系统。分别在每天每个反应器每升 118g COD 及 12g COD 的负荷率下操作，酸化反应除去 20%COD，甲烷化反应每克 COD 产生 680mL 沼气。

(5)生物转盘

此装置多用于处理稀释胶清废水，在不同的胶乳废水负荷及废水回流下操作。当以 $4.5m^3/d$ 的胶清废水负荷操作该装置时(废水回流量与胶清胶废水量的比率为 2.3：1)，总氮去除率为 52.6%，BOD 去除率为 98.6%。

8.2.8　电解絮凝法

以铁为阳极，在直流电的作用下，阳极溶蚀，产生 Fe^{2+} 离子，再经过一系列水解，聚合及亚铁的氧化过程，发展成为各种羟基络合物。多核羟基络合物以至氢氧化物，使废水中的胶态杂质及悬浮杂质发生絮凝沉淀而分离。同时，带电的污染物颗粒在电场中泳动，其部分电荷被电极中和，而促使其脱稳聚沉。废水进行电解凝聚处理时不仅对胶态杂质及悬浮杂质有凝聚沉淀作用，而且由于阳极的氧化作用和阴极的还原作用，能去除水中多种污染物，许多可溶性有机物可通过阳极氧化而除去。从而使废水中的 COD 浓度降低，为降低成本用废铁板作电极，并向电解槽中加入食盐和通入压缩空气。

采用此法具有如下一些特点：

①用电解絮凝法处理橡胶废水，可以达到较好的处理效果。COD 去除率可达70%~80%。

②工艺操作周期短，简便易行，设备占地面积小，管理方便。

③加入食盐进行电解，增强废水导电能力，有利于节约电能。

④若废水中污染杂质浓度发生变化，通过调整电压和电流便可保证出水水质的稳定，废水中的重金属离子及浮油通过电解絮凝后都有所降低。

⑤本工艺采用废铁作电极，加入适量食盐增加电能的利用率，工艺造价低。

⑥电解凝聚比起投加凝聚剂的化学凝聚具有可去除的污染物和 pH 适应范围广，所形成的沉渣密实，澄清效果好的优点。

⑦采用电解法和生物法相结合来处理橡胶废水，处理后的出水各项指标均可达到排放标准。

8.2.9 生物载体生化法

(1) 生物载体的特点

生物载体的材料主要由聚丙烯，活性炭等组成，相对密度在 0.95~0.98 之间，可漂浮在水面上又称浮-动载体，比表面积 380m^2/m^3 圆柱形，有很多翼片。由于生物载体组成的材料是亲微生物的，因此微生物易挂膜，因比表面积大，生长的微生物量要比活性污泥法多 51 倍。在气流的作用下，生物载体在水中上下浮动，自由运动，生物膜可与水中的氧气和有机食料充分混合，频繁交换，最大限度地吸附、氧化和分解有机物。

(2) 工艺流程

(3) 主要工艺

①废水通过格栅进入调节池，进行水质水量均衡调节，并沉淀一部分泥沙。

②废水经过水泵提升池进入厌氧池，厌氧池内投加了(池容积)15%的生物载体。经培养驯化，载体上生长了大量的厌氧菌(甲酸菌、乙酸菌和发酵细菌)，废水在池内首先进行水解反应，通过微生物的断链作用，将复杂的大分子、不溶性有机物变为小分子易溶解的有机物，然后进入酸性发酵阶段，分解产生乙酸、丙酸、丁酸等挥发性有机酸和少量的醇、醛等。此过程一般需 8h 即可完成，废水在池中停留 12h 时，BOD 可去除 40%~50%，悬浮物可去除 60%~70%。

③兼性池的作用主要是脱氮除磷，降低氨氮。从好氧池出口出来的水 100%回流到该池，控制溶解氧在 0.5mg/L 左右，废水中的 NO_3^-、NO_2^- 在缺氧的情况下，分解为 N_2 和

H_2O，N_2 从水中溢出，废水在池中停留时间为 12h。

④好氧池内投加了 15% 的生物载体，安装了一台曝气机，废水停留时间为 12h，接种活性污泥，培养驯化，使载体上挂满生物膜。废水中的有机物首先被微生物吸附，然后进行氧化分解，最后，一部分有机物被稳定为无机物，一部分则被微生物利用合成微生物细胞，这部分即为活性污泥。

⑤废水在沉淀池内进行清污分离，沉淀下来的污泥 10%~50% 回流到好氧池，补充微生物量(即优势菌种)。

(4)主要工艺控制参数

①生物载体厌氧池　在池内上下设了两道尼龙网，网孔 20mm×20mm，在网之间放置生物载体，厌氧污泥浓度达到 10 000mg/L，pH 值在 6.5~8.5，接种活性污泥，使载体充分挂膜，膜约厚 1mm，废水在池内不完全厌氧，因此停留时间只需 12h。

②兼性池　将好氧池的出水以 100% 的回流量打入兼性池，池中的溶解氧维持在 0.5mg/L 上下，接种兼氧活性污泥，提升一定量的原水以提供微生物所需的碳源。

③好氧池　接种活性污泥，培养驯化，维持池内溶解氧在 2~4mg/L，好氧污泥浓度维持在 10 000mg/L，否则要进行污泥回流，以保持池内的污泥浓度(此法即为活性污泥法)。

(5)主要特点

①由于生物载体亲微生物，比表面积大，因而微生物繁殖快且量大，容积负荷可达 3~10 BOD，比活性污泥法高 10~20 倍，吸附氧化分解有机物的能力很强，因此构筑物相应地缩小 5 倍左右，废水停留时间也缩短了。

②生物载体不用清洗、维护和更换。因载体始终处于飘浮运动状态，载体之间相互碰撞，老化的生物膜易脱落，不易堵塞，克服了生物膜法填料易堵塞的弊病，而且强度大、不易老化，可使用 15~20 年不更换。

③生物载体的投放量视废水中有机负荷量和出水水质不同要求而定。如产量增加 1 倍，废水量也相应增加 1 倍，则只需增加生物载体的投放量(投入 30% 的生物载体)和加大曝气量即可达到目的，而不需要改、扩建污水处理构筑物尺寸，可节省很多资金。

④COD 的去除率可达 95% 以上，出水水质稳定，可达标排放，具有明显的经济效益和环境效益。

8.2.10　膜分离技术法

膜分离技术是用半透膜作选择障碍层，允许混合物中的某些组分透过而保留其他组分，从而达到分离目的的技术总称。它具有设备简单、操作方便、无相变、无化学变化、处理效率高和节能等优点，已作为一种单元操作日益受到人们的重视。膜分离技术在环境工程特别是工业废水处理中已被证明卓有成效，对很多种类的废水它能实现闭路循环，在消除污染的同时变废为宝，取得明显的经济效益和社会效益。随着环境保护重要性的提高和工业废水排放标准的严格化，膜分离作为污水深度处理技术已越来越受到重视。

目前，膜分离技术用于合成胶乳的废水处理已有所报道，但在天然橡胶加工废水处理方面，尚未见报道，有待进一步的研究探索。

8.3 现有制胶工业废水处理方法探索

国内制胶工业废水处理起步较晚，经历时间不太长，虽然已做了不少工作，也积累了一些经验，但与目前国家环境保护部门的要求还有一定差距。现有的废水处理方法各有特点，但都有不完善之处。如何根据处理设施、资金能力等来选择或综合利用一种处理方法，或改造和完善现有设施，已是当前必须决策和解决的问题。下面将探索这些问题。

(1)改造和完善现有氧化塘

氧化塘法构造简单、造价低、不需要运转费用，但由于设计不合理、管理不善，大多数单位达不到应有的处理效果。针对这种情况，在资金困难、任务紧迫的情况下，只要具备一定的土地面积，对现有的氧化塘进行改造和完善，就可以达到少花钱也能办好事的目的。但在改造和完善氧化塘法，必须遵循几个原则：

①氧化塘的总容积应大于 30d 的废水总量，即处理周期大于 30d。

②氧化塘法分为厌氧池和兼性池两大部分，厌氧池应占总容积的 1/3，即容纳 10d 的废水量，兼性池应占总容积的 2/3 以上，即容纳 20d 以上的废水量。为获得更好的处理效果，厌氧池最少分为 2 个，兼性池分为 2~3 个，以避免废水流动时产生短路现象。

③氧化塘在结构的需求

a. 池的长宽比应在 2：1 为宜。

b. 池的深度：厌氧池应在 2m 以上；兼性池为 1.6m 左右。

c. 池与池之间的堤坝不应有渗漏现象。必须采用 H 形管作为两池之间的进水和溢水的连接管，并成对角线安装，这是避免短路的基本措施。

d. 氧化塘可以采用泥土结构，但池必须全部挖入地下，堤坝必须砌实，采用砖石结构，以防渗漏和倒塌。

e. 运转期间，必须尽快使厌氧塘表面形成浮渣层(覆盖层)，以提高厌氧效果和减少臭味。兼性池中必须养殖水生植物，如藻类、水葫芦等，以吸收二氧化碳、养分和增加水的氧量。但兼性池不能全部覆盖，以利于好氧分解。

(2)氧化塘—活性污泥曝气法

此法占地面积比氧化塘减少 1/3，对于土地面积不足或采用氧化塘法而达不到排放标准的单位，都可采用此法。采用此法，必须遵循几个原则：

①必须正确确定曝气法及澄清池的尺寸　曝气池为矩形池，深度为 2m 以上，容积应大于 3t 以上的水量。澄清池为矩形的锥形池，上宽下狭，深度 3~4m，容积相当于 1d 水量。

②活性污泥浓度的控制　必须根据进水的 BOD 来确定活性污泥的浓度。根据试验，进水的 BOD 在 70~100mg/L 时，污泥最适浓度为 0.3%~0.6%。

③曝气量及曝气时间的控制　必须根据进水的 BOD 及进水量计算所需的总空气量，根据每天进水总时间，确定每天曝气总时间，然后选择风机的型号。如选择罗茨风机 D22×16-5/500 型为宜，曝气总时间约为 6h。

④污泥回流控制　必须保证曝气时污泥的浓度，才能获得稳定的处理效果，曝气池中污泥浓度必须从澄清池中不断回流污泥补充，才能保持稳定浓度。污泥回流量或回流时

间，应通过试验来确定。

⑤必须防止污泥的解体、腐败和上翻　活性污泥的浓度不足或过量，曝气的不足或过度，都或能造成污泥的解体、腐败或上翻现象（澄清池废水发黑发臭，悬浮物增加等）。必须及时分析原因，采取措施解决。

⑥氧化塘部分　同样必须遵守氧化塘法基本原则。

 【本章小结】

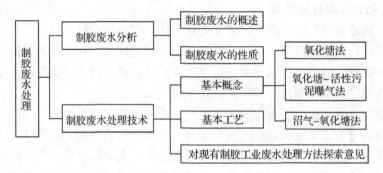

 【复习思考】

1. 制胶废水产生的根源是什么？
2. 目前制胶废水的组成成分如何？
3. 简要论述制胶废水处理的设计理念。
4. 就目前常用制胶废水处理方案作对比分析。
5. 试简要分析制胶废水处理的发展趋势。
6. 试分析天然橡胶加工业与可持续发展的关系。

第9章 天然橡胶的分析与检测

9.1 天然胶乳的分析与检测

9.1.1 胶乳的取样

一批胶乳往往数量很大，必须从中取出足以代表整个胶乳品质的样品才能进行分析。根据取样场所不同，介绍如下。

9.1.1.1 收胶站

收胶站在云南地区是胶农与制胶厂最核心的纽带，目前收胶站盛装胶乳的容器主要有混合池和包装桶两种，主要对象均为鲜胶乳。前者的取样方法：将每一混合池作为一批物料，经过 60 目筛网过滤，在混合池中充分搅拌均匀后，用取样器在混合池的不同部位和不同深度抽取少量胶乳，将其混合均匀，此混合胶乳即作为实验室用的样品；后者的取样方法：首先随机从盛装胶乳的桶中选一部分胶桶作为取样对象，然后用一根内径约 13mm 的长玻璃管或不锈钢管，由胶桶的顶部慢慢插入桶底，用大拇指封闭管的上端，并把管抽出，再将从不同胶桶取出的胶乳等量混合，即可作为实验室用的样品。

9.1.1.2 制胶厂

对于制胶厂取样，一般分为鲜胶乳取样和浓缩天然胶乳取样。前者类似收胶站的混合池取样，但应注意，测定胶乳氨含量的试样，应取自稀释后的胶乳。浓缩天然胶乳的取样分为从胶桶中取样和从胶乳罐车或贮胶罐中取样两种，不论哪种样本，数量应不低于总样本量的 10%。从胶桶中取样：将胶桶手动摇匀胶乳，而后立即用干净且已干燥的两端开口的取样管慢慢插入到胶桶底部，关闭上端开关，拿出取样管并将所取的胶乳移入一个洁净干燥的样本瓶中（预留 2%~5% 的空间），旋紧瓶盖；从胶乳罐车或贮胶罐中取样：首先匀化胶乳，使从上层和底层所取胶乳的总固体含量相差不大于 0.5%（质量分数），然后用取样器取出 3 个份量相近的样本，第一个样本在胶乳顶层至胶乳中心约 1/2 的位置取样，第二个样本从胶乳的中心位置取样，第三个样本从胶乳中心至胶乳底部大约 1/2 的位置取样，将这 3 个样本在混合容器中混合并搅拌，最后将所得到的实验室样品移入洁净干燥的样品瓶中（预留 2%~5% 的空间）。如果需要从若干个胶桶或胶乳罐车中对同一批胶乳取样时，应用上述方法，等比例将所取的每个样本混合在一起，搅拌均匀后分装到样本瓶中存放。所有取的实验室样品均需要用洁净干燥的 180μm 不锈钢筛网过滤后再移入另一个样品瓶中，预留 2%~5% 的空间，旋紧样品瓶瓶盖，贴好标签。

9.1.2 胶乳总固体含量的测定

9.1.2.1 试验目的

每100g胶乳烘干后所得干物质的质量(g)，称为胶乳的总固体含量，以质量分数表示，它是胶乳浓度的一种表示方法。制胶厂在日常生产过程中都要经常测定胶乳的总固体含量，比如对于标准天然生胶的生产，可以了解非橡胶组分的含量变化，准确理解部分生胶产品的外观颜色变化，也可以估算鲜胶乳的干胶含量，进而估算稀释用水量和凝固用酸量；对于浓缩天然胶乳的生产，可以调控生产工艺，保证非胶组分含量不超标，从而保证产品质量。

9.1.2.2 试验原理

将试样在常压下，用加热的方法，使胶乳中的水分和易挥发物逸出，根据胶乳加热前后的质量变化，即可计算出胶乳的总固体含量。

9.1.2.3 试验仪器

分度值为0.1mg的分析天平，电热恒温干燥箱，内径约60mm的平底皿，干燥器等。

9.1.2.4 试验方法

试验前，将平底皿清洗干净，放入烘箱干燥至恒重，置于干燥器内存放留用。试验时，称量平底皿质量，精确至0.1mg，采用差量法称取2.0g±0.5g胶乳，精确至0.1mg，将平底皿轻轻转动，确保皿中胶乳覆盖皿底，必要时加入1mL蒸馏水并转动使水与胶乳混匀。将平底皿放入电热恒温干燥箱，使其水平放置，在70℃±2℃加热16h或105℃±5℃下加热2h，或加热至样品完全透明、无白点，将平底皿取出置于干燥器内，待冷却后称量，重复干燥(30min或15min)、冷却和称量，直至前后两次称量误差小于0.5mg为止。

9.1.2.5 结果计算

测定胶乳的总固体含量(TSC)是以质量分数表示，按下式计算：

$$TSC(\%) = \frac{m_1}{m_0} \times 100$$

式中　m_0——胶乳的质量(g)；

m_1——干膜的质量(g)。

每个样品需双份平行测定，两个测定结果之差不大于0.2%(质量分数)，结果以平均值为准。

9.1.2.6 注意事项

①实验过程中，为减少试验时间，可采取105℃加热，但70℃加热为首选方法。

②实验过程中，可以加热一定时间后取出，冷却后再加热。

9.1.3 鲜胶乳干含量的测定

9.1.3.1 试验目的

每100g胶乳能用酸凝固出来的物质烘干后的质量(g)，称为胶乳的干胶含量，以质量分数表示，它也是鲜胶乳浓度最常用的表示方法之一。在浓缩胶乳和生胶的生产过程中都需要测定鲜胶乳的干胶含量。例如，在生胶的生产中，通过测定鲜胶乳干含量可以准确把握稀释浓度、凝固浓度及用酸浓度和量，保证胶乳完全被凝固及凝块的软硬度适中；在生产浓缩胶乳时，测定鲜胶乳干含量，便于控制离心时间，保证产品质量。同时，天然橡胶初加工企业生产的经济核算、生产效率、产品制成率、干胶回收率、生产成本等，均以干胶数量为计算基准。由此可见，测定鲜胶乳的干胶含量对控制生产工艺和经济核算具有重要意义。

9.1.3.2　试验原理

标准法原理：在胶乳中加入酸类物质，中和胶粒所带的阴电荷，使胶乳凝固，然后把凝块压成薄片、烘干，根据胶乳和干凝块的质量，计算胶乳的干胶含量。

快速法原理：微波胶乳干含测试仪是根据微波通过胶乳被衰减的原理研制的。其方法是将置于传感器中被测胶乳的变化量与精密衰减器(简称精衰)的变化量在同一频率上进行比较，即可得到胶乳的干胶含量。假设微波源输出功率为 1(0db)，精衰衰减量为 Y (db)，而传感器中胶乳衰减量为 X(db)，则有如下等式：

$$0-X-Y-C=K \quad 即 \quad X+Y=-(K+C)=常量$$

式中，K 为某一设定常量，当微波输出不变时，X 随胶乳含量的不同而变化，使得 Y 也随之变化，从 Y 变化的读数中，根据温度可在对照表上查出相对应的干胶含量。

9.1.3.3　试剂与仪器

分度值为 0.1mg 的分析天平，电热恒温干燥箱，干燥器，200mL 烧杯，玻璃棒，100mL 量筒，微波胶乳干含测试仪等。

2%(质量分数)乙酸溶液，蒸馏水，鲜胶乳。

9.1.3.4　试验方法

测定鲜胶乳的干含量有标准法和快速法两种。

(1)标准法

用分析天平称取 4~5g 鲜胶乳，精确至 0.1mg，放入 200mL 烧杯中，加入适量的蒸馏水，控制凝固浓度约为 15%，取足量的 2%乙酸溶液迅速倾入烧杯中，立即混匀，静置30min，此时如果乳清清亮，略带黄色，无肉眼可见小颗粒则凝固完全；如果乳清浑浊，则表明酸量不足或过多，必须重新做。凝固完全的凝块完全取出，尽量压薄，并用流水冲洗，滴水至无水滴流下，置于 70℃±2℃ 的烘箱中干燥，直至胶膜透明无夹生时取出，置于干燥器中冷却 15min，称量，再将胶膜放入烘箱中干燥 30min，反复烘干，冷却，称量，直至前后两次称量误差小于 0.001g，记录质量。试验结束，关闭仪器电源，清理费试样，收整实验室。

(2)快速法

用温度计测定室内温度，并将仪器电源打开，预热 30min 后将开关指向定标位置，精衰刻度对准原机确定的精衰定标点(一般是 4.25)，通过校准旋钮微调使得电表指针与校准红线重合，并观察 5min，指针不偏离红线即可测量。将漏斗和倒胶管安装到位，将开关由定标位置切换至测量位置，将混匀的鲜胶乳样品倒入漏斗内，打开止水夹，使鲜胶乳样品流出一部分后夹好的同时迅速转动精衰旋钮，使得电表指针与校准红线再次重合，记下精衰刻度，根据精衰刻度和环境温度在对照表中查出该试样的干胶含量即可。试验结束，关闭仪器电源，清理费试样，收整实验室。

9.1.3.5　结果计算

标准法测定干胶含量(DRC)，按下式计算：

$$DRC(\%)=\frac{m_1}{m_0}\times100$$

式中　m_0——鲜胶乳的质量(g)；

$\quad\quad m_1$——干橡胶的质量(g)。

每个试样做两个平行测定，两个结果之差应小于 0.2%，取其平均值，否则重新测定。

9.1.3.6　注意事项

①标准法中，务必将所有微小凝粒黏附到凝块上，完全取出。

②快速法中，测定过程中一定要保证漏斗内还存留部分胶乳，否则无法读数，同时要注意测定范围，超出仪器测定范围的胶乳同样无法读数。

9.1.4　鲜胶乳氨含量的测定

9.1.4.1　试验目的

目前，不管是林段还是生产企业，氨水是普遍采用的胶乳保存剂，在林段，一定的氨含量是鲜胶乳是否腐败变质的重要依据；在生产企业，氨含量是计算胶乳凝固时中和用酸量的主要数据，防止凝固不完全，也是生产浓缩天然胶乳时控制生产工艺的重要依据，防止胶乳腐败变质。由此可见，测定胶乳中的氨含量不仅可以改善生产工艺还可以控制胶乳质量。

9.1.4.2　试验原理

氨是碱性物质，根据中和反应原理，可用标准酸溶液滴定胶乳中的氨，从而计算氨含量，生产中，一般采用盐酸进行滴定，其反应式如下：

$$NH_3+HCl=NH_4Cl$$

9.1.4.3　试剂与仪器

0.02mol/L 盐酸标准溶液，1g/L 甲基红指示剂，蒸馏水，鲜胶乳。

酸式滴定管，150mL 锥形瓶，1mL 滴管等。

9.1.4.4　试验方法

用 1mL 滴管吸取搅拌均匀的胶乳试样，用纸拭去滴管外壁的胶乳，放入盛有 50mL 蒸馏水的 150mL 锥形瓶中，摇匀后用胶乳溶液回洗滴管两次，加入甲基红指示剂 3 滴，用盐酸标准溶液进行滴定，当胶乳试样由淡黄色变为粉红色时即为终点，记下消耗盐酸标准溶液的体积。试验结束，清洗仪器，处理费试样，收整实验室。

9.1.4.5　计算结果

胶乳的氨含量是指 100g 胶乳中所含有氨的质量，以质量分数表示，按下式计算：

$$氨含量=\frac{0.017\,03Vc}{m}\times100$$

式中　V——滴定时用去盐酸标准滴定溶液得体积(mL)；

$\quad\quad c$——盐酸标准滴定溶液得实际浓度(mol/L)；

$\quad\quad m$——胶乳样品的质量(g)；

0.017 03——与 1.00mL 盐酸标准溶液相当的氨的质量。

9.1.4.6　注意事项

①当胶乳试样混匀完成后应立即进行滴定，以免氨挥发造成试验误差。

②测试终点的判断可以采用一张白色 A4 纸遮蔽观察，应遵循滴定终点一致的原则。

③滴管如果不是用的一次性塑料滴管，应放完胶乳后立即将吸管冲洗干净，以免残留的胶乳凝固堵塞吸管。

9.1.5　浓缩天然胶乳干胶含量的测定

9.1.5.1　试验目的

干胶含量是保证浓缩胶乳质量的先决条件。测定干胶含量的目的是计算非橡胶组分的含量，确定产品等级，同时为控制生产，使产品达到质量要求，为制胶生产的经济核算提供依据。由此可见，浓缩天然胶乳干胶含量的测定不仅可以优化生产工艺，还可以保证产品质量。

9.1.5.2　试验原理

将浓缩胶乳试样的总固体含量稀释至质量分数为 20%，并用乙酸酸化，然后将凝固的橡胶压成薄片，水洗，在 70℃±5℃ 下干燥。

9.1.5.3　试剂与仪器

20g/L 的乙酸溶液，95% 乙醇溶液，浓缩天然胶乳，蒸馏水或去离子水。

分度值为 0.1mg 的分析天平，电热恒温干燥箱，干燥器，200mL 烧杯或玻璃皿（直径 100mm、深 50mm），量筒等。

9.1.5.4　试验方法

①如果未知浓缩天然胶乳的总固体含量，则先测定浓缩天然胶乳的总固体含量。

②用减差法从称量瓶或带胶头滴管的小试剂瓶内称取 10g±1g 浓缩胶乳放入烧杯中，准确至 1mg。沿烧杯的内壁倒入足量的水使浓缩胶乳的总固体含量降至质量分数为 20%±1%。在光滑表面上小心转动烧杯，使胶乳稀释均匀。

③用 20g/L 的乙酸水溶液 35mL±3mL 在 5min 内沿着烧杯的内壁加入胶乳中，边加酸边缓慢地将烧杯转动。将凝固的胶片轻轻压入液面下，在烧杯上盖一块表面皿，置于蒸汽浴上或置于干燥箱内于 70℃ 下加热 15~30min，如果乳清呈乳浊状，则加体积分数为 95% 乙醇 5mL。

④当乳清呈清亮时，用大凝块抹擦以收集凝固的全部橡胶小颗粒，将凝块置于水中浸泡，期间换水几次，直到用石蕊试纸检验时水不再呈酸性为止。

⑤挤压凝块排出水分，并获得厚度不超过 2mm 的均匀胶片，将胶片在流水中彻底漂洗，漂洗过后需要滴水 5~10min。

⑥将胶片置于烘箱内在 70℃±2℃ 下干燥，直至没有白点，在干燥器内冷却后称重，重复干燥、冷却、称重，直至前后两次称量误差小于 1mg 为止。

9.1.5.5　结果计算

浓缩天然胶乳干胶含量（*DRC*）是每 100g 浓缩天然胶乳中能用乙酸凝固出来的物质烘干后的质量（g），以质量分数表示，按下式计算：

$$DRC(\%) = \frac{m_1}{m_0} \times 100$$

式中　m_0——浓缩胶乳的质量(g)；

　　　　m_1——干燥后橡胶的质量(g)。

每一个试样做双份平行测定，两个结果之差应小于0.1%，然后取其平均值，否则重新测定。

9.1.5.6　注意事项

①控制好干燥温度，如果胶片太黏，怀疑在70℃下发生严重的氧化，则应采用较低的干燥温度，如55℃。

②如果将胶片放在大的表面皿上干燥，则在最初的几小时内将胶片翻转2~3次。

9.1.6　浓缩天然胶乳碱度的测定

9.1.6.1　试验目的

浓缩胶乳的碱度是浓缩胶乳重要的质量指标之一，高氨浓缩胶乳规定氨含量应不低于0.60%。如果氨含量过低，胶乳会因霉菌的作用而变质，影响胶乳制品工艺，甚至使胶乳制品无法配料成型。氨含量过高，则会使胶粒保护层的蛋白质水解而降低胶乳的稳定性，同时还浪费氨气，并增加制造制品时除氨的困难和费用。因此，必须准确地测定浓缩天然胶乳的碱度，以控制浓缩天然胶乳的质量。

9.1.6.2　试验原理

用甲基红作为目测指示剂，在加有稳定剂防止胶乳凝固的条件下，将浓缩胶乳用酸滴定，使其发生酸碱中和反应，当液体变为粉红色即停止滴定，根据所消耗酸的量计算胶乳的碱度。

9.1.6.3　试剂与仪器

浓缩天然胶乳，5%(质量分数)烷基酚聚氧乙烯缩合物类非离子稳定剂溶液，0.1mol/L盐酸标准溶液，0.1%甲基红乙醇溶液。

pH计，分析天平，称量瓶，烧杯，移液管，酸式滴定管。

9.1.6.4　试验方法

在盛有约200mL水的400mL烧杯中，边搅拌边加入10mL稳定剂溶液。用减差法从称量瓶中称取5~10g浓缩天然胶乳，精确至10mg，加入烧杯并充分搅拌至完全混合。

在混合均匀的胶乳中滴加2~3滴0.1%甲基红乙醇溶液为指示剂，用0.1mol/L盐酸标准溶液进行滴定，当胶乳颜色由黄色变为粉红色时即为终点。滴定完毕，在滴定管中读取所消耗盐酸标准溶液的体积。

9.1.6.5　结果计算

浓缩天然胶乳的碱度(A)是每100g浓缩天然胶乳中所含氨(NH_3)的质量，以质量分数表示，按下式计算：

$$A = \frac{1.7cV}{m} \times 100$$

式中　c——所消耗盐酸溶液的实际浓度(mol/L)；

　　　　V——所消耗盐酸的体积(mL)；

m——试样的质量(g)。

试样做双份平行测定,并取平均值,当实际碱度大于 0.5 个单位时,如果单个测定结果与平均值之差大于 0.01 个单位,或者当实际碱度小于或等于 0.5 个单位时,如果单个测定结果与平均值之差大于 0.005 个单位时,应重新测定。

9.1.6.6　注意事项
①稳定剂溶液应该使用前进行 pH 值调节,保证在 6.0±0.05 范围内。

②为了便于观察终点,可在待测试样旁放一杯相同稀释度并加有同样指示剂的胶乳作为对比,也可以在手边放一张白色 A4 纸作对比。

③将胶乳加入到烧杯的操作中,应确保胶乳不沿烧杯壁流下或不沿称量瓶壁流下。

9.1.7　浓缩天然胶乳机械稳定度的测定

9.1.7.1　试验目的
机械稳定度是指胶乳在规定的条件下,从开始至见到絮凝粒所需的时间,用秒表示。在胶乳制品加工过程中,浓缩天然胶乳需要经过机械搅拌或其他机械处理,才能制成成品,因此要求浓缩天然胶乳有一定的机械稳定度。机械稳定度与胶乳的稳定性(即胶乳的腐败程度)有关,稳定性低的胶乳,其机械稳定度低,在制品加工过程中容易发生凝固,致使操作困难,甚至浪费原料。

由此可见,浓缩天然胶乳的机械稳定度,不仅是制品厂的需要,而且还可以大致检查浓缩胶乳的腐败程度,为控制和改善制胶工艺条件,提高产品质量,提供必要的依据。

9.1.7.2　试验原理
胶乳粒子在高速搅拌作用下,运动非常剧烈,胶乳粒子挣脱粒子间的斥力时,胶乳粒子会发生碰撞,能使粒子逐渐聚结而产生凝固,所以浓缩胶乳的机械稳定度,即是从搅拌开始直到出现絮凝粒为止所经历的时间。

9.1.7.3　试剂与仪器
浓缩天然胶乳,不含二氧化碳的蒸馏水,1.6%(质量分数)的氨溶液,0.6%(质量分数)的氨溶液。

机械稳定度测定仪,平底皿,玻璃棒,孔径 180μm 不锈钢滤网,60~80℃的水浴锅,温度计。

9.1.7.4　试验方法
如果未知浓缩天然胶乳的总固体含量和碱度应预先测定。

从实验室样品中取出 100g 浓缩天然胶乳试样置于玻璃烧杯中,用适当的氨溶液将总固体含量稀释至质量分数为 55.0%±0.2%,然后立即用水浴锅将稀释胶乳加热至 36~37℃,同时轻轻搅拌。

将加热好的稀释胶乳立刻用不锈钢滤网过滤,并称取 80.0g±5g 过滤的胶乳放置在机械稳定度测定仪配套的平底圆筒内,并测试温度,保证胶乳温度在 35℃±1℃,把平底圆筒固定在支架正中心位置,且搅拌圆盘底部与平底圆筒底部内表面相距 13mm±1mm,设置搅拌器的转速为 14 000r/min,打开开关,搅拌胶乳并开始计时,直至重点为止。

在终点到达之前,搅拌轴周围的漩涡深度明显变浅,并随着漩涡的消失,搅拌器的声音也会发生变化。终点判断亦可通过以下两种方法进行判断。一是手掌法,每隔 15s 用干净的玻璃棒取一滴胶乳样品，并将样品轻轻地扩散在手掌上，以第一次出现絮凝粒时即为终点，继续搅拌胶乳15s后再取样，如果样品中的絮凝粒数量增加，则终点正确；二是水分散法，取一个透明的可容纳100~150mL水的平底皿，将其放置在黑纸表面上，用一支尖的玻璃棒取一小滴胶乳样品，并立即放到平底皿中的水面上，如果胶乳不出现絮凝，将在几秒钟内就会分散在水中成乳白色的云状，如果胶乳出现絮凝，胶乳液滴通常起初会保留在水面上，继而胶乳分散水中，而絮凝粒用肉眼很容易观察到，此时即为终点。

9.1.7.5　结果计算

将开始搅拌至到达重点的时间(秒)作为浓缩天然胶乳的机械稳定度。

第一次打开实验室样品瓶后的24h内进行双份平行测定，结果之差不大于平均值的5%即取平均值为结果。

9.1.7.6　注意事项

①质量分数1.6%的氨溶液用于碱度至少为0.30%的浓缩天然胶乳的稀释，质量分数0.6%的氨溶液用于碱度0.30%以下的浓缩天然胶乳的稀释。

②加热好的稀释胶乳试样在过滤和称量时必须操作迅速。

9.1.8　浓缩天然胶乳挥发性脂肪酸的测定

9.1.8.1　试验目的

中和含有100g总固体的胶乳中的挥发脂肪酸所需的氢氧化钾(KOH)的质量(g)，称为胶乳的挥发脂肪酸值。挥发性脂肪酸含量一方面影响浓缩天然胶乳的保存时间；另一方面影响浓缩天然胶乳的化学稳定性和机械稳定度，挥发性脂肪酸含量过高，浓缩天然胶乳的保存时间短，降低化学稳定性，并阻碍胶乳在贮存期间机械稳定度的正常增加，需重新加工，及时地了解浓缩天然胶乳的挥发性脂肪酸含量可以有效地调整初加工工艺、改善制品工艺。

9.1.8.2　试验原理

试样用硫酸铵凝固后，将分离出来的全部乳清用硫酸酸化，酸化后的乳清进行蒸汽蒸馏，再用氢氧化钡标准溶液滴定馏出液，从而测得试样中的挥发酸。

加氨的胶乳所含的挥发脂肪酸，是以铵盐的形式存在于胶乳，其反应式为(以乙酸为例)：

$$CH_3COOH + NH_3 \Longrightarrow CH_3COONH_4$$

将胶乳加硫酸铵凝固压片，铵盐便随乳清流出，在乳清中加入硫酸与铵盐反应后，即生成游离的挥发脂肪酸，反应式如下：

$$2CH_3COONH_4 + H_2SO_4 \Longrightarrow 2CH_3COOH + (NH_4)_2SO_4$$

此时即可用蒸馏法将挥发脂肪酸蒸馏出来，再用标准碱溶液进行滴定，由此便可测出胶乳的挥发脂肪酸，其反应式为：

$$2CH_3COOH + Ba(OH)_2 \Longrightarrow (CH_3COO)_2Ba + 2H_2O$$

9.1.8.3　试剂与仪器

30%(质量分数)硫酸铵溶液，50%(质量分数)硫酸溶液，0.005mol/L氢氧化钡标准溶液，5g/L的酚酞乙醇溶液。

马氏蒸馏器(图9-1)，水浴锅，移液管，滴定管。

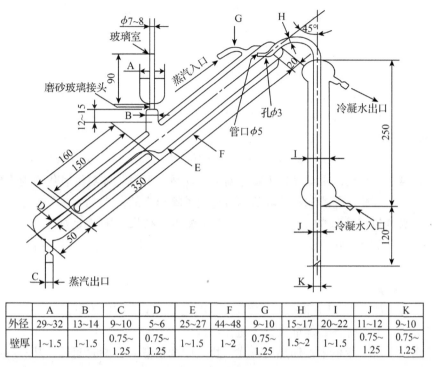

图 9-1　马氏蒸馏器 (单位：mm)

	A	B	C	D	E	F	G	H	I	J	K
外径	29~32	13~14	9~10	5~6	25~27	44~48	9~10	15~17	20~22	11~12	9~10
壁厚	1~1.5	1~1.5	0.75~1.25	0.75~1.25	1~1.5	1~2	0.75~1.25	1.5~2	1~1.5	0.75~1.25	0.75~1.25

9.1.8.4　试验方法

①如果浓缩胶乳的总固体含量和干胶含量未知，则先分别进行测定。在烧杯中称取 50g 浓缩天然胶乳 (精确至 0.1g)，一边搅拌试样，一边用滴定管准确加入 50mL 30%硫酸铵溶液，将烧杯放在水浴锅中，温度控制在 70℃，继续搅拌试样，直到凝固为止。用表面皿盖住烧杯，在水浴锅中继续放置到总时间达 15min，慢慢倾出乳清并通过干滤纸过滤，将凝块移入研钵中，用研杵压出更多的乳清，并通过同一滤纸过滤。用移液管吸取 25mL 过滤后的乳清，放入一干燥的 50mL 锥形瓶中，准确加入 5mL 50%硫酸溶液进行酸化。回旋烧瓶使其混合均匀，待测。

②将蒸汽通过蒸馏器至少 15min，然后让蒸汽通过蒸馏器外套 (蒸汽出口打开)，同时用移液管吸取 10mL 酸化乳清加入内管中。在冷凝管尖端下面放一个 100mL 的量筒以接受馏出液，部分关闭蒸汽出口的夹子，打开蒸汽入口管路上夹子使蒸汽转入内管。开始时让蒸汽缓慢通过，然后完全关闭蒸汽出口，以 3~5mL/min 的速度连续蒸馏，直到收集 100mL 的蒸馏液为止。

③将馏出液移入一个 250mL 锥形瓶中，然后以 200~300mL/min 的速率通入无二氧化碳的空气流约 3min，以除去任何溶解在馏出液中的二氧化碳。加入 3 滴 5g/L 的酚酞乙醇溶液，用 0.005mol/L 的氢氧化钡标准溶液进行滴定，当溶液由无色变成淡红时即为滴定终点，然后在滴定管中读取所消耗的氢氧化钡标准溶液的体积。

9.1.8.5　结果计算

浓缩天然胶乳的挥发性脂肪酸值 (VFANo.) 按下式计算：

$$VFANo. = \left[\frac{134.64cV}{m \cdot TSC}\right] \times \left[50 + \frac{m(100-DRC)}{100\rho}\right]$$

式中　c——氢氧化钡标准溶液的实际浓度(mol/L)；

　　　V——中和馏出液所需氢氧化钡标准溶液的体积(mL)；

　　　m——试样的质量(g)；

　　　DRC——浓缩天然胶乳的干胶含量(%)；

　　　TSC——浓缩天然胶乳的总固体含量(%)；

　　　ρ——乳清的密度(mg/m³ 或 g/mL)，对离心浓缩天然胶乳 $\rho = 1.02$mg/m³；

　　　134.64——系数，由氢氧化钾的相对分子质量，氢氧化钾对氢氧化钡的价数比以及酸化乳清和蒸馏乳清的分量比推算出来的。

试验以双份测定结果的平均值为准，若两次测定结果不能满足如下条件，需重做：①实际 $VFANo.$ 等于或小于 0.10 单位时相差在 0.01 单位以内；②实际 $VFANo.$ 大于 0.10 单位时相差在 10%以内。

9.1.8.6　注意事项

①酸化乳清加入内管时如果发泡严重，可加入一滴适当的消泡剂。

②整套装置连接时务必保证紧密，避免漏气。

③蒸汽发生器一般采用电加热的方式，烧瓶中的水煮沸一段时间后，其蒸汽才能用于蒸馏，通电后应检查好管路的各个开关，防止蒸馏液倒流及发生爆炸事故。

④装液的烧杯和装蒸馏水的烧杯不能混用，同时，用于清洗的蒸馏水要经常换，以免混入酸液而影响测定结果。

⑤清洗蒸馏装置内管的蒸馏水必须是微热的，绝对禁止用冷蒸馏水，以防仪器爆裂。

9.1.9　浓缩天然胶乳 KOH 值的测定

9.1.9.1　试验目的

浓缩天然胶乳 KOH 值是指每 100g 总固体的浓缩天然胶乳中与氨结合的酸根等摩尔的 KOH 的克数。通常来讲，KOH 值小，在一定程度上标志浓缩天然胶乳的化学稳定性高；但 KOH 值高，也不一定意味浓缩天然胶乳的稳定性差，而保存不好的浓缩天然胶乳测定的 KOH 值必定会高。在浓缩天然胶乳的生产上，通常在保存剂调剂的过程中会使用 TT/ZnO 做复合保存剂，测定浓缩天然胶乳 KOH 值来判断，浓缩天然胶乳含 ZnO 时能保持长期稳定所需要加入 KOH 的最低数量。

9.1.9.2　试验原理

根据酸碱中和反应原理，胶乳中的各酸类物质与 KOH 溶液发生反应，从而计算 KOH 值。

9.1.9.3　试剂与仪器

浓缩天然胶乳，0.1mol/L KOH 标准溶液，0.5mol/L KOH 标准溶液，45~50g/L 的无酸甲醛溶液，蒸馏水，3g/L 酚酞乙醇溶液。

分析天平，pH 计(精确至 0.01pH 单位)，玻璃电极，磁力搅拌器，碱式滴定管，三角瓶，烧杯。

9.1.9.4　试验方法

①取浓缩天然胶乳样品，分别测定总固体含量（*TSC*）和碱度（*A*）。称取约含 50g 总固体的胶乳样品放入 400mL 的烧杯中作为试样，精确至 0.1g，必要时边搅拌边加入需要量的甲醛溶液，将碱度调节到氨含量为 0.5%±0.1%，甲醛溶液的用量按水相计算，其体积 V_1 可按下式计算：

$$V_1 = \frac{m(100-TSC)(A-0.5)}{113.4c}$$

式中　　m——试样质量（g）；

　　　　TSC——试样总固体含量（%）；

　　　　A——试样碱度（%）；

　　　　c——甲醛溶液的实际浓度（mol/L）。

②用蒸馏水将胶乳的总固体含量稀释至约 30%，将 pH 计的电极插入到稀释的胶乳中，记录 pH 值。如果初始 pH 值低于 10.3，则在磁力搅拌器的作用下，缓缓地加入 5mL 0.5mol/L KOH 溶液，每次滴加 1mL，记下每次加入 KOH 溶液达到平衡时的 pH 值，直到超过终点位置；如果初始 pH 值是 10.3 或高于 10.3，可省去最初一次加入 5mL 0.5mol/L KOH 溶液的步骤，直接按上述操作步骤进行滴定，即以每一时间间隔滴加 1mL 的频率，滴加 0.5mol/L KOH 溶液。

③滴定终点是 pH 值对 KOH 溶液滴定体积曲线的拐点，在这一点上，曲线的斜率（即一阶微分）达到最大值，而二阶微分则由正值变为负值，假定二阶微分由正值变为负值与每次加入 1mL KOH 之间呈现线性关系，那么终点应按二阶微分进行计算。

9.1.9.5　结果计算

浓缩天然胶乳的 KOH 值 K 用下式计算：

$$K = \frac{561cV}{m \cdot TSC}$$

式中　　c——KOH 溶液的实际浓度（mol/L）；

　　　　V——达到终点所需的 0.5mol/L KOH 溶液的体积（mL）；

　　　　TSC——浓缩天然胶乳的总固体含量（%）；

　　　　m——试样的质量（g）。

每个样品做双份平行测定，两个结果的绝对差值不应大于算术平均值的 5%，结果以平均值表示。

9.1.9.6　注意事项

①甲醛溶液的配制方法是用水稀释浓甲醛，再用 0.1mol/L KOH 溶液中和，用酚酞作指示剂，淡粉红色即为终点，甲醛溶液应即用即配，否则影响测定结果。

②标定甲醛溶液的浓度时可采用 0.25mol/L 的硫酸标准溶液滴定无水亚硫酸钠的水溶液（空白实验）和亚硫酸钠溶液与甲醛溶液的混合液，通过体积之差计算甲醛溶液的浓度。

9.1.10　浓缩天然胶乳凝块含量的测定

9.1.10.1　试验目的

在浓缩天然胶乳生产的过程中，鲜胶乳虽然经过过滤和澄清等处理，但在浓缩天然胶乳加工和贮存的过程中仍然会产生一定量的小凝块，这种小凝块在制品工艺中极为有害，如生产胶线和浸渍制品时，如果小凝块的含量太多，则产品质量较差，甚至出现大量的次品或废品。因此，测定浓缩天然胶乳的凝块含量，可为控制制胶工艺和制品工艺的条件提供必要的依据。

9.1.10.2　试验原理

经过粗滤器过滤的实验室样品与表面活性剂混合均匀，再经过规定网孔的过滤筛网过滤，洗去过滤筛网上未凝固的胶乳后，干燥残渣即可得筛余物含量。

9.1.10.3　试剂与仪器

50g/L 的阴离子表面活性剂(油酸钾或月桂酸铵)，pH 试纸，蒸馏水。

粗过滤筛网(710μm±25μm)，试验过滤筛网(180μm±10μm)，不锈钢环，电热恒温干燥箱，烧杯，干燥器，分析天平。

9.1.10.4　试验方法

①取适量的实验室样品，充分搅拌，混合均匀，用 710μm 的粗过滤筛网过滤到清洁干燥的烧杯中，并盖住烧杯口，确保胶乳不会表面形成结皮。

②在 100℃±5℃ 的电热恒温干燥箱内干燥试验过滤筛网至恒重并记录其质量，精确至 1mg，用两个不锈钢环固定试验过滤筛网，用烧杯称取搅拌均匀并粗滤的实验室样品约 200g±1g，加入 200mL 阴离子表面活性剂溶液，再次充分混合。

③用阴离子表面活性剂溶液湿润已夹紧的试验过滤筛网，然后再将表面活性剂和胶乳的混合液倒入试验过滤筛网，立刻用同样的表面活性剂溶液冲洗试验过滤筛网布上的残留物，直到清洗液不含胶乳为止，并继续用蒸馏水清洗至清洗液用 pH 试纸检验呈中性。

④仔细地从夹子中取出有湿凝块的试验过滤筛网，用滤纸抹擦试验过滤筛网的底部，将试验过滤筛网和凝块在 100℃±5℃ 的电热恒温干燥箱内加热 30min，移至干燥器冷却至室温，称重，精确至 1mg，将试验过滤筛网和凝块放回 100℃±5℃ 的电热恒温干燥箱内加热 15min，再次冷却、称重，直至连续称重之间的质量损失小于 1mg，记录干燥的试验过滤筛网和凝块的质量。

9.1.10.5　结果计算

凝块含量是指每 100g 浓缩天然胶乳在试验条件下留在 180μm±10μm 孔径的不锈钢过滤筛网上的干物质的质量，以质量分数表示，这些物质由橡胶絮凝块和外来杂质所组成。计算公式如下：

$$凝块含量(\%) = \frac{m_2 - m_1}{m_0} \times 100$$

式中　m_0——试料的质量(g)；

$\quad\quad m_1$——试验过滤筛网的质量(g)；

$\quad\quad m_2$——试验过滤筛网和凝块的总质量(g)。

每个试样做 3 个平行测定，取平均值。

9.1.11　浓缩天然胶乳残渣含量的测定

9.1.11.1　试验目的

胶乳残渣是指胶乳中的尘土、砂粒、树皮碎叶和磷酸镁铵等外来的非橡胶物质，残渣含量较多的胶乳将导致制品生产的缺陷,如泥沙等会使薄膜产品产生针孔,而金属盐类沉积物易与胶乳生成絮凝态的金属皂,限制胶乳的使用范围,因此,残渣含量的测定被列为浓缩天然胶乳的质量检验项目之一。

9.1.11.2　试验原理

将胶乳进行离心,所得残渣用氨-乙醇溶液反复洗涤,将残渣干燥至恒重,即可计算出残渣含量。

9.1.11.3　试剂与仪器

0.90g/mL±0.02g/mL 的氨水,95%(体积分数)的乙醇,蒸馏水。

离心机,移液管或吸管(下口直径约 2mm)。

9.1.11.4　试验方法

①使用两个离心管保持平衡且对称,进行双份平行测定,每个离心管称取 40~45g 浓缩天然胶乳,精确至 0.1g。

②将离心管口盖上,以免离心过程中表面结皮,采用实验室离心机以 4 000r/min 的转速离心 20min,用勺取出表层较浓稠部分,用吸管将残渣顶面约 10mm 以上的胶乳吸出弃去,用氨-乙醇溶液补充至原来的质量,再离心 25min,同样去掉距离残渣顶面约 10mm 以上的液体,反复操作 5~6 次,直至离心后残渣上层液体清亮为止。

③最后在除去残渣顶面 10mm 以上的清液后,用一些氨-乙醇溶液将残渣完全洗入已知质量的容量约为 200mL 的耐热烧杯内,蒸发至还剩少量水分时,再置于 70℃±25℃ 的电热恒温干燥箱内干燥,直至 30min 内质量损失少于 1mg 为止,记录干燥后残渣的质量。

9.1.11.5　结果计算

$$残渣含量(\%) = \frac{m_1}{m_0} \times 100$$

式中　m_0——试样的质量(g);

　　　m_1——干燥后残渣的质量(g)。

9.1.12　胶清浓度的测定

9.1.12.1　试验目的

胶清是浓缩天然胶乳的副产物,经离心分离后,其数量约占鲜胶乳质量的 60%,其干胶含量约为 6%,通常将它制成生胶加以回收,测定胶清总固体和干胶含量有两个目的:一是控制浓缩胶乳的产量和质量;二是计算凝固用酸量,使之凝固完全和得到软硬适中的凝块,更好地回收胶清橡胶。

9.1.12.2　试验原理

胶清总固体含量的测定主要是通过热干燥,将胶清中的水分及易挥发物质去除,得到干橡胶,通过前后质量比即可得总固体含量;胶清干胶含量的测定,则是通过加酸使得胶清体系酸化,从而使得橡胶粒子凝固,干燥后得到干橡胶,通过前后质量比即可得干胶含量。

9.1.12.3　试剂与仪器

15%(质量分数)乙酸溶液。

电热恒温干燥箱,内径 60mm 的有盖扁形玻璃称皿,分析天平等。

9.1.12.4　试验方法

（1）总固体含量测定

将干净的内径 60mm 的扁形玻璃称皿置于电热恒温干燥箱内烘至恒重，用加重法在分度值为 0.1mg 的分析天平上称取试料 9~10g 放入已知恒重的称皿中。然后置于电热恒温干燥箱内开盖烘干，温度保持 70℃±2℃。烘至样品全部透明时盖上，取出并放入干燥器冷却到室温（约 15min），随即进行称量。再放入电热恒温干燥箱内干燥，每隔 30min 称重一次直到恒重。

（2）干胶含量测定

用分度值为 0.1mg 的分析天平称取试料 9~10g，放入 200mL 烧杯中，取足量的 15% 乙酸一次性迅速倾入样品中，立即混匀，静置或加热到絮凝状凝固（如果乳清浑浊，则表明酸量不够或过多，必须重做，直至得到清亮乳清为止），用滤纸过滤（注意所有小凝粒均要黏在凝块上，尽量减少损失），将凝块压薄，并用清水漂洗，随后放入 70℃±2℃ 电热恒温干燥箱中烘至恒重为止。

9.1.12.5　结果计算

（1）总固体含量

$$TSC(\%) = \frac{m_1}{m_0} \times 100$$

式中　m_0——胶清试样的质量（g）；

　　　m_1——直接干燥后的橡胶质量（g）。

每个样品做两个平行测定，然后取平均值表示。

（2）干胶含量

$$DRC(\%) = \frac{m_3}{m_2} \times 100$$

式中　m_2——胶清试样的质量（g）；

　　　m_3——凝固干燥后的橡胶质量（g）。

每个样品做两个平行测定，然后取平均值表示。

9.2　天然生胶的分析与检测

9.2.1　天然生胶的取样及制样方法

天然生胶取样，即是取出样本，一批产品取出一个或者几个样本，这些样本即独立成为实验室样品，然后制备试验样品，试样需单独测试，这有别于新鲜胶乳和浓缩天然胶乳测定时进行样品混合。

（1）抽样方法

样本的包数越多，样本对某批的代表性越强，但多数情况下要从实际考虑，规定一个限度，生产企业内通过表 9-1 的标准抽样，若供需双方验收检验的抽样可通过双方协商。

表 9-1　整批胶包总数随机选取样本胶包的数量　　　　　　　　　　　　　　包

整批胶包的数量	选取样本胶包的数量
<40	4
40~100	7
>100	10

（2）实验室样品的选取

从（1）中选出的各胶包上去掉外层包皮、聚乙烯包装膜、胶包涂层或其他表面物，垂直于胶包最大表面切透两刀且不得用润滑剂，从胶包中部取出一整块胶；除此，若不采用仲裁检验，实验室也可以从胶包任何方便的部位选取，根据所测试的项目，每个实验室样品的总量为 350~1 500g。如果实验室样品不立即测试，则应放入容积不超过样品体积 2 倍的避光防潮容器或包装袋中待检。

（3）试验样品制备

称取 250g±5g 实验室样品，精确至 0.1g，将开炼机辊距调至 1.3mm±0.15mm；辊温保持在 70℃±5℃，过辊 10 次使实验室样品均匀化，第 2~9 次过辊时，将胶片打卷后把胶卷一端放入辊筒再次过辊，散落的固体全部混入胶中，第 10 次过辊时下片，将胶片放入干燥器冷却后重新称量，精确至 0.1g。

9.2.2　天然生胶杂质含量的测定

9.2.2.1　试验目的

天然生胶中的杂质主要是指胶乳、胶块收集和加工过程中从外界混入的固体物质，多为砂土和植物碎屑。杂质影响生胶的外观品质，能使橡胶制品产生内部或外部缺陷，降低产品质量，因此，杂质含量高的天然生胶不能用来制造力学性能要求高的制品。由于杂质组分复杂多变，对橡胶制品的影响也不同。一般认为在橡胶溶解成溶液后不能通过 45μm 筛网的残渣，即视为有害杂质。

由此可见，测定橡胶的杂质含量对控制和改善制胶工艺条件，提高产品质量，确定橡胶的用途都具有重大的意义。

9.2.2.2　试验原理

在塑解剂和热的作用下，经塑炼的橡胶可溶解于有机溶剂（如煤油）中，利用 45μm 筛网过滤橡胶溶液，杂质则残留在筛网上，烘干、冷却、称量，根据胶样和杂质的质量，就可计算出橡胶的杂质含量。

9.2.2.3　试剂与仪器

混合二甲苯，甲苯，2-硫醇基苯并噻唑。

烧杯，表面皿，温度计，电热板，45μm 不锈钢筛网，分析天平。

9.2.2.4　试验方法

（1）试样和塑解剂的制备

①试样的制备　按规定制备一块均匀化的天然生胶的实验室样品，从中切取 30g 橡胶，将实验室炼胶机的辊距定为 0.5mm±0.1mm，橡胶通过炼胶机冷辊压两次，立即称取 10~20g 试样，精确至 0.1g。

②塑解剂的制备 称取 0.5g 固体塑解剂 2-硫醇基苯并噻唑溶解于 200mL 混合二甲苯中，过滤去不溶物质，倒入烧杯中，供一个试样备用。

（2）测试

①将试样切成条形小块，每块约重 1g，逐块放入盛有塑解剂的烧杯中。

②在 125~130℃的电热板上加热（1）中的烧杯，期间可以摇动烧杯或者玻璃棒搅动烧杯中的溶解物，直至获得均匀的溶液。

③当橡胶完全溶解后（而且溶液也是充分流动的），从干燥器内取出已经清洗干净的 45μm 不锈钢筛网，并称量，精确至 0.1mg，将热溶液慢慢地倾倒入筛网内过滤，用热的混合二甲苯洗涤烧杯，保证所有杂质冲洗进筛网内，再用热的混合二甲苯沿筛壁内外冲洗两圈。

④载有杂质的筛子应使用石油醚洗涤两次，然后在 100℃的干燥箱内干燥 30min，将筛子和筛余物置于干燥器中冷却，并称量，精确至 0.1mg。

9.2.2.5 结果计算

杂质含量以质量分数表示，单位为 g/100g，按下式计算：

$$杂质含量（\%）= \frac{m_2-m_1}{m_0}\times100$$

式中　m_0——试样的质量（g）；

　　　m_1——空筛质量（g）；

　　　m_2——空筛连同杂质质量（g）。

每个试样应进行双份平行测定，取其平均值。

9.2.2.6 注意事项

①每次测定结束后都要清洗筛子，最好超声清洗，干燥后置于干燥器中备用，如果有凝胶，可以用小貂毛刷子轻轻擦刷或将筛子直立于盛有甲苯的烧杯中，盖上表面皿，加热煮沸 1h。

②每次测定结束后都要检查筛子是否损坏，可以用 10 倍放大镜进行检查，如有明显变形，应及时更换新的筛子。

③试验也可以采用 2,2-二苯甲酰胺二苯基二硫化物作为塑解剂，方法同 2-硫醇基苯并噻唑一样。

④试样必须溶解完全（无黏附于内壁或浮动的胶团）才能过滤。过滤时必须把烧瓶内壁冲洗干净，不残留任何杂质，同时也要注意勿使冲洗下来的溶液和杂质流出筛外；干燥后杂质应无黏性，轻敲筛便易于从筛网落下。

9.2.3 天然生胶灰分含量的测定

9.2.3.1 试验目的

橡胶中的灰分，是指胶样在高温炉中灼烧后剩余下来的无机盐。其中主要是钾、钠、钙、镁和少量的铝、铁、铜、锰等金属元素的磷酸盐或硫酸盐。金属盐对橡胶的性能有一定的影响，如铜、锰有促进橡胶老化的作用。胶乳本身所含的无机盐是不多的，通常占鲜胶乳的 0.3%~0.7%。但在割胶和制胶过程中，往往会把泥沙、铁锈等杂质带到胶乳中去，尤其是粒子较大的泥沙对橡胶制品危害很大，使制品的拉伸强度和气密性能降低。因此，不仅在割胶、收胶、运输的过程中，要尽量防止泥沙污染胶乳，而且在制胶时也必须认真按照操作规程进行过滤和沉降，以便除去胶乳里的泥沙及杂物。

由此可见，测定灰分含量，可以了解生胶中有害金属的含量，从而观察胶乳在收集和加工过程中的污染程度，为改进制胶工艺操作和提高标准胶质量提供必要的依据。

9.2.3.2　试验原理

天然生胶的组成绝大部分是以碳氢化合物为主的有机物。橡胶烃及橡胶中所含的有机杂质，在高温下灼烧时分解，形成各种气体易挥发，而橡胶中所含的金属元素则被氧化成金属氧化物留下来，这便是灰分。据此，可以采用马弗炉灼烧法测定天然生胶的灰分含量。

9.2.3.3　试验仪器

分析天平，马弗炉，坩埚，干燥器，定量滤纸。

9.2.3.4　试验方法

①从按照规定制备的均匀化实验室样品中取约 5g 天然生胶，精确至 0.1mg，剪成小块，用直径 11 ~ 15cm 的定量滤纸包裹，置于预先在 550℃ ±25℃ 恒重的坩埚内，盖上盖子。

②将坩埚直接放入温度为 550℃ ±25℃ 的马弗炉中，迅速关好炉门，加热 1h 后微启炉门通入足量的空气，继续加热 5~6h，直至含碳物质被全部烧尽，从炉中取出坩埚，放入干燥器中冷却至室温、称量，精确至 0.1mg。

③将此坩埚再放入 550℃ ±25℃ 的马弗炉中加热约 39min，取出坩埚，放入干燥器中冷却至室温、称量，精确至 0.1mg，前后两次质量之差不大于 1mg 为质量恒定，否则继续加热至恒重。

9.2.3.5　结果计算

每 100g 天然生胶中所含灰分的质量(g)，为灰分含量，以质量分数表示。

$$灰分含量（\%）=\frac{m_2-m_1}{m_0}×100$$

式中　m_0——试样的质量(g)；

m_1——空坩埚质量(g)；

m_2——坩埚与灰分质量(g)。

每一个样品做两次平行测定，结果之差不大于 0.02%，取其平均值，保留至小数点后两位。

9.2.3.6　注意事项

①灼烧开始第一小时内不能打开马弗炉门。

②从马弗炉取出坩埚时，不得将盖打开，以免受气流影响，从而使灰分损失。

③恒重操作时，每次冷却、称重时必须控制条件一致。

④如经长时间灼烧，灰分仍不变白，可在坩埚冷却后滴加 1 ~ 2 滴浓硝酸于碳粒上，再重新灼烧。

9.2.4　天然生胶氮含量的测定

9.2.4.1　试验目的

蛋白质是由碳、氢、氧、氮，还有硫等元素构成的一种结构很复杂的有机化合物，是构成橡胶粒子保护层的重要物质。蛋白质对橡胶性能有较大的影响。一方面，它的分解产物可以促进橡胶的硫化，延缓橡胶的老化，使橡胶制品耐用；另一方面，它又具有较强的吸水性，能增加生胶和橡胶制品的吸水性和导电性，容易使生胶和橡胶制品发霉，不利于制作绝缘性的电工器材，另外蛋白质具有一定的致敏性，容易导致蛋白质敏感人群发生过敏反应。因此，测定标准橡胶的氮含量，对了解标准橡胶和橡胶制品的性能，确定标准橡胶的使用范围均具有重要意义。

9.2.4.2　试验原理

蛋白质是由多种氨基酸组成的物质，其含氮量平均为 16%。因此，可用某些化学试剂把蛋白质的组织破坏，使之分解出氨，通过酸吸收、碱滴定的方法测定总氮量。将已知质量的试样同浓硫酸、硫酸钾以及硫酸铜和硒粉或硒酸钠所组成的催化剂一起进行消化。在这个过程中，氮化合物转化成硫酸氢铵。加碱使消化液呈碱性，然后蒸馏出氨。用硫酸标准滴定溶液吸收，然后用碱标准滴定溶液滴定过量的酸。

9.2.4.3　试剂与仪器

天然生胶，浓硫酸，无水硫酸钾（K_2SO_4），五水合硫酸铜（$CuSO_4 \cdot 5H_2O$），硒粉或十水合硒酸钠（$NaSeO_4 \cdot 10H_2O$），0.010 0mol/L 标准硫酸溶液，95% 乙醇，0.020 0mol/L 标准氢氧化钠溶液，10mol/L 氢氧化钠溶液，10g/L 硼酸溶液，甲基红，亚甲蓝。

30mL 和 10mL 的消化烧瓶，5mL 或 10mL 半微量滴定管，半微量凯氏蒸馏装置（图 9-2），烧杯，锥形瓶，分析天平，量筒，研钵，试剂瓶，滴瓶，电炉等。

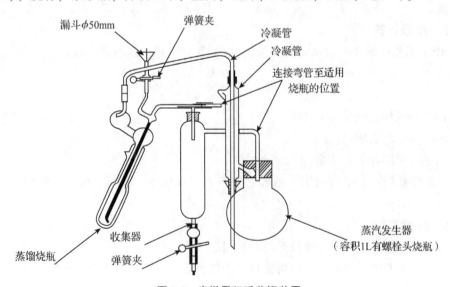

图 9-2　半微量凯氏蒸馏装置

9.2.4.4　试验方法

(1)试料与试剂的配制

①生胶试样的制备　根据规定的方法取样和制备均匀化实验室样品。

②混合催化剂的配制　将 30 质量份无水硫酸钾，4 质量份的五水合硫酸铜以及 1 质量份的硒粉或 2 质量份的十水合硒酸钠置于研钵中进行研磨，待分散均匀后装入试剂瓶备用。

③混合指示剂的配制　称取 0.1g 甲基红和 0.05g 亚甲蓝溶于 100mL 的 95%(体积分数)乙醇中，待完全溶解后移入滴瓶中备用。

(2)操作步骤

①消化　称取 0.1～0.2g(精确至 0.1mg)试样剪成小块置于消化烧瓶中。加入约 0.65g 混合催化剂和 3.0mL 浓硫酸于消化烧瓶，与生胶一起加热至沸。待消化液变为清澈的绿色而不带淡黄色后，继续沸腾 30min，消化完毕后冷却，加入 10mL 蒸馏水，待蒸馏。

②蒸馏　将蒸汽发生器内的水加热至沸腾，将蒸汽通入蒸馏装置和接收瓶，通蒸汽时间至少 2min。当通蒸汽吹洗时，要把冷凝器水套内的水排空。当吹洗过程结束时，将消化液移入蒸馏瓶，每次用 3mL 水洗涤消化烧瓶，重复 3 次，每次的洗涤水完全倒入蒸馏瓶。打开冷凝水并将从蒸汽发生器发生的蒸汽通入蒸馏瓶内。

③吸收　用半微量滴定管准确加入硫酸标准溶液 10mL 至经吹洗过的蒸馏装置的接收瓶中，并加入 2 滴混合指示剂溶液。接收瓶位置的高低，应使冷凝器导出管的末端浸入硫酸液面以下，以免吸收不完全。用量筒量取约 15mL 的 10mol/L 氢氧化钠溶液加入蒸馏瓶内，收集馏出液，如果指示剂的颜色改变，放低接收瓶，使冷凝管的下端处在酸液的上面，再继续蒸馏 1min，然后用几毫升蒸馏水洗涤冷凝管的下端，洗涤液应一并收集于接收瓶中。

④滴定　立刻用 0.020 0mol/L 氢氧化钠标准溶液滴定接收瓶内的馏出液(约 70mL)，读取滴定管读数，精确至 0.02mL，记录数据。

⑤空白试验　在进行样品测定的同时，用相同数量的试剂在相同条件下不用试料进行空白试验。每一个样品做两个平行测定，取其平均值，保留至小数点后两位。

9.2.4.5　结果计算

天然生胶氮含量(ω)以质量分数(%)表示，按下式计算：

$$\omega = \frac{c(V_2 - V_1) \times 0.014\,0}{m} \times 100$$

式中　V_1——滴定时所需氢氧化钠标准溶液的体积(mL)；

　　　V_2——空白试验滴定时所需氢氧化钠标准溶液的体积(mL)；

　　　c——氢氧化钠标准溶液的浓度(mol/L)；

　　　m——试样的质量(g)。

9.2.4.6　注意事项

①盛有水的蒸汽发生器中应加入少许玻璃珠或沸石，以免水煮沸后气泡激烈往上冲。如果水煮沸后有过热现象，则应加入少许干净的碎瓦片。

②消化瓶必须洗净，否则混合催化剂黏附管壁，致使消化时间延长。

③消化时，消化瓶应斜立于电炉上，温度不宜过高，以免消化液往上冲。瓶壁如黏附

有黑色颗粒应摇动消化液将其冲下。

④蒸馏时碱液必须过量，才能得到较好的结果。

⑤蒸馏时注意调节冷却水及蒸汽量，使吸收液保持较低的温度。

⑥蒸馏时室内不能有碱性气体(如氨气)存在。

⑦如发现吸收液在蒸馏 10min 后仍为红色，并混浊，且有硫黄气味产生时，则可能是消化时间不充分，此时再蒸馏已无效，必须重做。

⑧各次洗涤用水尽可能一致。

⑨使用硒粉时，应避免吸入其蒸气，以及防止皮肤和衣服接触到硒粉，要在充分通风的条件下进行操作。

⑩接收瓶的温度应保持在 30℃ 以下，以防止氨的损失。

9.2.5 天然生胶挥发物含量的测定

9.2.5.1 试验目的

挥发物含量是指每 100g 天然生胶加热前后减少的质量，用质量分数表示。为了保证产品质量，标准橡胶的挥发物含量规定在 1.0% 以下，如果标准橡胶的挥发物含量太高，在贮存过程中容易长霉、发黏；在制品加工塑炼时容易打滑，以致于难以获得塑性，消耗电力大；在混炼时，配合剂不易均匀分散在胶料中，使得炼胶操作困难；硫化后的制品易生细孔和起绉。影响天然生胶挥发物含量的因素很多，当水溶物和蛋白质的含量高时，橡胶就容易吸潮，天然生胶包装贮存和运输的良好与否对挥发物含量也有一定影响，影响较大的是空气的湿度，如果相对湿度在 80% 以上时，天然生胶的挥发物含量变化就较大。

由此可见，测定天然生胶的挥发物含量，对于控制和改进天然生胶的加工工艺条件，提高产品质量具有重要意义。

9.2.5.2 试验原理

将试样置于适宜温度的烘箱中干燥至恒重，试样中的水分和一些挥发物便受热挥发逸出，从试样加热前后的质量变化，便可计算出试样的挥发物含量。

9.2.5.3 试验仪器

分析天平，恒温鼓风干燥箱，开放式炼胶机，干燥器。

9.2.5.4 试验方法

按规定从实验室样品中称取约 600g 试验样品进行均匀化，称量均匀化前后试验样品的质量，精确至 0.1g；从均匀化后的试验样品中称取约 10g 试样，精确至 0.001g；设置开放式炼胶机辊筒表面温度为 70℃±5℃，将试样通过辊筒两次，压成厚度小于 2mm 的薄片；将试样放入 105℃±5℃ 的恒温鼓风干燥箱中干燥 1h，打开通风口，放置试样使其尽可能最大面积与热空气接触；取出试样放置在干燥器中冷却至室温并称重，重复干燥试样 30min 冷却后称重，直到连续两次称量值之差不大于 0.001g 为止，记录最终质量。

9.2.5.5 结果计算

挥发物含量(ω)以质量分数(%)表示，按下式计算：

$$\omega = \left(1 - \frac{m_2 m_4}{m_1 m_3}\right) \times 100$$

式中　m_1——均匀化前试验样品的质量(g)；

m_2——均匀化后试验样品的质量(g);

m_3——干燥前试样的质量(g);

m_4——干燥后试样的质量(g)。

每一个样品做 3 个平行测定, 3 次测试结果差值不应过大, 一般控制在 0.2% 以内, 否则重新测定。取 3 个数值的平均值, 保留至小数点后两位。

9.2.6　天然生胶塑性的测定

9.2.6.1　试验目的

天然生胶的塑性初值(P_0)反映了制胶生产工艺过程中各种因素对生胶质量的影响以及生胶贮存、运输过程中其塑性值的变化, 对橡胶制品生产工艺也有直接的影响。目前, P_0 是天然生胶分级指标之一。生胶的 P_0 与其相对分子质量呈一定正相关的关系, P_0 越大, 说明橡胶的相对分子质量越大, 生胶在加工、贮运过程中受不利因素的影响越小; 也说明橡胶的平均相对分子质量越大, 还说明橡胶未被氧化, 在操作过程中没有混入金属离子、化学药品以及未受过度机械作用或暴晒等因素的影响。但其值过大又会使得橡胶的弹性不足, 加工能耗大。

由此可见, 测定天然生胶的塑性初值, 对于控制和改进天然生胶的加工工艺条件, 提高产品质量和加工性能具有重要意义。

9.2.6.2　试验原理

快速塑性计由载荷、微电脑控制(含温度控制、时间计时、位移变形量、P_m 值等)、操作机构等部分组成。通过快速压缩两个平行压块之间的圆柱形试样到 1mm 的固定厚度, 所测试样在压缩状态下保持 15s, 以达到与平行板之间的温度平衡, 然后给试样施加 100N±1N 恒定的压力, 并保持 15s, 在这个阶段结束时, 所测得的试样厚度作为塑性的量度。

9.2.6.3　试验仪器

快速塑性计, 开放式炼胶机, 裁片机, 漂白的、无光的、无酸的薄纸(单位面积质量约为 17g/m²)。

9.2.6.4　试验方法

(1)试样的制备

调整实验室开放式炼胶机的辊距间隙为 1.65mm, 挡板距离 20~30cm, 打开辊筒的冷却水, 开机运转, 将取样生胶放进辊筒内滚压 6 次, 每次过辊胶片都打卷, 再垂直放入两辊筒之间, 使之混合均匀; 从均匀化后的试验样品中切取 30g 的试样, 放入辊距约 0.3mm 的冷辊上薄通两次, 控制第二次过辊后胶片对折的厚度控制在 1.7mm, 并立即将胶片对折, 轻压使之两胶片紧密贴合, 中间不能留有气孔或孔洞, 压合后胶片用测厚仪进行测试, 其厚度最好在 3.2~3.6mm, 最大不得大于 4mm; 最后用裁片机裁片, 形成直径约 13mm、体积为 0.4cm³±0.04cm³ 的圆柱形试样, 一般同一试样取 3 个试片待测。

(2)测试

将快速塑性计预热至 100℃±1℃, 将两张测试薄纸放在两个加热板之间, 关闭上下模调节校准装置到零位, 将测试试样放入两张薄纸中间并一起放进上下模之间, 用上下模移动装置将试样压至 1.00mm±0.01mm 的厚度, 保持此压力状态下预热 15s, 预热完成后快速塑性计内部通过施力装置使试样受到100N±1N的恒定力作用，并保持15s，期间测试试样厚度，完成后，通过电子数据输出塑性值数据，记录此数值。

9.2.6.5　结果计算

结果以15s压缩结束时3个试样测定的塑性值的中位数为测试结果，3个试样的最大值和最小值之差应小于等于两个塑性值，否则重新测定。

9.2.6.6　注意事项

①试验所用薄纸应该裁剪成为35mm×35mm规格。

②同一批试样应该薄通过辊次数保持一致，可以提前用废胶料测试出合适的辊距。

③试样压合的操作应该迅速，在2s内完成。

9.2.7　天然生胶塑性保持率的测定

9.2.7.1　试验目的

塑性保持率（PRI）也称抗氧化指数，它是固体天然生胶耐氧化程度的量度。PRI用生胶老化后的塑性值与老化前的塑性值之比的百分率来表示。PRI越高，则生胶耐老化性越好。PRI还可表明生胶的高温加工特性，说明生胶在贮藏、运输等过程中受氧化、阳光照射和过热现象的影响，反映不正确的固体天然生胶的制造工艺过程（如胶乳混合、稀释、凝固酸度、加工时间不当等）的影响。通过生胶的PRI，可间接推测生胶微量金属铜、铁含量的范围。PRI是天然生胶理化性能检验项目之一，也是生胶分级的重要指标。由此，测定天然生胶塑性保持率不仅可以了解橡胶品质还可以改善加工工艺。

9.2.7.2　试验原理

在快速塑性计上，测定生胶试样老化前和在专门的老化箱中经140℃、30min老化后的快速塑性值，老化后的快速塑性值（P_{30}）和老化前的快速塑性值（P_0）的比值乘以100%，即为塑性保持率（PRI）。

9.2.7.3　试验仪器

快速塑性计，开放式炼胶机，专用老化箱。

9.2.7.4　试验方法

①取均好样的胶片20g±2g，在辊距约0.3mm的冷辊上薄通两次，控制第二次过辊后胶片厚度约为1.7mm，立即将胶片对折，并轻压使两胶片紧密贴合，中间不能留有气孔和孔洞。

②用切片机切取试样，然后用测厚仪测量试样的厚度，选取厚度为3.4mm±0.4mm的合格试样。3个胶片为一组，一组做老化前试验；另一组做老化后试验。

③老化箱加热升温并控制温度在140℃±0.2℃范围内，恒温至少5min，将准备做老化试验的一组试样放在经预热的铝盘里，试样间不能相互接触、重叠，将托盘迅速推入专用老化箱内，立即关闭箱门并开始计时，经过30min±0.25min后，取出盛试样的铝盘，置于试样架，让其迅速冷却至室温，并在规定的试验温度下调节，总调节时间为0.5~2h（包括冷却试样的时间）。

④试样冷却后，测定老化的试样与未老化的试样塑性值，分别记录。

9.2.7.5　结果计算

塑性保持率（PRI）按下式计算：

$$PRI(\%) = \frac{P_{30}}{P_0} \times 100$$

式中　P_{30}——3 个经 30min 老化后的试样所测得的快速塑性值的中位数；

　　　P_0——3 个未经老化的试样所测得的快速塑性值的中位数。

9.2.7.6　注意事项

①老化箱的温度精度和放入试样后老化箱的温度恢复到试验温度的时间应严格控制在 6min 内。

②为防止老化箱温度不均匀和不能迅速恢复到试验温度，老化箱内不能装料过多。

③老化后的试样一定要冷却到规定的实验室温度后才能测定塑性值。

④老化前、后进行试样的测定所用的薄纸的类型应该相同。

⑤切片机和塑性计要经常调整校正，试验前后用恒黏橡胶标定。

9.2.8　天然生胶门尼黏度的测定

9.2.8.1　试验目的

天然生胶的门尼黏度直接影响到未硫化橡胶的加工性能、硫化橡胶产品的外观质量和制品的物理性能。很多制品对未硫化橡胶的门尼黏度有特定的要求，如子午线轮胎胶、各种类型的恒黏胶等。

由此可见，测定天然生胶的塑性初值，对于评价橡胶加工性能、合理选用加工和成型设备、调整配方、改进产品质量和预测产品使用性能等有非常重要的意义。

9.2.8.2　试验原理

门尼黏度计由模腔、转子、加热装置、温度测量系统、模腔闭合系统、转矩测量装置和校准装置组成。

在特定的试验条件下，使转子在充满橡胶的圆形模腔中转动，测定橡胶对转子转动所施加的转矩，橡胶试样的门尼黏度以橡胶对转子转动的反作用力矩表示，单位为门尼黏度，测定结果可从操作面板上读取或由计算机绘制（打印）出。从门尼黏度-时间曲线（图 9-3）可以看出，试验开始时黏度较高，随即逐渐下降，经过一定时间（一般在 4min 之后），曲线趋于平坦，此时即达到所求的试样黏度值。当进行橡胶实验时，黏

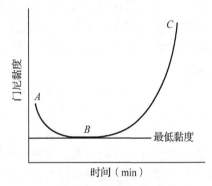

图 9-3　门尼黏度-时间曲线

度值达到最低数值后曲线变得平坦，实际上，在例检时只求最低黏度即停止试验。

9.2.8.3　试验仪器

圆盘剪切黏度计，开放式炼胶机，裁片机。

9.2.8.4　试验方法

(1)试样的制备

天然生胶按照规定取一定量的实验室样品，开放式炼胶机辊距调至 1.3±0.15mm，辊温保持在 75℃±5℃，过辊 10 次均匀化实验室样品。第 2~9 次过辊时，将胶片打卷后把胶卷一端放入辊筒再次过辊，散落的固体全部混入胶中，第 10 次过辊时下片，在实验室内调节至少 30min，但必须在 24h 内完成测试。试样用圆形裁刀在裁片机上裁切，试样由两

个直径约 50mm、厚度约 6mm 的圆形胶片组成，在其中一个胶片的中心打一个直径约 8mm 的圆孔以便转子插入。

（2）测试

①打开圆盘剪切黏度计电源和外供气源开关，接通打印机（装上打印纸），外供气源（压力应不小于 0.45MPa）。将模腔和转子预热至 100℃，使其达到稳定状态，设定测试时间为 1min+4min。打开模腔，将转子插入胶片的中心孔内，并将转子放入黏度计模腔中，再将未打孔的胶片准确地放在转子上面，迅速关闭模腔。

②关闭模腔后开始记时，将胶料预热 1min 结束时，转动转子，系统自动开始记录门尼值（扭矩）的变化；当转子转动 4min 时，转子自动停止转动，黏度计输出测定结果。

③开启模腔，取出转子，清除包覆在转子上的试验后的胶样。合模保温，待下一试样测试。

9.2.8.5　结果计算

测试结果一般按如下形式表示：

$$50ML_{1+4}，100℃$$

式中　M——门尼黏度，单位为门尼；

　　　L——试验用大转子（S 表示使用小转子）；

　　　1——转子转动前的预热时间（min）；

　　　4——转子转动后的测试时间（min）；

　　　100℃——测试温度。

9.2.8.6　注意事项

①如果待测试样黏度低或发黏时，可在试样与模腔之间衬以厚 0.03mm 的耐热聚酯薄膜，并在转子杆和下模孔间套一个配套使用的耐热 O 形塑料圈密封，以防物料污染模腔和溢出沿下模孔进入转子杆和固定套筒间隙，用后会稍微影响真实的测试结果，应注明。

②如果门尼值记录曲线不是连续的，应在规定的读数时间前 30s 内观察刻度盘上的门尼值，并将这段时间的最低值作为该试样的门尼值，精确至 0.5 门尼值单位。

③测试结束后，如果转子的矩形截面沟槽内或模腔表面黏附有胶样，则应一并清除，为保护转子和模腔表面，应使用铜丝刷。

④测试的温度和时间可能会有不同，一般情况采用 100℃和 4min 的搭配，温度也可选择 125℃，时间亦可选择 8min，但是条件不同时测得结果不具有对比性，可根据需要进行选择。

9.2.9　橡胶试验胶料的配料、混炼和硫化

9.2.9.1　试验目的

橡胶的硫化是指在橡胶中加入适量的硫化剂和促进剂等交联助剂，在一定的温度、压力和时间的条件下，使线型大分子转变为三维网状结构的过程。其中，硫化剂和促进剂等交联助剂即为配料也称为配合剂。混炼则是在炼胶机的机械作用下，将加入橡胶中的配料与橡胶混合均匀的过程。通过橡胶硫化及硫化胶性能的测试，可以研究橡胶的配方、控制生产工艺，进一步提高橡胶及橡胶制品的产品质量。

9.2.9.2　试验原理

通过炼胶机的机械力，使得橡胶和配料混合均匀，即可得到试验所需试样。将橡胶试样放入一个完全密闭或几乎密闭的模腔内，并保持在试验温度下，模腔有上下两部分，其中一部分以微小的线性往复移动或摆角振荡。振荡使试样产生剪切应变，测定试样对模腔的反作用转矩(力)。此转矩(力)取决于胶料的剪切模量。

硫化开始，试样的剪切模量增大，当记录下来的转矩(力)上升到稳定值或最大值时，便得到一条转矩(力)与时间的关系曲线，即硫化曲线，硫化曲线的形状与试验条件和胶料特性有关。从硫化曲线上，可以计算出最小转矩或力、初始硫化时间(焦烧时间)、达到某一硫化程度的时间以及在规定时间内达到的平坦、最大、最高转矩或力。

将混合均匀的橡胶试样放入模具中，控制温度在 143℃左右、压强不低于 3.5MPa，对模具进行加热，加热时间为硫化特性中的 t_{90}(硫化时间)，待加热结束即可得硫化胶。

9.2.9.3　试剂与仪器

天然橡胶，氧化锌，硫黄，硬脂酸，促进剂 M。

实验室开放式炼胶机，无转子硫化仪，平板硫化机。

9.2.9.4　试验方法

(1)配料

①常规检验的纯胶配方　研究天然生胶的质量和性能，通常采用表 9-2 的硫化配方。

表 9-2　常规检验的纯胶配方

原材料	NIST 标准参比材料	配方(质量份)		
		配方 1 ACSI	配方 2 TBBS(NS)	配方 3 填充炭黑
天然生胶	—	100.00	100.00	100.00
氧化锌	370	6.00	6.00	5.00
硫黄	371	3.50	3.50	2.25
硬脂酸	372	0.50	0.50	2.00
炭黑(HFA)	IRB	—	—	35.00
促进剂 M	383	0.50	—	—
促进剂 NS	384	—	0.70	0.70
合计		110.50	110.70	144.95

②配料准备　根据已有配合剂种类选择合适的配方，配合剂的规格应符合规定。采用开放式炼胶机混炼时，每次每批混炼量应是基本配方量的 4 倍，最低混炼量应为基本配方的 2 倍。按比例核算当前混炼量下天然生胶和配合剂各自质量，并选用不同精度的天平进行称量。天然生胶和炭黑的称量应精确到 1.00g，氧化锌和硬脂酸精确到 0.10g，硫黄和促进剂精确到 0.02g，各自称量，单独盛放，注意清洁，不得掺入其他杂质。

(2)混炼

①混炼设备　目前实验室混炼工艺设备主要有实验室开放式炼胶机和实验室用标准密炼机两类，其中，实验室开放式炼胶机使用最为广泛。表 9-3 给出实验室开放式炼胶机的主要技术参数。

表 9-3　实验室开放式炼胶机的主要技术参数

项　目	参　数	备　注
辊筒直径(外径)(mm)	150~155	
辊筒长度(两挡板间)(mm)	250~280	两挡板间距可调
前辊筒(慢辊)转速(r/min)	24±1	现在多采用无级变速装置,可任意调节前后辊筒的速度及速比
辊筒速比	1.0:1.4	
两辊筒间隙(间距)(mm)	0.2~8.0	可调,允许偏差为±10%或0.05mm
控温偏差(℃)	±5	

注意:若使用其他规格开放式炼胶机,可调整混炼批量和混炼周期,以获得可比结果;若是辊筒速比不足 1.0:1.4,可调整混炼程序,以获得可比结果。

②实验室开放式炼胶机混炼程序　各种不同类型和不同要求的胶料都有不同的混炼特点,但在混炼工艺操作中,开放式炼胶机的通用混炼程序规则如下:

a. 除非另有规定,每批胶料在混炼时都要包在辊筒的前辊上。

b. 冷辊筒先预热升温,一定时间后,用温度计测量辊筒表面中间部位的温度(精确至±1℃)。当辊温达到预定的要求后,需延续一段时间,待辊温稳定后方可开始炼胶。在混炼过程中,也应使辊温保持在规定温度的±5℃范围内,测温时,可把胶料迅速地从炼胶机上取下,测温后再将胶料放回。天然橡胶的混炼温度为:后辊 50~55℃,前辊 55~60℃。

③配合剂的加料顺序对混炼操作和胶料质量有很大的影响　通常的加料顺序为:生胶(或塑炼胶)→固体软化剂→小料(促进剂、活性剂、防老剂)→补强剂、填充剂→液体软化剂→硫黄、超速促进剂。

④3/4 割刀操作　用割胶刀割取包辊胶宽度的 3/4,割刀分别由右向左和由左向右交替割取,待辊上积胶全部通过辊筒间隙时,将割下的胶料推向辊筒的左边和右边并续入,如此往返切割,左右切割一次称为一刀,两次连续割刀之间允许间隔时间为 20s。

⑤如果薄通前的天然生胶块较大,必须在较大的辊距下先破碎,然后再调小辊距薄通;经破碎后的生胶,按胶料的容量调节辊距,进行热炼,并使胶料包在前辊上,按规定的割刀次数进行切割翻炼,直到生胶表面光滑和积胶量合适时方可加入配合剂进行混炼。在加配合剂的过程中不宜切割,以防粉类配合剂在割刀处成团而影响其分散均匀性。加完一种配合剂后,可按操作过程切割翻炼。对散落在炼胶机盛料盘内的配合剂,应仔细收集并及时重新混入胶料中。

⑥混炼胶料下片应按试样要求进行,通过调整辊距,使收缩后的胶片的厚度符合要求,下片后应注明压延方向,以便裁剪胶料和裁取试样时参考。

⑦应对炼胶后的混炼胶料进行称量,混炼后胶料质量与所有原材料总质量之差应在 −1.5%~0.5% 的范围内,超过此规定损耗量的胶料,应考虑报废并重新进行配料、混炼。

⑧混炼后的胶料应放在平整、干净、干燥的金属表面(或平铺于搪瓷盘)冷却至室温,然后用合适的材料包好以防污染。

根据混炼通用规则,对纯胶和炭黑胶制定表 9-4 和表 9-5 的混炼条件,混炼条件对混炼的操作和胶料质量均有影响,应保证其操作规范。

表 9-4 纯胶配方的混炼条件

时间(min)	辊距(mm)	加料顺序	割刀次数
入胶	0.5	天然生胶	薄通 4 次
2	0.5	薄通后的生胶	包辊塑炼
4	2.5	塑炼胶	3/4 割刀 4 次
6	2.5	加入硬脂酸	3/4 割刀 4 次
8	2.5	加入氧化锌、促进剂	3/4 割刀 6 次
11	2.5	加入硫黄	3/4 割刀 4 次
13	0.5	混炼胶	三角包 4 次
15	调大辊距	混炼胶	卷取
16	根据要求	混炼胶	下片

表 9-5 炭黑胶配方的混炼条件

时间(min)	辊距(mm)	加料顺序	割刀次数
入胶	0.5	天然生胶	薄通 4 次
2	1.5	薄通后的生胶	包辊塑炼
4	2.5	塑炼胶	3/4 割刀 4 次
6	2.5	加入硬脂酸(部分)	3/4 割刀 4 次
8	2.5	加入氧化锌、促进剂、防老剂	3/4 割刀 6 次
10.5	2.5	加入松焦油	3/4 割刀 4 次
13	2.5	加入炭黑 加入硬脂酸(部分)	3/4 割刀 8 次
19	2.5	加入硫黄	3/4 割刀 8 次
21	0.5	混炼胶	三角包 4 次
23	调大辊距	混炼胶	卷取
24	根据要求	混炼胶	下片

(3)测试硫化特性

①试样准备 混炼后的胶料应在室温存放、调节，尽可能保证无气泡残留，一般调节时间为 2~24h。为得到最佳的重复性，应采用相同体积(质量)的圆形试样，试样的体积应略大于模腔的容积，直径则应略小于模腔，并应通过预先试验确定。

②测试

a. 打开电源开关，接通打印机，打开外供气源，保证压力不小于 0.35MPa。

b. 设定试验时间和试验温度，推荐的试验温度为 100~200℃，合模加热模腔到试验温度并保持恒定。

c. 打开模腔，将试样置于模腔内，按"合模"键迅速合模，应在 5s 内完成合模，随即按下"试验"键，此时，仪器自动开始试验，记录装置应在模腔关闭的瞬间开始计时，模腔的摆动应在合模时或合模前开始；如果测发黏胶料时，可在试样上下衬垫合适的耐热聚酯薄膜，以免胶料黏附在模腔上。

d. 当硫化曲线达到平衡点或最高点或规定的时间后，打印试验结果，关闭电机，打开模腔，迅速取出试样；合模保温，待下一次试验测试。

(4)硫化

①胶料的调节

a. 胶料应在标准温度（23℃±2℃）条件下调节 2~24h，为避免吸收空气中的潮气，可放置在密闭容器中或将室内相对湿度控制在 35%±5%。

b. 将调节好的胶料裁切成与模腔尺寸相应的胶坯，根据模具（最佳尺寸为 150mm×145mm×2mm）实际容量，对裁切的胶坯称重，胶坯质量可按下式计算：

胶坯质量 $m(g)$ ＝模腔容积（cm^3）×胶料密度（g/cm^3）×（1.05~1.10）

c. 在裁切、称量好的胶坯上标出压延方向，备注胶料信息。

②硫化程序

a. 平板硫化机是制备硫化胶试样的硫化设备。硫化时应严格控制硫化温度、压强和时间，对于天然生胶，最适宜的硫化温度为 143℃，压强不低于 3.5MPa，硫化时间则为硫化仪测定的正硫化时间（t_{90}），允许误差为±20s。

b. 模腔表面一般情况下不要使用隔离剂，如果必要，可使用少量的硅油或中性皂液等，也可用适当的材料如玻璃纸、聚酯薄膜、铝箔等垫在模腔上下两面，以防模腔受遗留材料的污染。

c. 硫化前，先将模具放在闭合的平板上预热到 143℃±1.0℃范围内，并保持 20min，连续硫化时可不再预热；预热完成后，从开启平板到装胶坯入模具以及闭合平板，应尽可能短的时间内完成，在取出模具装胶坯时，应避免模具因接触冷金属板或暴露在空气流中而过分冷却，装好后的模具应放在平板中央。

d. 硫化时，以压力表指针指示到设定的压强为起点，平板泄压为终点，期间的时间为硫化时间，在硫化到预定时间时，即刻泄压并立即启模，出模的硫化胶试样放在室温水或低于室温水中冷却，或放在金属板上冷却 10~15min，启模和冷却操作均应仔细，以防胶片过分拉伸和变形。

e. 放在水中冷却的硫化胶试样应擦干水分后保存备验，试样停放的标准温度为 23℃±2℃，相对湿度为 50%，停放时间不少于 16h，但不能超过 4 周。

9.2.9.5 结果计算

硫化仪打印出的硫化曲线或硫化参数包括：

F_L——最小转矩或力（N·m 或 N）；

F_{max}——在规定时间内达到的平坦、最大、最高转矩或力（N·m 或 N）；

t_{sx}——初始硫化时间，即从试验开始到曲线上升 xN·m 或 xN 所对应的时间，min；

$T_C(y)$——达到某一硫化程度所需要的时间，即转矩达到 $F_L+[y(F_{max}-F_L)/100]$ 时所对应的时间（min），y 通常有 3 个常用数值：10、50、90。

t_{10}——初始硫化时间；

t_{50}——能最精确评定的硫化时间；

t_{90}——最佳硫化时间；

V_C——硫化速度指数，可按下式计算：

$$V_C=\frac{100}{t_{90}-t_{sx}}$$

9.2.10　硫化胶拉伸应力应变性能的测定

9.2.10.1　试验目的

硫化胶的拉伸应力应变性能是橡胶材料最基本的力学性能指标，是橡胶物理性能试验中的重要项目，通过拉伸应力应变的测试，可以评价天然生胶及其制品的产品质量，也可以确定产品的配方设计、用途及制品的工艺条件。

9.2.10.2　试验原理

根据采用的不同配方和制备的硫化橡胶材料，选用不同规格型号的哑铃状裁刀，按规定和要求在橡胶塑料冲片机上将硫化胶试片制成哑铃状试样，在规定的温度和湿度下，拉力试验机以一定的拉伸速度拉伸试样，试样产生形变直至断裂为止，测量拉伸应力应变性能的各个指标的试验数据通过计算得到试验结果。

9.2.10.3　试验仪器

拉力试验机，裁片机，测厚计等。

9.2.10.4　试验方法

（1）裁片

①哑铃状裁刀　哑铃状裁刀分 1、2、3、4 型，其中 1 型为通用型，各型号裁刀各部位尺寸见表 9-6 所列，哑铃状裁刀的形状如图 9-4 所示。

表 9-6　哑铃状裁刀各部位尺寸　　　　　mm

项　　目	1 型	2 型	3 型	4 型
总长度（最短）（A）	115	75	50	35
端部宽度（B）	25.0±1.0	12.5±1.0	8.5±0.5	6.0±0.5
狭小平行部分长度（C）	33.0±2.0	25.0±1.0	16.0±1.0	12.0±0.5
狭小平行部分宽度（D）	6.0±0.4	4.0±0.1	2.0±0.1	2.0±0.1
外过渡边半径（E）	14.0±1.0	8.0±0.5	7.5±0.5	3.0±0.1
内过渡边半径（F）	25.0±2.0	12.5±1.0	10.0±0.5	3.0±0.1

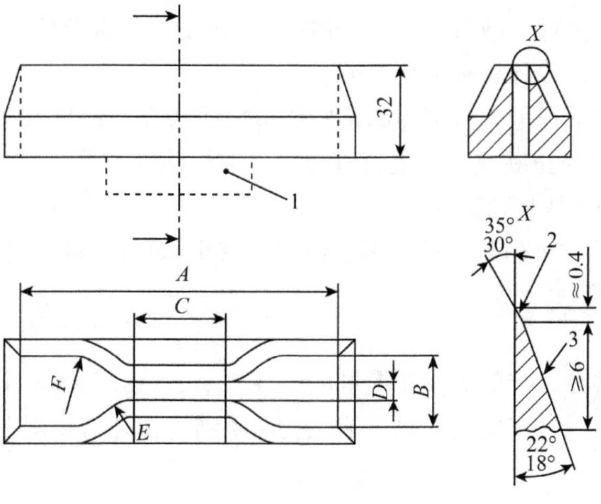

图 9-4　哑铃状裁刀

1-固定在配套机器上的刀架头　2-需研磨　3-需抛光

②哑铃状试样　将调节好的硫化胶用哑铃状裁刀沿着压延方向平行进行裁切，同一试样用相同的裁刀进行裁切，裁制好的哑铃状试样的试验长度和狭小平行部分的厚度见表9-7所列。每一硫化胶可以裁切出3个哑铃状试样(其形状如图9-5所示)，分别测试。

表9-7　哑铃状试样的试验长度和狭小平行部分的厚度

项　目	试样类型			
	1 型	2 型	3 型	4 型
试验长度	25.0±0.5	20.0±0.5	10.0±0.5	10.0±0.5
狭小平行部分的厚度	2.0±0.2	2.0±0.2	2.0±0.2	1.0±0.1

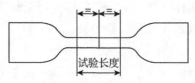

试验长度

图9-5　哑铃状试样

(2)印标线

如果用无接触变形测量装置的拉力试验机测定试样，应该用不影响试样物理性能的印色，按照规定的试验长度，在试样的工作部分印上两条平行标线，注意每条标线应与试样中心等距且与试样长轴方向垂直，标线的粗度不应超过0.5mm。

(3)测厚度

用测厚仪测量试样标距部分的厚度(精确至0.01mm)。测量3点，一点在试样标距中心部分，另外两点在两条标线附近，其测量值的中位数为试样的厚度值。

(4)测试

①将试样对称并垂直地夹在试验机的上下夹持器上，调节夹持器的移动速度。1型和2型试样调至500mm/min±50mm/min，3型和4型试样调至200mm/min±20mm/min。开机恒速拉伸试样并跟踪试样的标记，按试样要求测量和记录各项指标。

②取下拉断后的试样，放置3min，用精度为0.05mm的量具测量拉断试样两部分对接吻合起来的标距，以便计算永久变形值。

③测试时存在如下现象，该试样的试验结果应予舍弃，并另取一试样补做：

a. 试样在标线以外拉断或断面上有直接可见的缺陷或杂质。

b. 试样在拉伸过程中滑脱。

c. 试样在夹持器的夹口处损坏断裂，而此时狭小平行部分没有拉断。

9.2.10.5　结果计算

(1)定伸应力(S_e)

定伸应力指试样在一定的应变变形量(如100%、200%、300%或500%)下单位原始截面积上所承受的力值。它实质上反映了硫化胶网状结构在外力作用下抵抗变形的能力。其计算公式如下：

$$S_e = \frac{F_e}{Wt}$$

式中　S_e——定伸应力(MPa);

　　　F_e——试样拉伸到给定变形量时的力值(N);

　　　W——试验前试样狭小平行部分的宽度(mm);

　　　t——试验前试验长度部分的厚度(mm)。

(2) 断裂拉伸强度(TS_b)

断裂拉伸强度指试样拉伸到断裂过程的最大拉伸应力。它表征了制品抵抗破坏的极限能力,是评价硫化胶质量的重要依据之一,是橡胶制品最重要的质量指标之一。其计算公式如下:

$$TS_b = \frac{F_b}{Wt}$$

式中　TS_b——定伸应力(MPa);

　　　F_b——试样拉断时的力值(N);

　　　W——试验前试样狭小平行部分的宽度(mm);

　　　t——试验前试验长度部分的厚度(mm)。

(3) 拉断伸长率(E_b)

拉断伸长率指试样拉断时工作部分伸长增量与原工作部分长度的百分比。它表征硫化胶网络结构变形的特性,主要与胶料的黏弹性质有关,在一定程度上体现了橡胶的弹性性能。其计算公式如下:

$$E_b = \frac{L_b - L_0}{L_0} \times 100$$

式中　E_b——拉断伸长率(%);

　　　L_b——试样拉断时的标距(mm);

　　　L_0——试样初始标距(mm)。

(4) 拉断永久变形(S_b)

拉断永久变形是试样拉伸至断裂后其变形不可恢复的长度与原工作部分长度的百分比,它是橡胶弹性指标之一。其计算公式如下:

$$S_b = \frac{L_t - L_0}{L_0} \times 100$$

式中　S_b——拉断永久变形(%);

　　　L_t——试样拉断后,停放 3min 对接起来的的标距(mm);

　　　L_0——试样初始标距(mm)。

9.2.10.6　注意事项

①试验测定的各项性能可在同一试样上同时完成,跟踪记录的试验数据可用于上述4 项试验项目的结果计算。

②应力应变性能试验的每一种试样的试样数量不应少于 3 个,试验最终计算结果以中位数表示。

③不同型号的试样其结果不具可比性。

【本章小结】

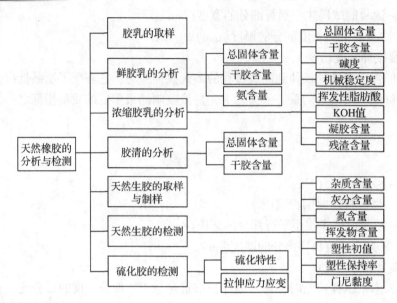

【复习思考】

1. 鲜胶乳质量检验时，如何取样？

2. 鲜胶乳的干胶含量、总固体含量、氨含量如何测定？

3. 浓缩胶乳的干胶含量、碱度、机械稳定度、挥发性脂肪酸值、KOH 值如何测定？

4. 胶清浓度如何测定？

5. 天然生胶检测时，如何取样？

6. 天然生胶的杂质含量、灰分含量、氮含量、挥发物含量、塑性初值、塑性保持率、门尼黏度如何检测？

7. 硫化胶拉伸应力应变性能如何测定？

参考文献

曹海燕，2008. 天然橡胶初加工技术[M]. 2版. 昆明：云南大学出版社.

曹海燕，2015. 热带作物产品加工技术[M]. 昆明：云南大学出版社.

邓东华，1999. 论述当前国产标准橡胶生产的几个问题[J]. 热带农业工程(2)：1-6.

傅国华，2013. 中国天然橡胶产业发展管理[M]. 北京：经济科学出版社.

黄家瀚，1994. 浅淡我国天然橡胶初加工技术与设备的现状及今后发展方向[J]. 热带农业工程(2)：16-20.

李发全，2000. 浓缩胶乳干胶制成率探索[J]. 热带农业工程(4)：16-19.

李普旺，2003. 天然胶乳的化学改性[J]. 特种橡胶制品(5)：3-6.

李普旺，2005. 我国天然橡胶产业现状与前景分析[J]. 热带农业工程(2)：266-270.

刘惠伦，1995. 子午线轮胎用天然橡胶的性能与应用[J]. 轮胎工业(6)：327-334.

卢光，2001. 马来西亚天然橡胶的加工及制品研究[J]. 特种橡胶制品(3)：52-56.

宋宗灼，2000. 变频器在胶乳离心机上的应用[J]. 热带农业工程(1)：52.

邢精锦，1997. 橡胶制胶和天然橡胶产品检验[M]. 北京：中国农业出版社.

袁子成，1991. 生胶及胶乳的应用性质[M]. 北京：中国农业出版社.

张逸庭，2009. 云南省天然生胶标准橡胶加工清洁生产审核指南[M]. 昆明：云南科学技术出版社.